新型无卤阻燃环氧树脂材料

New Halogen-free Flame-retardant Epoxy Resin Material

邱勇 汤朔 钱立军 等著

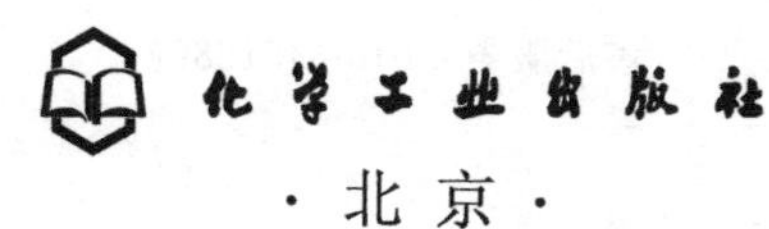
化学工业出版社

· 北 京 ·

内 容 简 介

本书系统总结了作者及所在团队在无卤阻燃环氧树脂材料领域多年的研究工作和理论成果，介绍了一系列具有优良阻燃效率的新型无卤阻燃化合物的合成工艺、结构表征参数及其阻燃环氧树脂材料的制备方法，分析了各类无卤阻燃化合物对环氧树脂材料阻燃和力学性能的影响规律，阐明了各类无卤阻燃化合物在环氧树脂材料中的阻燃行为与机理，论证了基团协同阻燃效应和阻燃基团簇状聚集效应等理论在新型高性能无卤阻燃环氧树脂材料研究中的实践价值和指导意义。

本书适用于阻燃材料相关专业的高校师生和从事阻燃环氧树脂材料研究、应用以及生产的研究人员、技术人员和管理人员阅读参考。

图书在版编目（CIP）数据

新型无卤阻燃环氧树脂材料/邱勇等著. —北京：化学工业出版社，2021.8（2023.7重印）

ISBN 978-7-122-39380-7

Ⅰ.①新… Ⅱ.①邱… Ⅲ.①阻燃剂-环氧树脂 Ⅳ.①TQ569

中国版本图书馆CIP数据核字（2021）第120040号

责任编辑：高 宁 仇志刚　　文字编辑：王文莉

责任校对：李雨晴　　装帧设计：史利平

出版发行：化学工业出版社（北京市东城区青年湖南街13号 邮政编码100011）

印 装：北京盛通数码印刷有限公司

710mm×1000mm 1/16 印张20 字数352千字 2023年7月北京第1版第2次印刷

购书咨询：010-64518888　　售后服务：010-64518899

网 址：http://www.cip.com.cn

凡购买本书，如有缺损质量问题，本社销售中心负责调换。

定 价：128.00元

前　言

环氧树脂是一类具有优良电绝缘性、黏结性、密封性、耐化学腐蚀性以及耐热性等特性的热固性高分子材料，可用于层压覆铜板、密封胶、防腐涂料以及承力构件等产品的制造，在电子电器、轨道交通及航空航天等高端制造领域有着广泛应用。只是大多数环氧树脂都具有易燃特性，在空气中很容易被引燃，而且引燃后难以自熄，并存在明显的有焰熔滴现象，极易导致火灾的进一步蔓延。因此，在实际应用中，尤其是在电子电器等火灾易发和频发领域，通过对环氧树脂材料进行阻燃改性，提高环氧树脂材料制件的抗引燃性和离焰自熄性等阻燃性能，降低环氧树脂材料制品的火灾安全隐患，是十分必要的。目前，环氧树脂材料的阻燃改性研究主要围绕本质阻燃环氧树脂、阻燃固化剂以及阻燃添加剂 3 个方面进行，且多为基团阻燃体系。

作为在电子电器、轨道交通及航空航天等高端制造领域都有广泛应用的重要基础材料，环氧树脂材料阻燃和力学性能的高性能化始终是其持续发展和拓展应用的重要研究课题。在发展具有优异阻燃和力学性能等综合性能的高性能阻燃环氧树脂材料过程中，既要在发展高效阻燃剂和先进阻燃技术方面持续投入、深入研究，也要将已有的阻燃研究成果和理论知识进行整理归纳和系统总结，为今后发展先进高性能阻燃环氧树脂材料提供支撑。

本书第 1 章、第 2 章 2.1、2.5、2.6、2.7、2.8、第 3 章、第 7 章由邱勇撰写；第 2 章 2.2、2.3、2.4 和第 4 章由汤朔、钱立军、邱勇撰写；第 5 章 5.1 由高伦巴根撰写；第 5 章 5.2 和第 8 章由邱勇、孙楠和高伦巴根撰写；第 6 章 6.1 由王靖宇撰写；第 6 章 6.2 由邱勇、房友友和高伦巴根撰写。全书的研究工作是在钱立军教授指导下完成的。

本书的研究成果由北京工商大学、中国轻工业先进阻燃剂工程技术研究中心、石油和化工行业高分子材料无卤阻燃剂工程实验室、山东海洋化工科学研究院、山东兄弟科技股份有限公司等机构共同完成，研究过程获得了国家自然科学基金项目（22005009、51973006、51103002、21374003）、北京市自然科学基金项目（2212027）、北京市教育委员会科技发展计划项目（KM202110011007）、北京高等教育“本科教学改革创新项目”、北京工商大学科技创新服务能力——青年教师科研启动基金项目（QNJJ2020-20）的资助，文稿校对工作得到了蔡标、杨木森、王志鹏、李俊孝、陶梦伟、席保安的协助。本书的出版获得了国家自然科学基金项目（51973006）、北京工商大学本科教学改革重点项目、国家重点研发计划课题（2016YFB0302104）的资助。

目前，本领域的研究仍在不断深入发展，新的技术和方法也在不断更新，书中内容可能存在一定的局限和不足，恳请广大读者批评指正。

2021 年 2 月 26 日

目　录

第 6 章 烷基次膦酸铝阻燃环氧树脂 203

第 7 章 磷杂菲单基衍生物阻燃环氧树脂 261

第1章

绪论

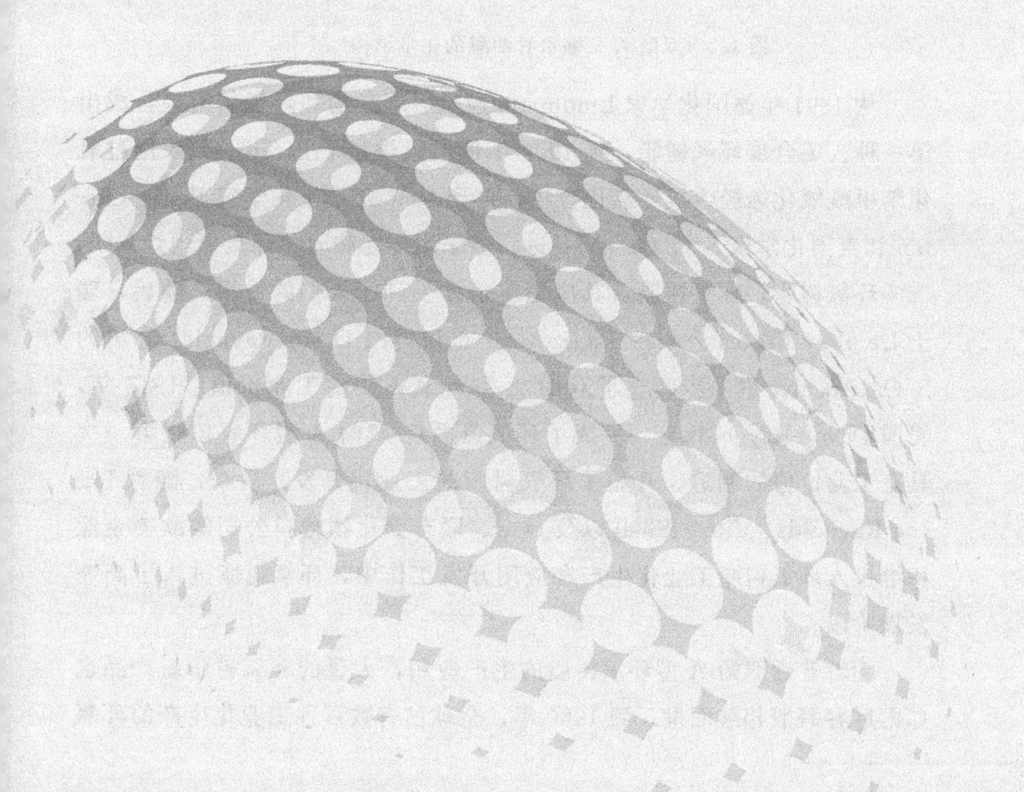

1.1 环氧树脂概述

由两个碳原子和一个氧原子构成的闭环结构，称为环氧基，其化学结构如图 1.1 所示。

O O

图 1.1 环氧基的化学结构[1]

环氧树脂（EP）是指含有两个或两个以上环氧基，并能在适当化学试剂的作用下，形成三维交联网状固化物的化合物，包括了含环氧基的低分子量化合物和高分子量低聚物，是一类重要的热固性树脂材料。其中，应用最广泛的双酚 A 二缩水甘油醚，俗称双酚 A 型环氧树脂（DGEBA）化学结构如图 1.2 所示。

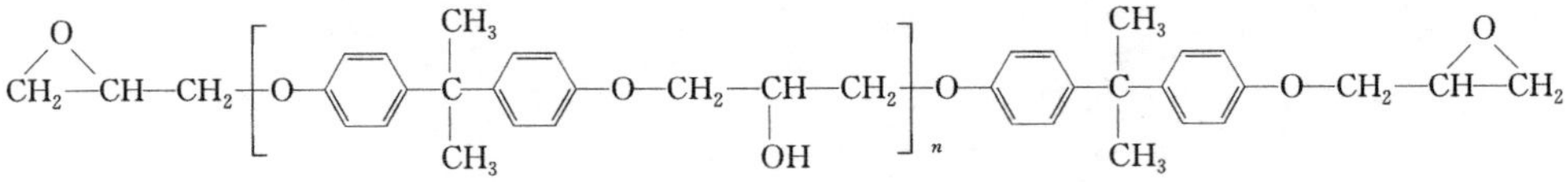

$$CH_2{-}CH{-}CH_2{-}\left[O{-}C_6H_4{-}C(CH_3)_2{-}C_6H_4{-}O{-}CH_2{-}CH(OH){-}CH_2\right]_n{-}O{-}C_6H_4{-}C(CH_3)_2{-}C_6H_4{-}O{-}CH_2{-}CH{-}CH_2$$

图 1.2 双酚 A 二缩水甘油醚的化学结构

从 1891 年德国化学家 Lindmann 通过对苯二酚和环氧氯丙烷合成出第一种人工合成环氧树脂，到 1909 年俄国化学家 Prileschajew 采用过氧化苯甲酰氧化烯烃生成环氧化合物，再到 1930 年瑞士化学家 Pierre Castan 和美国化学家 S. O. Greenlee 进一步采用多元胺固化环氧氯丙烷-对苯二酚环氧树脂，环氧树脂及其应用价值才受到了人们的重视。随后，瑞士 De Trey Freres 公司的 Pierre Castan 和美国 Devoe-Raynolds 公司的 S. O. Greenlee 进一步确立了双酚 A 型环氧树脂的工业价值。1947 年，美国 Devoe-Raynolds 公司完成了环氧氯丙烷-双酚 A 型环氧树脂第一次具有工业价值的制造，开始了环氧树脂的工业化开发。后来，随着 Devoe-Raynolds、Ciba、Shell 以及 Dow、联合碳化物塑料公司等欧美企业相继投入环氧树脂工业化生产和应用开发工作中，环氧树脂进入了高速发展阶段。

随着普通双酚 A 型环氧树脂的生产应用，大量的环氧树脂新产品也如雨后春笋般相继面世。到 1960 年，全球已有数百种工业化生产的环氧

[1] 扫描封底二维码，可查看本书部分图片的彩色原图。

树脂产品，与之适用的100多种固化剂和相关化学试剂也实现了工业化生产。

我国的环氧树脂研发工作从1956年开始。1958年，环氧树脂在我国上海实现工业化生产。到20世纪70年代末，我国已形成了从合成单体、树脂到固化剂等较为完善的科研、生产、销售以及应用开发的产业体系[1-3]。

环氧树脂的种类繁多，而且新产品也层出不穷，按化学结构可以分为：缩水甘油醚类、缩水甘油酯类、缩水甘油胺类、线型脂肪族类、脂环族类、杂环类等环氧树脂，具体结构特征如图1.3所示。

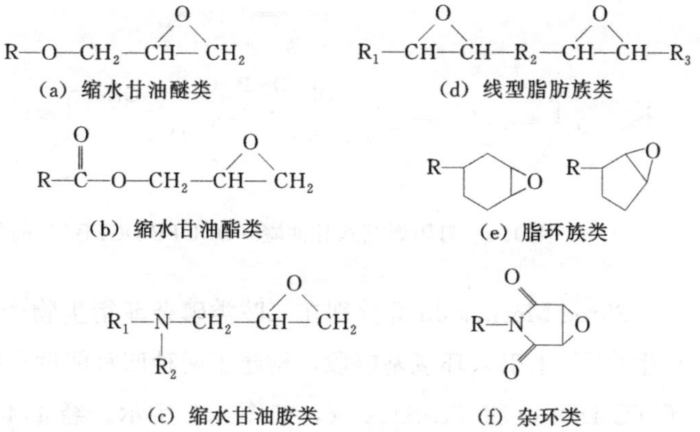

(a) 缩水甘油醚类

(d) 线型脂肪族类

(b) 缩水甘油酯类

(e) 脂环族类

(c) 缩水甘油胺类

(f) 杂环类

图1.3　各类环氧树脂的结构特征

环氧树脂因其具有良好的黏结性、密封性、耐热性、电绝缘性以及耐化学腐蚀性等性能，可用于胶黏剂、密封材料、耐腐蚀涂料、电气绝缘材料、层压材料以及工程复合材料等材料制造，在电子电器、轨道交通以及航空航天等领域有着广泛应用。

1.2 无卤阻燃环氧树脂研究进展

由于大多数环氧树脂都属于易燃材料，在实际应用中，尤其是在电子电器等火灾易发领域，通过提高环氧树脂的阻燃性能来降低材料制件的火灾风险是十分必要的。目前，环氧树脂材料的阻燃改性研究主要围绕本质阻燃环氧树脂、阻燃固化剂以及阻燃添加剂三个方面进行。

在本质阻燃环氧树脂研究方面，研究人员将含有磷杂菲、磷腈以及硅氧烷等基团的链段引入环氧树脂分子中，制备具有自阻燃特性的本质阻燃环氧树脂材料。王春山等[4]将10-(2,5-二羟基苯基)-10-氢-9-氧杂-10-磷杂菲-10-氧化物（ODOPB）引入DGEBA分子主链上，制备了含有磷杂菲基团的自阻燃缩水甘油醚分子（ODOPB-DGEBA），如图1.4所示。当环氧树脂固化物体系磷含量为2.7%（质量分数）时，4,4′-二氨基二苯砜（DDS）固化体系的极限氧指数（LOI）达到31%，酚醛树脂固化体系的LOI达到32%。

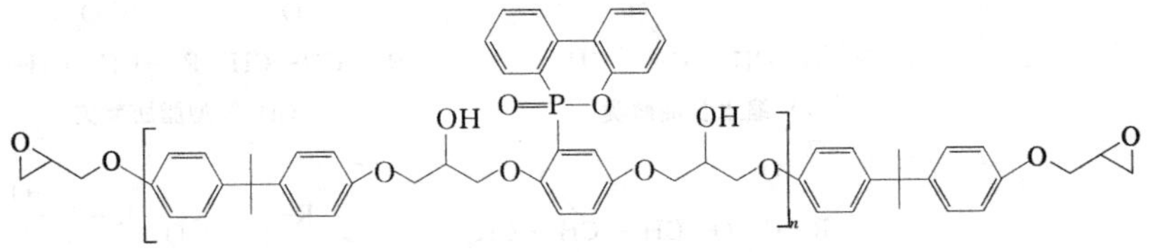

图1.4 自阻燃缩水甘油醚（ODOPB-DGEBA）的化学结构

Shree Meenakshi等分别在二胺类磷杂菲衍生物[5]和二胺类硅氧烷衍生物[6]上引入环氧基链段，构建了两种四官能度自阻燃缩水甘油醚分子TG-DOPO和TG-Siloxane，如图1.5所示。经4,4′-二氨基二苯甲烷（DDM）固化后，TG-DOPO/DDM的LOI达到43%，并通过UL 94 V-0级，残炭产率达到58%（质量分数），但是初始分解温度只有215℃；而TG-Siloxane/DDM的LOI达到33%，并通过UL 94 V-1级，残炭产率达到34%（质量分数），初始分解温度达到360℃。

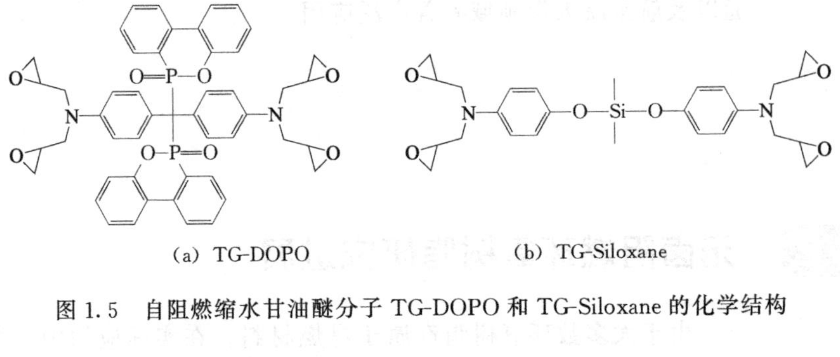

(a) TG-DOPO (b) TG-Siloxane

图1.5 自阻燃缩水甘油醚分子TG-DOPO和TG-Siloxane的化学结构

汪晓东等[7]将磷腈基团引入双酚A缩水甘油醚分子主链上，构建了含有磷腈基团的自阻燃缩水甘油醚分子Cl-CTPN，如图1.6所示。

Cl-CTPN固化后，双氰胺（DICY）固化体系的LOI达到32.4%，DDM固化体系的LOI达到31.6%，线型酚醛树脂（Novolak）固化体系的LOI达到30.2%，且上述三者都通过UL 94 V-0级。与DGEBA相比，Cl-CTPN的上述三种固化环氧树脂材料的抗弯强度和弯曲模量均得到不同程度的提高，只是三者在无缺口悬臂梁冲击强度上都发生了不同程度的下降。

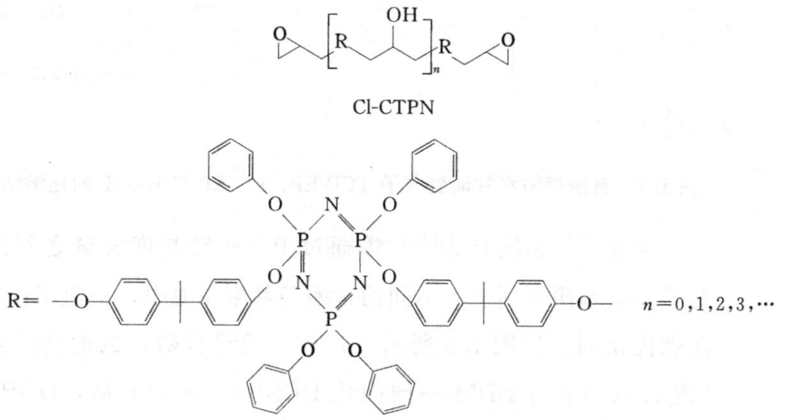

图1.6 自阻燃缩水甘油醚分子Cl-CTPN的化学结构

李斌[8]、汪晓东[9]以及El Gouri[10]等分别在六氯环三磷腈的基础上引入了不同的环氧基链段，构建了三种不同的六官能度自阻燃缩水甘油醚分子TCP-EP、PN-EP以及HGCP，如图1.7所示。TCP-EP固化后，TCP-EP/DDM和TCP/DDS的LOI分别达到33.5%和34.3%，且都通过UL 94 V-0级；与DGEBA/DDM（364℃）相比，TCP-EP/DDM热分解失重5%（质量分数）时的温度（$T_{d,5\%}$）只达到290℃，TCP-EP/DDM热稳定性较低[8]。PN-EP固化后，PN-EP/DDM、PN-EP/DICY以及PN-EP/Novolak的LOI分别为28.5%、31.2%以及33.5%，且PN-EP/DICY以及PN-EP/Novolak都通过UL 94 V-0级，而PN-EP/DDM则只有UL94 V-1级；与DGEBA相比，PN-EP固化后的环氧树脂材料的热稳定性变化不明显[9]。HGCP固化后，HGCP/DDM和DGEBA/20%HGCP/DDM都通过UL 94 V-0级[10]。

在环氧树脂的阻燃固化剂研究方面，研究人员将磷杂菲、磷腈、硅氧烷以及磷酸酯等基团引入胺类、酚类或者酸酐类化合物中，构建含有阻燃基团结构的环氧树脂固化剂分子。

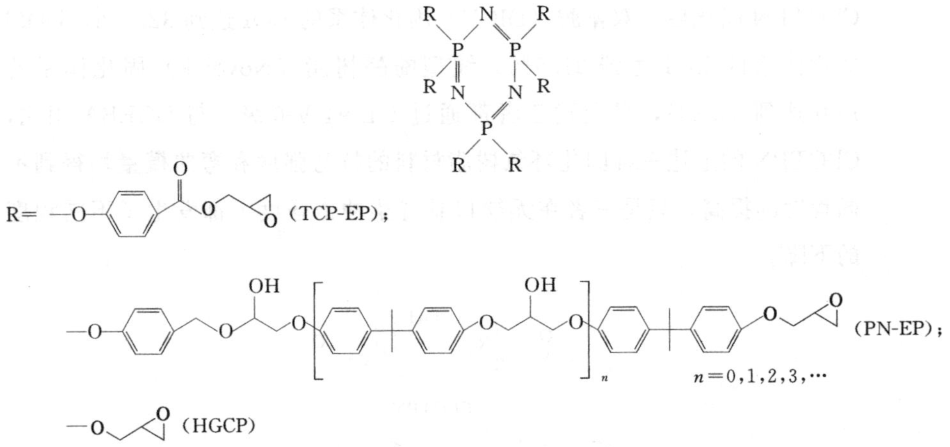

图 1.7 自阻燃缩水甘油醚分子 TCP-EP、PN-EP 和 HGCP 的化学结构

胡源[11] 和姚有为[12] 等通过 P—H 键与席夫碱之间的加成反应，将磷杂菲基团分别引入不同的含酚羟基席夫碱中，构建了高效的酚/胺类阻燃固化剂。如图 1.8 所示，10%（质量分数）的酚/胺类阻燃固化剂[图 1.8(a)] 与 DDM 一同固化 DEGBA（E-44）后，DOPO-DDE/EP、DOPO-DDS/EP 以及 DOPO-DDM/EP 的 LOI 分别为 31.5%、31.0%以及 29.5%，且 DOPO-DDE/EP 和 DOPO-DDS/EP 都通过 UL 94 V-0 级，而 DOPO-DDM/EP 则只有 UL 94 V-1 级。当体系磷含量达到 1%（质量分数）时，酚/胺类阻燃固化剂[图 1.8(b)] 与 DDM 一同固化的 DEGBA（E-51）均达到 UL 94 V-0 级，而苯基取代、对羟基苯基取代以及邻羟基苯基取代的酚/胺类阻燃固化剂体系的 LOI 则分别为 35.6%、36.2%以及 36.9%，体现了不同的阻燃效率。

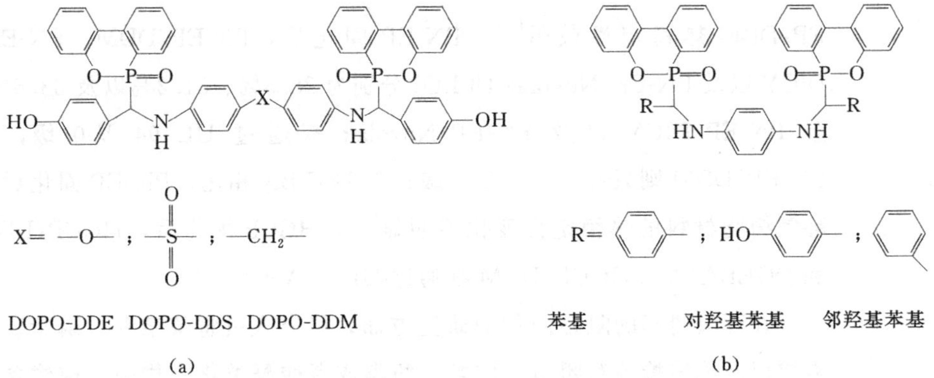

图 1.8 酚/胺类阻燃固化剂的化学结构

许苗军[13] 和徐伟箭[14] 等通过 P—H 键与席夫碱之间的加成反应，将磷杂菲基团分别键合到含磷腈/酚羟基和含三嗪/酚羟基的席夫碱中，构建了酚/胺类磷杂菲/磷腈（CTP-DOPO）和磷杂菲/三嗪（P-MSB）双基固化剂，具体化学结构如图 1.9 所示。当体系磷含量提高至 1.1%（质量分数）时，CTP-DOPO/DGEBA/DDS 的 LOI 达到 36.6%，并通过 UL 94 V-0 级；与 DGEBA/DDS 相比，CTP-DOPO/DGEBA/DDS 的初始分解温度由 380.7℃降低至 345.3℃，氮气氛围的 700℃残炭产率（$R_{700℃}$）由 14.1%（质量分数）提高至 29.2%。当体系磷含量为 1.31%（质量分数）时，相比于 DDM 单独固化的邻甲酚醛环氧树脂（CNE），P-MSB 和 DDM 共同固化的 CNE 在 LOI 值方面由 22%提高到 34%，氮气氛围的 800℃残炭产率（$R_{800℃}$）由 24.2%（质量分数）提高到 32.1%。

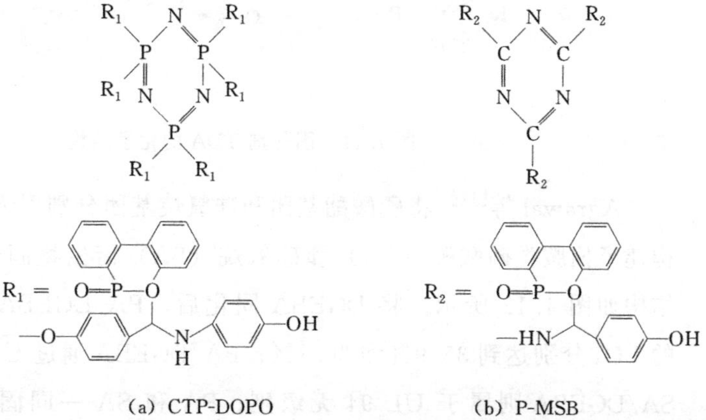

(a) CTP-DOPO　　(b) P-MSB

图 1.9 固化剂 CTP-DOPO 和 P-MSB 的化学结构

梁兵等[15] 将磷杂菲衍生物键接到酸酐化合物上，构建了酸酐类磷杂菲衍生物固化剂 BPAODOPE，如图 1.10 所示。当体系磷含量达到 1.75%（质量分数）时，相比于甲基六氢苯酐（MHHPA）单独固化的 DGEBA，BPAODOPE/MHHPA 固化的 DGEBA 通过 UL 94 V-0 级，

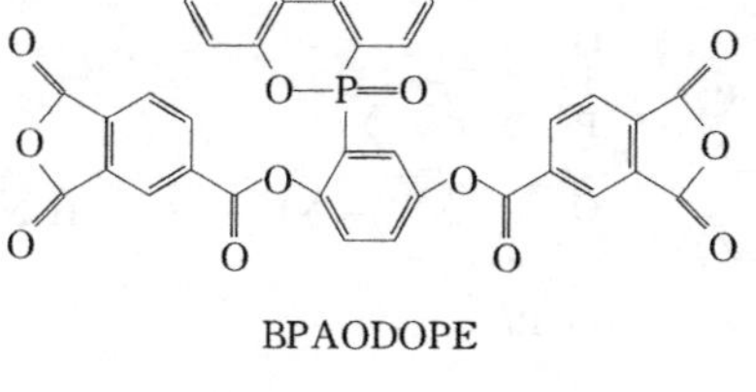

BPAODOPE

图 1.10 固化剂 BPAODOPE 的化学结构

LOI 由 19.8%提高至 29.3%，氮气氛围的 $R_{800℃}$ 由 7.5%（质量分数）提高至 23.9%，而 $T_{d,5\%}$ 则由 313℃降低至 263℃。

刘述梅等[16] 在磷杂菲/三嗪双基分子上键接酸酐链段，构建了酸酐类磷杂菲/三嗪双基固化剂 TDA，如图 1.11 所示。当体系磷含量达到 1.5%（质量分数）时，相比于 MHHAP 固化的 DGEBA，TDA 和 MHHAP 共同固化的 DGEBA 通过了 UL 94 V-0 级，不仅 LOI 由 24.5%提高至 32.7%，而且氮气氛围的 $R_{700℃}$ 也由 3.9%（质量分数）提高至 18.1%，只是 $T_{d,5\%}$ 由 367℃降低至 324℃。

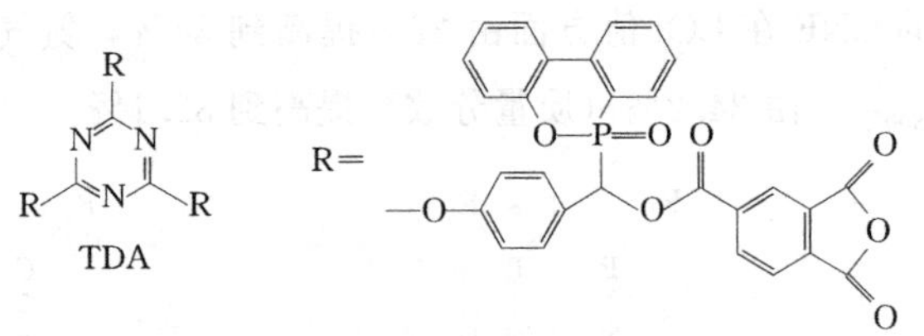

TDA

图 1.11 固化剂 TDA 的化学结构

Agrawal 等[17] 将磷酸酯基团和硅氧烷基团分别引入氨基化合物中，构建了伯胺类磷酸酯（PA）和硅氧烷（SA）衍生物固化剂，具体化学结构如图 1.12 所示。将 DGEBA 固化后，PA/DGEBA 和 SA/DGEBA 的 LOI 分别达到 35.9%和 30.1%；PA/DGEBA 通过 UL 94 V-0 级，而 SA/DGEBA 则属于 UL 94 无级别；PA 和 SA 一同固化 DGEBA，当 PA∶SA(摩尔比)＝9∶1 时，PA/SA/DGEBA 的 LOI 进一步提高至 39.9%，并通过 UL 94 V-0 级。同时，PA/DGEBA 和 SA/DGEBA 的 $T_{d,5\%}$ 分别为 389℃和 380℃，氮气氛围的 $R_{700℃}$ 分别为 44.6%（质量分数）和 36.2%（质量分数）。在 DGEBA 体系中，PA 表现出明显高于 SA

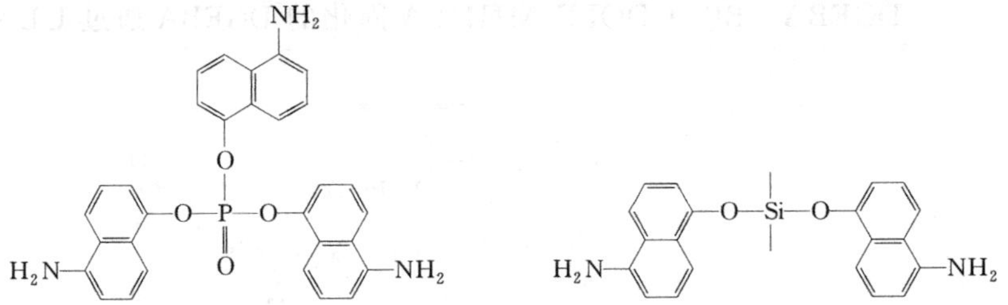

(a) PA　　(b) SA

图 1.12 固化剂 PA 和 SA 的化学结构

的阻燃效率和成炭效率，而且 PA 和 SA 的共同作用还能够更高效地提高 DGEBA 固化物的 LOI。

汪晓东等[18] 在磷腈基团的基础上构建了一种阻燃效果突出的亚胺类磷腈衍生物固化剂 TEDCP，如图 1.13 所示。将 DGEBA 固化后，当 TEDCP 的添加量提高至 30%（质量分数）时，TEDCP/DGEBA 的 LOI 达到 31.5%，并通过 UL 94 V-0 级；TEDCP/DGEBA 的初始分解温度达到 352℃，氮气和空气氛围的 $R_{800℃}$ 分别为 23.2%（质量分数）和 16.6%（质量分数）。

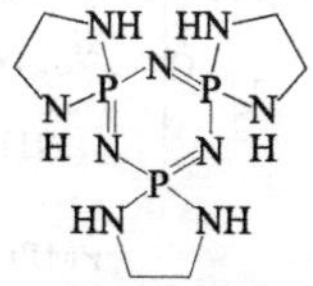

TEDCP

图 1.13　固化剂 TEDCP 的化学结构

Hsiue 等[19] 研究了含硅氧烷基团的二胺化合物（AS、DS 以及 TS，如图 1.14 所示）固化环氧树脂材料的阻燃性能。与 DDM 相比，AS、DS 以及 TS 固化的环氧树脂材料不仅 LOI 值由 19%分别提高至 34%、33%以及 31%，而且热稳定性和成炭能力也得到了明显的提升。其中，AS 对环氧树脂材料 LOI 和热稳定性的提高作用最强，DS 对环氧树脂材料的成炭能力影响最大。

$n=4\sim5$

(a) AS

(b) DS

(c) TS

图 1.14　固化剂 AS、DS 和 TS 的化学结构

在环氧树脂阻燃添加剂研究方面，研究人员将磷杂菲、磷腈、三嗪、三嗪三酮、双螺环磷酸酯、笼形倍半硅氧烷、环四硅氧烷、马来酰亚胺以及硼酸酯等阻燃基团中的两个或多个键接到同一个分子中，构建双基和多基阻燃剂分子。

王玉忠等[20] 将三嗪和磷酰胺基团键接，构建了三嗪/磷酰胺双基低聚物 PMPC，如图 1.15 所示。在聚酰胺固化的 DGEBA（E-44）中，当 PMPC 的添加量达到 20%（质量分数）时，环氧树脂材料通过 UL 94 V-0 级，且 LOI 由未改性前的 20.5%提高至 28.0%；环氧树脂材料在氮气和空气氛围的 $R_{700℃}$ 也由 3.9%（质量分数）和 0%（质量分数）分别提高至 13.5%和 11.3%，只是氮气和空气氛围的初始分解温度也由 333℃和 312℃分别下降至 282℃和 276℃。

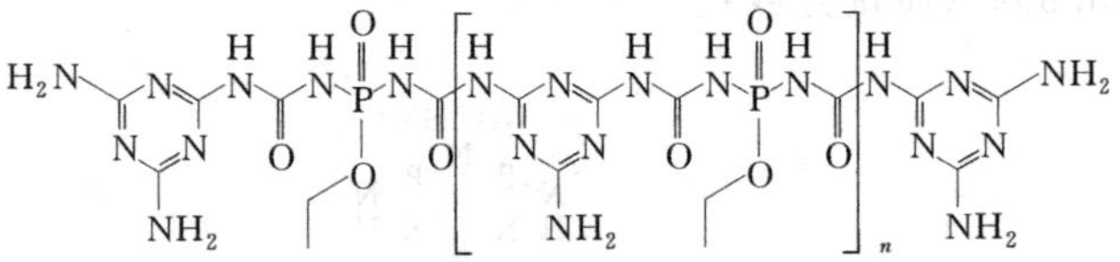

PMPC

图 1.15　三嗪/磷酰胺双基低聚物 PMPC 的化学结构

胡源等[21] 将磷杂菲与双螺环磷酸酯键接，构建了磷杂菲/双螺环磷酸酯双基低聚物 PFR，如图 1.16 所示。在 DDM 固化的 DGEBA 中，当 PFR 的添加量达到 15%（质量分数）时，PFR/DGEBA/DDM 通过 UL 94 V-0 级，LOI 由改性前的 21.5%提高至 36.0%；与 DGEBA/DDM 相比，PFR/DGEBA/DDM 在空气氛围下的残炭产率随 PFR 添加量的增加逐步提高，而相应的初始分解温度则逐步降低。

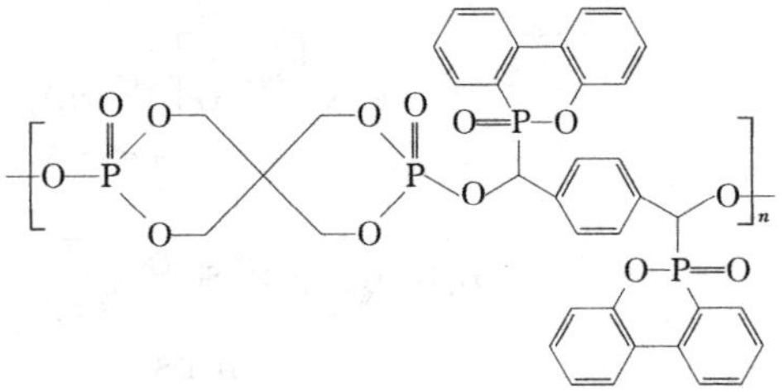

PFR

图 1.16　磷杂菲/双螺环磷酸酯双基低聚物 PFR 的化学结构

杨荣杰等[22] 将磷杂菲基团与倍半硅氧烷基团键接，构建了磷杂菲/倍半硅氧烷双基分子 DOPO-POSS，如图 1.17 所示。在间苯二胺（*m*-PDA）固化的 DGEBA（E-44）中，当 DOPO-POSS 的添加量为 1.5%（质量分数）时，DOPO-POSS/DGEBA/*m*-PDA 通过 UL 94 V-1 级，LOI 由改性前的 25.0%提高至 29.0%；添加 2.5%的 DOPO-POSS 时，体系 LOI

达到最高的30.2%；继续提高DOPO-POSS的添加量，体系LOI逐渐下降；当DOPO-POSS的添加量提高至5%及以上时，DOPO-POSS/DGEBA/*m*-PDA又重新降为UL 94无级别。尽管如此，DOPO-POSS还是显著地降低了树脂基体燃烧过程的热释放速率峰值（pk-HRR）。与DGEBA/*m*-PDA相比，10%DOPO-POSS/DGEBA/*m*-PDA的pk-HRR下降了43.5%，DOPO-POSS的添加显著地抑制了DGEBA/*m*-PDA材料的燃烧强度。

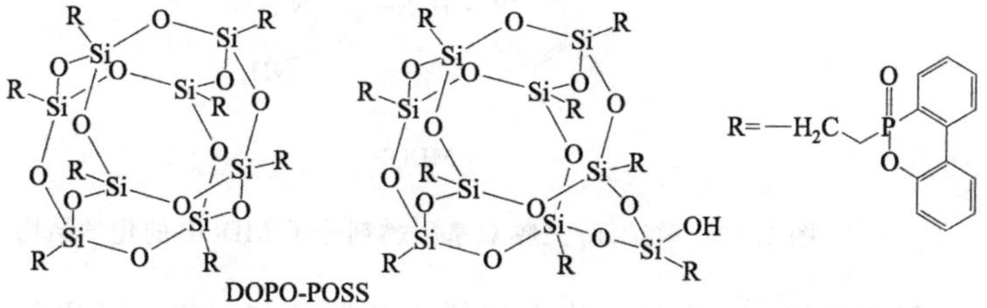

图1.17 磷杂菲/倍半硅氧烷双基分子DOPO-POSS的化学结构

戴李宗等[23]通过制备磷杂菲/倍半硅氧烷双基共聚物PDPG，如图1.18所示，再以PDPG接枝氧化石墨烯（GO），制备了倍半硅氧烷/磷杂菲双基氧化石墨烯GO-MD-MP。在DGEBA/DDM体系中，当GO-MD-MP的添加量达到4%（质量分数）时，GO-MD-MP/DGEBA/DDM的阻燃级别通过UL 94 V-0级，LOI由改性前的23.4%提高至31.1%，弯曲模量和抗弯强度分别提高了18.6%和15.9%，氮气氛围下的$R_{700℃}$也由改性前的17.40%（质量分数）提高至25.77%。

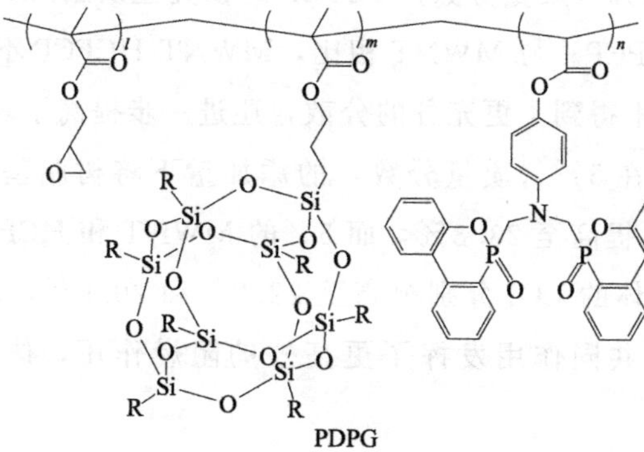

图1.18 磷杂菲/倍半硅氧烷双基共聚物PDPG的化学结构

陈力等[24]将磷杂菲和三嗪基团以离子键键合，构建了磷杂菲/三嗪双基阻燃剂分子 MDOP，如图 1.19 所示。在 DGEBA/DDM 体系中，当 MDOP 的添加量提高至 5%（质量分数）时，MDOP/DGEBA/DDM 通过 UL 94 V-0 级，且 LOI 由改性前的 26.4%提高至 35.6%；在氮气和空气氛围下，$T_{d,5\%}$ 由改性前的 373℃和 370℃分别降低至 338℃和 322℃，$R_{700℃}$ 由改性前的 17.0%（质量分数）和 0.5%（质量分数）分别提高至 18.6%和 0.9%。

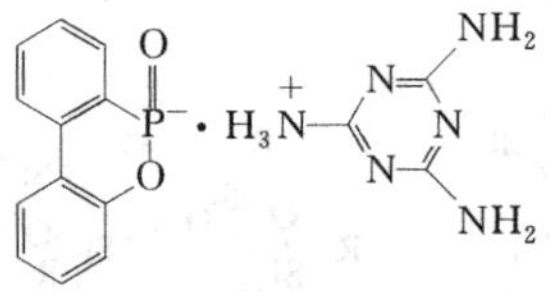

MDOP

图 1.19 磷杂菲/三嗪双基阻燃剂分子 MDOP 的化学结构

胡伟兆等[25] 先将氧化石墨烯上的羟基与三氯氧磷中的部分 P—Cl 键进行脱氯化氢缩合，再通过 DDM 上的氨基与体系中剩余的 P—Cl 键进行充分的脱氯化氢缩合反应，构建了磷酰胺/氧化石墨烯双基阻燃剂 FRGO。在 DGEBA/DDM 体系中，FRGO 主要促进了树脂基体的石墨化成炭，提高了树脂基体燃烧过程中的炭层阻隔和保护作用，在提高树脂基体成炭能力的同时，也显著地降低了树脂基体燃烧过程的 pk-HRR 和总热释放量，有效地抑制了环氧树脂材料的燃烧行为。

马海云等[26] 通过氨基化 MWNT 和六（4-酰氯-苯氧基）环三磷腈（TCPCP）之间的脱氯化氢缩合反应，将 MWNT 与磷腈基团键接，构建了含有 10%（质量分数）TCPCP 的核壳型磷腈/MWNT 双基阻燃剂 MWNT-HCPCP。与 MWNT 相比，MWNT-HCPCP 不仅在乙二胺固化的 DGEBA 中得到了更充分的分散，还进一步提高了环氧树脂材料的拉伸强度，并在 5%（质量分数）的添加量下将树脂基体的 LOI 由改性前的 20.5%提高至 23.8%，而 5%的 MWNT 和 HCPCP 单独添加时也只让树脂基体的 LOI 分别提高至 22.2%和 20.9%，MWNT 与磷腈基团的键接和共同作用发挥了更高效的阻燃作用，体现了明显的协同行为。

杨爽等将马来酰亚胺与磷杂菲、磷腈、三嗪、三嗪三酮以及硼酸酯等基团键接，构建了马来酰亚胺/磷腈（HMCP）[27]、磷杂菲/马来酰亚胺/三嗪（DOPO-TMT）[28] 以及磷杂菲/马来酰亚胺/三嗪三酮（DMT）[29] 等双基和多基阻燃剂分子，具体化学结构如图 1.20 所示。在 DGEBA/DDS 体系中，当体系磷含量达到 0.75%（质量分数）时，HMCP/DGEBA/DDS 就可通过 UL 94 V-0 级，且获得 33.4%的 LOI，而 DOPO-TMT/DGEBA/DDS 和 DMT/DGEBA/DDS 都需达到 1.0%（质量分数）的磷含量才能通过 V-0 级，LOI 则分别为 36.2%和 35.8%，均高于同等磷含量（1.0%）的 HMCP/DGEBA/DDS 的 LOI（35.0%）。同时，在 1.0%的磷含量下，HMCP、DOPO-TMT 以及 DMT 的添加使得 DGEBA/DDS 材料的 $T_{d,5\%}$ 由改性前的 384℃分别降低至 353℃、348℃以及 315℃，pk-HRR 则相对于改性前分别下降了 61.3%、35.8%以及 58.1%。与 DOPO-TMT 和 DMT 相比，HMCP 赋予了 DGEBA/DDS 更为优异的综合阻燃性能和热稳定性。

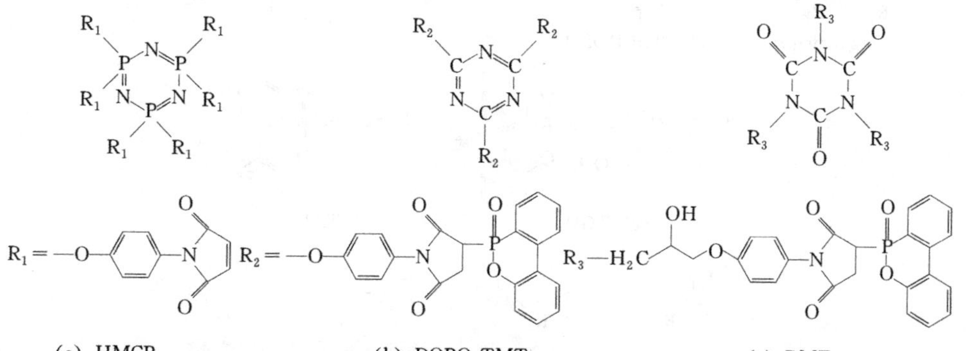

(a) HMCP　(b) DOPO-TMT　(c) DMT

图 1.20 双基和多基阻燃剂分子 HMCP、DOPO-TMT 和 DMT 的化学结构

笔者所在课题组将磷杂菲基团分别与磷腈、三嗪、三嗪三酮以及硼酸酯等基团键接，构建了磷杂菲/磷腈（HAP-DOPO）[30]、磷杂菲/三嗪（Trif-DOPO）[31]、磷杂菲/三嗪三酮（TGD[32] 和 TAD[33] ）以及磷杂菲/硼酸酯（ODOPB-Borate）[34] 等双基阻燃剂分子，具体化学结构如图 1.21 所示。在 DGEBA/DDS 体系中，当体系磷含量达到 1.2%（质量分数）时，HAP-DOPO/DGEBA/DDS 和 Trif-DOPO/DGEBA/DDS 都通过 UL 94 V-0 级，其 LOI 也由改性前的 22.5%分别提高至 31.0%和 36.0%，pk-HRR 也分别下降了 57.1%和 57.7%；当添加量提高至 12%（质量分数）时，TGD/DGEBA/DDS 和 TAD/DGEBA/DDS 都通过 UL 94 V-0 级，其 LOI 分别提高至 33.3%和 33.5%，pk-HRR 也分别下降了 50.2%和 33.6%；在 ODOPB-Borate 中，当磷杂菲基团和硼酸酯基团

的摩尔比为5∶3时，ODOPB-Borate的阻燃作用最强，添加6%（质量分数）的ODOPB-Borate就可使DGEBA/DDS材料通过UL 94 V-0级，pk-HRR下降24.0%，并获得31.6%的LOI。在环氧树脂材料的热稳定性上，HAP-DOPO、Trif-DOPO、TGD以及TAD的添加都会使DGEBA/DDS的初始分解温度发生不同程度的降低，而ODOPB-Borate的添加基本不影响DGEBA/DDS的初始分解温度。另外，TGD在DGEBA/DDM体系具有更高的阻燃作用，4%（质量分数）的TGD就可使DBEGA/DDM材料通过UL 94 V-0级。

(a) HAP-DOPO　(b) Trif-DOPO

(c) TGD　(d) TAD

(e) ODOPB-Borate

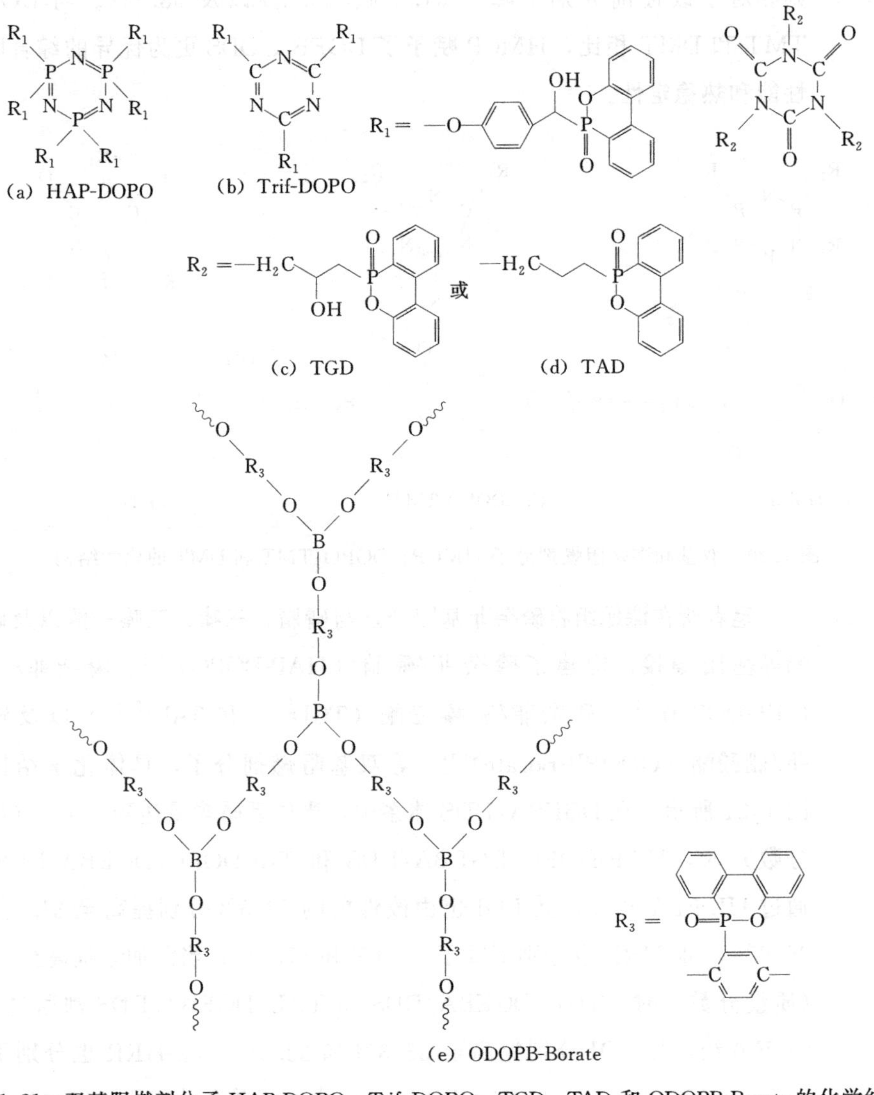

图1.21　双基阻燃剂分子HAP-DOPO、Trif-DOPO、TGD、TAD和ODOPB-Borate的化学结构

由此可知，越来越多的具有特征阻燃行为或机制的特定结构单元被人们以阻燃功能基团（简称“阻燃基团”）的形式加以归纳、整理并广泛地用于构建新型高效的单基、双基或者多基阻燃分子。这类阻燃基团包括磷杂菲、磷腈、三嗪、三嗪三酮、双螺环磷酸酯、倍半硅氧烷以及硼酸酯等结构单元，具体化学结构如图1.22所示。同时，碳纳米管和氧化石墨烯等纳米材料常作为特征的基团结构与上述阻燃基团进行化学键接，构建高效的双基或多基阻燃结构。在这一工作中，我们通过构建一系列结构形式不同的双基阻燃分子或复合阻燃体系，研究不同双基阻燃分子或复合阻燃体系在树脂材料中的量效关系和阻燃机理，归纳总结了用以构建高效阻燃分子或复合阻燃体系的“基团协同效应”理论。

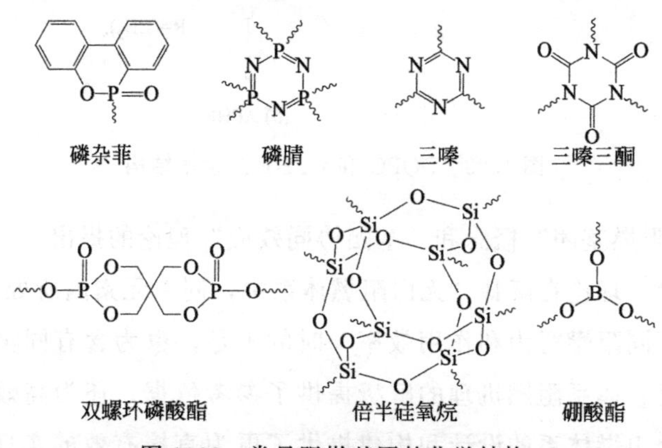

图1.22 常见阻燃基团的化学结构

在基团协同阻燃体系中，阻燃基团间的组合形式具有明显的多样性，同一阻燃基团可以与不同阻燃基团构建双基或多基阻燃分子，形成分子内的基团协同阻燃体系。例如：磷杂菲基团可以与磷腈[35]、三嗪[36]、三嗪三酮[33]、硅氧烷[37]、酰亚胺[38]、磷酸酯[39]以及硼酸酯[34]等阻燃基团构建双基或多基阻燃分子；磷腈基团可以与三嗪[40]、烷基亚磷酸酯[41]以及酰亚胺[25]等阻燃基团构建双基或多基阻燃分子；三嗪基团可以与磷酸酯[42]和酰亚胺[43]等阻燃基团构建双基或多基阻燃分子。

同样地，“基团协同效应”理论也适用于分子间的基团协同阻燃体系，例如：将9,10-二氢-9-氧杂-10-磷杂菲-10-氧化物（DOPO)/聚己基次膦酸铝（APHP）复合制备阻燃环氧树脂材料，可以通过分子间的磷杂菲基团和烷基次膦酸铝基团的协同作用，获得明显高于DOPO和APHP单独应用的阻燃效率，添加2%（质量分数）的APHP和4%（质量分数）的DOPO就可使环氧树脂材料的极限氧指数达到39.5%，并通过UL 94 V-0级[44]。DOPO和APHP的化学结构如图1.23所示。

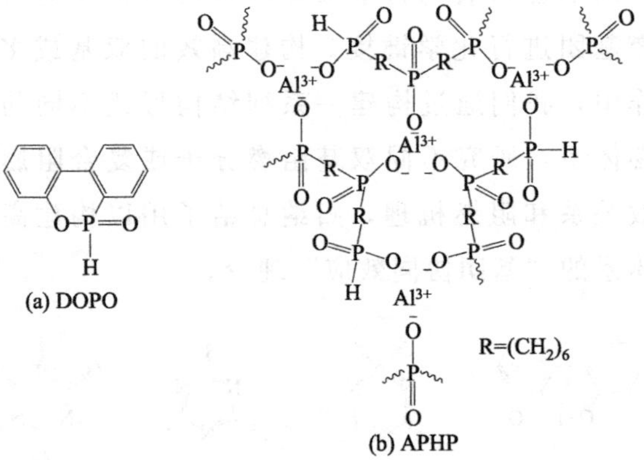

(a) DOPO

(b) APHP

R=$(CH_2)_6$

图1.23 DOPO和APHP的化学结构

“阻燃基团”概念和“基团协同效应”理论的提出，不仅弥补了“元素阻燃”理论在解释“无卤阻燃体系中，同一元素因所处不同化学结构，具有不同阻燃行为和作用效率”时的不足，也为含有同类基团的阻燃分子或复合体系阻燃机理的解析提供了参考依据，还为高效无卤阻燃分子或复合阻燃体系的设计和构建提供了更为直接有效的实现途径，为结构形式多样化的无卤阻燃剂研究提供了重要的借鉴和指导。

参考文献

[1] 孙曼灵. 环氧树脂应用原理与技术 [M]. 北京：机械工业出版社，2002：1-8.

[2] 李桂林. 环氧树脂与环氧涂料 [M]. 北京：化学工业出版社，2003：1-2.

[3] 陈平，刘胜平，王德中. 环氧树脂及其应用 [M]. 北京：化学工业出版社，2011：1-6.

[4] Lin C H，Wu C Y，Wang C S. Synthesis and properties of phosphorus-containing advanced epoxy resins. II [J]. Journal of Applied Polymer Science，2000，78 (1)：228-235.

[5] Shree Meenakshi K，Pradeep Jaya Sudhan E，Ananda Kumar S，Umapathy M J. Development and characterization of novel DOPO based phosphorus tetraglycidyl epoxy nanocomposites for aerospace applications [J]. Progress in Organic Coatings，2011，72 (3)：402-409.

[6] Shree Meenakshi K，Pradeep Jaya Sudhan E，Ananda Kumar S，Umapathy M J. Development of dimethylsiloxane based tetraglycidyl epoxy nanocomposites for high performance，

aerospace and advanced engineering applications [J]. Progress in Organic Coatings, 2012, 74 (1): 19-24.

[7] Bai Y W, Wang X D, Wu D Z. Novel cyclolinear cyclotriphosphazene-linked epoxy resin for halogen-free fire resistance: Synthesis, characterization, and flammability characteristics [J]. Industrial and Engineering Chemistry Research, 2012, 51 (46): 15064-15074.

[8] Xu G R, Xu M J, Li B. Synthesis and characterization of a novel epoxy resin based on cyclotriphosphazene and its thermal degradation and flammability performance [J]. Polymer Degradation and Stability, 2014, 109: 240-248.

[9] Liu R, Wang X D. Synthesis, characterization, thermal properties and flame retardancy of a novel nonflammable phosphazene-based epoxy resin [J]. Polymer Degradation and Stability, 2009, 94 (4): 617-624.

[10] El Gouri M, El Bachiri A, Hegazi S E, Rafik M, El Harfi A. Thermal degradation of a reactive flame retardant based on cyclotriphosphazene and its blend with DGEBA epoxy resin [J]. Polymer Degradation and Stability, 2009, 94 (11): 2101-2106.

[11] Qian X D, Song L, Hu Y, Jiang S H. Novel DOPO-based epoxy curing agents: Synthesis and the structure - property relationships of the curing agents on the fire safety of epoxy resins [J]. Journal of Thermal Analysis and Calorimetry, 2016, 126 (3): 1339-1348.

[12] Sun D C, Yao Y W. Synthesis of three novel phosphorus-containing flame retardants and their application in epoxy resins [J]. Polymer Degradation and Stability, 2011, 96 (10): 1720-1724.

[13] Xu M J, Xu G R, Leng Y, Li B. Synthesis of a novel flame retardant based on cyclotriphosphazene and DOPO groups and its application in epoxy resins [J]. Polymer Degradation and Stability, 2016, 123: 105-114.

[14] Xiong Y Q, Jiang Z J, Xie Y Y, Zhang X Y, Xu W J. Development of a DOPO-containing melamine epoxy hardeners and its thermal and flame-retardant properties of cured products [J]. Journal of Applied Polymer Science, 2013, 127 (6): 4352-4358.

[15] Liang B, Cao J, Hong X D, Wang C S. Synthesis and properties of a novel phosphorous-containing flame-retardant hardener for epoxy resin [J]. Journal of Applied Polymer Science, 2013, 128 (5): 2759-2765.

[16] Wirasaputra A, Yao X H, Zhu Y M, Liu S M, Yuan Y C, Zhao J Q, Fu Y. Flame-retarded epoxy resins with a curing agent of DOPO-triazine based anhydride [J]. Macromolecular Materials and Engineering, 2016, 301 (8): 982-991.

[17] Agrawal S, Narula A K. Synthesis and characterization of phosphorus- and silicon-containing flame-retardant curing agents and a study of their effect on thermal properties of epoxy resins [J]. Journal of Coatings Technology Research, 2014, 11 (4): 631-637.

[18] Liu H, Wang X D, Wu D Z. Preparation, isothermal kinetics, and performance of a novel epoxy thermosetting system based on phosphazene-cyclomatrix network for halogen-free

flame retardancy and high thermal stability [J]. Thermochimica Acta, 2015, 607: 60-73.

[19] Hsiue G H, Wei H F, Shiao S J, Kuo W J, Sha Y A. Chemical modification of dicyclopentadiene-based epoxy resins to improve compatibility and thermal properties [J]. Polymer Degradation and Stability, 2001, 73 (2): 309-318.

[20] Lv Q, Huang J Q, Chen M J, Zhao J, Tan Y, Chen L, Wang Y Z. An effective flame retardant and smoke suppression oligomer for epoxy resin [J]. Industrial and Engineering Chemistry Research, 2013, 52 (27): 9397-9404.

[21] Wang X, Hu Y, Song L, Yang H Y, Xing W Y, Lu H D. Synthesis and characterization of a DOPO-substitued organophosphorus oligomer and its application in flame retardant epoxy resins [J]. Progress in Organic Coatings, 2011, 71 (1): 72-82.

[22] Zhang W C, Li X M, Yang R J. Novel flame retardancy effects of DOPO-POSS on epoxy resins [J]. Polymer Degradation and Stability, 2011, 96 (12): 2167-2173.

[23] Li M, Zhang H, Wu W Q, Li M, Xu Y T, Chen G R, Dai L Z. A novel POSS-based copolymer functionalized graphene: An effective flame retardant for reducing the flammability of epoxy resin [J]. Polymers, 2019, 11 (2): 241.

[24] Shen D, Xu Y J, Long J W, Shi X H, Chen L, Wang Y Z. Epoxy resin flame-retarded via a novel melamine-organophosphinic acid salt: Thermal stability, flame retardance and pyrolysis behavior [J]. Journal of Analytical and Applied Pyrolysis, 2017, 128: 54-63.

[25] Yu B, Shi Y Q, Yuan B H, Qiu S L, Xing W Y, Hu W Z, Song L, Lo S M, Hu Y. Enhanced thermal and flame retardant properties of flame-retardant-wrapped graphene/epoxy resin nanocomposites [J]. Journal of Materials Chemistry A, 2015, 3 (15): 8034-8044.

[26] Ma H Y, Zhao L C, Liu J W, Wang J, Xu J Z. Functionalizing carbon nanotubes by grafting cyclotriphosphazene derivative to improve both mechanical strength and flame retardancy [J]. Polymer Composites, 2014, 35 (11): 2187-2193.

[27] Yang S, Wang J, Huo S Q, Wang J P, Tang Y S. Synthesis of a phosphorus/nitrogen-containing compound based on maleimide and cyclotriphosphazene and its flame-retardant mechanism on epoxy resin [J]. Polymer Degradation and Stability, 2016, 126: 9-16.

[28] Yang S, Wang J, Huo S Q, Wang M, Cheng L F. Synthesis of a phosphorus/nitrogen-containing additive with multifunctional groups and its flame-retardant effect in epoxy resin [J]. Industrial and Engineering Chemistry Research, 2015, 54 (32): 7777-7786.

[29] Huo S Q, Wang J, Yang S, Wang J P, Zhang B, Bo Z Chen X, Tang Y S. Synthesis of a novel phosphorus-nitrogen type flame retardant composed of maleimide, triazine-trione, and phosphaphenanthrene and its flame retardant effect on epoxy resin [J]. Polymer Degradation and Stability, 2016, 131: 106-113.

[30] Qian L J, Ye L J, Xu G Z, Liu J, Guo J Q. The non-halogen flame retardant epoxy resin

based on a novel compound with phosphaphenanthrene and cyclotriphosphazene double functional groups [J]. Polymer Degradation and Stability, 2011, 96 (6): 1118-1124.

[31] Qian L J, Qiu Y, Liu J, Xin F, Chen Y J. The flame retardant group-synergistic-effect of a phosphaphenanthrene and triazine double-group compound in epoxy resin [J]. Journal of Applied Polymer Science, 2014, 131 (3): 39709.

[32] Qian L J, Qiu Y, Sun N, Xu M L, Xu G Z, Xin F, Chen Y J. Pyrolysis route of a novel flame retardant constructed by phosphaphenanthrene and triazine-trione groups and its flame-retardant effect on epoxy resin [J]. Polymer Degradation and Stability, 2014, 107: 98-105.

[33] Tang S, Qian L J, Liu X X, Dong Y P. Gas-phase flame-retardant effects of a bi-group compound based on phosphaphenanthrene and triazine-trione groups in epoxy resin [J]. Polymer Degradation and Stability, 2016, 133: 350-357.

[34] Tang S, Qian L J, Qiu Y, Dong Y P. High-performance flame retardant epoxy resin based on a bi-group molecule containing phosphaphenanthrene and borate groups. Polymer Degradation and Stability, 2018, 153: 210-219.

[35] Jiang P, Gu X Y, Zhang S, Sun J, Wu S D, Zhao Q. Syntheses and characterization of four phosphaphenanthrene and phosphazene-based flame retardants [J]. Phosphorus, Sulfur, and Silicon and the Related Elements, 2014, 189 (12): 1811-1822.

[36] Butnaru I, Fernández-Ronco M P, Czech-Polak J, Heneczkowski M, Bruma M, Gaan S. Effect of meltable triazine-DOPO additive on rheological, mechanical, and flammability properties of PA6 [J]. Polymers, 2015, 7 (8): 1541-1563.

[37] Ding J P, Tao Z Q, Zuo X B, Fan L, Yang S Y. Preparation and properties of halogen-free flame retardant epoxy resins with phosphorus-containing siloxanes [J]. Polymer Bulletin, 2009, 62 (6): 829-841.

[38] Yang S, Wang J, Huo S Q, Cheng L F, Wang M. The synergistic effect of maleimide and phosphaphenanthrene groups on a reactive flame-retarded epoxy resin system [J]. Polymer Degradation and Stability, 2015, 115: 63-69.

[39] Hoang D, Kim W, An H, Kim J. Flame retardancies of novel organo-phosphorus flame retardants based on DOPO derivatives when applied to ABS [J]. Macromolecular Research, 2015, 23 (5): 442-448.

[40] Chen Y J, Wang W, Qiu Y, Li L S, Qian L J, Xin F. Terminal group effects of phosphazene-triazine bi-group flame retardant additives in flame retardant polylactic acid composites [J]. Polymer Degradation and Stability, 2017, 140: 166-175.

[41] Yang R, Hu W T, Xu L, Song Y, Li J C. Synthesis, mechanical properties and fire behaviors of rigid polyurethane foam with a reactive flame retardant containing phosphazene and phosphate [J]. Polymer Degradation and Stability, 2015, 122: 102-109.

[42] You G Y, Cheng Z Q, Tang Y Y, He H W. Functional group effect on char formation,

flame retardancy and mechanical properties of phosphonate-triazine-based compound as flame retardant in epoxy resin [J]. Industrial and Engineering Chemistry Research, 2015, 54 (30): 7309-7319.

[43] Wang Y Z, Zhao J Q, Yuan Y C, Liu S M, Feng Z M, Zhao Y. Synthesis of maleimido-substituted aromatic s-triazine and its application in flame-retarded epoxy resins [J]. Polymer Degradation and Stability, 2014, 99 (1): 27-34.

[44] Wang J Y, Qian L J, Huang Z G, Fang Y Y, Qiu Y. Synergistic flame-retardant behavior and mechanisms of aluminum poly-hexamethylenephosphinate and phosphaphenanthrene in epoxy resin [J]. Polymer Degradation and Stability, 2016, 130: 173-181.

第 2 章

磷杂菲/三嗪双基化合物阻燃环氧树脂

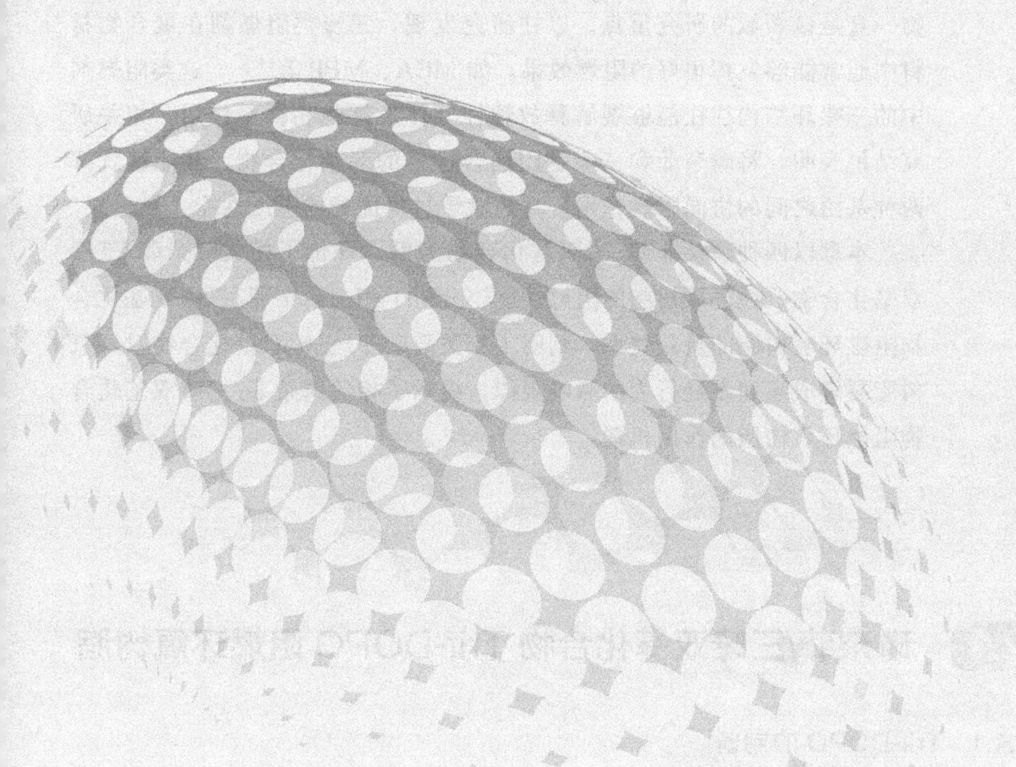

随着现代材料科技与电子技术的发展，环氧树脂材料在电子电器领域受到了广泛的应用。然而，大多数普通环氧树脂都存在阻燃性差，易于引燃，且引燃后难以自熄等问题。在实际应用过程中，通过提高环氧树脂的阻燃性来降低环氧树脂相关制品的火灾危险性是十分必要的。在环氧树脂阻燃改性领域，十溴二苯醚、六溴环十二烷以及溴化双酚 A 型环氧树脂等溴系阻燃剂为环氧树脂的阻燃改性做出了重大的贡献。但是，出于环保因素的考虑，目前国际上的化学品监管法规已相继对部分具有持久性有机污染以及会在燃烧时释放二噁英等有毒物质的卤系阻燃剂的使用进行了限制，尤其是对十溴二苯醚和六溴环十二烷等溴系阻燃剂给出了明确的禁用期限。为了进一步开发出阻燃效率高、经济成本低以及阻燃制品综合性能优异的环境友好型阻燃剂新产品，近年来国内外科研人员对无卤阻燃环氧树脂进行了大量的研究。其中，尤以磷杂菲、磷腈、三嗪、磷酸酯以及有机硅氧烷等阻燃官能基团化合物阻燃环氧树脂的研究进展最为显著。

由于磷杂菲分子中含有活泼的 P—H 键，容易与其他官能团发生反应，因此磷杂菲衍生物的种类繁多[1-3]。而如何构建高效的磷杂菲衍生物一直是该领域的研究重点。以往研究发现，三嗪类阻燃剂在聚合物材料中通常能够发挥很好的阻燃效果，如 MCA、MPP 等[4-6]，这类阻燃剂中的三嗪环结构往往能够裂解释放惰性气体发挥气相稀释作用。相关研究结果表明，将磷杂菲和三嗪基团结合构建的双基化合物，还能够发挥两种基团之间的协同阻燃作用，高效赋予材料优异的阻燃性能[7-10]。

本章以四种磷杂菲/三嗪双基化合物为例，评价了相关磷杂菲/三嗪双基化合物改性环氧树脂的阻燃性能，分析了相关磷杂菲/三嗪双基化合物阻燃环氧树脂的量效关系，阐明了相关磷杂菲/三嗪双基化合物对环氧树脂裂解成炭和燃烧行为的影响规律，揭示了相关磷杂菲/三嗪双基化合物阻燃环氧树脂的作用机理。

2.1 磷杂菲/三嗪双基化合物 Trif-DOPO 阻燃环氧树脂

2.1.1 Trif-DOPO 的制备

将对羟基苯甲醛 PHBA（167.5g，1.372mol）和 Na_2CO_3（145.5g，

1.372mol）加入 400mL 丙酮中，搅拌反应 1h 后，在 56℃下回流反应 6h。反应结束后，冷却至室温，减压抽滤，再搅拌水洗滤出物（80℃，30min）3 次，并在 105℃下烘干，即得白色粉末状中间体 Trif，制备方程如图 2.1 所示。产率：93.6%；熔点（m.p.）：183.2℃；FTIR（KBr，cm^{-1}）：1701（C═O），1567 和 1592（C_3N_3），1362（C—N），1211 和 1162（C—O—Ph）；^1H NMR（丙酮-d_6）：δ=9.98(s,3H)，δ=7.98 和 7.95(d,6H)，δ=7.49 和 7.46(d,6H)。

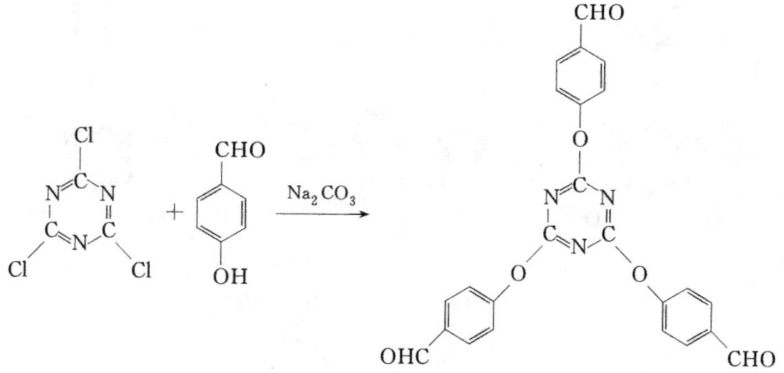

图 2.1　Trif 的制备方程

将中间体 Trif（11.0g，0.025mol）和 DOPO（21.6g，0.100mol）溶于 100mL 的 1,2-二氯乙烷中，再在 85℃下回流反应 4h。反应结束后，趁热进行减压抽滤，再用 100mL 的 1,2-二氯乙烷搅拌洗涤滤出物（85℃，30min）2 次，除去过量的 DOPO。洗涤结束后，先在通风橱中晾置 30min，再在 110℃下烘干，得白色粉末状目标产物 Trif-DOPO，制备方程如图 2.2 所示。产率：76.4%；熔点：182.6℃；FTIR（KBr，cm^{-1}）：3382（OH），928 和 752（P—O—Ph），1370（C—N），1569（C_3N_3）；^1H NMR（DMSO-d_6）：δ=7.13～8.24(m,36H)，δ=6.37 和 6.31(d,3H)，δ = 5.39 和 5.20(d,3H)；^{31}P NMR（DMSO-d_6）：δ=31.0。

2.1.2　Trif-DOPO 阻燃环氧树脂的制备

Trif-DOPO/EP/DDS 样品的制备：将双酚 A 二缩水甘油醚（DGEBA，E-51）加热至 185℃后，加入 Trif-DOPO，搅拌至 Trif-DOPO 完全溶解，然后加入 4,4′-二氨基二苯砜（DDS），并搅拌至 DDS 完全溶解。

随后，将共混体系置于185℃真空烘箱中抽真空3.5min，除去体系中的气泡，再迅速将Trif-DOPO/EP/DDS混合物浇注到预热的模具中。先将环氧树脂置于150℃下预固化3h，再在180℃下深度固化5h。此为制备工艺（1）。

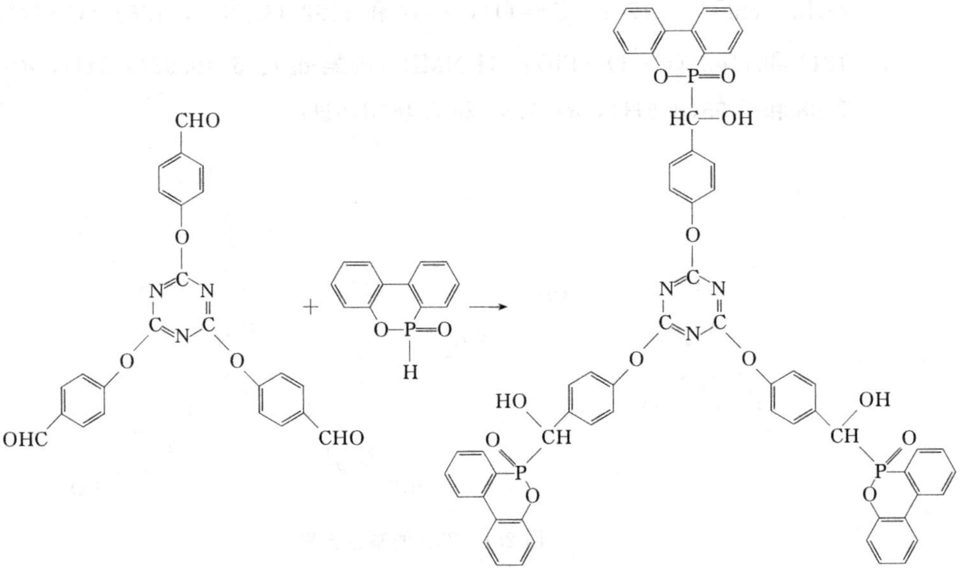

图2.2 Trif-DOPO的制备方程

DOPO-EP/DDS样品的制备：将DGEBA升温至150℃后，加入DOPO，搅拌反应3h后，将体系升温至185℃，加入DDS，并搅拌至DDS完全溶解。随后，将共混体系置于185℃真空烘箱中抽真空3.5min，除去体系中的气泡，再迅速将DOPO-EP/DDS混合物浇注到预热的模具中。先将环氧树脂置于150℃下预固化3h，再在180℃下深度固化5h。

对比样品TPT/EP/DDS的制备方法同制备工艺（1），只是将Trif-DOPO替换为三苯氧基三嗪（TPT），其化学结构如图2.3所示。

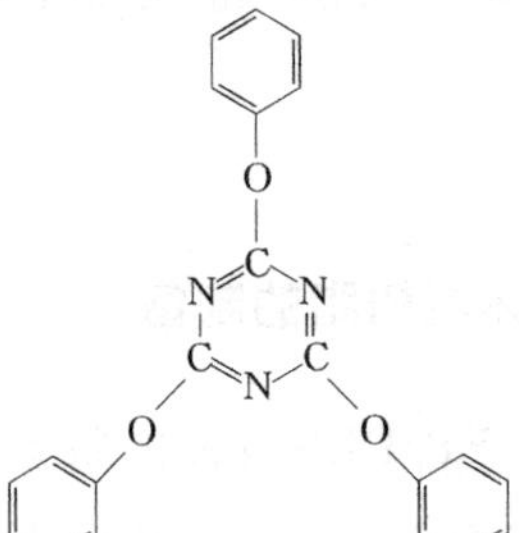

图2.3 TPT的化学结构

对比样品EP/DDS的制备方法同制备工艺（1），只是不添加Trif-DOPO。

DGEBA、DDS、Trif-DOPO、DOPO以及TPT在阻燃环氧树脂样品中的添加量如表2.1所示。

表2.1 Trif-DOPO阻燃环氧树脂的制备配方

样品	DGEBA /g	DDS /g	Trif-DOPO /g	DOPO /g	TPT /g	磷含量(质量分数) /%
EP/DDS	100	31.6	—	—	—	—
Trif-DOPO/EP/DDS-1.0	100	31.6	17.5	—	—	1.0
Trif-DOPO/EP/DDS-1.2	100	31.6	21.5	—	—	1.2
Trif-DOPO/EP/DDS-1.5	100	31.6	28.0	—	—	1.5
Trif-DOPO/EP/DDS-2.0	100	31.6	40.2	—	—	2.0
DOPO-EP/DDS	100	28.2	—	11.7	—	1.2
TPT/EP/DDS	100	31.6	—	—	21.5	—

2.1.3 LOI和UL 94垂直燃烧试验

首先采用LOI和UL 94垂直燃烧试验对环氧树脂材料的阻燃性能进行了测试，评价了Trif-DOPO阻燃环氧树脂的量效关系。

由表2.2可知，Trif-DOPO/EP/DDS-1.2的阻燃性能最为优异。磷含量为1.2%（质量分数）时，Trif-DOPO/EP/DDS-1.2达到UL 94 V-0级，并获得36.0%的LOI。而拥有同等磷含量（即同等摩尔量的磷杂菲结构）的DOPO-EP/DDS，LOI为31.7%，阻燃级别达到UL 94 V-1级，与Trif-DOPO/EP/DDS-1.2获得的阻燃性能存在明显的差距。这说明，Trif-DOPO/EP/DDS-1.2的优异阻燃性能不仅仅得益于Trif-DOPO分子中的磷杂菲结构，还与分子内的其他结构有关。由图2.2可知，除了磷杂菲结构，Trif-DOPO分子结构中还存在羟基叔甲基、苯氧基和三嗪结构。TPT/EP/DDS的测试结果表明：在与Trif-DOPO同等添加量的条件下，含有苯氧基和三嗪结构的TPT对环氧树脂的阻燃性能没有明显的改善，LOI仅由22.5%提高至24.5%，而阻燃级别则仍为UL 94无级别。因此，Trif-DOPO/EP/DDS-1.2的优异阻燃性能应该是Trif-DOPO分子中羟基叔甲基、苯氧基、三嗪和磷杂菲结构共同作用的结果。

表 2.2 Trif-DOPO 阻燃环氧树脂的 LOI 和 UL 94 阻燃级别

样品	磷含量(质量分数)/%	LOI /%	UL 94 阻燃级别	是否熔滴
EP/DDS	—	22.5	无级别	是
Trif-DOPO/EP/DDS-1.0	1.0	33.9	无级别	否
Trif-DOPO/EP/DDS-1.2	1.2	36.0	V-0 级	否
Trif-DOPO/EP/DDS-1.5	1.5	32.6	V-0 级	否
Trif-DOPO/EP/DDS-2.0	2.0	30.1	V-0 级	否
DOPO-EP/DDS	1.2	31.7	V-1 级	否
TPT/EP/DDS	—	24.5	无级别	是

此外，还通过对比不同磷含量的 Trif-DOPO/EP/DDS，进一步确定了 Trif-DOPO 阻燃环氧树脂的量效关系。由表 2.2 可知，随着体系磷含量由 0 增至 1.2%（质量分数），环氧树脂的 LOI 迅速地从 22.5%增至 36.0%，表现出了优异的阻燃效果。进一步将体系的磷含量从 1.2%增至 2.0%，环氧树脂的 LOI 反而从 36.0%降至了 30.1%。这是因为在 Trif-DOPO/EP/DDS 体系中，不同的 Trif-DOPO 添加量会有不同的 P/N/Ar（芳环）比例，且该比例对热固性聚合物材料的阻燃性能具有重要影响。当体系的 P/N/C-Ar 达到最佳时，材料的成炭性、阻燃气体释放比例等因素将会得到优化，使材料的阻燃性能达到最优[2]。同时，垂直燃烧试验测试结果表明：未阻燃的 EP/DDS 处于 UL 94 无级别，且伴有严重的熔滴现象。Trif-DOPO 的添加有效地抑制环氧树脂燃烧过程中的熔滴行为。当体系磷含量达到 1.2%时，Trif-DOPO/EP/DDS-1.2 达到 UL 94 V-0 级。而对于 DOPO-EP/DDS 体系，当体系磷含量达到 1.6%时，样品的阻燃级别才达到 UL 94 V-0 级[3]。这说明 Trif-DOPO 不仅能够赋予环氧树脂优异的阻燃性能，而且比 DOPO 阻燃环氧树脂具有更高的磷效率。

2.1.4 热性能分析

由图 2.4 可知，Trif-DOPO 的裂解行为可分为明显的两个阶段：第一阶段是从 225℃到 350℃，跨度区间为 125℃，失重率为 27.8%（质量分数）；第二阶段是从 350℃到 600℃，跨度区间为 250℃，失重率为 40.4%。通过对比 EP/DDS、DOPO-EP/DDS、TPT/EP/DDS 和 Trif-

DOPO/EP/DDS-1.2 四者间的热稳定性可知，Trif-DOPO/EP/DDS-1.2 的热稳定性最差，而未阻燃的 EP/DDS 样品热稳定性最好。因此，排除环氧树脂基体因素的干扰，DOPO-EP/DDS、TPT/EP/DDS 和 Trif-DOPO/EP/DDS-1.2 热稳定性的差异主要受树脂基体中添加的阻燃剂（TPT 或 Trif-DOPO）或生成的阻燃结构（DOPO-EP）影响。

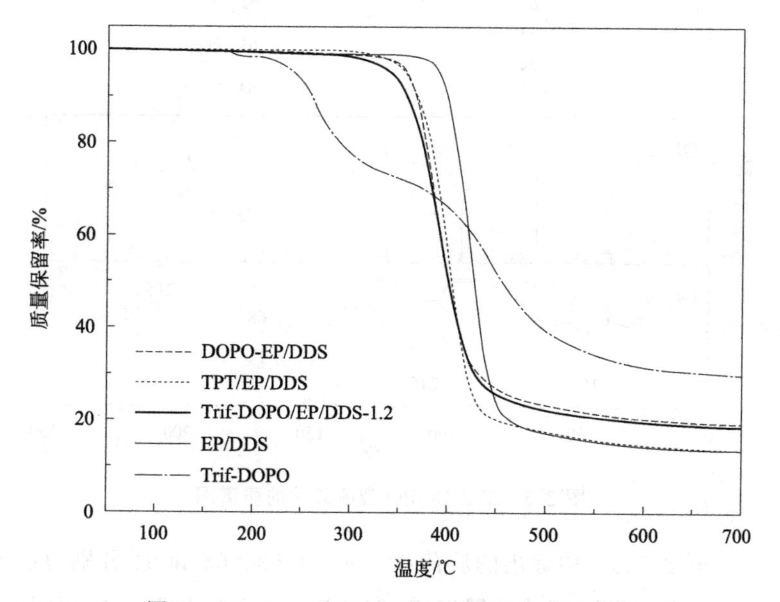

图 2.4　Trif-DOPO 阻燃环氧树脂的热失重曲线

鉴于 DOPO-EP/DDS 和 TPT/EP/DDS 的热稳定性都高于 Trif-DOPO/EP/DDS-1.2，Trif-DOPO 和 Trif-DOPO/EP/DDS-1.2 的热稳定性应是受 Trif-DOPO 分子结构中的羟基叔甲基结构制约的结果。所以，在第一阶段裂解过程中，Trif-DOPO 分子中的羟基叔甲基容易通过缩合、消除反应引发 Trif-DOPO 在较低的温度下发生裂解，释放出磷氧自由基和苯氧自由基等自由基碎片。随着裂解温度的进一步升高，Trif-DOPO 在第二阶段的裂解行为体现在磷杂菲结构向磷酸、聚磷酸等富磷残留物的转变和三嗪结构裂解释放氨气等不燃性气体。

2.1.5　Trif-DOPO 的裂解行为

通过采用 Py-GC/MS 测试解析了 Trif-DOPO 的裂解行为及其高效阻燃环氧树脂的机理。

由 TGA 分析可知，Trif-DOPO 的一级裂解发生在 350℃以下。因此，在 350℃裂解温度下进行的 Py-GC/MS 测试将为 Trif-DOPO 裂解行为及其在环氧树脂中的阻燃机理研究提供更为直接的证据。Trif-DOPO 在 350℃裂解温度下的主要气相色谱峰质谱解析结果如图 2.5 所示。

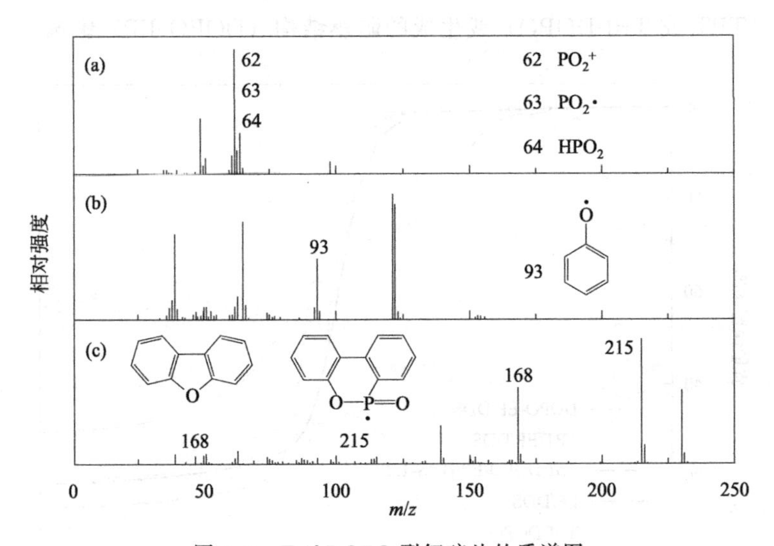

图 2.5 Trif-DOPO 裂解碎片的质谱图

图 2.5(a) 中标出的质荷比（m/z）62、63 和 64 分别对应于 PO_2^+、PO_2·和 HPO_2 碎片，属于 Trif-DOPO 分子中的唯一含磷结构——磷杂菲基团的裂解产物；图 2.5(b) 中标出的质荷比 93 对应于苯氧自由基碎片，属于 Trif-DOPO 分子中的苯氧基结构的裂解碎片；图 2.5(c) 中标出的质荷比 215 和 168 分别对应于磷杂菲自由基和二苯并呋喃，属于磷杂菲结构的初步剥离以及进一步裂解的产物。Trif-DOPO 裂解释放出磷氧自由基和苯氧自由基等自由基碎片，能够通过猝灭 H·、HO·和链端自由基等活性自由基，抑制树脂基体的裂解和燃烧反应。而滞留于凝聚相的磷杂菲结构在进一步裂解生成磷酸和多聚磷酸等化合物后，有利于促进环氧树脂基体脱水炭化，形成致密、厚实的残炭阻隔层，隔绝内部可燃性气体的释放、外部氧气的进入以及外部热量向内部树脂的热反馈，进而削弱甚至消除材料进一步燃烧的条件。

2.1.6 锥形量热仪燃烧试验

采用锥形量热仪对 Trif-DOPO 阻燃环氧树脂的燃烧行为进行了表征

分析，结果见表 2.3 和图 2.6。由表 2.3 可知，Trif-DOPO/EP/DDS-1.2 的引燃时间（TTI）最小，说明该样品在点火过程中较早地在热辐照下裂解，释放出可燃性气体，从而被点火器激发的电火花点燃。这与 Trif-DOPO/EP/DDS-1.2 的 TGA 曲线表现出的提前失重的结果相一致。这主要是因为 Trif-DOPO 分子上不稳定的羟基叔甲基容易受热裂解，且裂解产物能够进一步诱发基体树脂结构断裂，释放出可燃性气体，从而使 Trif-DOPO/EP/DDS-1.2 的 TTI 减小。

表 2.3　Trif-DOPO 阻燃环氧树脂的锥形量热仪燃烧试验参数

样品	TTI /s	pk-HRR /(kW/m^2)	THR /(MJ/m^2)	av-COY /(kg/kg)	av-CO_2Y /(kg/kg)
EP/DDS	52	995	93.3	0.079	1.529
Trif-DOPO/EP/DDS-1.0	48	391	70.4	0.143	1.540
Trif-DOPO/EP/DDS-1.2	44	421	67.9	0.154	1.536
DOPO-EP/DDS	57	437	60.6	0.127	1.164
TPT/EP/DDS	48	964	88.7	0.081	2.107

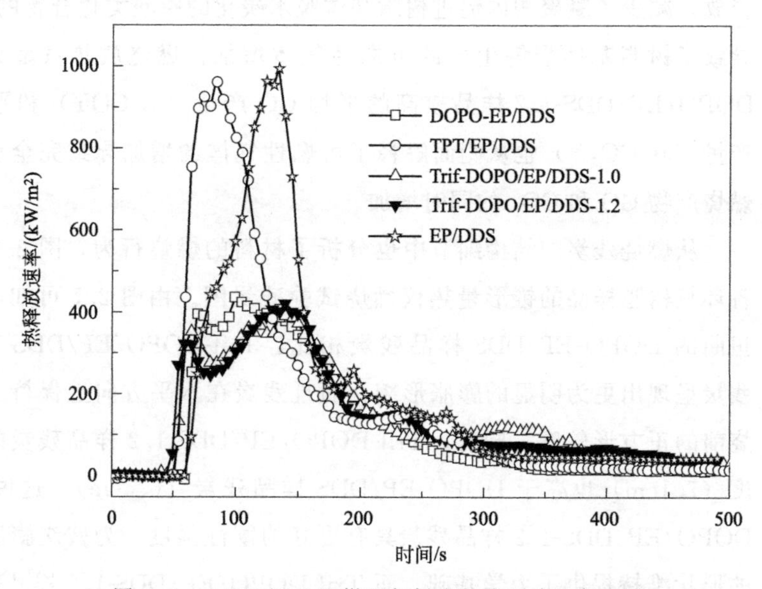

图 2.6　Trif-DOPO 阻燃环氧树脂的热释放速率曲线

由图 2.6 可知，尽管 TTI 较小，但与未阻燃的 EP/DDS 相比，Trif-DOPO/EP/DDS-1.2 的热释放速率（HRR）在后续的燃烧过程中显著受到了抑制。而对于拥有较大 TTI 的 DOPO-EP/DDS，由于磷杂菲基团在

DOPO-EP结构中与亚甲基键接，且由DOPO-EP/DDS的TGA曲线可知该样品的初始分解温度［失重1%（质量分数）］为297℃，故而这种键接结构的热稳定性可达297℃以上，确保了DOPO-EP/DDS不易裂解产生可燃性气体，进而在锥形量热仪燃烧试验中获得较高的TTI。

锥形量热仪燃烧试验表明，TPT/EP/DDS的TTI较小，受热辐照后容易发生裂解。在后续燃烧过程中，该样品的HHR不仅没有明显下降，pk-HRR出现的时间反而明显提前。这说明TPT不仅不能对环氧树脂基体的燃烧行为进行有效的抑制，甚至还会很大程度地诱发材料裂解速率，加快可燃性气体的产生和释放，使材料的燃烧放热峰提前。这从侧面说明单独的三嗪苯氧基结构对环氧树脂阻燃性能的提升基本无效，Trif-DOPO/EP/DDS-1.2样品优异的阻燃性能是Trif-DOPO分子中的磷杂菲、三嗪以及苯氧基的协同阻燃的结果。

表2.3中的结果表明，Trif-DOPO/EP/DDS-1.2样品的THR（总释放热）略高于DOPO-EP/DDS样品。根据上文的论述分析可知，受羟基叔甲基的影响，Trif-DOPO裂解生成的部分磷杂菲碎片在未充分裂解前释放，减少了凝聚相内促进树脂基体脱水炭化的磷酸类化合物的生成量，导致了树脂基体裂解生成的可燃性气体增加，燃烧放热量增大。Trif-DOPO/EP/DDS-1.2样品较高的平均CO产量（av-COY）和平均CO_2产量（av-CO_2Y）也从侧面解释了可燃性气体的增加导致完全和不完全燃烧产物CO和CO_2的同时增加。

从燃烧残炭的结构细节中也分析了材料的燃烧行为，图2.7给出了各环氧树脂样品的锥形量热仪燃烧试验残炭图。由图2.7可知，与外形扭曲的DOPO-EP/DDS样品残炭相比，Trif-DOPO/EP/DDS-1.2样品残炭呈现出更为明显的膨胀形貌，而且残炭在水平方向上保持了样品燃烧前的正方形轮廓。同时，Trif-DOPO/EP/DDS-1.2样品残炭的膨胀高度（7.1cm）也高于DOPO-EP/DDS样品残炭（6.5cm）。这说明Trif-DOPO/EP/DDS-1.2样品残炭具有更好的刚性强度，为残炭膨胀过程中的形状维持提供了力学基础。而Trif-DOPO/EP/DDS-1.2样品残炭的良好刚性主要来源于Trif-DOPO分子结构中刚性的三嗪结构。TPT单独阻燃环氧树脂时，TPT只能通过裂解释放出苯氧自由基和氨气等不燃性气体，发挥微弱的阻燃作用，无法通过促进树脂成炭将三嗪结构锁入残炭结构中，因而对树脂基体的残炭强度和成炭性均无明显的贡献。这充

(a) Trif-DOPO/EP/DDS-1.2, 7.1cm　　(b) DOPO-EP/DDS, 6.5cm

(c) Trif-DOPO/EP/DDS-1.0, 6.7cm　　(d) EP/DDS　　(e) TPT/EP/DDS

图 2.7　Trif-DOPO 阻燃环氧树脂燃烧残炭的宏观形貌

分地说明只有磷杂菲、羟基叔甲基、苯氧基以及三嗪等基团共同作用时才能赋予环氧树脂优异的成炭性能。另外，Trif-DOPO/EP/DDS-1.0 样品残炭（6.7cm）不仅在高度上比 Trif-DOPO/EP/DDS-1.2 样品残炭略低，而且残炭的外形也没有后者规整。这说明 Trif-DOPO/EP/DDS 样品残炭的刚性与 Trif-DOPO 的添加量密切相关。

在燃烧过程中，残炭膨胀的动力主要来源于残留物包裹的可燃和不可燃气体等气态裂解产物施加到黏稠态残留物上的内部气压，这说明残炭的膨胀高度还与残留物的黏度和韧性有关。通过扫描电镜测试，从微观层面上进一步证实了 Trif-DOPO 能够有效地促进环氧树脂形成完整、致密的膨胀炭层，图 2.8 给出了 Trif-DOPO 和 DOPO 分别阻燃环氧树脂

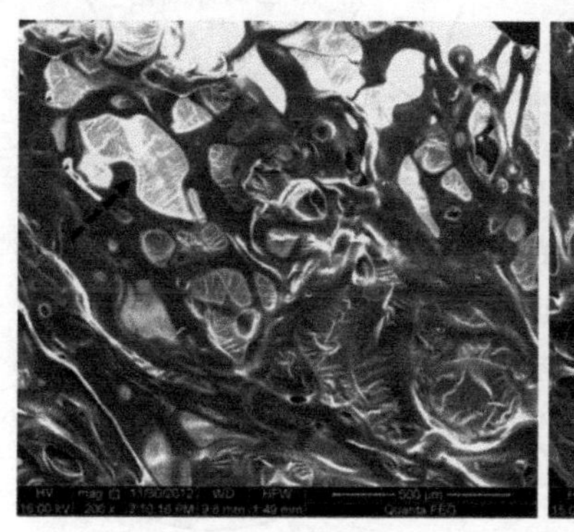
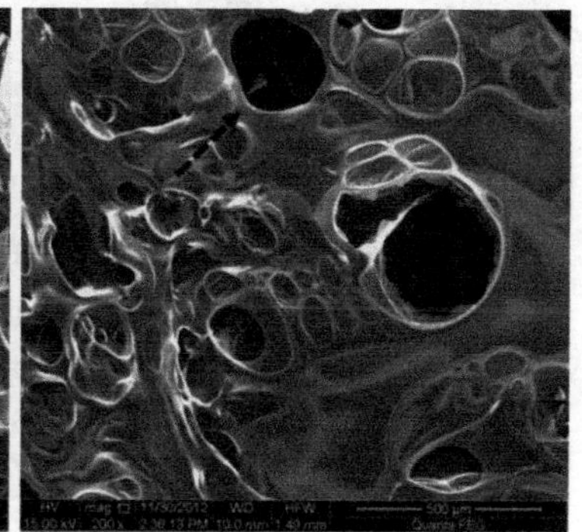
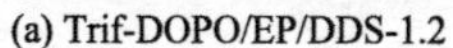

(a) Trif-DOPO/EP/DDS-1.2　　(b) DOPO-EP/DDS

图 2.8　Trif-DOPO 阻燃环氧树脂燃烧残炭的微观形貌

样品锥形量热燃烧试验残炭的 SEM 图。由图 2.8 可知，Trif-DOPO/EP/DDS-1.2 样品残炭上存在大量的封闭型牵伸薄层结构。而 DOPO-EP/DDS 样品残炭上尽管也存在了大量的牵伸薄层结构，但是残炭上存在的贯穿孔洞严重地破坏了残炭的密闭结构，既容易让内层树脂裂解产生的可燃性气体逸散到外部气相，也让残留物承受的内部气压下降，进而导致膨胀动力不足。鉴于此，Trif-DOPO 的优异阻燃效率得益于其分子结构中磷杂菲、羟基叔甲基、苯氧基以及三嗪等基团的协同作用促进了树脂基体在燃烧过程中形成封闭、高强的刚性炭层。

2.1.7 Trif-DOPO 的基团协同阻燃机理

通过图 2.9 说明了 Trif-DOPO 分子内存在的基团协同效应。如图 2.9 所示，Trif-DOPO 分子由磷杂菲、羟基叔甲基以及苯氧基三嗪三部分构成。其中，羟基叔甲基在受热条件下容易形成 Trif-DOPO 分子裂解的诱发点，使其裂解生成磷杂菲自由基、水蒸气以及三嗪苯氧自由基等碎片。其中，磷杂菲自由基还将进一步裂解产生磷氧自由基、苯氧自由基以及磷酸类化合物，而三嗪苯氧自由基则在进一步裂解后会释放出苯氧自由基和不燃性氨气等产物。磷氧自由基和苯氧自由基等裂解碎片不仅能够猝灭 H· 和 HO· 等活性自由基而抑制树脂基体的燃烧反应，还

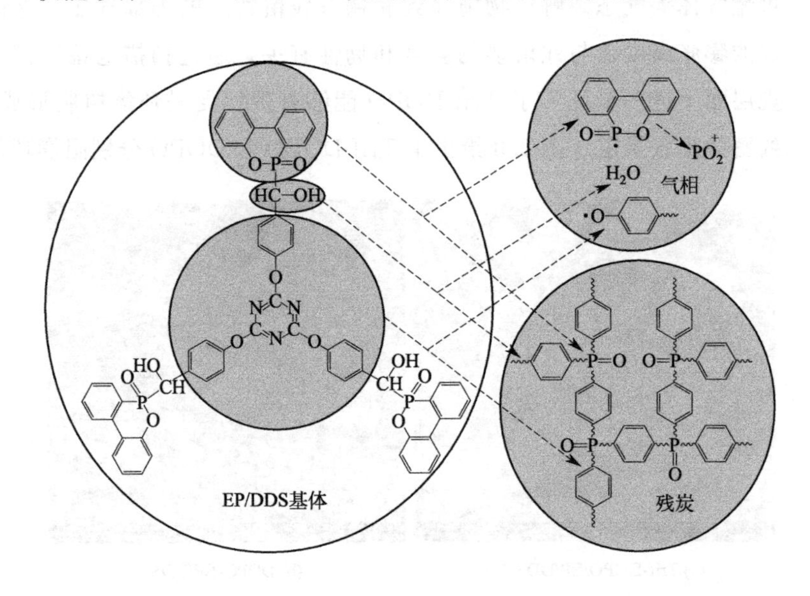

图 2.9 Trif-DOPO 的基团协同阻燃机理

能猝灭链端自由基而阻止树脂基体的进一步裂解。而氨气等不燃性气体进入气相后能够稀释氧气和可燃性气体，降低燃烧强度。在凝聚相中，Trif-DOPO 分子中的羟基叔甲基键合到环氧树脂上形成柔性聚醚化合物，增强残留物的黏弹性；磷杂菲结构裂解生成磷酸、偏磷酸以及聚磷酸等酸类化合物，不仅能够促进树脂基体脱水炭化形成封闭炭层，还能将三嗪结构锁定到树脂炭化结构中提高残炭的刚性。以上三种结构在树脂燃烧过程中的共同作用，既直观地展示了 Trif-DOPO 基团协同效应的作用方式，也高效地赋予了 Trif-DOPO/EP/DDS 体系优异的阻燃性能。

2.1.8 小结

本节介绍了一种磷杂菲/三嗪双基化合物 Trif-DOPO 的制备方法及表征，并对 Trif-DOPO 在 EP/DDS 体系中的阻燃行为进行了评价。当 Trif-DOPO/EP/DDS 体系的磷含量达到 1.2%（质量分数）时，Trif-DOPO/EP/DDS-1.2 样品达到 UL 94 V-0 级，并获得 36.0%的 LOI。同等磷含量下，Trif-DOPO/EP/DDS 体系的阻燃效率高于 DOPO-EP/DDS 体系。而与 Trif-DOPO 同等添加量的 TPT/EP/DDS 样品的阻燃性能则没有明显的改善。Trif-DOPO 结构中的磷杂菲和三嗪基团表现出了明显的基团协同效应。此外，Trif-DOPO 还可以有效地降低环氧树脂燃烧过程中的 pk-HRR 和 THR。

Trif-DOPO 通过分子中的磷杂菲、羟基叔甲基和苯氧基三嗪结构间的基团协同效应发挥高效阻燃作用。一方面，羟基叔甲基诱发 Trif-DOPO 裂解生成的磷氧自由基、苯氧自由基等碎片既能猝灭 H· 和 HO· 等活性自由基而抑制树脂基体的燃烧反应，还能猝灭链端自由基而阻止树脂基体的进一步裂解，而三嗪结构裂解释放的氨气等不燃性气体进入气相后能够稀释氧气和可燃性气体，抑制燃烧强度；另一方面，羟基叔甲基键合到环氧树脂上形成的柔性聚醚化合物能够增强燃烧残留物的黏弹性，而磷杂菲结构裂解生成的磷酸类化合物不仅能促进树脂基体脱水炭化形成封闭炭层，还可以将三嗪结构锁定到树脂炭化结构中提高残炭的刚性。Trif-DOPO 分子中的磷杂菲、羟基叔甲基和苯氧基三嗪构建的基团协同阻燃体系高效地赋予了环氧树脂优异的阻燃性能。

2.2 磷杂菲/三嗪双基化合物 TAD 阻燃环氧树脂

2.2.1 TAD 的制备

在 145℃油浴下，将 DOPO（64.8g，0.30mol）缓慢搅拌至完全融化后，以 5min 滴 2.49g 的速度加入三烯丙基三嗪三酮 TAIC（24.9g，0.10mol）。随后在 155℃油浴下搅拌反应 2h。反应结束后，将 TAD 粗产物加入乙醇/水（1∶4）混合溶剂体系中，搅拌洗涤、脱溶后，即得提纯后的目标产物 TAD，制备方程如图 2.10 所示。产率：88%；T_g：103℃；FTIR（KBr，cm^{-1}）：3070（Ar—H），2905（C—H），1688（C═O），1590（C_6H_6），1466（C—N），1217（P═O），911（P—O—Ph），755（o—R_1—Ph—R_2）；^{1}HNMR（DMSO-d_6）：6.8～8.2（Ar—H，24H），3.7（$C_3N_3O_3$—CH_2，6H），2.3（DOPO—CH_2，6H），1.7（CH_2，6H）；^{31}PNMR（DMSO-d_6）：36.8。

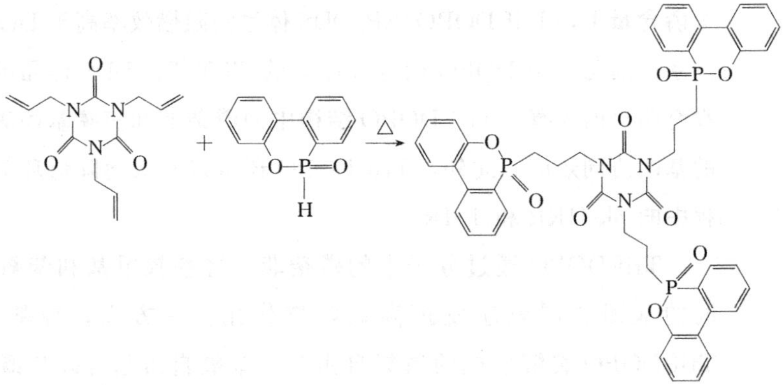

图 2.10 TAD 的制备方程

2.2.2 TAD 阻燃环氧树脂的制备

将 DGEBA 加热至 180℃后，加入 TAD，并搅拌至 TAD 完全溶解，再加入固化剂 DDS，搅拌至 DDS 完全溶解后，将 TAD/EP/DDS 混合体系置于 185℃的真空烘箱抽真空 3min，除去体系中的气泡，再迅速将其浇注到预热的模具中。先在 160℃下固化反应 1h，随后升温至 180℃继续固化反应 2h，最后升温至 200℃深度固化反应 1h。与此同时，还制备了三个对比样品，即纯环氧树脂和只添加 TAIC 或 DOPO 的环氧树脂复合材料。TAD、TAIC、DOPO、环氧树脂、固化剂的添加量如表 2.4 所示。

表 2.4 TAD 阻燃环氧树脂的制备配方

样品	DGEBA/g	DDS/g	TAD/g	TAIC/g	DOPO/g	磷含量/%
EP	100	31.6	—	—	—	—
6%TAD/EP	100	31.6	8.4	—	—	0.62
8%TAD/EP	100	31.6	11.4	—	—	0.83
10%TAD/EP	100	31.6	14.6	—	—	1.03
12%TAD/EP	100	31.6	17.9	—	—	1.24
10%TAIC/EP	100	31.6	—	14.6	—	0
10%DOPO/EP	100	31.6	—	—	14.6	1.44

2.2.3 LOI 和 UL 94 垂直燃烧试验

采用 LOI 和 UL 94 垂直燃烧试验测试了环氧树脂材料在小火焰下的燃烧性能，评价了 TAD 阻燃环氧树脂的量效关系。如表 2.5 所示，纯环氧树脂 EP 的 LOI 为 22.5%，UL 94 垂直燃烧等级为无级别。当 6%（质量分数）的 TAD 添加到环氧树脂中时，复合材料的 LOI 提升至 32.4%，但 UL 94 垂直燃烧等级仍然是无级别，这说明 TAD 能够提升环氧树脂的阻燃性能，但 6%的 TAD 仍不足以使得环氧树脂达到令人满意的阻燃效果。随着 TAD 添加量的增加，环氧树脂复合材料的 LOI 和垂直燃烧等级逐渐提升。当 TAD 的添加量达到 10%时，材料的 LOI 提升至 34.2%，UL 94 垂直燃烧达到 V-1 级别。继续提升 TAD 的含量至 12%，材料的 LOI 发生轻微的下降，降至 33.5%，而 UL 94 垂直燃烧等级达到 V-0 级别。由此可知，TAD 对于环氧树脂的阻燃性能有着明显的提升作用。而且当 TAD 的添加量为 10%时，环氧树脂复合材料的综合阻燃性能最优。

此外，对比样品 10%TAIC/EP 的 LOI 为 23.6%，UL 94 垂直燃烧等级为无级别。这说明 TAIC 本身对于环氧树脂的阻燃性能几乎没有提升作用。而 10%DOPO/EP 样品的 LOI 为 30.6%，UL 94 垂直燃烧达到 V-1 级别，说明 DOPO 对于环氧树脂的阻燃性能有着一定的提升作用，但提升程度不如 TAD 明显。这主要是因为三嗪三酮和磷杂菲基团之间存在着协同作用，这种不同基团间的协同阻燃作用使得 10%TAD/EP 样品获得了优异的阻燃性能。

表 2.5 TAD 阻燃环氧树脂的 LOI 和 UL 94 阻燃级别

样 品	LOI /%	UL 94 垂直燃烧试验		
		av-t_1/s	av-t_2/s	阻燃级别
EP	22.5	121.4	—	无级别
6%TAD/EP	32.4	14.1	16.3	无级别
8%TAD/EP	32.6	4.2	9.3	V-1 级
10%TAD/EP	34.2	8.3	7.4	V-1 级
12%TAD/EP	33.5	3.9	3.2	V-0 级
10%TAIC/EP	23.6	118.7	—	无级别
10%DOPO/EP	30.6	18.7	3.8	V-1 级

2.2.4 热性能分析

如表 2.6 和图 2.11 所示，热失重测试结果表明，纯环氧树脂 EP 失重 1%（质量分数）的分解温度（$T_{d,1\%}$）为 378℃。而在 406～472℃区间，TAD 的质量保留率均高于 EP，这说明 TAD 有着较高的热稳定性。尽管 TAD 在高温区间内有着较好的热稳定性，但添加了 TAD 的阻燃环氧树脂的初始热分解温度较纯 EP 都有一定程度的降低，这是由于 TAD 在较低温度下发生了提前分解。然而，不同添加量下的 TAD/EP 样品的初始分解温度降低的程度非常小，这说明 TAD 对于环氧树脂的热稳定性影响不大，TAD 阻燃环氧树脂仍然能够保持较好的热稳定性，这对于环氧树脂在工业领域的应用是十分重要的。在 600℃时，阻燃环氧树脂的残炭产率（$R_{600℃}$）较纯环氧树脂提升了 5.9%～8.2%（质量分数）。这主要是因为，TAD 在较高温度下的成炭率较低，几乎全部裂解成为小分子碎片，如磷杂菲所裂解产生的磷氧自由基等，而且这些小分子碎片能够干预环氧树脂的裂解过程，改变了环氧树脂的裂解产物，使得更多的树脂被保留在凝聚相残炭中，提升环氧树脂的残炭产率。

表 2.6 TAD 阻燃环氧树脂的热失重参数

样 品	$T_{d,1\%}$/℃	$T_{d,5\%}$/℃	$R_{600℃}$/%
TAD	291	383	6.7
EP	378	391	12.6
6%TAD/EP	341	385	18.5

续表

样 品	$T_{d,1\%}$/℃	$T_{d,5\%}$/℃	$R_{600℃}$/%
8%TAD/EP	358	383	20.8
10%TAD/EP	354	387	18.5
12%TAD/EP	340	380	19.6

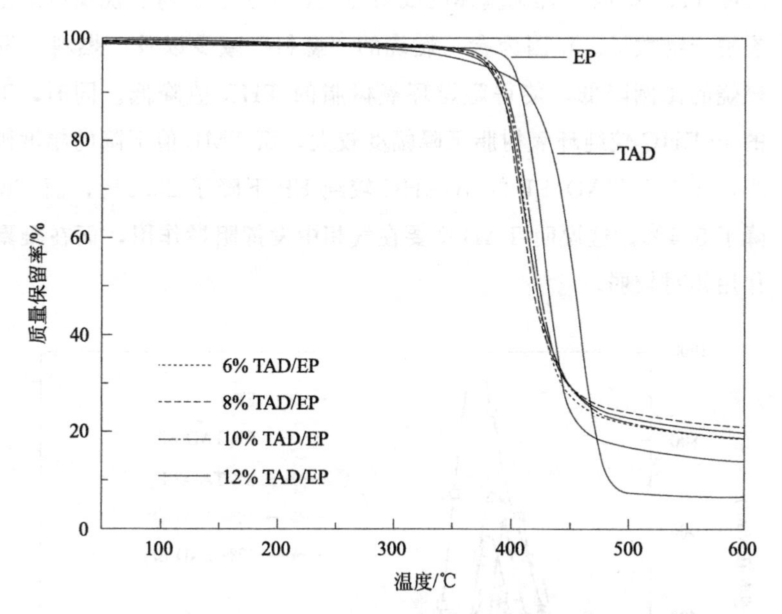

图 2.11　TAD 阻燃环氧树脂的热失重曲线

2.2.5　锥形量热仪燃烧试验

采用锥形量热仪评价 TAD 阻燃环氧树脂在强制热辐照下的燃烧行为。TAD 阻燃环氧树脂的热释放速率曲线如图 2.12 所示，表 2.7 给出了环氧树脂样品在引燃时间（TTI）至火焰熄灭时间（TTF）区间的燃烧试验参数。

如表 2.7 和图 2.12 所示，TAD 阻燃环氧树脂的热释放速率峰值 pk-HRR、总热释放量 THR 和平均有效燃烧热 av-EHC 都明显低于纯环氧树脂。当 TAD 的添加量为 6%（质量分数）到 10%时，材料的 pk-HRR 值随着 TAD 添加量的增加而降低，这说明 TAD 能够明显地抑制材料的燃烧强度。然而当 TAD 的添加量提升至 12%时，阻燃环氧树脂的 pk-HRR 值又出现了一定的提升。这与 LOI 的测试结果规律一致，再一次说明并不是 TAD 的添加量越高，材料的阻燃性能就越好，只有当

TAD以合适的比例添加于环氧树脂中时，材料才能获得最优的阻燃性能。环氧树脂THR和av-EHC的降低意味着参与完全燃烧的“燃料”比例减少。TAD/EP的av-EHC降低是由于TAD分解产生的自由基发挥了气相猝灭的作用，从而终止了燃烧的链式反应并增加了残炭量。此外，TAD的添加还使得材料的总质量损失（TML）发生了明显的降低，这表明TAD提高了燃烧基体的成炭性能，减少了参与燃烧反应的基体树脂裂解产物数量。正因为参与燃烧的“燃料”减少以及“燃料”发生完全燃烧的比例降低，使得阻燃环氧树脂的THR值降低。同时，TAD/EP的av-EHC较纯环氧树脂下降幅度较大，而TML值下降的幅度则相对较小，如10%TAD/EP的av-EHC较纯EP下降了25.5%，而TML则下降了5.4%。这说明TAD主要在气相中发挥阻燃作用，而在凝聚相中的作用相对较弱。

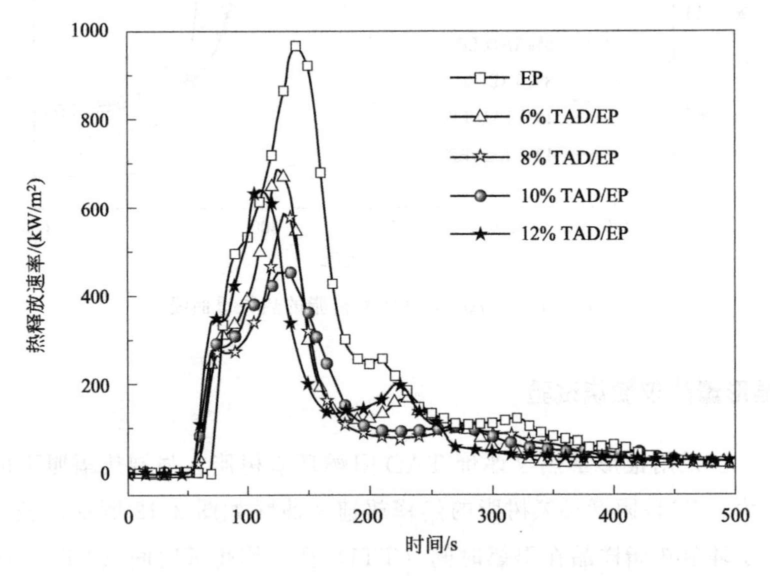

图 2.12 TAD阻燃环氧树脂的热释放速率曲线

相对于纯环氧树脂，阻燃环氧树脂的av-COY都发生了明显提升，而av-CO_2Y则都有所降低，这是由于阻燃剂的添加抑制了材料的完全燃烧反应。这也在很大程度上证明了在燃烧过程中TAD发挥了火焰抑制效应，导致了更多CO的产生和更少CO_2的释放。同样地，当TAD的添加量为10%时，10%TAD/EP的总烟释放量TSR最高，这也说明在材料燃烧的过程中，更多的树脂基体转化为烟颗粒。

表 2.7　TAD 阻燃环氧树脂的锥形量热仪燃烧试验参数

样品	pk-HRR /(kW/m^2)	THR /(MJ/m^2)	av-EHC /(MJ/kg)	av-COY /(kg/kg)	av-CO_2Y /(kg/kg)	TSR /(m^2/m^2)	TML /%
EP(75～360s)	966	93.9	25.9	0.08	2.25	4022	86.5
6%TAD/EP(55～345s)	691	60.8	18.5	0.15	2.23	4445	81.6
8%TAD/EP(60～375s)	590	53.7	18.6	0.11	1.82	4495	80.5
10%TAD/EP(55～430s)	452	57.7	19.3	0.16	2.13	4888	81.0
12%TAD/EP(50～275s)	641	55.7	16.0	0.14	1.86	4453	81.5
10%TAIC/EP(55～280s)	1306	122.7	27.0	0.08	2.26	4920	91.7
10%DOPO/EP(55～275s)	463	64.8	20.2	0.14	1.58	4697	78.9

结合对比样品 10%TAIC/EP 和 10%DOPO/EP，进一步分析 TAD 的基团协同阻燃作用对环氧树脂材料燃烧行为的影响。如图 2.13 所示，10%TAIC/EP 样品的 pk-HRR 值达到 1306kW/m^2，甚至高于纯环氧树脂的 pk-HRR。同样地，10%TAIC/EP 样品的 THR 和 av-EHC 值也都高于纯环氧树脂。这说明单独的 TAIC 并不能够提升环氧树脂的阻燃性能，甚至会促进环氧树脂的燃烧行为。当环氧树脂中添加了 10%（质量分数）的 DOPO 时，尽管环氧树脂的 THR 和 av-EHC 都明显降低，但是仍然高于 10%TAD/EP。这说明单独添加 DOPO 时可以减弱环氧树脂

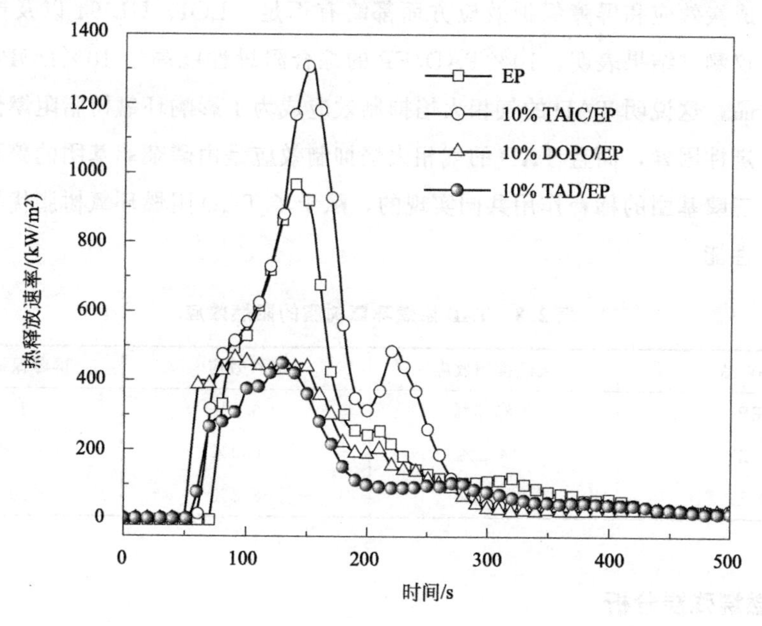

图 2.13　TAD 及其对比样品阻燃环氧树脂的热释放速率曲线

的燃烧强度，但是其作用效率仍然低于 TAD。由此可知，TAIC 和 DOPO 的阻燃效率都低于 TAD，这进一步说明三嗪三酮和磷杂菲基团在同一分子中共同作用时，两者间存在着明显的协同阻燃作用，而且这种基团协同作用赋予了 TAD 更加优异的阻燃效率。

采用德国 Schartel 教授提出的阻燃效应计算公式(2.1)～式(2.3)[5]，对 TAD 阻燃环氧树脂的行为机制进行量化分析。

$$\text{火焰抑制效应}=1-\frac{\mathrm{EHC}_{\mathrm{FR\text{-}EP}}}{\mathrm{EHC}_{\mathrm{EP}}} \tag{2.1}$$

$$\text{成炭效应}=1-\frac{\mathrm{TML}_{\mathrm{FR\text{-}EP}}}{\mathrm{TML}_{\mathrm{EP}}} \tag{2.2}$$

$$\text{屏障保护效应}=1-\frac{\text{pk-HRR}_{\mathrm{FR\text{-}EP}}/\text{pk-HRR}_{\mathrm{EP}}}{\mathrm{THR}_{\mathrm{FR\text{-}EP}}/\mathrm{THR}_{\mathrm{EP}}} \tag{2.3}$$

如表 2.8 所示，10%TAD/EP 样品的三种阻燃效应计算结果都为正值，说明 TAD 在火焰抑制、促进成炭以及屏障保护方面都发挥了积极作用。而 10%TAIC/EP 样品的三种阻燃效应计算结果都为负值，说明单独的 TAIC 在火焰抑制、促进成炭以及屏障保护方面都起到了负面作用。与 10%DOPO/EP 相比，10%TAD/EP 除了火焰抑制效应较高以外，在成炭效应和屏障保护效应方面都略有不足。LOI、UL 94 以及锥形量热仪测试结果表明，10%TAD/EP 的综合阻燃性能高于 10%DOPO/EP 样品，这说明 TAD 的气相火焰抑制效应成为了影响环氧树脂阻燃性能的决定性因素，而且 TAD 的气相火焰抑制效应是由磷杂菲基团的猝灭作用和三嗪基团的稀释作用共同实现的，赋予了 TAD 阻燃环氧树脂优异的阻燃性能。

表 2.8 TAD 阻燃环氧树脂的阻燃效应

样品	火焰抑制效应	成炭效应	屏障保护效应
10%TAD/EP	+25.5%	+6.3%	+23.8%
10%TAIC/EP	−4.2%	−6.0%	−3.5%
10%DOPO/EP	+22.0%	+8.8%	+30.5%

2.2.6 燃烧残炭分析

TAD 阻燃环氧树脂的锥形量热仪燃烧试验残炭宏观照片如图 2.14

所示，微观形貌如图 2.15 所示。由图 2.14(d) 可知，纯环氧树脂在燃烧后形成的残炭量十分少，并且呈现出支离破碎的状态，这说明环氧树脂自身在燃烧过程中的成炭能力很弱。当 TAD 添加到环氧树脂中后，如图 2.14(a)、(b)、(c) 所示，复合材料在燃烧之后能够产生更多、更厚的残炭。这意味着在环氧树脂燃烧的过程中，TAD 能够促进体系成炭。然而，所形成的炭层结构较为蓬松，内部空隙较大。这种疏松多孔的结构有助于 TAD 分解所生成的自由基的释放，进一步的自由基能够捕捉活泼的 OH·和 H·自由基，终止燃烧的链式反应。但是，在另一方面，这种疏松的结构却不能够有效地阻隔火焰、氧气以及可燃物，在凝聚相所发挥的屏障保护环氧树脂基体的能力较差。这与锥形量热仪的测试结果是一致的，即 TAD 在气相的作用效率较高，而在凝聚相的作用效率相对较低。

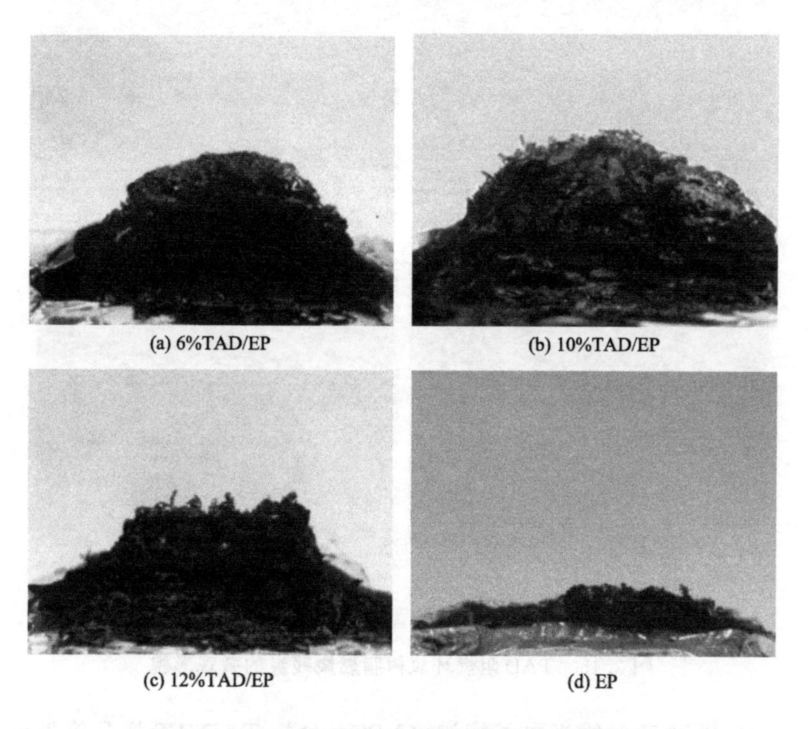

图 2.14　TAD 阻燃环氧树脂燃烧残炭的宏观形貌

由图 2.15 给出的燃烧试验残炭微观形貌可知，所有 TAD/EP 样品的残炭表面上都生成了大小不一、数量不等的孔洞，这种孔洞的存在有利于自由基的释放和扩散，但不利于对火焰的阻隔和对基体的保护。此外，除了12%TAD/EP样品之外，其他阻燃样品残炭的表面都有一些由薄膜结构封闭的孔洞结构，这些孔洞是气体冲击柔韧的炭层而形成的。显而易见，柔韧且封闭的炭层能够有效地起到保护基材、隔绝火焰的作用。而12%TAD/EP样品的残炭表面则全都显露出破碎的孔洞，很显然，表面破碎的炭层不能有效地隔绝火焰和氧气。这说明了当TAD的添加量为12%时，体系的凝聚相阻隔作用反而减弱。这也从微观层面解释了为什么12%TAD/EP样品的pk-HRR值要高于10%TAD/EP，也进一步说明了只有适量的TAD添加到环氧树脂中时，材料才能表现出优异的阻燃性能。

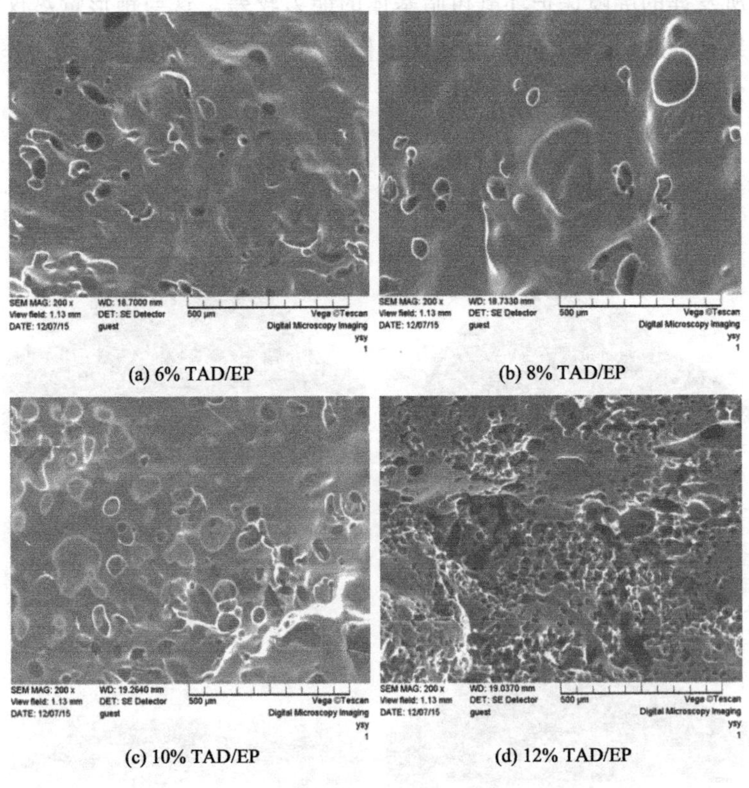

(a) 6% TAD/EP　(b) 8% TAD/EP　(c) 10% TAD/EP　(d) 12% TAD/EP

图 2.15　TAD阻燃环氧树脂燃烧残炭的微观形貌

通过X射线光电子能谱（XPS）分析TAD/EP样品锥形量热仪燃烧试验残炭的元素组成。如表2.9所示，随着TAD添加量的增加，TAD/EP残炭的磷含量逐步增加，这说明TAD在凝聚相中发挥了一定的阻燃作用，其裂解生成的含磷产物参与了环氧树脂基体燃烧过程的成炭行为。

表 2.9　TAD 阻燃环氧树脂燃烧残炭的元素含量

样品	C/%	N/%	O/%	P/%	S/%	$R_{rP/iP}$/%
6%TAD/EP	83.27	2.94	12.84	0.46	0.49	9.93
8%TAD/EP	84.91	2.40	11.38	0.71	0.60	12.49
10%TAD/EP	82.62	2.97	13.04	0.72	0.65	11.12
12%TAD/EP	78.68	3.85	15.36	1.69	0.43	13.63

此外，表 2.9 给出了 TAD/EP 样品燃烧残炭磷含量与燃烧前样品原始磷含量的比值（$R_{rP/iP}$），即 $R_{rP/iP}$=(锥形量热仪燃烧后的残炭产率×残炭中的磷含量)/样品燃烧前的磷含量。如表 2.9 所示，所有 TAD/EP 样品的 $R_{rP/iP}$ 值都较小，约在 10%，这说明 TAD 的大部分含磷组分都被释放到气相中发挥作用，只有较少的含磷成分保留在凝聚相中，参与了树脂基体的成炭行为。结合 TAD/EP 样品的燃烧试验测试和阻燃效应量化分析结果，TAD 的高效阻燃作用应主要来源于其裂解释放到气相的含磷组分作用结果，而且 TAD 的这种气相阻燃作用赋予了环氧树脂材料优异的阻燃性能。

2.2.7 TAD 的气相阻燃机理

通过采用热解-气相色谱/质谱联用仪（py-GC/MS）测试 TAD 的热分解行为，对 TAD 的阻燃机理进行了进一步解析。TAD 在 500℃裂解温度下的裂解产物 GC 谱图如图 2.16 所示。TAD 的裂解碎片可大致分为三个部分，首先是在 2.0min 处的强峰，其次是 26.3～28.5min 处的一系列强峰，最后是 29.6～37.9min 处的几个弱峰。结合 TAD 的分子结构式以及图 2.16 中所选取的三个时间的质谱谱图，最终可以推断出 TAD 的裂解路线，其路线如图 2.17 所示。

在 TAD 的裂解过程中，其主要裂解碎片包括三个部分。首先，如图 2.16 所示，位于 2.0min 的强峰代表着 CO_2 的释放。在 26.3～28.5min 期间，这些气相色谱的峰所对应的 MS 谱图比较相似，因此选取 27.5min 处峰的 MS 谱图进行分析（如图 2.17）。此处的裂解碎片分为两个部分：磷杂菲基团碎片（比如 $C_{15}H_{13}O_2P$，DOPO—CH_2—CH═CH_2，m/z=256）以及三嗪三酮基团碎片（$C_8H_{13}N_3O_3$，m/z=199）。接下来，磷杂菲基团的碎片裂解为 $C_{12}H_8O_2P$（DOPO，m/z=215）、$C_{12}H_8O$（m/z=

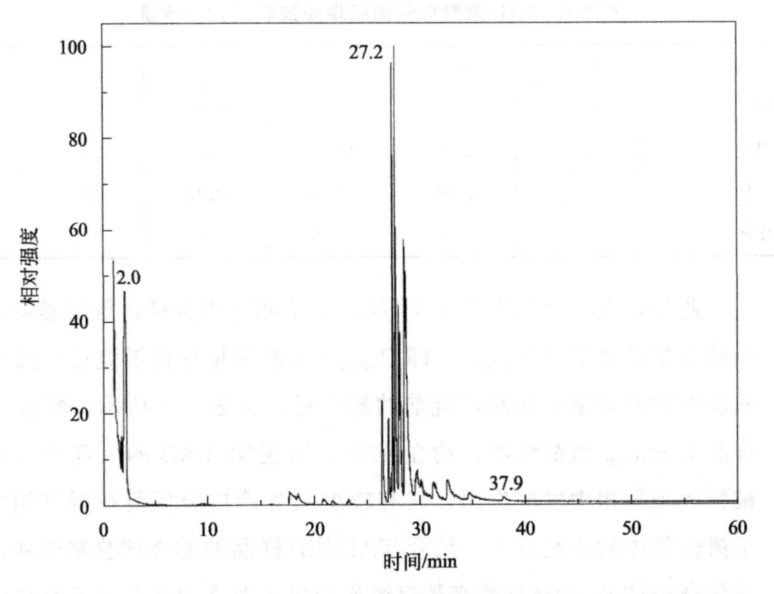

图 2.16 TAD裂解产物的气相色谱图

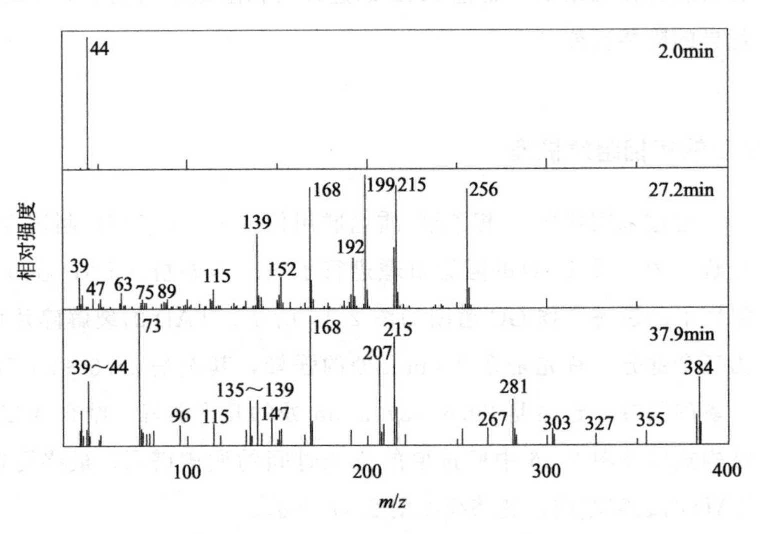

图 2.17 TAD主要裂解碎片的质谱图

168)、$C_{12}H_8$（m/z=152)、C_7H_8OP（m/z=139)、PO_2（m/z=63)、PO（m/z=47)，三嗪三酮基团碎片进一步裂解为 $C_3H_3N_2O_3$（m/z=115)、$C_2H_7N_3O$（m/z=89)、$C_2H_9N_3$（m/z=75）等质荷比更小的烷烃碎片。这些推断出来的碎片包括磷氧自由基碎片以及惰性气体碎片，其结构如图 2.18 所示。其次，29.6～37.9min 区间内的峰代表着一些质荷比较高的碎片，如 m/z=384、355 以及 281，其结构如图 2.18 所示。

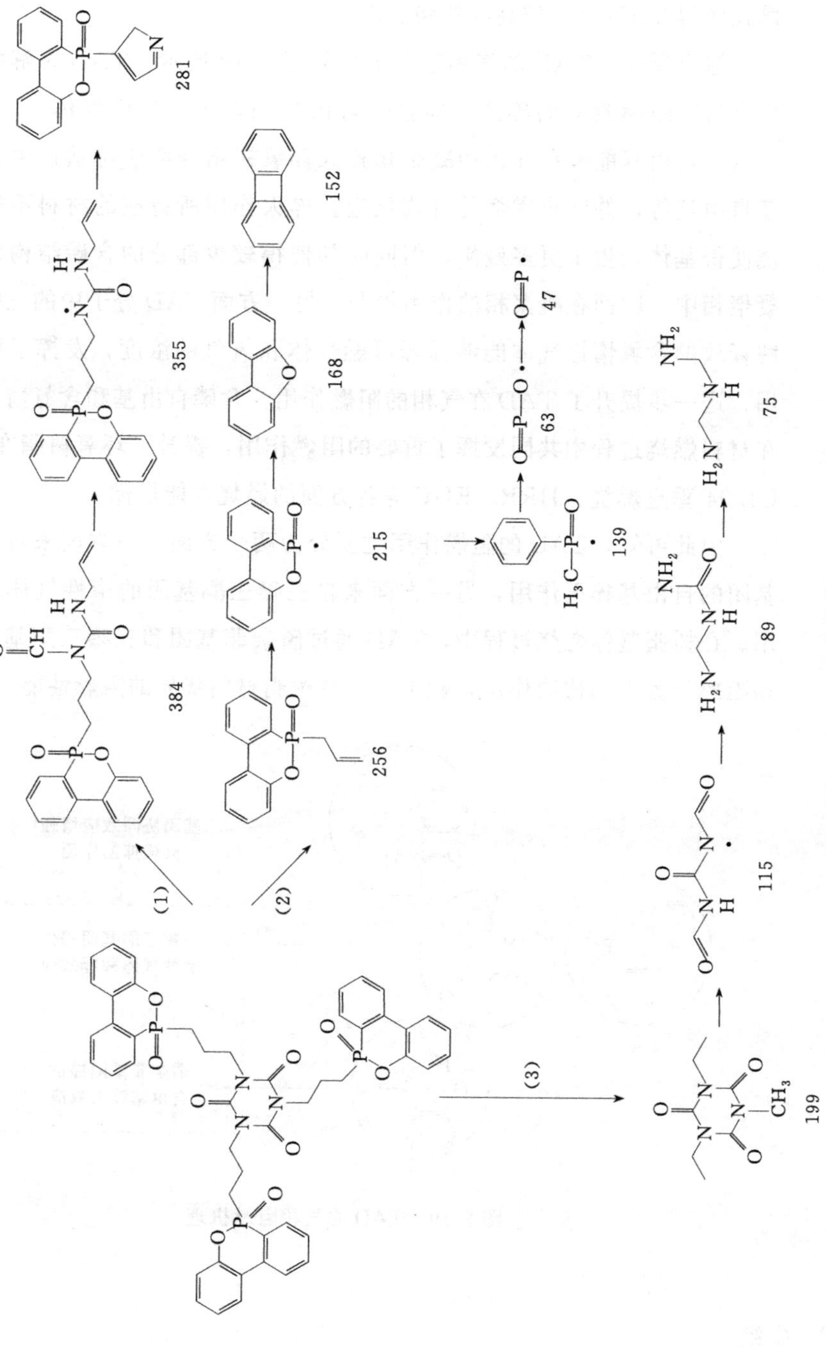

图 2.18　TAD 的裂解路线

这些碎片都是磷杂菲基团连接着一些三嗪三酮基团的碎片而构成的。这说明了在TAD热解的过程中，三嗪三酮基团先于磷杂菲断裂，这种断裂模式使得TAD有着较高的热稳定性。

综上所述，TAD的气相阻燃机理如图2.19所示。TAD裂解生成两大类具有阻燃效应的碎片，即含磷自由基和含氮的惰性气体。一方面，含磷的自由基能够在气相和凝聚相猝灭环氧树脂分解成烷基自由基和羟基自由基等，并终止燃烧的链式反应。猝灭作用所造成的材料不完全燃烧使得基体产生了更多残炭，但同时却使得较少部分的含磷结构残留在凝聚相中，因而在凝聚相的作用较弱。另一方面TAD分子中的三嗪环分解释放的含氮惰性气体能够稀释可燃气体和氧气的浓度，发挥了稀释作用，进一步提升了TAD在气相的阻燃作用。含磷自由基和含氮惰性气体在材料燃烧过程中共同发挥了重要的阻燃作用，提升了环氧树脂在LOI、UL 94垂直燃烧、HRR、EHC等各方面的燃烧性能指标。

由此可知，TAD的阻燃作用主要分为两个方面：一方面来自磷杂菲基团的自由基猝灭作用，另一方面来自三嗪三酮基团的惰性气体稀释作用。在树脂基体燃烧过程中，TAD通过磷杂菲基团和三嗪三酮基团在气相阻燃行为上的协同作用，赋予了环氧树脂材料优异的阻燃性能。

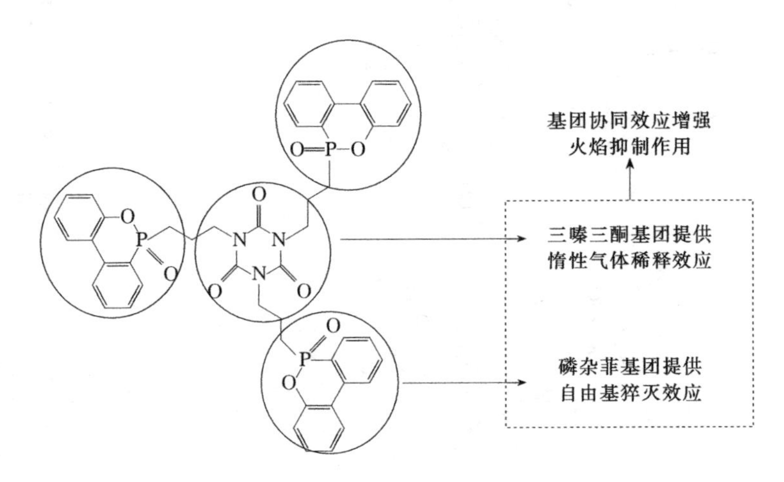

图2.19 TAD的气相阻燃机理

2.2.8 小结

本节介绍了TAD的制备方法及表征，并将其应用于阻燃环氧树脂，探索了 TAD 在环氧树脂中的阻燃行为和作用机理。

① TAD 能够赋予环氧树脂优异的阻燃性能，当 TAD 在环氧树脂中的添加量达到 10%（质量分数）时，复合材料的 LOI 达到 34.2%，UL 94 垂直燃烧通过 V-1 级别。当添加量达到 12%时，复合材料的 LOI 达到 33.5%，UL 94 垂直燃烧达到 V-0 级别。

② TAD 的添加能够有效地降低复合材料的 pk-HRR，当添加量为 10%时，体系的 pk-HRR 下降了 53.2%。此外，TAD 的添加还显著地降低了材料的 av-EHC、THR、av-CO_2、TML 等参数，且能够提升体系的残炭产率和 av-CO。

③ TAD/EP 的 av-EHC 较纯环氧树脂下降幅度较大，而 TML 值下降的幅度则相对较小，说明了 TAD 主要在气相中发挥阻燃作用，而燃烧所剩残炭的蓬松结构则表明了 TAD 在凝聚相中的作用相对较弱。

④ TAD 分子中的磷杂菲基团主要发挥了自由基猝灭的作用，而三嗪基团则主要释放惰性气体发挥稀释作用，TAD 通过磷杂菲和三嗪基团的气相协同作用赋予了环氧树脂材料优异的阻燃性能。

2.3 TAD/OMMT 复合体系阻燃环氧树脂

2.3.1 TAD/OMMT 复合体系阻燃环氧树脂的制备

将环氧树脂 DGEBA 搅拌加热至 120℃后，加入 TAD，搅拌至 TAD 完全溶解，再加入有机改性蒙脱土（OMMT），并充分搅拌分散 0.5h。随后，加入 4,4′-二氨基二苯甲烷（DDM），并搅拌至 DDM 完全溶解，然后置于 120℃真空烘箱中抽真空 3min，除去体系中的气泡，再迅速浇注至预热的模具中。先在 120℃下固化反应 2h，再升温至 170℃继续固化 4h，即得 TAD/OMMT 复合体系阻燃环氧树脂样品。对比样品 EP、TAD/EP 和 OMMT/EP 的制备方法同上。TAD、OMMT、DGEBA、DDM 在环氧树脂样品中的用量如表 2.10 所示。

表 2.10 TAD/OMMT 复合体系阻燃环氧树脂的制备配方

样品	DGEBA /g	DDM /g	OMMT		TAD	
			g	%	g	%
EP	100	25.3	—	—	—	—
1%OMMT/EP	100	25.3	1.27	1	—	—
2%OMMT/EP	100	25.3	2.56	2	—	—
4%TAD/EP	100	25.3	—	—	5.22	4
4%TAD/0.5%OMMT/EP	100	25.3	0.66	0.5	5.25	4
4%TAD/1%OMMT/EP	100	25.3	1.32	1	5.27	4
4%TAD/2%OMMT/EP	100	25.3	2.67	2	5.33	4
5%TAD/EP	100	25.3	—	—	6.59	5

2.3.2 LOI 和 UL 94 垂直燃烧试验

TAD/OMMT 复合体系阻燃环氧树脂的 LOI 和垂直燃烧测试结果如表 2.11 所示。从表中可以看出，纯环氧树脂的 LOI 仅为 26.0%，垂直燃烧等级为无级别。当树脂中只添加 1%（质量分数）的 OMMT 时，1%OMMT/EP 样品的 LOI 提升至 29.3%，然而其 UL 94 垂直燃烧仍然是无级别。这说明 OMMT 自身能够明显地提升环氧树脂的极限氧指数，具有一定的阻燃作用，但是对于样条在 UL 94 垂直燃烧测试中的阻燃效果没有明显的提升作用。而进一步提升 OMMT 的添加数量达到至 2%时，环氧树脂的 LOI 没有发生明显变化，UL 94 垂直燃烧仍是无级别，这说明单纯地提升 OMMT 的添加量并不能够全面提高环氧树脂的阻燃性能。

当环氧树脂中只添加 4%的 TAD 时，材料的 LOI 提升了 7.3%，达到了 33.6%，UL 94 垂直燃烧等级提升至 V-1 级别。接下来，我们将 OMMT 和 TAD 按照质量比 1∶4 复配，添加到环氧树脂中时，4%TAD/1%OMMT/EP 样品的 LOI 提升至 36.9%，比 4%TAD/EP 样品提升了 3.3%，UL 94 垂直燃烧达到了 V-0 级别。OMMT 显著地提升了 4%TAD/EP 体系的 LOI，这说明这两种阻燃剂在极限氧指数测试中起到了“加和”的阻燃作用。而当环氧树脂中添加 5%的 TAD 时，样品的 UL 94 垂直燃烧等级仅为 V-1 级别，这说明在 UL 94 的测试中，OMMT 与 TAD 之间的共同阻燃作用使得 4%TAD/1%OMMT/EP 样品获得了更高的 V-0 级阻燃级别，表明了 OMMT 和 TAD 之间存在着协同作用。继续改变 OMMT 和 TAD 的质量比例至 0.5∶4 和 2∶4，可以发现阻燃环氧树脂的 LOI 都有轻微的降低，并且 UL 94 垂直燃烧都降至 V-1 级别。表明只有 OMMT 和 TAD 以适当的比例混合并添加到环氧树脂中时，OMMT 才能够显著地提升 TAD/EP 体系的阻燃性能。

表 2.11　TAD/OMMT 复合体系阻燃环氧树脂的 LOI 和垂直燃烧测试结果

样 品	LOI /%	垂直燃烧试验		
		余焰时间		UL 94 阻燃级别
		av-t_1/s	av-t_2/s	
EP	26.0	83	—	无级别
1%OMMT/EP	29.3	110	—	无级别
2%OMMT/EP	28.9	118	—	无级别
4%TAD/EP	33.6	10.3	4.3	V-1 级
4%TAD/0.5%OMMT/EP	36.3	9.3	8.6	V-1 级
4%TAD/1%OMMT/EP	36.9	5.2	3.1	V-0 级
5%TAD/EP	34.6	7.4	3.5	V-1 级
4%TAD/2%OMMT/EP	36.1	15.3	3.8	V-1 级

2.3.3 热重-红外联用分析

采用热重-红外联用分析了 TAD/OMMT 复合体系对环氧树脂气相热解行为的影响，各环氧树脂样品的热失重曲线如图 2.20 所示，失重 5%时的温度（$T_{d,5\%}$）、最大分解速率温度（$T_{d,max}$）、800℃下的残炭产率（$R_{800℃}$）如表 2.12 所示。

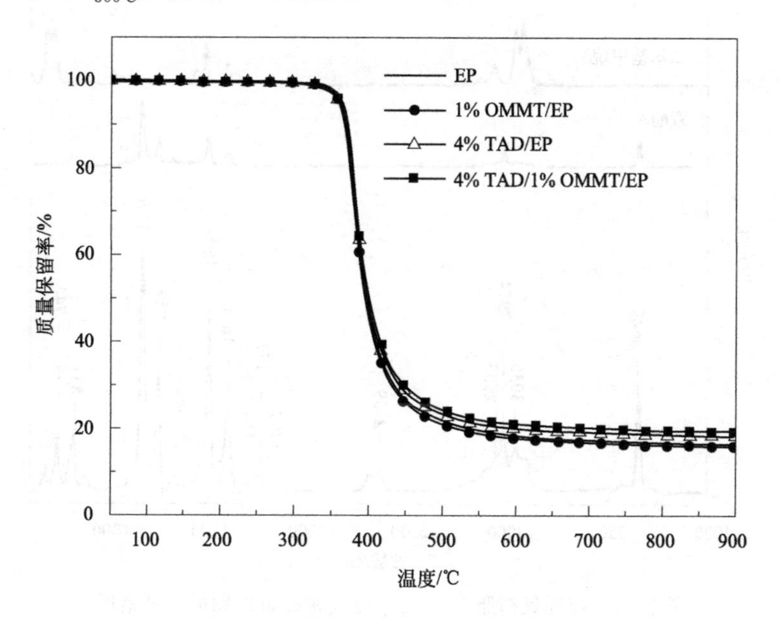

图 2.20　TAD/OMMT 复合体系阻燃环氧树脂的热失重曲线

当TAD或OMMT添加到环氧树脂中时，体系的$T_{d,5\%}$和$T_{d,max}$并没有发生明显的变化。纯环氧树脂在800℃时的失重率为82.5%（质量分数），而当TAD或者OMMT添加到环氧树脂中时，材料的残炭产率也没有发生明显的变化，虽然阻燃剂的添加量比较少，但是试验结果也说明了TAD和OMMT仅能够轻微地影响环氧树脂在凝聚相中的热解行为。这也说明在UL 94和LOI测试中，OMMT对环氧树脂阻燃性能的影响并不是由于分子间的化学变化。

表2.12 TAD/OMMT复合体系阻燃环氧树脂的热失重参数

样品	$T_{d,5\%}$/℃	$T_{d,max}$/℃	$R_{800℃}$/%
EP	360±3	380±1	17.5±1.0
1%OMMT/EP	360±3	380±1	16.4±1.0
4%TAD/EP	360±1	383±2	18.5±1.0
4%TAD/1%OMMT/EP	359±1	382±1	19.5±1.0

进一步对热重-红外联用测试中的红外谱图进行了分析。如图2.21所示，纯环氧树脂的气相裂解产物主要是由二苯基甲烷和双酚A组成的。由图2.22可知，当TAD或OMMT或TAD和OMMT的混合物添加到环氧树脂中时，环氧树脂的气相红外光谱并未发生明显的变化，依

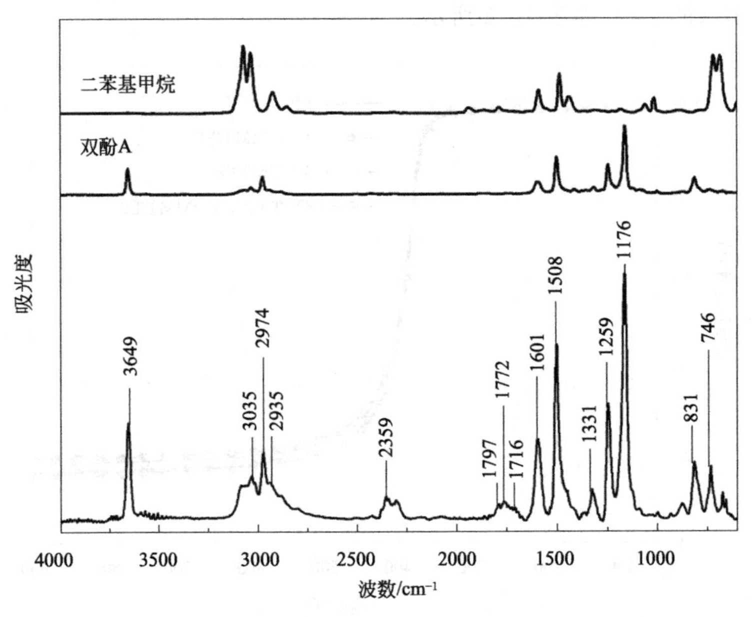

图2.21 纯环氧树脂在$T_{d,max}$处气相裂解产物的红外谱图

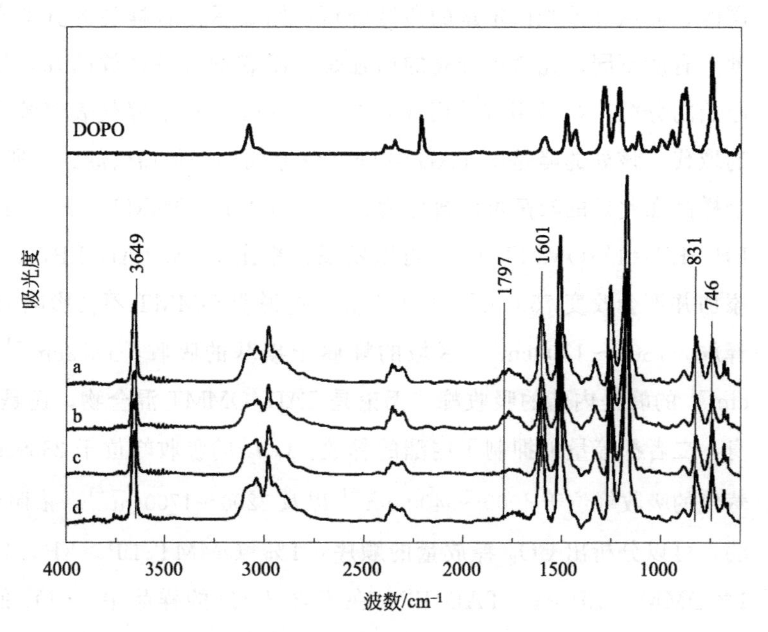

图 2.22　TAD/OMMT 复合体系阻燃环氧树脂在 $T_{d,max}$ 处气相裂解产物的红外谱图

a—EP；b—1%OMMT/EP；c—4%TAD/EP；d—4%TAD/1%OMMT/EP

然是主要由环氧树脂自身的分解产物组成。3649cm^{-1} 处的尖峰对应着游离羟基的吸收峰，3035cm^{-1}、831cm^{-1}、746cm^{-1} 处的峰对应着苯环上氢的吸收峰，3016cm^{-1} 处的峰对应着甲烷的吸收峰，1606cm^{-1}、1508cm^{-1} 对应着苯环上碳碳键的伸缩振动峰，2974cm^{-1}、2935cm^{-1}、2881cm^{-1}、1460cm^{-1} 对应着烷基氢的吸收峰，2359cm^{-1} 对应着 CO_2 的吸收峰，2814cm^{-1} 对应着醛基（CHO）的吸收峰，1797cm^{-1} 和 1772cm^{-1} 对应内酯的吸收峰，1716cm^{-1} 对应羰基（C═O）的吸收峰，1331cm^{-1} 和 1176cm^{-1} 对应双酚 A 中 C—H 的吸收峰，1259cm^{-1} 对应双酚 A 中 C—O 和 C—H 的吸收峰。红外光谱中的大部分吸收峰都能够与环氧树脂主要的分解产物——双酚 A 的吸收峰相对应[6]。此外，光谱中其他的峰大多来自于二苯基甲烷的吸收峰，而二苯基甲烷则来自于固化剂 DDM。此外，除了二苯基甲烷之外，红外光谱中还有 DDM 的另一个可能的分解产物——苯胺。

显然，添加了 TAD 或者 OMMT 到环氧树脂中之后，并没有在气相产物的红外光谱中产生新的吸收峰，只有部分红外吸收峰的峰高发生了细微的变化。从红外光谱定性的角度分析，各样品的气相分解产物是相同的；而从红外光谱定量的角度分析，则显示出各样品的分解产物在浓度上有所不同。光谱中峰高的增强是由阻燃剂分解释放的峰与环氧树脂原始的分解产物峰相重叠而导致的。750cm^{-1}处的峰代表着苯环上邻位的取代，该处的峰是由TAD中DOPO基团的释放而引起的。所测试的4个样品在此处的峰高可以排序为：4%TAD/1%OMMT/EP＝4%TAD/EP＞EP＝1%OMMT/EP。可以发现，相比于4%TAD/EP，OMMT的添加并不会改变750cm^{-1}处的峰高，这说明OMMT不会影响DOPO的释放。1800～1700cm^{-1}区域的峰属于羰基的吸收，1772cm^{-1}和1797cm^{-1}的峰是内酯的吸收峰。无论是TAD/OMMT混合物，还是TAD自身，二者都等量地抑制了内酯的释放。CO_2的吸收峰位于2359cm^{-1}，水蒸气的吸收峰位于4000～3400 cm^{-1}以及2200～1700cm^{-1}。依照峰高的强弱，可以分析出CO_2释放量的顺序：1% OMMT/EP＞EP＞4%TAD/1%OMMT/EP＞4%TAD/EP。在不含TAD的样品中，CO_2的释放量更高。这再一次验证了，TAD分解生产的含磷成分发挥了气相猝灭的作用，导致了材料的不完全燃烧，从而减少了CO_2的释放。此外，分析所有的气相产物可以发现，OMMT在体系中并不影响材料的气相分解产物。这就是OMMT的添加并不影响环氧树脂体系热分解温度的原因，也说明了在材料热分解过程中，OMMT在气相中并不与基材或者TAD释放的产物发生化学反应，不改变TAD/EP体系的裂解路径。

2.3.4 热台-红外联用分析

采用热台-红外联用分析了环氧树脂材料在30℃、600℃及最大分解速率时的凝聚相物质红外谱图，解析了TAD/OMMT复合体系阻燃环氧树脂的凝聚相裂解炭化行为。纯环氧树脂在不同温度下的凝聚相残留物的红外谱图如图2.23所示，4%TAD/EP的凝聚相残留物的红外光谱如图2.24所示，四个样品在最大分解温度时的对比如图2.25所示。在图2.23中，3600～3200cm^{-1}的吸收峰属于氨基和羟基峰的叠加。随着材料的进一步分解，羟基峰逐步消失，在600℃时，只能明显观察到氨基的吸收峰，说明环氧树脂在升温过程中发生了脱水成炭反应。1610cm^{-1}、1510cm^{-1}、914cm^{-1}等位置吸收峰的变弱说明了苯环的裂解。这些吸收峰的强度减弱，说明了随着温度的逐步升高，环氧树

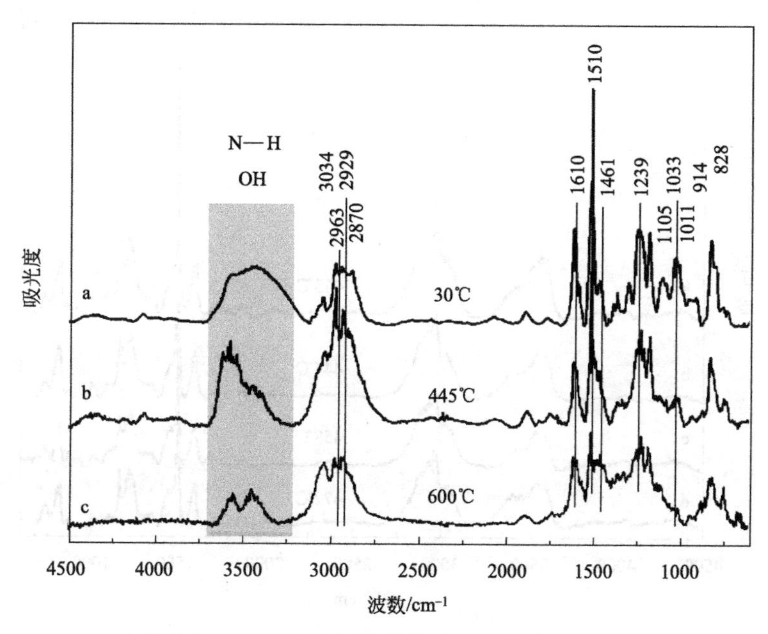

图 2.23 纯环氧树脂凝聚相残留物的红外谱图

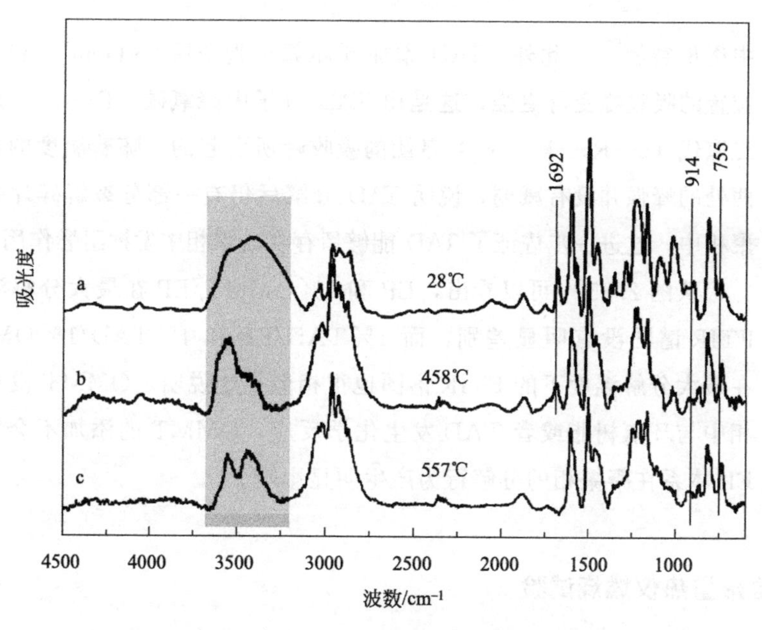

图 2.24 4%TAD/EP 凝聚相残留物的红外谱图

脂在不断分解。在图 2.24 中，4%TAD/EP 样品的光谱中在 1692cm^{-1} 处有一个额外的峰，属于 N—C═O 的吸收峰，来自 TAD 中的三嗪环。随着温度的升高，该峰的强度不断变弱直至消失，说明三嗪环在升温过程

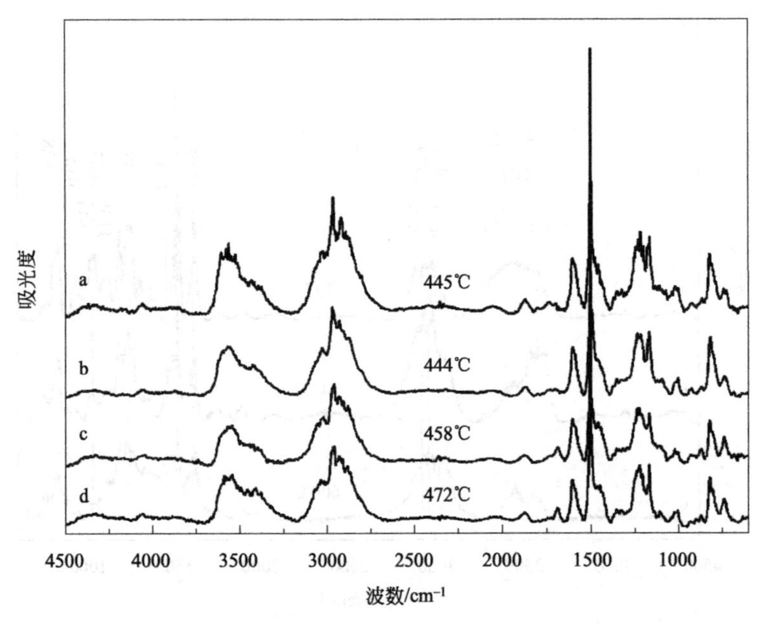

图 2.25 TAD/OMMT 复合体系阻燃环氧树脂在 $T_{d,max}$ 处凝聚相残留物的红外谱图

a—EP；b—1% OMMT/EP；c—4% TAD/EP；d—4%TAD/1%OMMT/EP

中逐步裂解[7]。此外，TAD 添加到环氧树脂中后，914cm^{-1} 和 755cm^{-1} 位置的吸收峰变得更强，这是由 TAD 分子中磷氧碳（P—O—C）和邻苯二取代（o—R_1—Ph—R_2）基团的吸收峰所引起的。随着温度的升高，这两处的峰强并没有减弱，说明 TAD 分解后仍有一部分裂解碎片残留在凝聚相中，这进一步佐证了 TAD 能够留存在凝聚相中发挥阻燃作用。

从图 2.25 中可以看出，EP 和 1%OMMT/EP 在最大分解温度下的 FTIR 谱图没有明显差别，而 4%TAD/EP 和 4%TAD/1%OMMT/EP 在最大分解温度下的 FTIR 谱图也很相似。这说明，OMMT 没有在凝聚相中与环氧树脂或者 TAD 发生化学反应，OMMT 的添加不会对 TAD/EP 体系在凝聚相的分解行为产生明显影响。

2.3.5 锥形量热仪燃烧试验

采用锥形量热仪对 TAD/OMMT 阻燃环氧树脂的燃烧行为进行了追踪和分析。如表 2.13 所示，以 DDM 为固化剂的纯环氧树脂的 pk-HRR 为 1420kW/m^2，在体系中添加 1%（质量分数）OMMT 后，材料的 pk-HRR 不仅没有下降，反而出现了小幅度的升高。同时，在图 2.26 中，

表 2.13 TAD/OMMT 复合体系阻燃环氧树脂的锥形量热仪燃烧试验参数

样品	pk-HRR /(kW/m^2)	THR /(MJ/m^2)	av-EHC /(MJ/kg)	av-COY /(kg/kg)
EP	1420	140	30.4	0.10
1%OMMT/EP	1540	116	30.7	0.09
4%TAD/EP	1106	82	23.2	0.13
4%TAD/1%OMMT/EP	961	108	27.5	0.10
样品	av-CO_2Y /(kg/kg)	TSR /(m^2/m^2)	TML /%	TTI /s
EP	2.70	5885	90.3	56
1%OMMT/EP	2.77	5975	90.6	39
4%TAD/EP	2.40	4900	84.8	46
4%TAD/1%OMMT/EP	1.62	6991	84.6	41

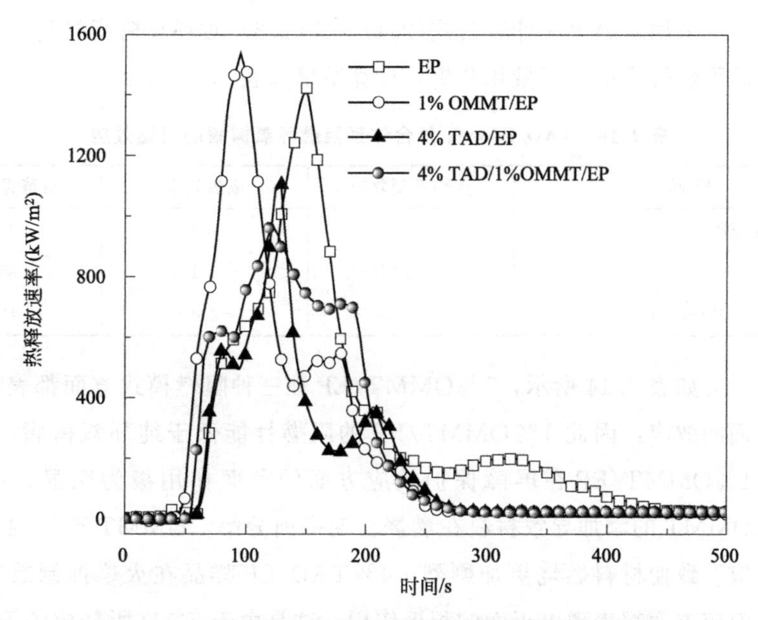

图 2.26 TAD/OMMT 阻燃环氧树脂的热释放速率曲线

OMMT/EP 的 TTI 较纯环氧树脂出现了明显提前。这说明 OMMT 在环氧树脂材料燃烧初期会促进基体材料提前分解，导致环氧树脂被更快引燃。这可能是由于 OMMT 在环氧树脂体系中产生了“烛芯效应”[8]，抑或是改变了树脂基体降解时的熔体黏度，导致环氧树脂在燃烧初期的燃烧强度增强。

与此相反的是，添加了 TAD 的环氧树脂获得了良好的阻燃性能，

4%TAD/EP 的 pk-HRR 降至 $1106kW/m^2$，说明材料的燃烧强度得到明显抑制。同时，由于 TAD 中磷杂菲和三嗪三酮之间的基团协同作用，TAD/EP 材料的 THR、av-EHC 和 TML 也都有着明显的降低。

此外，考虑到 OMMT 促进燃烧的作用和 TAD 的阻燃作用，将二者混合添加到环氧树脂中时，理论上材料的阻燃性能应当比 TAD/EP 更差。然而，测试结果表明，虽然 4%TAD/1%OMMT/EP 样品的 THR、EHC 值仍高于 4%TAD/EP，但是 4%TAD/1%OMMT/EP 样品的 pk-HRR 明显低于 4%TAD/EP，说明 TAD 和 OMMT 的共同作用进一步抑制了材料的燃烧强度，这对于提高材料在实际应用中的火灾安全性有着十分重要的作用。这一结果与 LOI 和 UL 94 垂直燃烧试验中，4%TAD/1%OMMT/EP 的 LOI 和 UL 94 燃烧等级都高于 4%TAD/EP 的测试结果相一致，再一次证实了 TAD 与 OMMT 之间存在一定的协同作用。

采用阻燃效应计算公式(2.1)～式(2.3) 对环氧树脂材料燃烧过程中的阻燃行为进行了量化分析，计算结果如表 2.14 所示。

表 2.14 TAD/OMMT 复合体系阻燃环氧树脂的阻燃效应

样 品	火焰抑制效应	成炭效应	屏障保护效应
1%OMMT/EP	−1.3%	−0.3%	−33.2%
4%TAD/EP	+23.1%	+6.1%	−30.4%
4%TAD/1%OMMT/EP	+9.2%	+7.4%	+12.2%

如表 2.14 所示，1%OMMT/EP 在三种阻燃模式方面都表现出了负面的效应，因此 1%OMMT/EP 的阻燃性能低于纯环氧树脂。特别地，1%OMMT/EP 在屏障保护效应方面的负面作用极为明显，这是因为 OMMT 的添加导致材料在燃烧初期提前分解，OMMT 产生的“烛芯效应”致使材料燃烧更加剧烈。4%TAD/EP 样品在火焰抑制效应和成炭效应方面都表现出正面的积极作用，这是由于 TAD 所释放的 PO· 自由基在气相中表现出极强的猝灭作用，既增强了材料的不完全燃烧，也有利于促进树脂基体成炭。然而，4%TAD/EP 在炭层的阻隔方面表现出了负面作用，这是由于 TAD 也会引发材料在燃烧初期提前分解，而且材料所形成的炭层孔洞较大，无法有效阻隔外部热反馈和氧气接触内层树脂。

通常情况下，屏障保护效应的提升能够有效地隔绝火焰和氧气与内层基材接触，从而显著提升基体树脂的阻燃性能。当 OMMT 添加到 4%

TAD/EP 体系中，增强了原体系在屏障保护方面的效应，这是因为 OMMT 促进树脂基体提前燃烧的同时，也在材料表面形成了无机炭层结构，这种燃烧初期形成的炭层能够在燃烧中后期对树脂基体形成有效的作用。尽管 OMMT 提升了材料在燃烧初期的燃烧强度、缩短了 TTI 和达到 pk-HRR 的时间，但是 OMMT 在阻隔与保护效应方面带来的提升，与 TAD 带来的火焰抑制效应相结合，共同赋予了环氧树脂优异的阻燃性能。

2.3.6 燃烧残炭分析

TAD/OMMT 复合体系阻燃环氧树脂在锥形量热燃烧试验后的残炭如图 2.27 所示，残炭的微观扫描电镜图片如图 2.28 所示。从图 2.27(a) 中可以看出，纯环氧树脂在燃烧后所剩余的残炭量很少，且炭层单薄、破碎，说明环氧树脂自身的成炭能力较差。从图 2.27(b) 中可以看出，

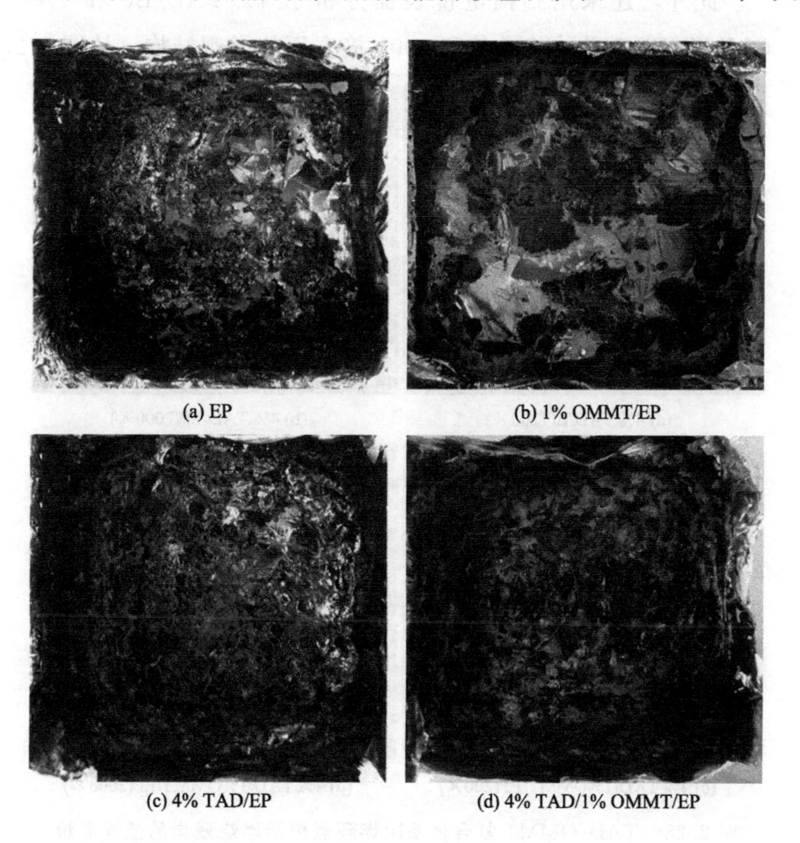

图 2.27　TAD/OMMT 复合体系阻燃环氧树脂燃烧残炭的宏观形貌

当环氧树脂中添加了1%OMMT时，1%OMMT/EP燃烧后所形成的残炭量更少，且炭层更加支离破碎，这说明OMMT的添加更大程度地促进了环氧树脂的燃烧反应，从而进一步减弱了环氧树脂的成炭能力。在图2.27(c)中，4%TAD/EP样品在燃烧后形成了大量的厚实残炭，TAD通过发挥猝灭作用和气相稀释作用导致了材料的不完全燃烧，促进了体系的成炭能力。这种现象也与锥形量热仪的测试结果保持规律一致。然而，仔细观察4%TAD/EP样品的残炭照片可以发现，残炭的中间部分呈比较稀疏和蓬松的网状结构，这就意味着在燃烧过程中，这样的炭层无法有效地起到阻隔和保护效应。而与4%TAD/EP样品燃烧后的炭层相比，4%TAD/1%OMMT/EP的残炭更加紧密。这种紧实的炭层能够有效地隔绝火焰并保护环氧树脂基体不被燃烧，因此能够发挥有效的凝聚相阻燃作用，给环氧树脂带来优异的阻燃性。残炭照片的结果再一次证明了OMMT的主要作用是增强材料在凝聚相中的屏障阻隔作用。

此外，还采用扫描电镜表征分析了4%TAD/EP和4%TAD/1%OMMT/EP残炭在200倍和2000倍率下的微观结构。从图2.28(a)和

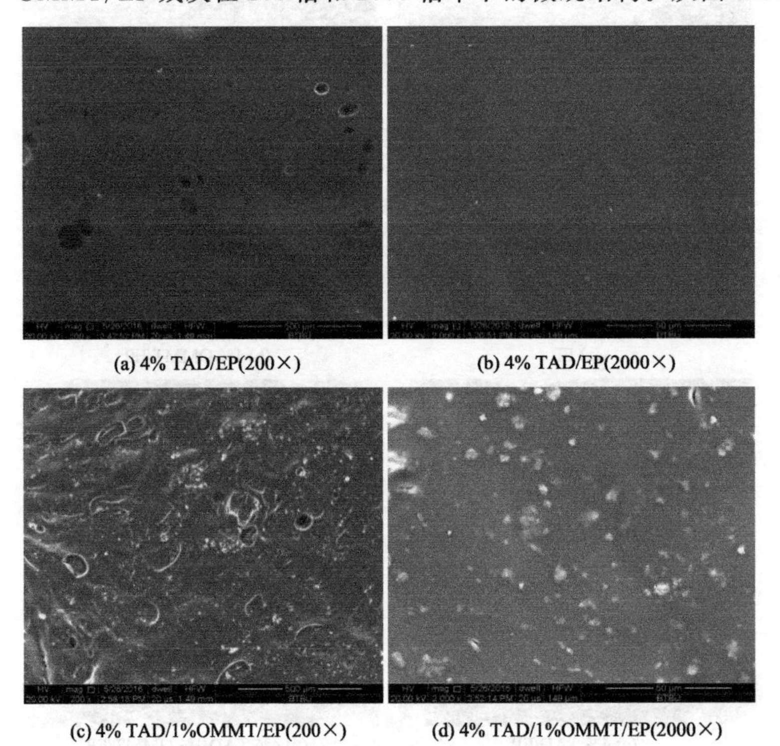

(a) 4% TAD/EP(200×)　(b) 4% TAD/EP(2000×)

(c) 4% TAD/1%OMMT/EP(200×)　(d) 4% TAD/1%OMMT/EP(2000×)

图2.28　TAD/OMMT复合体系阻燃环氧树脂燃烧残炭的微观形貌

(b) 中可以观察到，4%TAD/EP 样品的残炭表面呈现出几个大小不一的破碎的孔洞，除此之外，其余的位置都表现出较为光滑平整的结构。虽然 4%TAD/EP 样品的残炭微观结构较为规整，但其在宏观结构上较为蓬松，无法有效地发挥阻隔作用。在图 2.28(c) 和 (d) 中，4%TAD/1%OMMT/EP 样品的残炭表面呈现出褶皱的形态，但其表面没有破碎的空洞，这种完整的炭层结构能够有效地阻挡火焰并保护基体，从而发挥凝聚相阻隔的作用。值得注意的是，在 4%TAD/1%OMMT/EP 样品的残炭表面镶嵌着许多细小的颗粒，这些颗粒并非散落在残炭表面，而是深深的镶嵌到残炭中。这些小颗粒是 OMMT 在受热后，有机成分挥发而残留下来的 MMT 颗粒，这些颗粒能够起到阻挡热量传播的作用，促进了材料形成更加致密的残炭，提升了环氧树脂在凝聚相中的屏障保护作用。

进一步通过 XPS 分析 4%TAD/EP 和 4%TAD/1%OMMT/EP 样品在 LOI 和锥形量热仪燃烧试验后的残炭元素组成，结果如表 2.15 所示。可以发现，无论是 LOI 还是锥形量热仪 (CONE) 测试，添加了 OMMT 的样品残炭中都含有 Mg、Al、Si 元素，说明了 MMT 残留在凝聚相的残炭当中。此外，添加了 OMMT 的体系中，残炭中的磷含量要高于不添加 OMMT 的体系，这说明 OMMT 有可能促进 TAD 在凝聚相的释放。然而，残炭中的磷含量整体较低，再一次说明了 TAD 释放了大量的含磷自由基到气相当中，发挥了有效的猝灭作用。

表 2.15 TAD/OMMT 复合体系阻燃环氧树脂燃烧残炭的元素组成

样品	C /%	N /%	O /%	P /%	Mg /%	Al /%	Si /%
4%TAD/EP-LOI	85.70	2.81	10.97	0.52	—	—	—
4%TAD/1%OMMT/EP-LOI	83.32	2.74	11.38	0.29	0.23	0.75	1.29
4%TAD/EP-CONE	84.38	3.55	11.38	0.70	—	—	—
4%TAD/1%OMMT/EP-CONE	81.26	2.93	13.23	0.35	0.69	0.52	1.03

2.3.7 TAD/OMMT 复合体系的阻燃机理

选取一片面积为 $2mm^2$，厚度为 0.1mm 大小的 4%TAD/1%OMMT/EP 正方形样品置于火焰下进行短时间 (10s) 的燃烧，来模拟材料在燃烧初期的情景，并对燃烧后的残炭进行扫描电镜的分析。如图 2.29 (a) 所示，在残炭的边缘部分聚集了大量的 MMT 颗粒，这些颗粒平行于样品的表面并且向外扩散，覆盖住了整个残炭的表层。OMMT 在样品边缘部分大量聚集，显著地提升了 4%TAD/1%OMMT/EP 的屏障保护效应。虽然 OMMT 会造成材料在燃烧初期的提前分解，并提升材料在初期的燃烧强度，但是 OMMT 促进了基体在边缘所形成的致密残炭，提升了材料的屏障阻隔作用。这种边缘部分的屏障保护效应对于材料在小火焰测试过程（如 LOI 和 UL 94 垂直燃烧）中的阻燃效应显得尤其重要，因为材料在燃烧初期形成的致密炭层能够迅速地隔绝火焰，这也就是 4%TAD/1%OMMT/EP 的 LOI 和 UL 94 等级提升的原因。相对而言，OMMT 在样品的中部聚集效应并不明显，因此不能够提供有效的屏障保护作用。

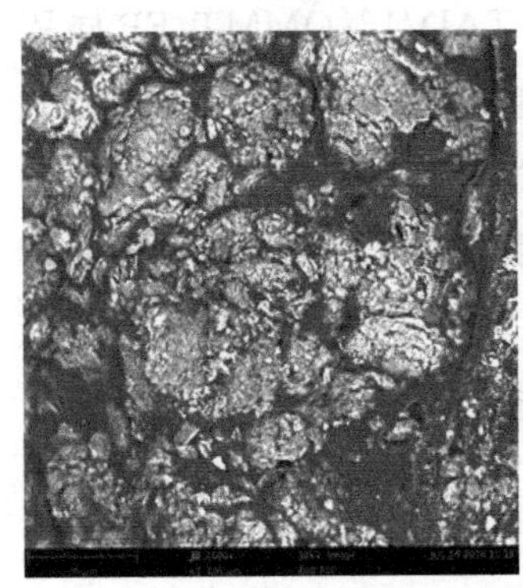
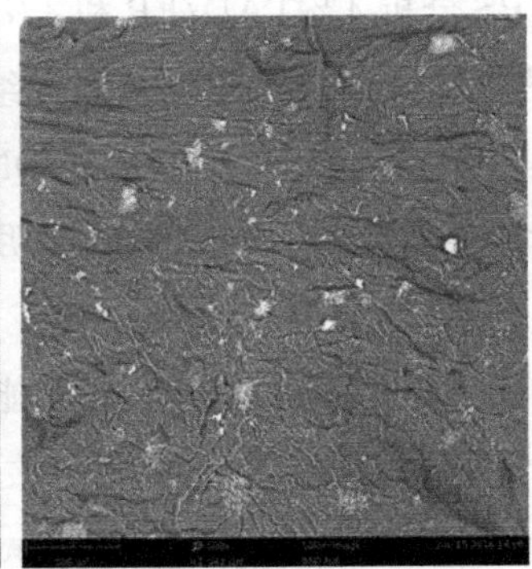
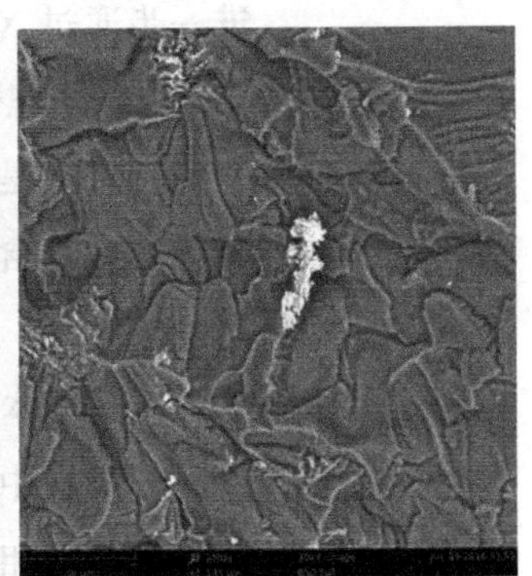
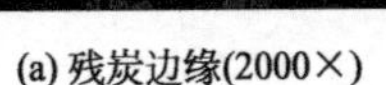

(a) 残炭边缘(2000×)　(b) 残炭中部(500×)　(c) 残炭中部(2000×)

图 2.29　4%TAD/1%OMMT/EP 燃烧 10s 形成残炭的表面形貌

通过以上试验，可以总结出 OMMT 在 TAD/EP 体系中的作用机理，机理示意如图 2.30 所示。OMMT 在材料燃烧初期引起的提前燃烧使得材料的边缘及表面形成了致密的、富含无机 MMT 颗粒的炭层。这种炭层能够发挥有效的屏障保护作用，在材料的中后期燃烧起到了十分重要的屏障作用。而 TAD 分解释放的含磷自由基能够起到猝灭活性自由基、终止链式反应的作用，分解释放的惰性气体能够在气相发挥气体稀释作用。当 OMMT 和 TAD 共同添加到环氧树脂中时，两种阻燃剂分别在气相和凝聚相的阻燃作用相互结合、相互促进，产生了高效的协同作用，这种两相之间的协同作用最终赋予了环氧树脂高效的阻燃性能。

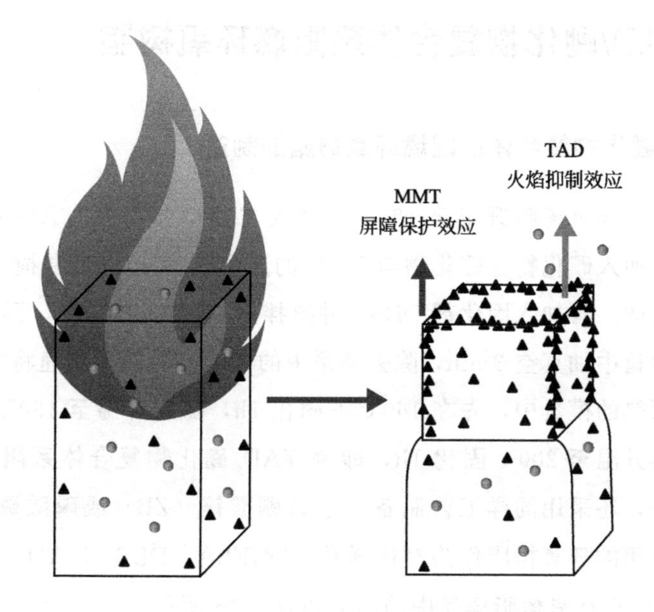

图 2.30　TAD/OMMT 复合体系的阻燃机理

2.3.8 小结

本节将 OMMT 与 TAD 复配添加到环氧树脂中，对 TAD/OMMT/EP 体系的阻燃行为规律进行了探索，并对 OMMT 与 TAD 的协同阻燃作用机理进行了研究。

① OMMT 添加到 TAD/EP 体系，能够进一步提升体系的阻燃性能。在 4%TAD/1%OMMT/EP 中，体系的 LOI 提升至 36.9%，并通过 UL 94 V-0 级，而 4%TAD/EP 的 LOI 只有 33.6%，且达到 UL 94 V-1 级。

② 在材料燃烧分解过程中，在气相和凝聚相中，OMMT 都不与 TAD 或环氧树脂发生化学反应，不会提升 TAD/EP 体系的残炭产率，OMMT 的阻燃协同作用体现在物理作用上。

③ 尽管 OMMT 的添加会导致材料在燃烧初期的热释放量增大，然而在材料燃烧的中后期，OMMT 能够在材料的边缘表面聚集，形成具有阻隔作用的保护层，抑制基体的燃烧行为。

④ OMMT 在凝聚相的边缘屏障保护作用与 TAD 在气相的猝灭和稀释作用相结合，进一步提升了环氧树脂体系的阻燃性能。

2.4 TAD/硼化物复合体系阻燃环氧树脂

2.4.1 TAD/硼化物复合体系阻燃环氧树脂的制备

将环氧树脂升温至180℃，加入TAD，搅拌至TAD完全溶解，之后，加入硼化物，硼化物与TAD的质量比为1∶3，并搅拌至硼化物充分分散。再加入固化剂DDS，并搅拌至DDS完全溶解，再置于185℃真空烘箱中抽真空3min，除去体系中的气泡。随后，迅速将混合体系浇注到预热的模具中，先在160℃下固化1h，随后升温至180℃固化2h，最后再升温至200℃固化1h，即得TAD/硼化物复合体系阻燃环氧树脂。此外，还采用同样工艺制备了水合硼酸锌（ZB）或磷酸硼（BPO_4）单独作用的环氧树脂作为对比样品。DGEBA、DDS、TAD、B_2O_3、ZB和BPO_4在环氧树脂样品中的用量如表2.16所示。

表2.16 TAD/硼化物复合体系阻燃环氧树脂的制备配方

样品	DGEBA /g	DDS /g	TAD /g	B_2O_3 /g	ZB /g	BPO_4 /g
2%B_2O_3-6%TAD/EP	100	31.7	8.59	2.86	—	—
2%ZB-6%TAD/EP	100	31.7	8.59	—	2.86	—
2%BPO_4-6%TAD/EP	100	31.7	8.59	—	—	2.86
8%TAD/EP	100	31.7	11.45	—	—	—
1.5%B_2O_3-4.5%TAD/EP	100	31.7	6.30	2.10	—	—
1.5%ZB-4.5%TAD/EP	100	31.7	6.30	—	2.10	—
1.5%BPO_4-4.5%TAD/EP	100	31.7	6.30	—	—	2.10
6%TAD/EP	100	31.7	8.40	—	—	—
6%ZB/EP	100	31.7	—	—	8.40	—
6%BPO_4/EP	100	31.7	—	—	—	8.40
4%TAD/EP	100	31.7	5.48	—	—	—
1%B_2O_3-3%TAD/EP	100	31.7	4.11	1.37	—	—
1%ZB-3%TAD/EP	100	31.7	4.11	—	1.37	—
1%BPO_4-3%TAD/EP	100	31.7	4.11	—	—	1.37

2.4.2 LOI和UL 94垂直燃烧试验

纯环氧树脂的LOI为22.5%，UL 94垂直燃烧为无级别。如图2.31所示，当TAD/硼化物复合体系总添加量为8%（质量分数），且硼化物

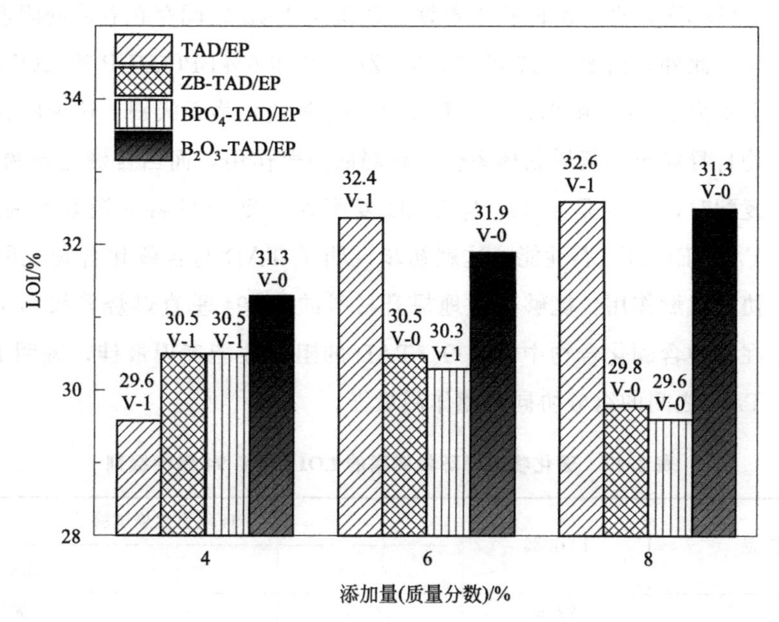

图 2.31　TAD/硼化物复合体系阻燃环氧树脂的 LOI 和 UL 94 阻燃级别

与 TAD 的质量比为 1∶3 时，8%TAD/EP 样品的 UL 94 垂直燃烧等级为 V-1 级别，LOI 为 32.6%。当 2%（质量分数）的含硼阻燃剂与 6%（质量分数）的 TAD 混合添加到体系中时，所有的阻燃环氧树脂材料的 UL 94 阻燃级别都达到 V-0 级，但 LOI 则出现了轻微的降低，这说明所有的含硼化合物都能够有效地提升环氧树脂的 UL 94 等级，也反映了含硼化合物与 TAD 之间存在着协同作用。当 TAD/硼化物复合体系总添加量为 6%时，6%TAD/EP 样品的 UL 94 垂直燃烧等级仍是 V-1 级别，LOI 为 32.4%。当三种不同的含硼化合物分别与 TAD 复配添加到环氧树脂中时，材料的燃烧测试结果则出现了一定的不同。1.5%B_2O_3-4.5%TAD/EP 和 1.5%ZB-4.5%TAD/EP 样品都通过了 UL 94 垂直燃烧 V-0 级别，LOI 分别为 31.9%和 30.5%。而 1.5%BPO_4-4.5%TAD/EP 样品没有达到 UL 94 V-0 级别，且氧指数值也为三者中最低的，为 30.3%。当进一步降低阻燃剂的总添加量至 4%时，4%TAD/EP 样品的 UL 94 垂直燃烧等级仍是 V-1 级别，LOI 为 29.6%。而当三种不同的含硼化合物与 TAD 复配添加到环氧树脂中时，只有 1%B_2O_3-3%TAD/EP 样品达到 UL 94 垂直燃烧 V-0 级，且其氧指数值也为最高，达到了 31.3%，与此同时，1%ZB-3%TAD/EP 和 1%BPO_4-3%TAD/EP 样品的 UL 94 垂直燃烧等级都未达到 V-0 级别，然而这两个样品的 LOI 值都高于 4%

TAD/EP，再一次说明了含硼化合物与TAD之间存在着协同阻燃作用。

此外，由表2.17可知，6%ZB/EP和6%BPO_4/EP的LOI值较低，分别为26.1%和27.6%，UL 94垂直燃烧都为无级别。这说明含硼化合物自身对于环氧树脂体系仅有较弱的阻燃作用，而当含硼化合物与TAD复配时，特别是B_2O_3与TAD复配时，复合材料的阻燃性能超过了TAD/EP的阻燃性能，这就初步说明了TAD与含硼化合物之间存在着协同阻燃作用，能够有效地提升材料的UL94垂直燃烧等级和LOI。而在三种含硼化合物中，B_2O_3/TAD的阻燃性能表现最佳，说明B_2O_3与TAD之间的组分协同阻燃作用最强。

表2.17 硼化物阻燃环氧树脂的LOI和UL 94阻燃级别

样品	LOI/%	UL 94垂直燃烧试验		
		av-t_1/s	av-t_2/s	阻燃级别
EP	22.5	121.4	—	无级别
6%ZB/EP	26.1	66.1	7.9	无级别
6%BPO_4/EP	27.6	39.9	6.5	无级别

2.4.3 热性能分析

如图2.32所示，三种含硼化合物自身的热稳定性都较好，700℃时的残炭产率都达到80%以上。其中，硼酸锌的失重率最高，这是由于其自身在高温下失去结合水，而磷酸硼的轻微失重则是由于其失去了吸潮所得到的水分，而氧化硼自身的热稳定性较高，700℃下的残炭产率为98.8%。上述结果表明，三种无机硼化物自身热稳定性较高，在高温下的分解程度较低。

如图2.33和表2.18所示，添加硼化物后，TAD/EP体系的初始分解温度（$T_{d,1\%}$和$T_{d,5\%}$）明显提升，这说明三种含硼化合物都能够提高TAD/EP的热稳定性。其中，1.5%B_2O_3-4.5%TAD/EP体系的初始分解温度提升得最为明显，这表明了B_2O_3与EP之间可能存在某种轻度的交联，致使环氧树脂的热稳定性得到提升。

在700℃时，TAD/硼化物复合体系阻燃环氧树脂的残炭产率都高于6%TAD/EP，说明TAD和硼化物共同作用有利于进一步提升环氧树脂的残炭能力。其中，1.5%BPO_4-4.5%TAD/EP和1.5%B_2O_3-4.5%

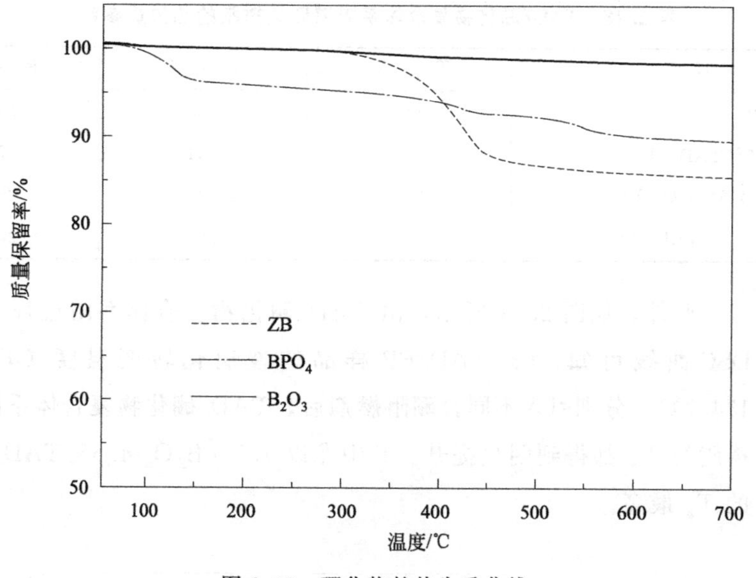

图 2.32　硼化物的热失重曲线

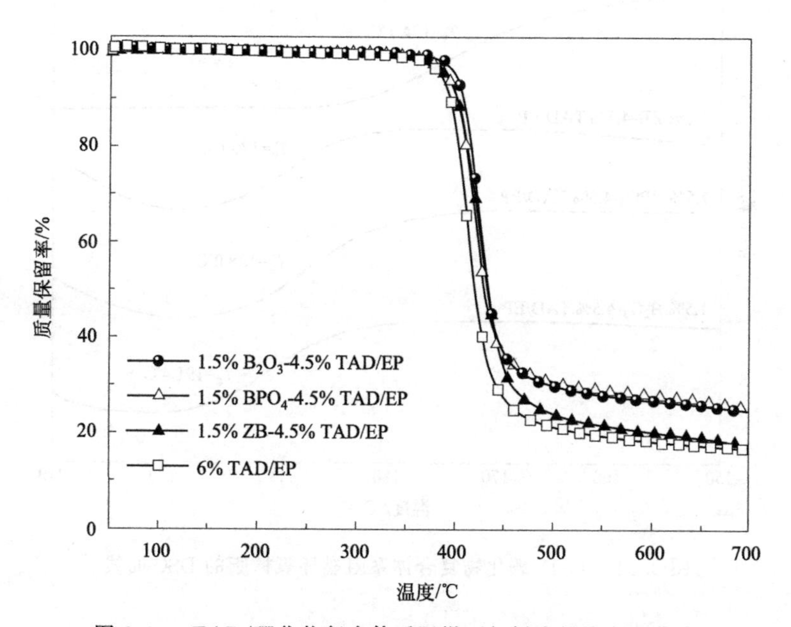

图 2.33　TAD/硼化物复合体系阻燃环氧树脂的热失重曲线

TAD/EP 在 700℃时的残炭产率（$R_{700℃}$）分别较 6%TAD/EP 提升了 8.5%和 7.7%，这是由磷硼组分之间的相互作用效率差异导致的。而 1.5%ZB-4.5%TAD/EP 样品的残炭产率接近于 6%TAD/EP，增加的残炭产率几乎相当于硼酸锌失去结合水所剩余的质量，说明 ZB 对于体系的成炭行为没有明显的促进作用。

表 2.18 TAD/硼化物复合体系阻燃环氧树脂的热失重参数

样 品	$T_{d,1\%}$/℃	$T_{d,5\%}$/℃	$R_{700℃}$/%
6%TAD/EP	341	385	16.9
1.5%ZB-4.5%TAD/EP	355	391	17.8
1.5%BPO_4-4.5%TAD/EP	359	391	25.4
1.5%B_2O_3-4.5%TAD/EP	375	399	24.6

此外，如图 2.34 所示，由 TAD/硼化物复合体系阻燃环氧树脂的 DSC 曲线可知，6% TAD/EP 样品的玻璃化转变温度（T_g）达到 174.7℃。分别引入不同含硼阻燃剂后，TAD/硼化物复合体系阻燃环氧树脂的 T_g 都得到明显提升。其中尤以 1.5%B_2O_3-4.5%TAD/EP 体系的 T_g 最高。

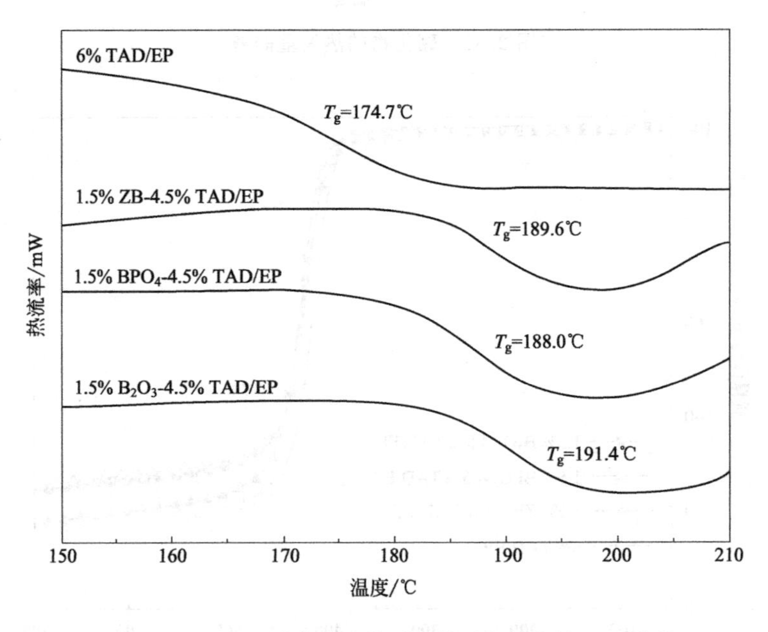

图 2.34 TAD/硼化物复合体系阻燃环氧树脂的 DSC 曲线

2.4.4 锥形量热仪燃烧试验

如图 2.35 所示，添加了含硼阻燃剂后，TAD/EP 体系的热释放速率明显降低，TAD/EP 体系的 pk-HRR 值也得到了明显的降低，说明含硼组分能够明显抑制材料的热释放行为。此外，从表 2.19 中可以看出，在三种含硼环氧树脂当中，添加了 B_2O_3 的材料有着最低的 pk-HRR 和

THR 值，这说明 B_2O_3 对于 TAD/EP 体系的热释放抑制作用最为明显。结合 LOI 和 UL 94 垂直燃烧的数据来看，可以推断出，不论是在小火焰的测试条件下，还是在强制燃烧的测试条件下，B_2O_3 与 TAD 之间有着最佳的协同阻燃作用，从而致使 B_2O_3-TAD/EP 体系表现出最优异的阻燃性能。

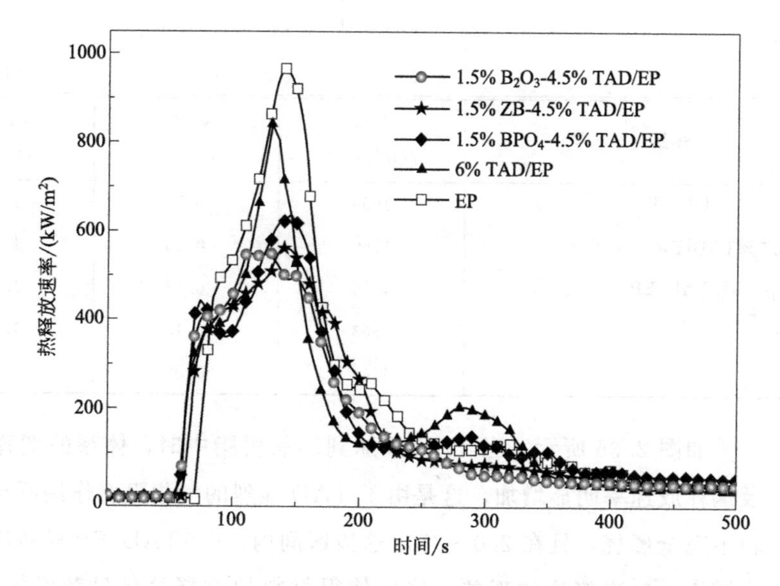

图 2.35 TAD/硼化物复合体系阻燃环氧树脂的热释放速率曲线

av-EHC 代表了每单位质量的材料所释放的热量，通常情况下表征了材料的气相阻燃作用。在表 2.19 中，所有阻燃样品的 av-EHC 值相差不大，说明了含硼化合物对于 TAD/EP 体系在气相的阻燃作用无明显影响。并且，随着含硼阻燃剂的添加，TAD/EP 体系的 TML 值也随之降低，说明含硼化合物都明显提升了体系在凝聚相的成炭作用。三种含硼环氧树脂中，1.5%B_2O_3-4.5%TAD/EP 和 1.5%ZB-4.5%TAD/EP 的 TML 值的降低程度明显高于 1.5%BPO_4-4.5%TAD/EP，这说明 B_2O_3 和 ZB 在凝聚相中与 TAD 的协同作用更为明显。既然环氧树脂中更多的成分被留在了凝聚相中，其参与燃烧的部分就相对减少，这也就是 1.5%B_2O_3-4.5%TAD/EP 和 1.5%ZB-4.5%TAD/EP 体系的 THR 明显低于 TAD/EP 体系的原因。至于 1.5%BPO_4-4.5%TAD/EP 样品的 THR 以及 av-EHC 都较高，则是由于 BPO_4 对于环氧树脂材料有着一定的催化分解的作用[9]，在发生催化反应的同时也释放了部分热量。

表 2.19 TAD/硼化物复合体系阻燃环氧树脂的锥形量热仪燃烧试验参数

样品	pk-HRR /(kW/m^2)	THR /(MJ/m^2)	av-EHC /(MJ/kg)	TML(质量分数) /%
1.5%B_2O_3-4.5%TAD/EP	551	77	20.9	80.0
1.5%ZB-4.5%TAD/EP	562	80	19.6	80.8
1.5%BPO_4-4.5%TAD/EP	638	87	21.4	83.9
6%TAD/EP	841	87	20.7	85.9
EP	966	102	24.2	91.6

样品	TSR /(m^2/m^2)	av-COY /(kg/kg)	av-CO_2Y /(kg/kg)
1.5%B_2O_3-4.5%TAD/EP	3950	0.15	1.81
1.5%ZB-4.5%TAD/EP	4160	0.13	1.67
1.5%BPO_4-4.5%TAD/EP	4124	0.17	1.78
6%TAD/EP	5363	0.13	1.72
EP	4148	0.09	2.09

如图 2.36 所示，当 TAD 添加到环氧树脂中时，体系的烟释放量以及烟释放速率明显增加，这是由于 TAD 强烈的气相阻燃作用所导致的材料不完全燃烧，且在 200～350s 这段区间内，6%TAD/EP 样品出现了二次燃烧、二次放热的现象，这也使得材料的烟释放量显著增加。然而，当含硼化合物添加到 TAD/EP 体系中时，材料的烟释放速率明显降低，TSR 值也降至接近于纯环氧树脂的水平。硼、磷组分在材料燃烧的过程中相互作用，减少了大碎片的释放，使得更多的组分留在了凝聚相中形成了丰富的残炭，因此减弱了环氧树脂的烟释放行为。此外，含硼环氧树脂的 av-COY 和 av-CO_2Y 值与 6%TAD/EP 相差不大，说明三种含硼无机化合物仅能够抑制可燃性大碎片的释放，对 TAD 在气相发挥的自由基猝灭作用几乎没有影响。

进一步通过计算 TAD/硼化物复合体系阻燃环氧树脂燃烧过程中的三种阻燃效应，分析三种硼化物对复合体系阻燃行为的影响规律。如表 2.20 所示，6%TAD/EP 的火焰抑制效应较高，而成炭效应和屏障保护效应则相对较弱，说明 TAD 具有较好的气相阻燃作用。而引入硼化物后，TAD/硼化物复合体系阻燃环氧树脂的成炭效应和屏障保护效应明显提升，说明硼化物能够有效协助 TAD 进一步提升环氧树脂的凝聚相阻燃作用。正是由于这种凝聚相阻燃作用上的显著提升，最终抑制了环氧

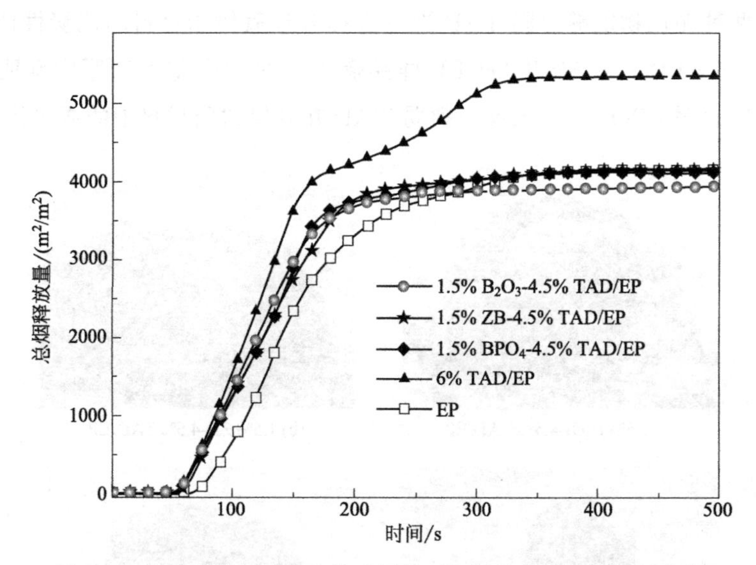

图 2.36　TAD/硼化物复合体系阻燃环氧树脂的总烟释放量曲线

树脂的燃烧热释放行为。此外，1.5% BPO_4-4.5% TAD/EP 和 1.5% B_2O_3-4.5%TAD/EP 的火焰抑制效应发生了一定的降低，这是由 TAD 添加量的减少而导致的。而 1.5%ZB-4.5%TAD/EP 样品的火焰抑制效应又进一步的提升，究其原因，是因为 ZB 分解释放了水蒸气发挥了气相的稀释作用。1.5%B_2O_3-4.5%TAD/EP 的火焰抑制效应降低程度较低，而凝聚相的成炭效应和屏障保护效应的提升最为明显，表明 B_2O_3-TAD/EP 体系获得最佳的阻燃效果是由于三种不同效应的分布得到了优化。

表 2.20　TAD/硼化物复合体系阻燃环氧树脂的阻燃效应

样品	火焰抑制效应	成炭效应	屏障保护效应
6%TAD/EP	+14.5%	+6.2%	+2.1%
1.5%BPO_4-4.5%TAD/EP	+11.6%	+8.4%	+22.6%
1.5%ZB-4.5%TAD/EP	+19.0%	+11.8%	+25.8%
1.5%B_2O_3-4.5%TAD/EP	+13.6%	+12.7%	+24.4%

2.4.5 燃烧残炭分析

如图 2.37 (d) 所示，6%TAD/EP 燃烧后形成了较厚的残炭，说明 TAD 能够发挥较好的成炭作用。当 B_2O_3 和 ZB 分别与 TAD 复合阻燃 EP 时，环氧树脂材料燃烧后形成的残炭厚度出现了轻微的提升，说明这两种硼化物能够协同TAD进一步提升环氧树脂材料的成炭性能。然而，1.5%BPO_4-4.5%TAD/EP样品燃烧残炭的完整性和厚度都明显降低，这表明BPO_4的引入反而削弱TAD在环氧树脂材料中的成炭作用。

(a) 1.5% B_2O_3-4.5% TAD/EP (b) 1.5% ZB-4.5% TAD/EP (c) 1.5% BPO_4-4.5% TAD/EP (d) 6% TAD/EP

图2.37 TAD/硼化物复合体系阻燃环氧树脂燃烧残炭的宏观形貌

在燃烧残炭的微观形貌方面，如图2.38（d）所示，6%TAD/EP样品的残炭表面有一些疏松的小孔，这些小孔在燃烧过程中有利于TAD释放的磷氧自由基和惰性气体的扩散，但是却不能有效地阻挡火焰和氧气的传播，不能有效地发挥阻隔屏障作用。在图2.38（c）中，1.5%BPO_4-4.5%TAD/EP样品的炭层表面呈现出支离破碎的状态，无法发挥有效的屏障保护作用。在图2.38（b）中，1.5%ZB-4.5%TAD/EP燃烧所形成的炭层表面有一些附着薄膜的孔洞，这些孔洞是气体冲击柔韧的薄膜所形成的，且薄膜上镶嵌了一些小颗粒，这些颗粒是ZB失去结晶水所残留的成分。这种平整、未破损的炭层也能够有效地发挥阻隔作用。在图2.38（a）中，1.5%B_2O_3-4.5%TAD/EP所形成的炭层表面几乎没有任何孔洞，且表面褶皱，呈现出沟壑状，显而易见，这种厚实致密的炭层能够极为有效地发挥屏障保护作用，因此，添加了B_2O_3的环氧树脂的阻燃性能在上述三种复配体系中最佳。

进一步使用XPS分析锥形量热仪燃烧试验残炭的元素组成。如表2.21所示，在TAD/硼化物复合体系阻燃环氧树脂燃烧残炭中，硼元素

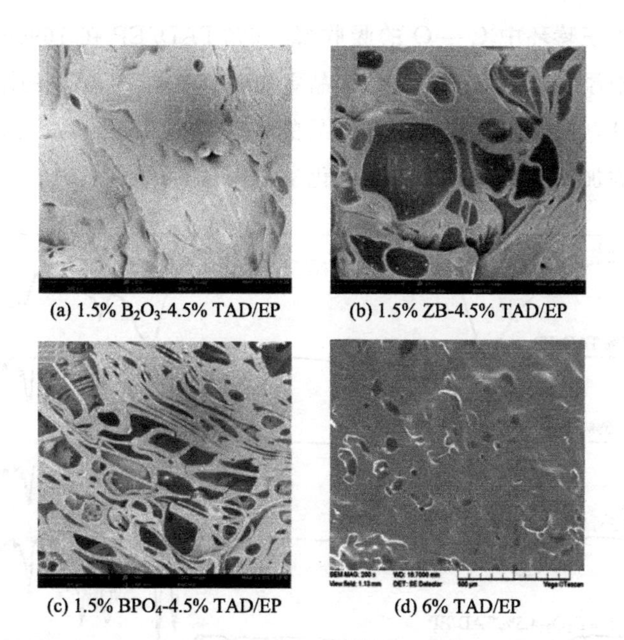

图 2.38　TAD/硼化物复合体系阻燃环氧树脂燃烧残炭的微观形貌

的含量明显高于磷元素的含量。而在燃烧前的初始样品中，硼元素的含量低于磷元素的含量。因此，可以通过计算样品在燃烧前的硼/磷元素比（$I_{B/P}$）和燃烧后的硼/磷元素比（$E_{B/P}$），分析含磷、硼的两种组分的阻燃作用途径。如表 2.21 所示，所有含硼阻燃环氧树脂的 $E_{B/P}$ 都明显高于 $I_{B/P}$，这意味着在燃烧过程中，大部分的磷元素都释放到了气相当中，参与气相阻燃作用，而大部分的硼元素都保留在了凝聚相中，参与体系成炭性能的改善，提高材料的成炭能力和炭层质量，即 TAD 主要在气相发挥阻燃作用，而硼化物则主要在凝聚相发挥阻燃作用。

表 2.21　TAD/硼化物复合体系阻燃环氧树脂燃烧残炭的元素组成

样品	元素含量/%							$I_{B/P}$	$E_{B/P}$
	B	C	N	O	P	S	Zn		
1.5%B_2O_3-4.5%TAD/EP	2.62	78.68	4.67	12.92	0.61	1.15	—	1.02	4.29
1.5%BPO_4-4.5%TAD/EP	3.93	80.47	3.78	10.35	0.82	0.64	—	0.17	4.78
1.5%ZB-4.5%TAD/EP	2.64	84.88	2.50	8.44	0.78	0.34	0.41	0.49	3.38
6%TAD/EP	—	84.17	5.11	8.94	0.82	0.95	—	—	—

通过分析 TAD/硼化物复合体系阻燃环氧树脂燃烧残炭的红外光谱，探究含硼化合物在凝聚相的阻燃化学作用。如图 2.39 所示，$1696cm^{-1}$

代表了三嗪环中 C═O 的吸收峰，6%TAD/EP 在 1696cm^{-1} 位置的峰比其他添加了含硼化合物的样品更强，这是由于 TAD 的添加量更高。除此之外，所有阻燃环氧树脂样品的红外光谱几乎一致，这说明含硼化合物的添加不会影响环氧树脂的化学结构。

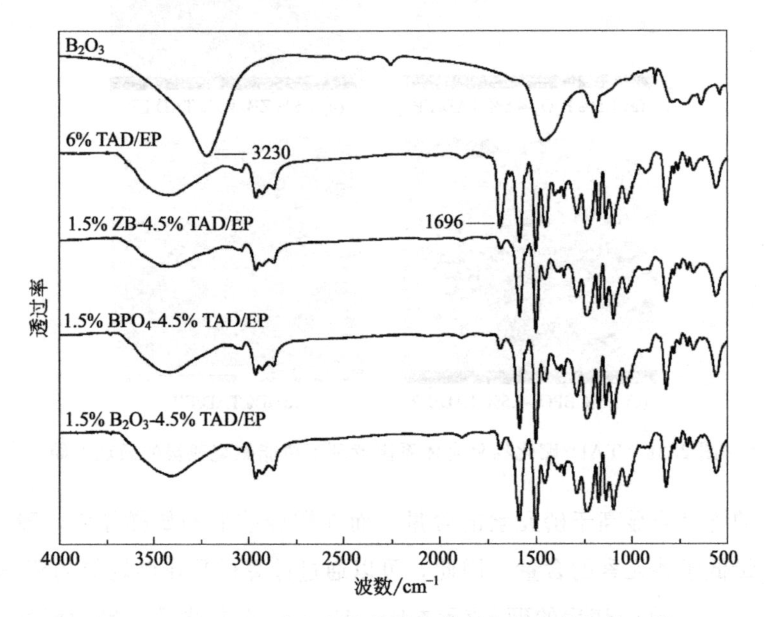

图 2.39 TAD/硼化物复合体系阻燃环氧树脂的红外光谱

如图 2.40 所示，1550cm^{-1} 位置的峰代表着芳环结构的伸缩振动，1105cm^{-1} 位置的峰代表了 C—O—C 的吸收峰，3438cm^{-1} 位置的峰代表了固化剂分解残留的氨基吸收峰。添加了 ZB 和添加了 BPO_4 的环氧树脂的残炭红外光谱与 6%TAD/EP 的红外光谱几乎一致，说明了 ZB 和 BPO_4 与 TAD/EP 体系没有发生明显的化学作用。1.5%B_2O_3-4.5%TAD/EP 样品的残炭红外光谱与其他三个样品的残炭红外光谱则有一些细微的区别。首先，在 1592cm^{-1} 和 1507cm^{-1} 位置的两个吸收峰与其他样品的峰形不同，这是由芳环上的 C—C 键伸缩振动引起的。这两个峰的出现意味着环氧树脂的分解程度相对于其他样品更加不充分，进而保留了更多的富含芳香结构的残炭。其次，1.5%B_2O_3-4.5%TAD/EP 样品的残炭红外光谱在 3378cm^{-1} 和 3234cm^{-1} 位置出现了两个不同的峰，3234cm^{-1} 的峰是由于 B_2O_3 分子的存在，因为在图 2.39 中，B_2O_3 分子在 3230cm^{-1} 的位置出现吸收峰。结合在 3378cm^{-1} 出现的一个新峰，可以推测，B_2O_3 中的 B—O 键很可能与环氧树脂中的氨基发生一定的化学作用，使得 B—O 吸收峰与氨基的吸收峰相互靠近。这种化学作用有助于提升材料的热稳定性，同时也有助于更多的残炭保留在凝聚相中，形成更加厚实、致密的炭层。B_2O_3 为体系带来的凝聚相阻燃作用的提升与 TAD 所发挥的气相作用相结合，因此，在三种含硼化合物中，B_2O_3 与 TAD 体系在环氧树脂中有着最佳的协同阻燃作用。

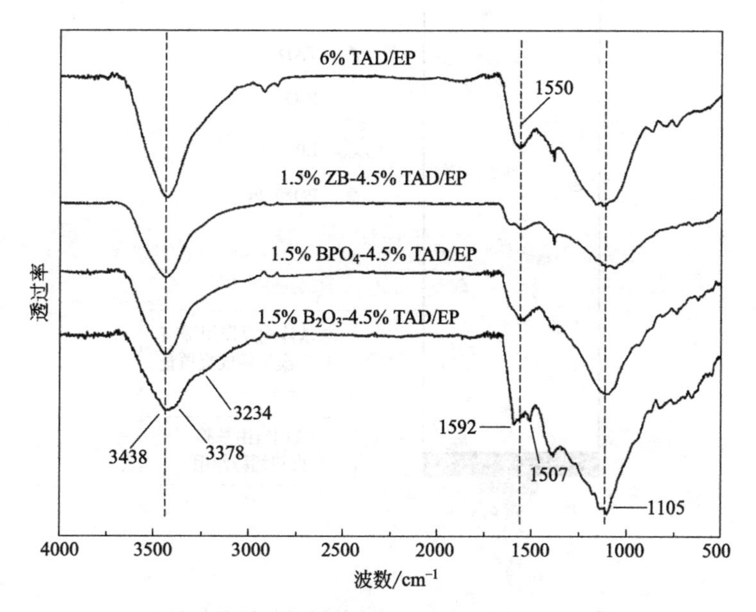

图 2.40　TAD/硼化物复合体系阻燃环氧树脂燃烧残炭的红外谱图

2.4.6　TAD/硼化物复合体系的阻燃机理

B_2O_3、ZB 和 BPO_4 三种硼化合物与 TAD 都存在一定的协同阻燃作用，其中尤以 B_2O_3 与 TAD 的协同作用效果最为显著。首先，三种硼化物的引入都能够有效提升基体树脂在燃烧过程中的凝聚相成炭作用，而且这种成炭作用能够有效地隔绝火焰和保护聚合物基体。其次，三种硼化物对体系阻燃性能影响各不相同，作用原理也各有差异。BPO_4 能够通过酸催化作用提升体系的成炭量和炭层密度，但是在反应过程中会释放部分热量。因此，BPO_4 对于 TAD/EP 体系的协同阻燃作用较差。ZB 在受热过程中会失去结晶水，能够进一步提升 TAD/EP 体系的气相阻燃作用，同时分解所剩的含硼成分残留在凝聚相中，保留在炭层表面，能够提升炭层质量。B_2O_3 与 TAD 的协同阻燃机理如图 2.41 所示。B_2O_3 受热后几乎不分解，会完全保留在凝聚相中。当环氧树脂燃烧时，B_2O_3

能够与基体树脂发生化学作用，促使体系生成更多、更致密的炭层。这种致密的炭层能够有效地发挥凝聚相阻隔作用。结合 TAD 的气相自由基猝灭和惰性气体稀释作用，实现了 B_2O_3/TAD 复合体系在气相和凝聚相中阻燃作用的相互平衡，赋予环氧树脂材料优异的综合阻燃性能。

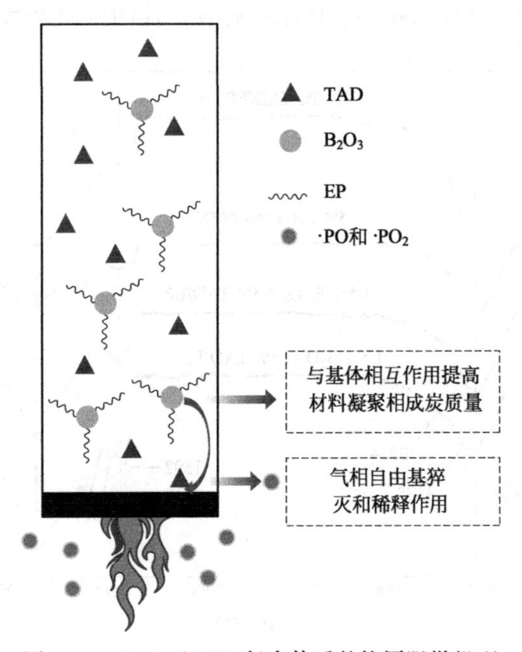

图 2.41 B_2O_3/TAD 复合体系的协同阻燃机理

2.4.7 小结

本节将 B_2O_3、ZB 和 BPO_4 三种硼化合物以 1∶3 的质量比分别与 TAD复配，应用于阻燃环氧树脂，通过研究 TAD/硼化物复合体系阻燃环氧树脂燃烧行为，探索三种不同硼化物与 TAD 之间的协同阻燃行为和作用机理。

① 三种硼化物都能够进一步提升 TAD/EP 体系的阻燃性能。当阻燃剂总添加量达到 8%时，三种 TAD/硼化物复合体系阻燃环氧树脂的阻燃级别都通过了 UL 94 V-0 级。而且三种硼化物都能够有效地降低 TAD/EP 体系的热释放速率，抑制材料的燃烧强度，并提升材料的残炭产率和热稳定性。

② 在三种 TAD/硼化物复合体系阻燃环氧树脂中，B_2O_3 与 TAD 之间的协同阻燃效应最佳。B_2O_3 与环氧树脂能够发生轻微的化学作用，显

著提升材料的成炭能力和炭层质量，发挥优异的屏障保护作用。

③ TAD 的气相阻燃作用与 B_2O_3 的凝聚相阻燃作用相结合，使 B_2O_3/TAD 体系实现了在气相和凝聚相中完善和平衡，赋予环氧树脂优异的阻燃性能。

2.5 磷杂菲/三嗪双基化合物 TGD 阻燃环氧树脂

2.5.1 TGD 的制备

将 DOPO（63.7g，0.295mol）熔融后，搅拌升温至 135℃，以 20min 加 2.97g 的加料速度分 10 次加入 TGIC（29.7g，0.100mol），再缓慢升温至 170℃，搅拌反应 5h，即得目标产物 TGD。反应结束后，产物冷却至室温呈淡黄色透明玻璃态，研磨粉碎后得白色粉末状产物 TGD。TGD 的制备方程如图 2.42 所示，产率：98.2%；纯度（HPLC 测定）：93.6%；T_g：107℃；FTIR（KBr，cm^{-1}）：3369（OH），3065（Ar—H），2905（C—H），1690（C═O），1595（苯环骨架），1464（C—N），1203（P═O），915（P—O—Ph），756（苯环邻二取代）；^1H NMR（DMSO-d_6）：δ = 7.1～8.3（Ar—H，24H），δ = 5.1 和 5.4（CH，3H），δ =3.8 和 4.2（P—CH_2，6H），δ=3.7（$C_3N_3O_3$—CH_2，6H），δ=2.1～2.3（OH，3H）；^{31}P NMR（DMSO-d_6）：δ=35.9。

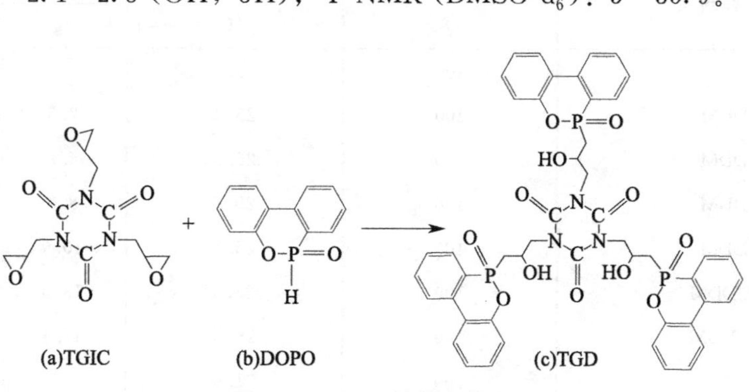

(a)TGIC　　(b)DOPO　　(c)TGD

图 2.42　TGD 的制备方程

2.5.2 TGD阻燃环氧树脂的制备

依据表2.22给出的环氧树脂固化物制备配方，将TGD缓慢加入DGEBA中。搅拌至TGD充分分散后，缓慢升温至150℃，并持续搅拌至TGD完全溶解、分散均匀。

TGD/EP/DDM样品的制备：将TGD/DGEBA体系搅拌降温至100℃，加入固化剂DDM并搅拌至DDM完全溶解、混合均匀，再将其置于100℃真空烘箱中抽真空3min，除去体系中的气泡后，迅速浇注到预热的模具中，先在120℃预固化2h，再在170℃深度固化4h。EP/DDM样品的制备方法同上。

TGD/EP/DDS样品的制备：将TGD/DGEBA混合物搅拌升温至185℃，加入固化剂DDS，并搅拌至DDS完全溶解、混合均匀，再将其置于185℃真空烘箱中抽真空3min，除去体系中的气体，然后迅速浇注到预热的模具中，先在150℃预固化3h，再在180℃深度固化5h。EP/DDS样品的制备方法同上。

TGD/EP/*m*-PDA样品的制备：将TGD/DGEBA混合物搅拌降温至80℃，加入固化剂*m*-PDA，并搅拌至*m*-PDA完全溶解、混合均匀，再将其置于80℃真空烘箱中抽真空3min，除去体系中的气体后，迅速浇注到预热的模具中，先在80℃预固化2h，再在150℃深度固化3h。EP/*m*-PDA样品的制备方法同上。

表2.22 TGD阻燃环氧树脂的制备配方

样品	DGEBA /g	固化剂 /g	TGD	
			/g	/%
EP/DDM	100	25.3	—	—
2%TGD/EP/DDM	100	25.3	2.6	2
4%TGD/EP/DDM	100	25.3	5.2	4
6%TGD/EP/DDM	100	25.3	8.0	6
8%TGD/EP/DDM	100	25.3	10.9	8
10%TGD/EP/DDM	100	25.3	13.9	10
12%TGD/EP/DDM	100	25.3	17.1	12
EP/DDS	100	31.6	—	—
2%TGD/EP/DDS	100	31.6	2.7	2

续表

样品	DGEBA /g	固化剂 /g	TGD	
			/g	/%
4%TGD/EP/DDS	100	31.6	5.5	4
6%TGD/EP/DDS	100	31.6	8.4	6
8%TGD/EP/DDS	100	31.6	11.5	8
10%TGD/EP/DDS	100	31.6	14.6	10
12%TGD/EP/DDS	100	31.6	18.0	12
EP/*m*-PDA	100	13.8	—	—
2%TGD/EP/*m*-PDA	100	13.8	2.3	2
4%TGD/EP/*m*-PDA	100	13.8	4.7	4
6%TGD/EP/*m*-PDA	100	13.8	7.3	6
8%TGD/EP/*m*-PDA	100	13.8	9.9	8
10%TGD/EP/*m*-PDA	100	13.8	12.6	10
12%TGD/EP/*m*-PDA	100	13.8	15.5	12

2.5.3 LOI 和 UL 94 垂直燃烧试验

采用 LOI 和 UL 94 垂直燃烧试验评价 TGD 在不同环氧树脂固化体系中的量效关系。如图 2.43 所示，TGD 在 EP/DDM 体系中的阻燃效率最高。TGD 的添加量仅为 4%（质量分数）时，4%TGD/EP/DDM 样品达到 UL 94 V-0 级，且获得 35.6%的 LOI。随着 TGD 添加量的进一步增加，12% TGD/EP/DDM 样品的 LOI 达到研究范围内的最高值 42.0%。在 EP/DDS 体系中，当 TGD 的添加量增加到 12%时，12% TGD/EP/DDS 样品的阻燃级别才达到 UL 94 V-0 级。而对于 EP/*m*-PDA 体系，TGD 的阻燃效率进一步下降。随着 TGD 添加量的增加（0→12%），TGD/EP/*m*-PDA 样品的阻燃级别始终为 UL 94 无级别。

在同等 TGD 添加量的三种阻燃固化环氧树脂中，TGD/EP/DDM 样品的 LOI 始终最高，而且 LOI 随着 TGD 添加量的增加而增大。而对于 TGD/EP/DDS 和 TGD/EP/*m*-PDA 样品，当 TGD 的添加量较低时，环氧树脂样品的 LOI 与 TGD 添加量呈正相关；当 TGD 的添加量进一步增加时，环氧树脂样品的 LOI 则与 TGD 添加量呈负相关。EP/DDS 和 EP/*m*-PDA 体系中的这种正、负相关关系的转变点分别为 10%和 6%，而且两个体系均在转变点出获得最佳的 LOI（10% TGD/EP/DDS：

35.2%，6%TGD/EP/m-PDA：34.0%)。

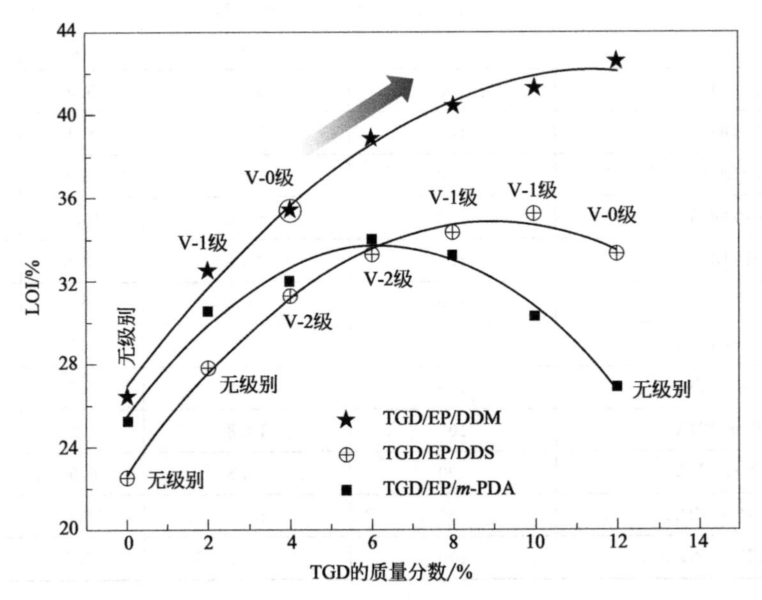

图 2.43　TGD 阻燃环氧树脂的 LOI 和 UL94 阻燃级别

2.5.4 TGD 的裂解行为

TGD 阻燃作用的发挥主要通过其裂解产物作用于环氧树脂材料裂解和燃烧反应。通过 Py-GC/MS 测试 TGD 在 500℃下的热裂解碎片结构，其中代表性裂解产物的质谱图如图 2.44 所示，由此推定的 TGD 裂解路线以及相关裂解产物的化学结构如图 2.45 所示。

由图 2.45 可知，TGD 受热裂解时，首先分裂为三-烯丙基-三嗪三酮（m/z=249）和磷杂菲碎片（m/z=230 或 215）两部分。随着分子碎片的进一步裂解：一方面，两种磷杂菲碎片将分裂成磷氧自由基（PO·，m/z=47；PO_2·，m/z=63）、苯氧自由基（m/z=93）、苯基甲基二取代磷酰自由基（m/z=139）、联苯自由基（m/z=152）以及邻苯基苯氧自由基（m/z=169）等自由基碎片；另一方面，三-烯丙基-三嗪三酮将分裂成一系列的惰性烷基异氰酸酯自由基碎片（m/z = 208，125，83，70，56）以及活跃的烷基自由基碎片（m/z=41）。在材料燃烧过程中，TGD 裂解产物中的 PO·、PO_2·以及苯基甲基二取代磷酰自由基等自由基碎片都能够有效地猝灭 HO·、H·以及碳氢自由基等活性自由基，发挥气相阻燃作用；TGD 裂解生成的这些自由基碎片还能迅速地

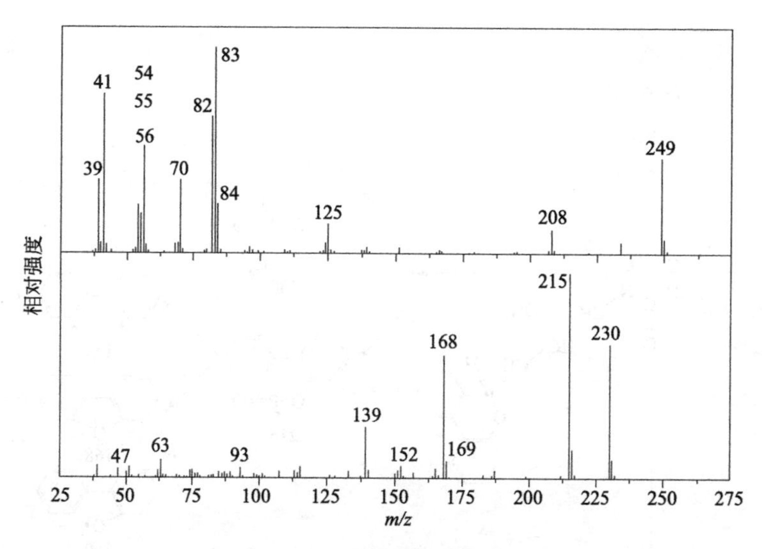

图 2.44　TGD 主要裂解产物的质谱图

结合材料基体中的链端自由基，抑制或终止基体的链式自由基裂解反应，发挥凝聚相阻燃作用。TGD 的裂解碎片特性表明，TGD 具有在材料燃烧过程中同时发挥气相、凝聚相阻燃作用的潜质。

2.5.5 热性能分析

采用差示扫描量热仪和热失重分析仪研究 TGD 阻燃环氧树脂的热性能和成炭性能。如表 2.23 所示，TGD 的玻璃化转变行为在 107℃附近，没有熔点，属于无定形态非晶化合物。由于 TGD 的 T_g 较低，添加 TGD 后，三种固化环氧树脂的 T_g 均出现了轻微的下降（−1.5%到−4.1%）。在阻燃效率最高的 TGD/EP/DDM 体系中，添加 4%（质量分数）的 TGD 就可使材料的阻燃级别达到 UL 94 V-0 级，此时材料的 T_g 为 161℃，相比于未阻燃的 EP/DDM 样品下降了 7℃。

另外，如图 2.46 和表 2.23 所示，TGD 的热稳定性不高，初始分解温度（$T_{d,1\%}$）只有 211℃，远低于未阻燃的三种固化环氧树脂，受热时 TGD 将提前于基体树脂发生裂解。相比于未阻燃环氧树脂样品，4% TGD/EP/DDM、4% TGD/EP/DDS 以及 4% TGD/EP/m-PDA 样品的 $T_{d,1\%}$ 均发生了不同程度的下降，这可能是 TGD 的提前分解产物与基体树脂间发生了某种作用，进而诱发了树脂基体提前裂解。各环氧树脂样

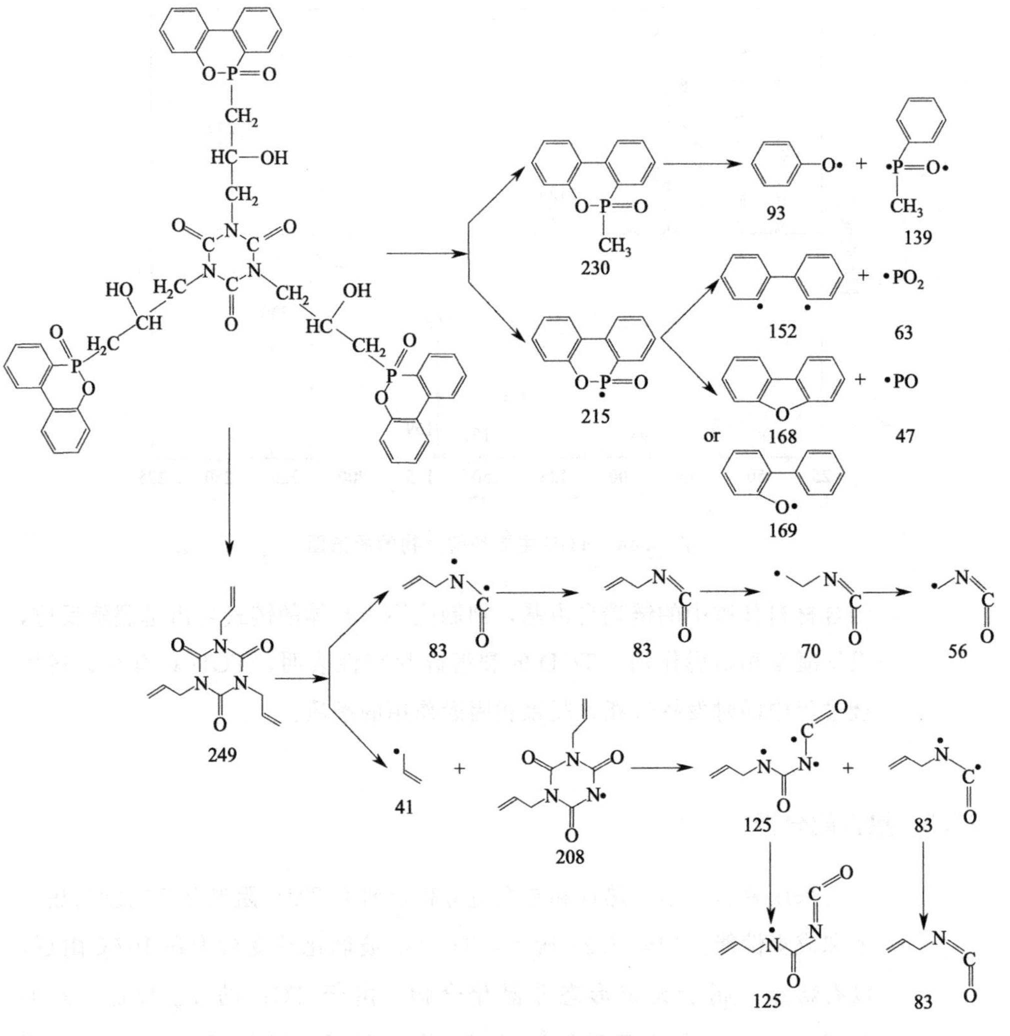

图 2.45 TGD的裂解路线

品在380℃的失重量数据也表明，TGD的存在明显地促进了环氧树脂基体裂解，使其裂解速度明显快于阻燃改性前。由于阻燃前后两者的失重量差距大于体系中TGD的添加量，这说明TGD热分解产物能够诱导树脂基体提前裂解。随着温度的进一步升高，各TGD阻燃环氧树脂样品的质量保留率反而高于各自对应的未阻燃样品（4%TGD/EP/*m*-PDA样品除外），这说明环氧树脂基体在TGD裂解产物的作用下成炭性能得到了提高。因此，上述提及的TGD诱发基体树脂提前裂解的行为可以理解TGD裂解产物对基体材料成炭行为的促进作用，这与之前提到的TGD气相、凝聚相阻燃作用相一致。通过这种诱发提前裂解、猝灭活性位点以及促进高效成炭作用，TGD 强化了材料的气相、凝聚相阻燃作用，进而使材料获得更高的 LOI 和 UL 94 阻燃级别。

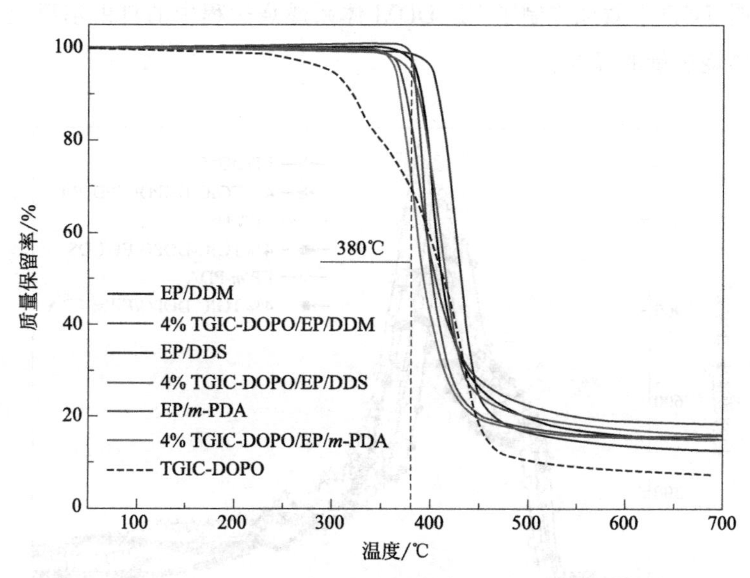

图 2.46　TGD 阻燃环氧树脂的热失重曲线

表 2.23　TGD 阻燃环氧树脂的热性能参数

样品	T_g /℃	$T_{d,1\%}$ /℃	$ML_{380℃}$ /%	$R_{700℃}$ /%
EP/DDM	168	374	−2.6	15.0
4%TGD/EP/DDM	161	357	−15.8	18.3
EP/DDS	191	378	−1.1	12.6
4%TGD/EP/DDS	188	344	−5.5	15.9
EP/*m*PDA	170	379	−1.9	15.6
4%TGD/EP/*m*-PDA	165	354	−30.0	15.0
TGD	107	211	—	7.4

2.5.6 锥形量热仪燃烧试验

采用锥形量热仪燃烧试验进一步评价 TGD 对环氧树脂燃烧行为的具体影响。如图 2.47 所示，与相应的未阻燃环氧树脂样品对比，TGD 的添加在不同程度上降低了三种固化环氧树脂的 pk-HRR，其中 4%TGD/EP/DDM 样品的 pk-HRR 降低了 27.3%、4%TGD/EP/DDS 样品的 pk-

HRR 降低了 9.7%、4% TGD/EP/*m*-PDA 样品的 pk-HRR 降低了 12.8%。显然，TGD 对 EP/DDM 体系 pk-HRR 的抑制程度最大，这说明 TGD 有效地抑制了 EP/DDM 体系燃烧过程中的自由基反应，减少了燃烧热量的释放。

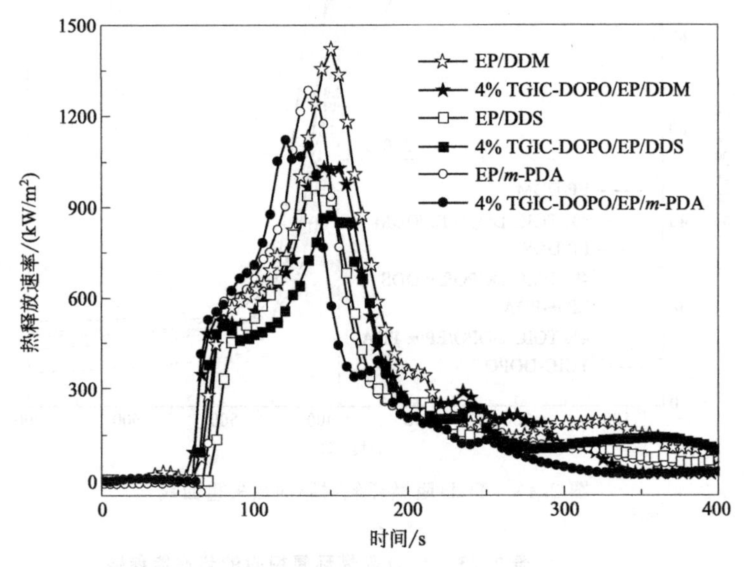

图 2.47 TGD 阻燃环氧树脂的热释放速率曲线

通过对比各环氧树脂样品的 av-EHC 可知，TGD 对 EP/DDM 体系 av-EHC 的抑制作用最明显，4%TGD/EP/DDM 样品的 av-EHC 比 EP/DDM 样品降低了 16.4%。由 EHC 定义可知，EHC＝HRR∶MLR（质量损失速率）。鉴于 TGD 添加与否均对 EP/DDM 体系的 av-MLR 没有影响，所以 4%TGD/EP/DDM 样品 av-EHC 的降低主要原因在于 av-HRR 的减小，这说明 TGD 强化了 EP/DDM 体系的气相阻燃作用。

同样的，av-CO_2Y 的减小证明了 TGD 的存在对环氧树脂完全燃烧行为的抑制作用。表 2.24 给出的 av-COY 和 av-CO_2Y 数据表明 4% TGD/EP/DDM 样品在燃烧过程中释放出的 CO 和 CO_2 最少，这说明 TGD 的存在不仅抑制了环氧树脂的完全燃烧，还限制了树脂基体的裂解行为，减少了可燃性气体的释放，从而降低了燃烧反应产物的生成量。另外，4%TGD/EP/DDM 样品 TSR 的增加也说明了 TGD 裂解碎片猝灭自由基形成大分子碎片，并以不完全燃烧的烟尘状态进入气相。TGD 正是通过上述阻燃机理有效地抑制了 EP/DGEBA 体系的燃烧行为，赋予了环氧树脂材料优异的阻燃性能。

表 2.24　TGD 阻燃环氧树脂的锥形量热仪燃烧试验参数

样品	pk -HRR /(kW/m^2)	av-EHC /(MJ/kg)	TSR /(m^2/m^2)	av-MLR /(g/s)	av-COY /(kg/kg)	av-CO_2Y /(kg/kg)
EP/DDM	1420	29.9	5906	0.078	0.126	2.15
4%TGD/EP/DDM	1032	25.0	6034	0.078	0.131	2.08
EP/DDS	966	24.2	4148	0.071	0.095	2.09
4%TGD/EP/DDS	872	25.5	4709	0.073	0.155	2.08
EP/*m*-PDA	1284	25.9	5006	0.073	0.108	2.46
4%TGD/EP/*m*-PDA	1120	25.1	4891	0.068	0.144	2.24

2.5.7　燃烧残炭分析

通过分析 LOI 试验残炭的宏观和微观形貌，进一步研究 TGD 对环氧树脂燃烧行为和成炭历程的影响。图 2.48 给出的 4%TGD/EP/DDM、4%TGD/EP/DDS 和 4%TGD/EP/*m*-PDA 三个样品的 LOI 试验残炭均满足 1.5～2min 自熄和自熄时燃烧长度小于 5cm 的条件，确保了各残炭样品间的可比性。为了对 LOI 残炭特征进行准确的描述，图 2.48 将 LOI 试验残炭划分为炭冠、炭芯和初始分解样三个部分。其中，炭冠部分主要由轻质、松软的絮状残炭构成，而炭芯部分则由刚硬、致密的残炭构成。

图 2.48 给出的 LOI 试验残炭宏观照片表明，各环氧树脂样品的燃烧在近似相等的时间自熄后，4%TGD/EP/DDM 样品形成了体积最大的炭冠，这既证实了 TGD 诱发基体裂解、促进基体残炭，也形象地呈现了 TGD 提高环氧树脂 LOI 的阻燃机理，即 TGD 裂解产物通过猝灭基体裂解释放的自由基碎片，生成的大量耐热、难燃的松软炭絮互相堆积形成笼状炭冠，有效地阻碍了外部燃烧热量的反馈以及氧气和可燃性气体的进出，从而使材料迅速自熄。

此外，4%TGD/EP/DDM 样品 LOI 残炭中生成的致密、刚性炭芯体现了另一种阻燃模式的作用效果。利用扫描电子显微镜观察 4%TGD/EP/DDM 样品 LOI 试验残炭炭芯的微观形貌，图 2.49 (c) 呈现了 LOI 残炭炭芯的炭化历程。具体地，如图 2.49 (d) 所示，在缺氧环境下内层树脂受热后形成了致密、光滑的残炭层。随着材料的进一步裂解，光滑的残炭层逐渐转变为大量的堆叠小片，堆叠小片逐渐变小形成堆叠小

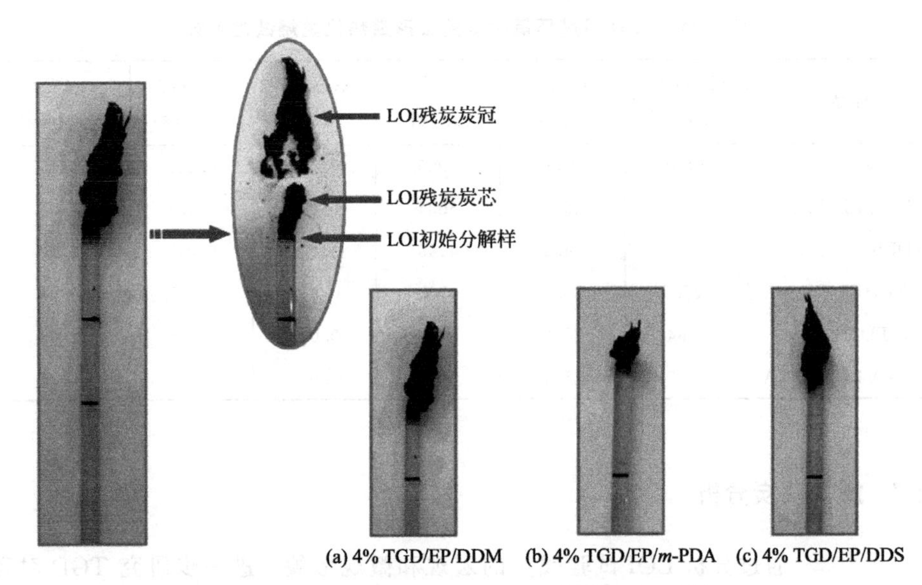

图 2.48 TGD 阻燃环氧树脂 LOI 试验燃烧残炭的结构组成

球，如图 2.49（b）所示，堆叠小球又再转变为由丝状炭化物贯连的微球体，如图 2.49（a）所示。随后，丝状炭化物将进一步裂解成大分子炭絮，互相堆积形成炭冠覆盖在炭芯表面。最终，在这种耐热、难燃炭冠的阻隔作用下，可燃性气体的逸出和氧气的进入均受阻碍，在强化材料凝聚相阻燃作用的同时，赋予材料更高的 LOI。

鉴于 TGD 阻燃作用的产生和发挥主要来源于分子结构中的含磷结构（磷杂菲）和含氮结构（三嗪三酮），因此对 LOI 试验残炭中 P 元素和 N 元素的变化进行重点研究。表 2.25 给出的元素组成测试结果表明，在三种固化环氧树脂中，4%TGD/EP/DDM 样品 LOI 残炭炭冠和炭芯的氮含量均处于最低。这说明 4%TGD/EP/DDM 样品多种的含氮组分被更多地释放到气相中对可燃性气体和氧气进行稀释，从而发挥气相阻燃作用。而 4%TGD/EP/DDM 样品 LOI 残炭炭芯磷含量的下降则从侧面佐证了体系含磷组分脱离基体后通过 PO 等自由基对燃烧反应所需活性自由基的猝灭作用提高体系阻燃性能的推断。同时，LOI 残炭炭冠和炭芯的 P、N 元素含量均低于树脂基体的情况也说明了关于 P、N 组分脱离基体进入气相发挥阻燃作用这一推论的合理性。表 2.23 给出的各环氧树脂样品 700℃下的残炭产率数据表明 4%TGD/EP/DDM 样品在三种固化环氧树脂中具有最佳的成炭性。锁定更多的含碳组分形成阻隔层，隔绝热量和气体的交换；释放 PO 等自由基猝灭链式燃烧反应；释放含氮的不

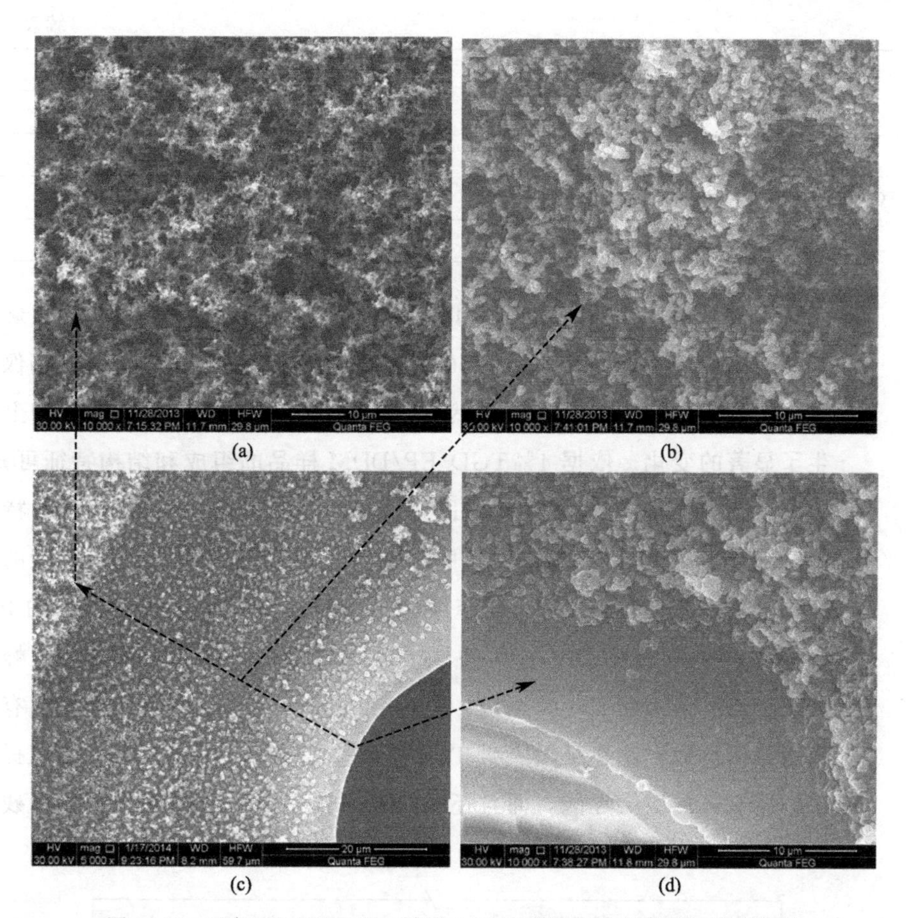

图 2.49　4%TGD/EP/DDM 样品 LOI 试验燃烧残炭炭芯的微观形貌

燃性气体组分进入气相稀释可燃性气体和氧气，TGD 正是通过以上机理与基体树脂相互作用，赋予环氧树脂材料优异的阻燃性能。

表 2.25　TGD 阻燃环氧树脂 LOI 试验燃烧残炭的元素组成

样品		元素质量分数/%				
		C	N	O	P	S
4%TGD/EP/DDM	炭冠	86.31	1.16	12.33	0.21	—
	炭芯	88.12	2.36	9.35	0.17	—
	树脂基体	80.10	3.13	16.36	0.41	—
4%TGD/EP/DDS	炭冠	86.90	2.03	10.67	0.05	0.35
	炭芯	86.23	3.36	9.15	0.52	0.73
	树脂基体	74.79	2.93	18.73	0.41	3.14

续表

样品		元素质量分数/%				
		C	N	O	P	S
4%TGD/EP/*m*-PDA	炭冠	82.72	3.59	13.17	0.52	—
	炭芯	85.53	3.93	10.17	0.38	—
	树脂基体	78.23	3.44	17.92	0.41	—

进一步地，红外谱图仪对4%TGD/EP/DDM样品LOI试验残炭的化学结构进行了表征。如图2.50所示，树脂基体在初始分解阶段仍保留了原有的结构特征。而进一步燃烧形成的残炭炭冠和炭芯则在结构上发生了显著的变化。依据4%TGD/EP/DDM样品的组成和结构特征可知，在LOI残炭炭冠和炭芯红外谱图中：$1621cm^{-1}$和$1402cm^{-1}$处的特征峰分别代表了由TGD裂解产生的羰基和三嗪结构；$1114cm^{-1}$附近的特征峰群代表了TGD上的磷杂菲结构与树脂基体互相作用后生成的P—O—C和P—O—Ar结构。另外，$2925cm^{-1}$和$2861cm^{-1}$处的特征峰则代表了脂肪链上的C—H结构，说明LOI残炭炭冠和炭芯中仍保留有脂肪链结构。以上论述结果表明TGD裂解生成的P、N结构碎片不仅提高了树脂基体的成炭性能，而且还通过与树脂基体间的相互作用参与残炭结构的构建。

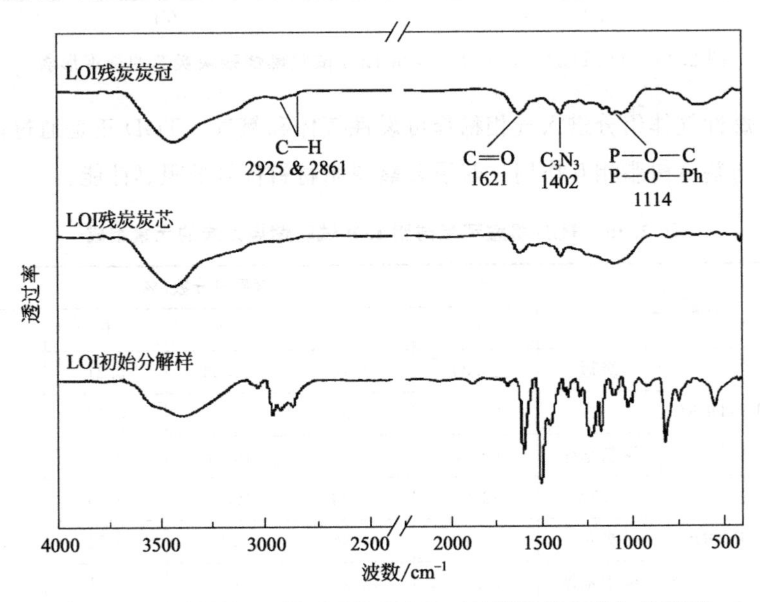

图2.50 4%TGD/EP/DDM体系LOI试验燃烧残炭的红外谱图

2.5.8 TGD 阻燃环氧树脂的裂解行为

通过 Py-GC/MS 试验对环氧树脂样品的裂解行为进行了研究，如图 2.51 所示，与 EP/DDM 样品对比，4%TGD/EP/DDM 样品的气相色谱图上多出了 b、c、d 三个峰位以及 i 峰位由单峰位变为了多峰位。由此可知，TGD 诱发树脂基体裂解的行为使树脂基体的裂解碎片种类明显增加。由表 2.26 可知，b、c、d 三个峰位分别对应于树脂基体中的双酚 A 结构以及 TGD 中的磷杂菲结构裂解生成的苯氧自由基及其衍生物，三个峰位均为自由基猝灭后产生的不完全裂解产物；i 峰位群则对应于在 TGD 裂解产物作用下，由双酚 A 结构和 DDM 结构裂解生成的大分子碎片。这类大分子碎片能够通过参与 LOI 笼状炭冠的构建发挥凝聚相阻燃作用。

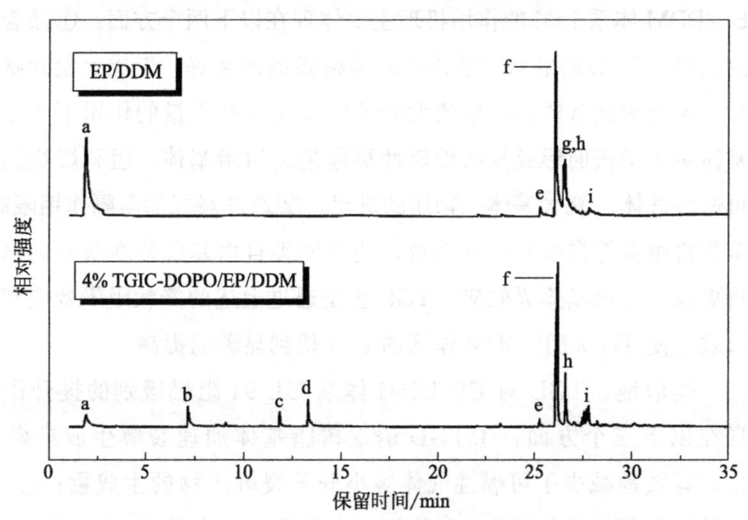

图 2.51　TGD 阻燃环氧树脂裂解碎片的气相色谱图

表 2.26　TGD 阻燃环氧树脂裂解碎片的化学结构

序号	化学结构	m/z	序号	化学结构	m/z
a	O═C═O	44	d	$\cdot C(CH_3)_2-C_6H_4-O\cdot$	134
b	C_6H_5-OH	94	e	$HO-C_6H_4-C(CH_3)_2-C_6H_4-O-CH_3$	242
c	$HO-C_6H_4-CH(CH_3)_2$	136	f	$HO-C_6H_4-C(CH_3)_2-C_6H_4-OH$	228

续表

序号	化学结构	m/z	序号	化学结构	m/z
g	$(CH_3)_2N-C_6H_4-CH_2-C_6H_4-NH-CH_3$	240	i_1	$(CH_3)_2N-C_6H_4-CH_2-C_6H_4-N(CH_3)_2$	254
h	$\cdot O-C_6H_4-C(CH_3)_2-C_6H_4-O-CH=\dot{C}H$	252	i_2	$H_3C-O-C_6H_4-C(CH_3)_2-C_6H_4-O-C\equiv CH$	266

2.5.9 TGD 的阻燃机理

TGD 在其 EP/DDM 体系的高效阻燃机理如图 2.52 所示，TGD 提高 EP/DDM 体系 LOI 的作用机理主要体现在以下两个方面：①随着测试样条的点燃，TGD 的裂解产物诱发基体树脂迅速裂解，生成大量絮状大分子碎片。脱离树脂基体后，絮状大分子碎片在自身重量的作用下相互堆积，在基体炭化层表面形成笼状难燃性炭冠包裹树脂基体，阻碍燃烧热的反馈和可燃性气体、氧气等体态物质的进出；②通过炭冠的阻隔作用限制 PO· 和苯氧自由基等自由基碎片释放，使得该类自由基碎片在炭冠内部富集，获得更强的自由基猝灭效应。TGD 正是通过上述的笼状阻隔效应和自由基猝灭效应使 TGD/EP/DDM 体系的 LOI 得到显著的提高。

类似地，TGD 对 EP/DDM 体系 UL 94 阻燃级别的提升作用主要体现在以下三个方面：①TGD 诱发树脂基体加速裂解生成难燃性裂解碎片，有效地减少了可燃性气体等小分子裂解产物的生成量；②TGD 和树脂基体裂解产生的 PO· 和苯氧自由基通过自由基猝灭效应能够有效地猝灭 H·、HO· 和链端自由基等活性自由基，抑制树脂基体的裂解和燃烧反应；③TGD 和基体树脂裂解生成的不燃性含氮气体释放后能够稀释可燃性气体和氧气，降低燃烧反应的速度，减缓燃烧热量的释放和反馈。正是上述的诱发裂解-促进炭化机制、自由基猝灭效应以及不燃性气体的稀释作用使得 TGD 能够在较低的添加量（4%）下使 TGD/EP/DDM 体系达到 UL 94 V-0 级。

2.5.10 小结

本节介绍了 TGD 的制备方法及表征，并将其应用于阻燃环氧树脂，

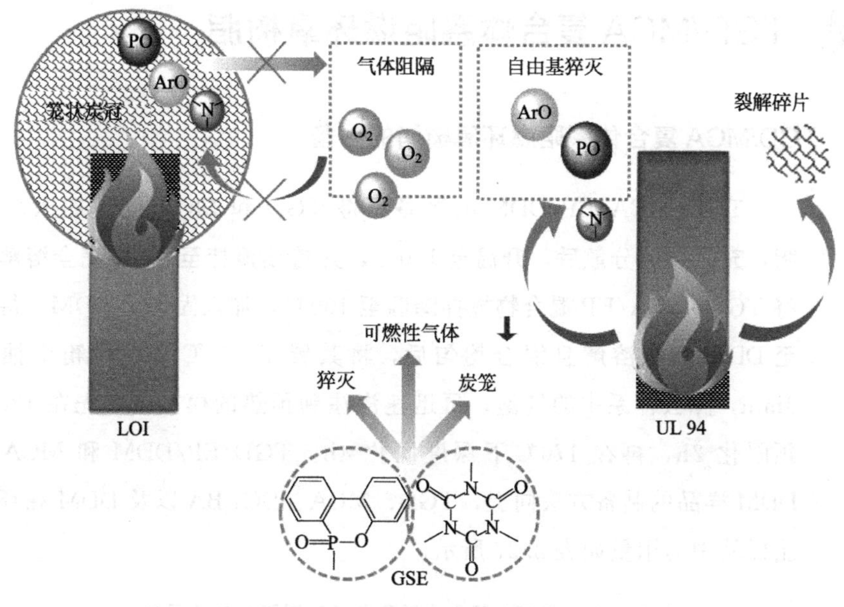

图 2.52 TGD 的阻燃机理

探索了 TGD 在不同固化环氧树脂体系中的阻燃行为和作用机理。

TGD 裂解为磷杂菲和烯丙基三嗪三酮后，磷杂菲结构将继续裂解生成 PO·、PO_2·以及苯氧自由基等具有自由基猝灭效应的分子碎片，而烯丙基三嗪三酮则裂解生成惰性的异氰酸酯类小分子碎片。

在 DDM、DDS 以及 *m*-PDA 分别固化的环氧树脂中，TGD 在 EP/DDM 体系中的阻燃效率最高，添加 4%的 TGD 就可使 4%TGD/EP/DDM 样品的阻燃级别达到 UL 94 V-0 级，并获得 35.6%的 LOI。当 TGD 添加量达到 12%时，12%TGD/EP/DDM 样品的 LOI 达到本课题研究范围内的最高值 42.0%。TGD 的阻燃机理研究发现，TGD 能够诱发树脂基体加速裂解，生成絮状难燃性炭化物，既减少了小分子可燃性气体产物的生成，还能在 LOI 测试试验中堆积在样条炭化层表面形成笼状炭冠。LOI 残炭炭冠的笼状阻隔效应既阻碍了燃烧热的反馈、可燃性气体和氧气等气态物质的进出，又通过富集磷氧自由基和苯氧自由基等自由基碎片使自由基猝灭效应得到强化，高效地提升了 TGD/EP/DDM 体系的 LOI。类似地，TGD 通过上述的诱导裂解-促进炭化机制、自由基猝灭效应以及不燃性气体的稀释作用使 TGD/EP/DDM 体系在较低的阻燃剂添加量下达到 UL 94 V-0 级。

2.6 TGD/MCA 复合体系阻燃环氧树脂

2.6.1 TGD/MCA 复合体系阻燃环氧树脂的制备

TGD/MCA/EP/DDM 的制备：将 TGD 和 MCA 依次加入环氧树脂，充分搅拌分散后，升温至 160℃，并持续搅拌至 TGD 完全溶解。再将 TGD/MCA/EP 混合物搅拌降温至 100℃，加入固化剂 DDM。待搅拌至 DDM 完全溶解且混合均匀后，将其置于 100℃真空烘箱中抽真空 3min，除去体系中的气泡，再迅速浇注到预热的模具中，先在 120℃下预固化 2h，再在 170℃下深度固化 4h。TGD/EP/DDM 和 MCA/EP/DDM 样品的制备方法同上，TGD、MCA、DGEBA 以及 DDM 在环氧树脂样品中的用量如表 2.27 所示。

表 2.27 TGD/MCA 复合体系阻燃环氧树脂的制备配方

样品	DGEBA /g	DDM /g	TGD /g	MCA /g
EP/DDM	100	25.3	—	—
4%MCA/EP/DDM	100	25.3	—	5.2
1%TGD/EP/DDM	100	25.3	1.3	—
1%TGD/3%MCA/EP/DDM	100	25.3	1.3	3.9
2%TGD/EP/DDM	100	25.3	2.6	—
2%TGD/2%MCA/EP/DDM	100	25.3	2.6	2.6
3%TGD/EP/DDM	100	25.3	3.9	—
3%TGD/1%MCA/EP/DDM	100	25.3	3.9	1.3
4%TGD/EP/DDM	100	25.3	5.2	—

2.6.2 LOI 和 UL 94 垂直燃烧试验

如表 2.28 所示，添加 4%（质量分数）的 MCA 后，4%MCA/EP/DDM 样品的阻燃级别仍为 UL 94 无级别，LOI 也仅从 26.4%小幅上升至 26.9%，这说明 MCA 对 EP/DDM 环氧树脂阻燃性能的提升效果十分有限。但是，当 MAC 与 TGD 共同阻燃 EP/DDM 体系时，TGD/MCA/EP/DDM 样品获得了比 TGD/EP/DDM 样品更高的 LOI 和更短的 UL 94

垂直燃烧试验余焰时间（av-t_1 和 av-t_2），体现出了更高的阻燃效率。相对于 UL 94 无级别的 1%TGD/EP/DDM 样品，1%TGD/3%MCA/EP/DDM 样品在 1%（质量分数）TGD 和 3%（质量分数）MCA 的共同作用下不仅 LOI 得到了小幅提高（31.3%→32.1%），阻燃级别更达到了 UL 94 V-1 级。在阻燃剂总添加量恒定（TGD+MCA，4%）的情况下，TGD/MCA/EP/DDM 样品均延续了上述优势。当 TGD 与 MCA 的质量比达到 3∶1 时，3%TGD/1%MCA/EP/DDM 样品的 LOI（36.4%）甚至高于 4% TGD/EP/DDM 样品的 LOI（35.4%）。TGD/MCA/EP/DDM 体系的 LOI 和 UL 94 垂直燃烧试验数据表明：尽管 MCA 单独使用时不能赋予 EP/DDM 良好的阻燃性能，但是 MCA 与 TGD 配合后却能进一步提高 TGD/EP/DDM 体系的 LOI 并缩短 UL 94 垂直燃烧试验的余焰燃烧时间。这说明 MCA 与 TGD 之间确实存在协同作用，并且这种协同作用为 EP/DDM 体系带来了更高的阻燃性能。

表 2.28 TGD/MCA 复合体系阻燃环氧树脂的 LOI 和 UL 94 阻燃级别

样品	LOI /%	UL 94 垂直燃烧试验			
		余焰时间		阻燃级别	是否熔滴
		av-t_1/s	av-t_1/s		
EP/DDM	26.4	83.0①	—	无级别	是
4%MCA/EP/DDM	26.9	86.0	28.1	无级别	否
1%TGD/EP/DDM	31.3	15.4	21.6	无级别	否
1%TGD/3%MCA/EP/DDM	32.1	6.6	10.0	V-1 级	否
2%TGD/EP/DDM	32.5	8.2	4.7	V-1 级	否
2%TGD/2%MCA/EP/DDM	34.3	3.7	6.6	V-1 级	否
3%TGD/EP/DDM	34.9	4.3	8.2	V-1 级	否
3%TGD/1%MCA/EP/DDM	36.4	3.4	7.7	V-1 级	否
4%TGD/EP/DDM	35.4	3.2	3.4	V-0 级	否

① 样条烧至夹具。

2.6.3 锥形量热仪燃烧试验

通过锥形量热仪燃烧试验评价 TGD/MCA 复合体系阻燃环氧树脂及其对比样品的燃烧行为，研究 TGD 和 MCA 之间的协同阻燃作用。如图 2.53 所示，各阻燃环氧树脂都在 EP/DDM 之前被引燃，这说明 TGD、MCA 或 TGD/MCA 均会在受热裂解后诱发树脂基体提前裂解。图 2.53

也表明 TGD、MCA 或 TGD/MCA 均可明显地抑制环氧树脂燃烧时的 pk-HRR，其中以 4%TGD/EP/DDM 样品的 pk-HRR 最小，说明 TGD 对环氧树脂燃烧行为的抑制程度最大。另外，4%MCA/EP/DDM 和 4% TGD/EP/DDM 样品的 pk-HRR 均表明 TGD 和 MCA 均能有效地降低树脂基体的燃烧强度，但 3%TGD/1%MCA 共同作用的结果却使得 3% TGD/1%MCA/EP/DDM 样品的 pk-HRR 降低程度减小。这说明 TGD 和 MCA 的共同作用改变了 TGD 单独应用时的阻燃机理，使原有的气相/凝聚相阻燃作用发生了再分布。

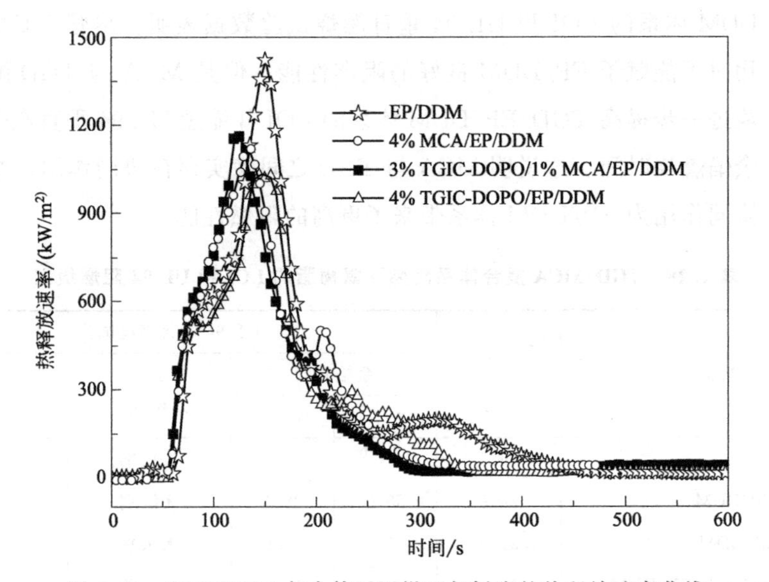

图 2.53 TGD/MCA 复合体系阻燃环氧树脂的热释放速率曲线

由表 2.29 可知，4% TGD/EP/DDM 样品的 av-EHC 下降幅度（−16.4%）最大，而 1%（质量分数）MCA 的加入却只是小幅度地（−5.7%）降低了 3% TGD/1% MCA/EP/DDM 样品的 av-EHC。由 EHC 的定义可知，EHC＝HRR∶MLR，所以 EHC 的变化能够有效地反映出样品燃烧时气相、凝聚相阻燃性能的变化。上述情况表明 4% TGD/EP/DDM 样品的凝聚相阻燃性能更强，而 3%TGD/1%MCA/EP/DDM 样品则在 TGD 和 MCA 的共同作用下使气相和凝聚相的阻燃作用发生了再分布，气相阻燃作用占比增大。同时，3%TGD/1%MCA/EP/DDM 样品的 av-COY 和 av-CO_2Y 也对这一推断进行了佐证。与 EP/DDM 和 4%MCA/EP/DDM 样品比较，3%TGD/1%MCA/EP/DDM 样品的 av-COY 和 av-CO_2Y 均小于前两者，这说明 TGD 和 MCA 的共同作用减少了可燃性气体的释放，强化了树脂基体的凝聚相阻燃性能。而3%TGD/1%MCA/EP/DDM 样品的 av-COY 高于 4%TGD/EP/DDM 样品的情况则说明，相比于单独作用的 TGD，TGD 和 MCA 的共同作用促进了树脂基体的不完全燃烧，强化了气相阻燃性能。此外，3%TGD/1%MCA/EP/DDM 和 4%TGD/EP/DDM 样品在 THR 上基本相等，说明尽管两者间的气相/凝聚相阻燃作用发生了再分布，但彼此达到的阻燃效果却基本一致。

表 2.29 TGD/MCA 复合体系阻燃环氧树脂的锥形量热仪燃烧试验参数

样品	av-HRR /(kW/m²)	pk-HRR /(kW/m²)	av-EHC /(MJ/kg)
EP/DDM	263	1420	29.9
4%MCA/EP/DDM	232	1120	29.6
3%TGD/1%MCA/EP/DDM	216	1160	28.2
4%TGD/EP/DDM	220	1030	25.0
样品	THR /(MJ/m²)	av-COY /(kg/kg)	av-CO_2Y /(kg/kg)
EP/DDM	144	0.126	2.51
4%MCA/EP/DDM	127	0.113	2.39
3%TGD/1%MCA/EP/DDM	119	0.145	2.18
4%TGD/EP/DDM	120	0.131	2.08

2.6.4 热性能分析

采用热重分析仪评价 TGD/MCA 复合体系阻燃环氧树脂的热分解行为，如表 2.30 所示，各环氧树脂样品在 700℃时的残炭产率大小如下：4%TGD/EP/DDM ＞3%TGD/1%MCA/EP/DDM≈EP/DDM ＞ 4%MCA/EP/DDM。由此可知，TGD 对环氧树脂成炭性的促进作用最大，表现出良好的凝聚相阻燃作用。而 MCA 单独作用于 EP/DDM 后反而降低了环氧树脂原有的成炭性，说明 MCA 主要通过气相机理发挥阻燃作用。TGD 和 MCA 的共同作用仅使得 3%TGD/1%MCA/EP/DDM 样品的残炭产率与 EP/DDM 样品保持基本一致，这说明 1%（质量分数）MCA 的添加抵消了 3%（质量分数）TGD 对环氧树脂成炭性的促进作用，改变了阻燃作用在气相/凝聚相中的分布。

表 2.30 TGD/MCA 复合体系阻燃环氧树脂的热失重参数

样品	$T_{d,10\%}$ /℃	残炭产率/%	
		400℃	700℃
EP/DDM	391	72.1	15.0
4%MCA/EP/DDM	397	87.1	12.6
3%TGD/1%MCA/EP/DDM	390	74.3	15.1
4%TGD/EP/DDM	375	54.8	18.3

图 2.54（1）给出了各环氧树脂样品热失重曲线在失重 10%（质量分数）处的局部放大图。由表 2.30 列出的 10%（质量分数）失重对应的温度（$T_{d,10\%}$）可知，TGD 的裂解行为会促进环氧树脂提前裂解。相反地，在 MCA 的单独作用下，环氧树脂的热稳定性获得了提高。而 3% TGD/1%MCA/EP/DDM 样品的 $T_{d,10\%}$ 与 EP/DDM 样品基本一致，说明 1% MCA 的添加抵消了 3% TGD 对环氧树脂裂解的促进作用，进而使 3%TGD/1%MCA/EP/DDM 样品在裂解初期的阻燃机理相较 TGD 单独应用时发生了变化。同时，图 2.54（2）给出的各环氧树脂样品热失重曲线在 400℃处的局部放大图表明：4%TGD/EP/DDM 样品的残炭产率最低，为 54.8%，较 EP/DDM 样品低了 17.3%；4%MCA/EP/DDM 样品的残炭产率最高，为 87.1%，较 EP/DDM 样品高了 15.0%；而 3%

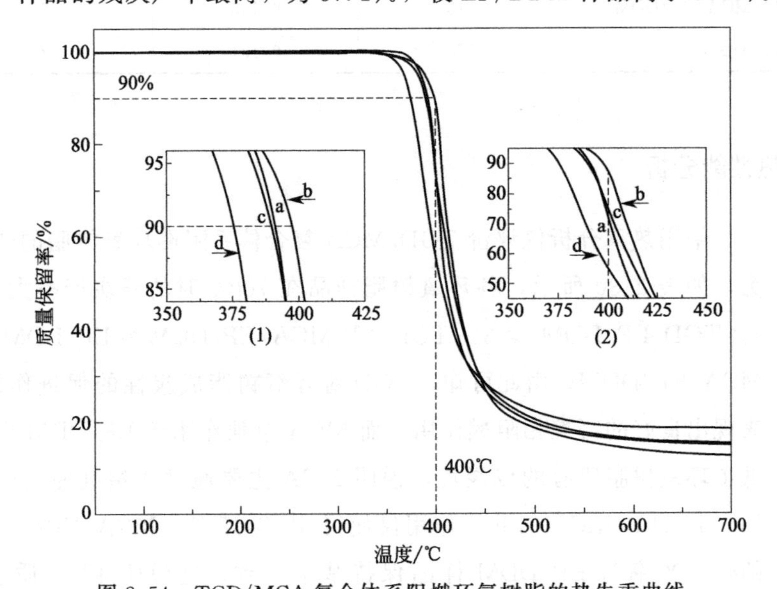

图 2.54 TGD/MCA 复合体系阻燃环氧树脂的热失重曲线

a—EP/DDM；b—4%MCA/EP/DDM；c—3%TGD/1%MCA/EP/DDM；d—4%TGD/EP/DDM

TGD/1%MCA/EP/DDM 样品的残炭产率为 74.3%，仅比 EP/DDM 样品略高了 2.2%，但依旧比 4%TGD/EP/DDM 样品的残炭产率高出了 19.5%。这进一步证实了 MCA 推迟树脂基体热分解温度和 MCA 的添加显著改变了 TGD/EP/DDM 体系原有的裂解行为。

以上三方面的热重分析结果表明，通过提高树脂基体的热稳定性、延缓树脂基体的裂解速度以及适当降低树脂基体的高温成炭性，MCA 显著地影响了 TGD 阻燃 EP/DDM 的裂解机理，提高了气相阻燃作用的比例，实现了整体阻燃作用在气相、凝聚相中的再分布。

2.6.5 燃烧残炭分析

如图 2.55 所示，LOI 试验残炭主要由炭冠、炭芯两部分构成。其中，炭冠由轻质、松软的絮状残炭构成，而炭芯则由刚硬、致密的残炭构成。

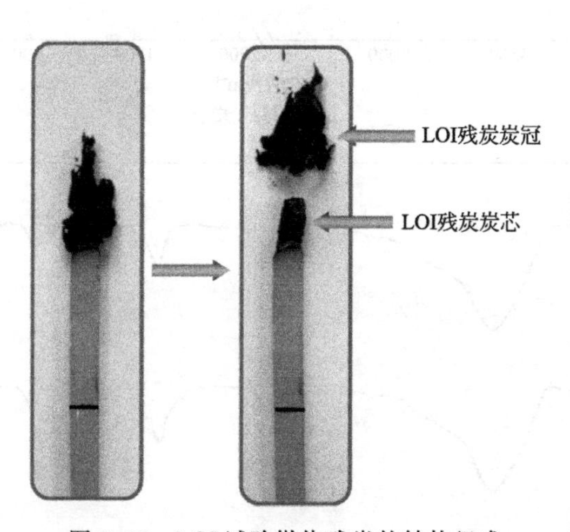

图 2.55 LOI 试验燃烧残炭的结构组成

图 2.56 给出了 4%MCA/EP/DDM、3%TGD/1%MCA/EP/DDM 以及 4%TGD/EP/DDM 样品 LOI 残炭炭冠和炭芯的红外谱图。由图 2.56 (b) 可知，以上三个样品 LOI 残炭炭芯的红外谱图基本一致，这说明 MCA 没有参与到 LOI 残炭炭芯的构建中。而图 2.56 (a) 给出的三个 LOI 残炭炭冠的红外谱图则体现出了明显的差异。由于在 LOI 残炭的形成过程中，LOI 残炭炭冠是通过大分子炭絮在样条表面堆积而成，而 LOI 残炭炭芯则是由树脂基体在凝聚相炭化形成，因此图 2.56 (a)

给出的三个 LOI 残炭炭冠红外谱图的差异应该是由不同的气相阻燃机理造成。与另外两个红外谱图相比，3% TGD/1% MCA/EP/DDM 样品 LOI 残炭炭冠的红外谱图中多出了 1741cm^{-1}（C ═O）、1262cm^{-1}

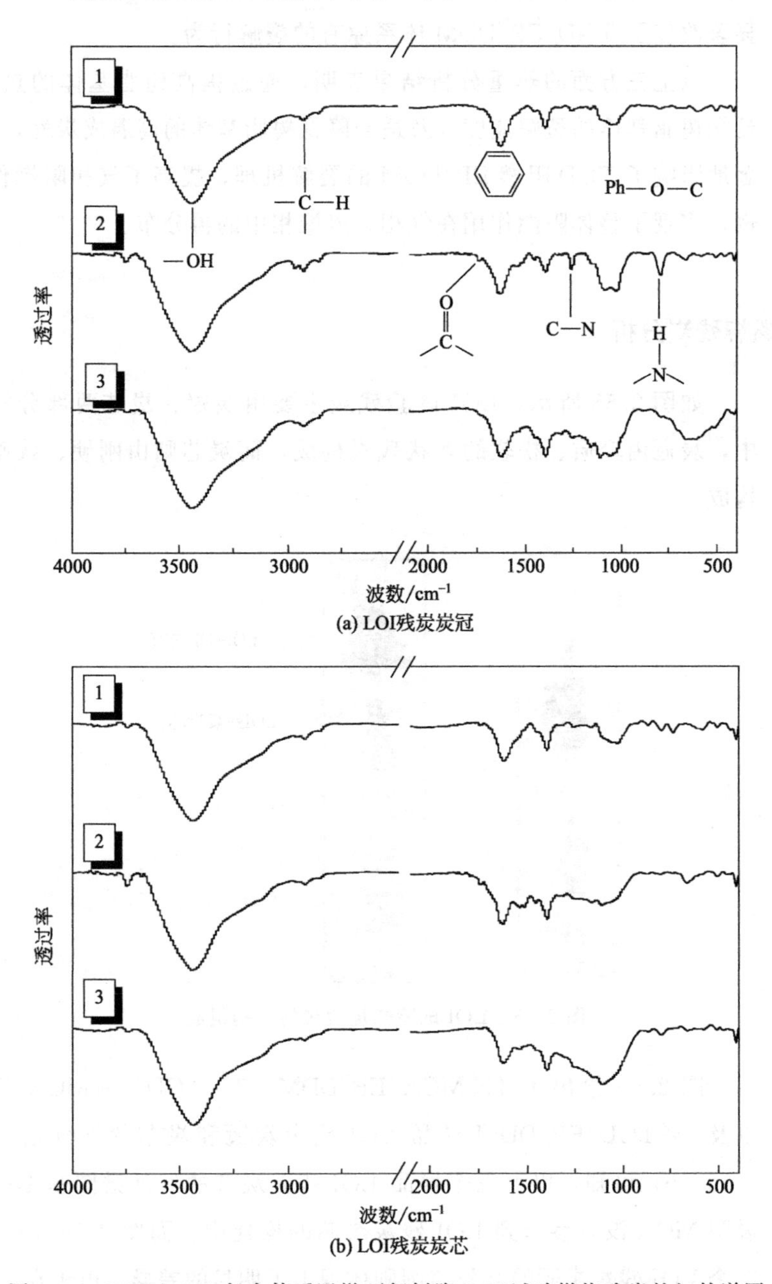

图 2.56　TGD/MCA 复合体系阻燃环氧树脂 LOI 试验燃烧残炭的红外谱图

1— 4%MCA/EP/DDM；2—3%TGD/1%MCA/EP/DDM；3—4%TGD/EP100M

(C—N) 和 $803cm^{-1}$ (N—H) 三处特征吸收峰。由 TGD/MCA/EP/DDM 体系各组分的结构特征可以推定，以上三个特征峰对应的化学结构归属于 MCA 裂解产物，即 MCA 裂解碎片参与了 LOI 残炭炭冠的构建。另外，在三个 LOI 残炭炭冠红外谱图中均有出现的 $3442cm^{-1}$ (OH)、$2925cm^{-1}$ (C—H)、$1631cm^{-1}$ (C_6H_6) 和 $1059cm^{-1}$ (Ph—O—C) 四处特征吸收峰则属于树脂基体中的双酚 A 结构的裂解碎片。

图 2.57 给出了 MCA 代表性裂解产物的质谱图，图 2.58 是由图 2.56 和图 2.57 测试结果推测的 MCA 裂解产物参与 LOI 残炭炭冠构建的形式。由 TGD 在 EP/DDM 体系的阻燃机理可知，树脂基体在 TGD 裂解产物的作用下分离出大量的双酚 A 衍生物类大分子自由基碎片，这类自由基碎片脱离树脂基体后与 MCA 裂解生成的异氰酸酯结构自由基碎片结合，形成稳定的化学结构。大分子量结构的重力作用使得这类分子重新落回树脂基体炭化层表面，并在彼此间的互相堆积过程中形成 LOI 残炭炭冠，包裹在 LOI 残炭炭芯外围，在一定程度上发挥隔氧隔热的阻燃作用。

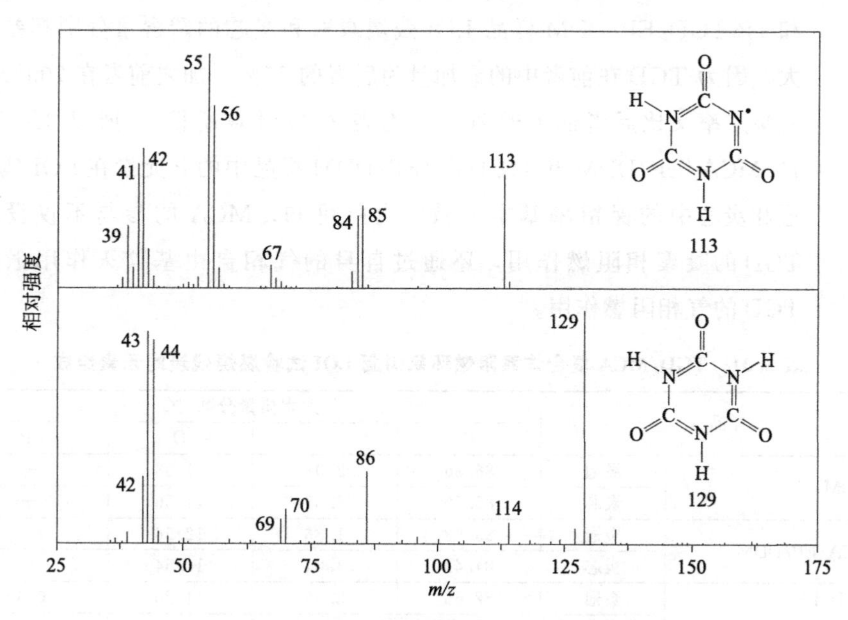

图 2.57 MCA 代表性裂解产物的质谱图

为此，进一步分析了 TGD/MCA 复合体系阻燃环氧树脂 LOI 试验燃烧残炭的元素组成。如表 2.31 所示，EP/DDM、4%MCA/EP/DDM 以及 4%TGD/EP/DDM 样品 LOI 残炭炭冠的氮含量均低于各样品 LOI 残炭炭芯，而 3%TGD/1%MCA/EP/DDM 样品则完全相反，反而是

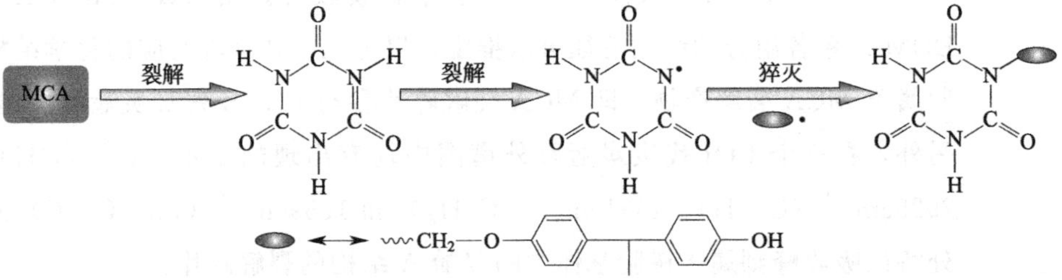

图 2.58 MCA 裂解产物参与残炭炭冠构建的形式

LOI 残炭炭冠的氮含量高于 LOI 残炭炭芯。这说明 MCA 单独作用时既不能在凝聚相发挥阻燃作用，又不能过多地通过参与 LOI 残炭炭冠的构建发挥气相阻燃作用，从而未能有效提高环氧树脂的阻燃性能；而 MCA 和 TGD 共同阻燃环氧树脂时，在 TGD 对树脂基体裂解行为的促进作用下，MCA 裂解碎片能够通过自由基猝灭作用与树脂基体裂解出的大分子碎片结合，从而以一种新的含氮大分子结构参与到 LOI 残炭炭冠中，强化体系的阻燃作用。另外，表 2.31 给出的 3%TGD/1%MCA/EP/DDM 和 4%TGD/EP/DDM 样品 LOI 残炭炭冠和炭芯的磷含量分别都差距不大。因为 TGD 在前者中的添加量为后者的 75%，加之前者在 700℃时的残炭产率又比后者低了近 20%（由表 2.30 计算所得），所以 3%TGD/1%MCA/EP/DDM 和 4%TGD/EP/DDM 样品中的 P 元素在 LOI 残炭炭冠和炭芯中的保留率基本一致。由此可知，MCA 的参与不仅没影响 TGD 的凝聚相阻燃作用，还通过自身的气相自由基猝灭作用强化了 TGD 的气相阻燃作用。

表 2.31 TGD/MCA 复合体系阻燃环氧树脂 LOI 试验燃烧残炭的元素组成

样品		元素质量分数/%			
		C	N	O	P
EP/DDM	炭冠	86.86	2.08	11.06	—
	炭芯	85.59	2.85	11.56	—
4%MCA/EP/DDM	炭冠	85.58	1.86	12.56	—
	炭芯	84.42	4.04	11.54	—
3%TGD/1%MCA/EP/DDM	炭冠	82.66	2.66	14.20	0.48
	炭芯	87.66	1.67	10.21	0.45
4%TGD/EP/DDM	炭冠	82.49	1.29	15.70	0.52
	炭芯	84.92	2.65	12.00	0.42

2.6.6 TGD/MCA 复合体系的阻燃机理

TGD/MCA 复合体系的阻燃机理如图 2.59 所示，在 TGD/MCA/

EP/DDM 样品燃烧过程中，TGD、MCA 和 EP/DDM 树脂基体都将在不同温度下开始裂解。TGD 在裂解初期生成的部分活性碎片会被 MCA 裂解产物猝灭，从而抑制这类活性碎片诱发树脂基体裂解的行为，提高了树脂基体的热稳定性。随着温度的进一步升高，TGD、MCA 和 EP/DDM 树脂基体将发生进一步裂解。一方面，由 TGD 上的磷杂菲基团深度裂解生成的磷酸类化合物能够促进树脂基体的交联、炭化；另一方面，TGD 深度裂解产生的 PO 自由基和 MCA 裂解碎片都将通过自由基猝灭作用猝灭树脂基体裂解产生的 H·、HO·以及链端自由基，抑制树脂基体的裂解和燃烧行为。同时，不同于 TGD 或 MCA 单独阻燃环氧树脂，TGD 与 MCA 的共同作用能够为 MCA 裂解碎片捕获树脂基体的裂解碎片提供途径，使其以富氮结构保留在 LOI 残炭炭冠的结构中，增强炭冠的阻隔作用。在以上机制的共同作用下，TGD/MCA/EP/DDM 体系的气相/凝聚相阻燃作用进行了比例再分布，提高了 TGD/MCA/EP/DDM 体系的阻燃效率。

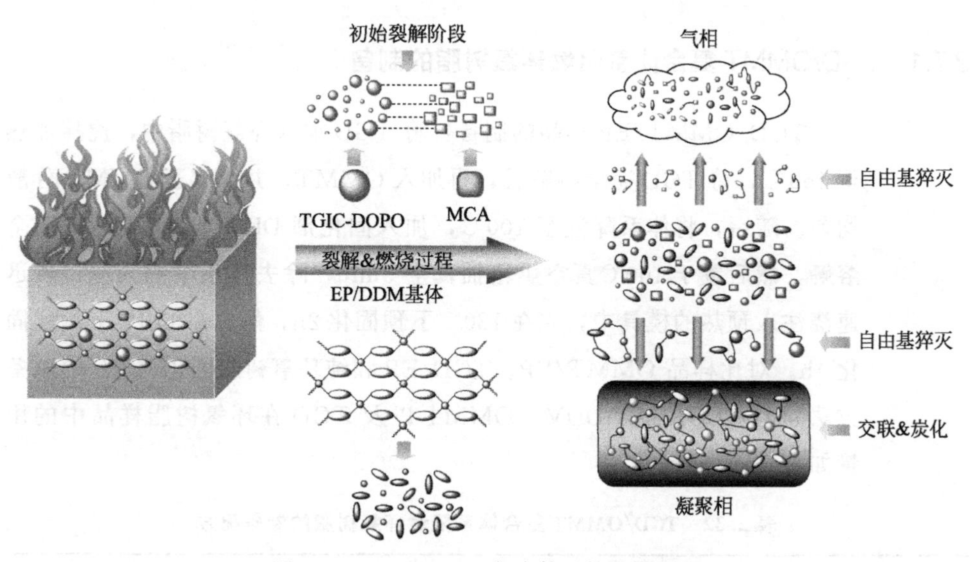

图 2.59　TGD/MCA 复合体系的阻燃机理

2.6.7　小结

本节在 TGD/EP/DDM 的基础上，引入富三嗪基团阻燃剂 MCA，研究了气相/凝聚相阻燃作用再分布后的 TGD/MCA 复合物在 EP/DDM 体系中的阻燃行为。复合 3%的 MCA 后，1%TGD/EP/DDM 体系从 UL

94 无级别提高至 UL 94 V-0 级。TGD 和 MCA 的共同作用不仅进一步提高了 EP/DDM 环氧树脂的 LOI、缩短 UL 94 垂直燃烧试验的余焰时间，而且在不影响 TGD 凝聚相阻燃作用的前提下，通过 MCA 对 TGD 诱发树脂基体裂解行为的抑制，提高了树脂基体的热稳定性。同时，TGD 与树脂基体在裂解行为上的相互作用为 MCA 裂解碎片与树脂基体裂解碎片的结合创造了条件，有效地强化了 TGD/MCA/EP/DDM 体系的气相阻燃作用。在以上机制的共同作用下，TGD/MCA/EP/DDM 体系的气相/凝聚相阻燃作用分布得到了优化，赋予了 TGD/MCA 复合体系在 EP/DDM 体系中优异的阻燃效率。

2.7 TGD/OMMT 复合体系阻燃环氧树脂

2.7.1 TGD/OMMT 复合体系阻燃环氧树脂的制备

TGD/OMMT/EP 样品的制备：将 TGD 加入环氧树脂中，搅拌加热至 160℃，待 TGD 完全溶解后，再加入 OMMT，并搅拌至 OMMT 分散均匀。随后，将体系降温至 100℃，加入固化剂 DDM，搅拌 DDM 完全溶解，然后置于 100℃真空烘箱抽真空 3min，除去体系中的气泡，再迅速浇注入预热的模具中，先在 120℃下预固化 2h，然后在 170℃下深度固化 4h。对比样品 OMMT/EP、TGD/EP 和纯环氧树脂固化物 EP 的制备方法同上。DGEBA、DDM、OMMT 以及 TGD 在环氧树脂样品中的用量如表 2.32 所示。

表 2.32 TGD/OMMT 复合体系阻燃环氧树脂的制备配方

样品	DGEBA /g	DDM /g	OMMT		TGD	
			g	%	g	%
EP	100	25.3	—	—	—	—
0.5%OMMT/2%TGD/EP	100	25.3	0.64	0.5	2.57	2
0.5%OMMT/2.5%TGD/EP	100	25.3	0.65	0.5	3.23	2.5
0.5%OMMT/3%TGD/EP	100	25.3	0.65	0.5	3.90	3

续表

样品	DGEBA /g	DDM /g	OMMT		TGD	
			g	%	g	%
1%OMMT/2%TGD/EP	100	25.3	1.29	1	2.58	2
1%OMMT/3%TGD/EP	100	25.3	1.31	1	3.92	3
3%OMMT/EP	100	25.3	3.88	3	—	—
3%TGD/EP	100	25.3	—	—	3.88	3

2.7.2 LOI 和 UL 94 垂直燃烧试验

通过测试 TGD/OMMT 复合体系阻燃环氧树脂的 LOI 和 UL 94 阻燃级别，研究 TGD/OMMT 复合体系的量效关系。如表 2.33 所示，纯环氧树脂 EP 的 LOI 为 26.4%，且处于 UL 94 无级别。3%OMMT/EP 样品的 LOI 达到 27.7%，且处于 UL 94 无级别，这说明 OMMT 的加入能够略微提高环氧树脂的 LOI，但对于 UL 94 阻燃级别的提高没有明显的积极作用。与 3%OMMT/EP 样品相比，3%TGD/EP 样品的 LOI 从 26.4%大幅增加至 34.9%，且达到 UL 94 V-1 级。在 TGD/OMMT 复合体系阻燃环氧树脂中，0.5%OMMT/2.5%TGD/EP 样品通过 UL 94 V-0 级，明显优于 UL 94 V-1 级的 3%TGD/EP 和 UL 94 无级别的 3%OMMT/EP，这说明 OMMT 和 TGD 同时作用能够更高效地提高环氧树脂材料的 UL 94 阻燃级别，即 OMMT 与 TGD 之间存在一定的协同作用。

表 2.33　TGD/OMMT 复合体系阻燃环氧树脂的 LOI 和 UL 94 阻燃级别

样品	LOI /%	垂直燃烧测试			
		余焰时间		UL 94 阻燃级别	是否熔滴
		av-t_1/s	av-t_2/s		
EP	26.4	83.0①	—	无级别	否
0.5%OMMT/2%TGD/EP	31.2	11.0	6.1	V-1	否
0.5%OMMT/2.5%TGD/EP	33.7	4.8	3.8	V-0	否
0.5%OMMT/3%TGD/EP	33.1	3.3	5.0	V-0	否
1%OMMT/2%TGD/EP	32.1	12.0	10.8	V-1	否
1%OMMT/3%TGD/EP	33.2	6.5	8.9	V-1	否
3%OMMT/EP	27.7	36.6①	—	无级别	否
3%TGD/EP	34.9	4.3	8.2	V-1	否

① 火焰燃烧至夹具。

2.7.3 锥形量热仪燃烧试验

利用锥形量热仪燃烧试验评价 TGD/OMMT 复合体系阻燃环氧树脂的燃烧行为，进一步研究 OMMT 与 TGD 之间的协同行为。如表 2.34 所示，与未改性 EP 相比，TGD 阻燃环氧树脂样品的 pk-HRR、av-EHC 和 THR 都明显降低，这说明 TGD 对环氧树脂燃烧行为具有明显的抑制效果。与此相反，OMMT 的添加使 3%OMMT/EP 样品的 pk-HRR 和 av-EHC 都明显升高，说明 OMMT 对环氧树脂的燃烧过程有一定的促进作用。此外，3%OMMT/EP 样品的 av-COY 和总烟释放量（TSP）也比未改性 EP 更高，说明 OMMT 的加入使得燃烧过程进行得更加彻底，这也说明 OMMT 对环氧树脂燃烧过程有促进作用。这主要是因为 OMMT 能够在环氧树脂材料燃烧过程中引导更多热解碎片参与燃烧过程，该现象被定义为“烛芯效应”[10]。尽管向环氧树脂中加入 3%OMMT 和加入 3%TGD 具有相反的阻燃效果，但是二者复配后，在同等添加量下，0.5%OMMT/2.5%TGD/EP 的 pk-HRR、av-EHC 和 THR 实现了进一步的下降。如图 2.60 所示，与单独添加 OMMT 和 TGD 的样品相比，0.5%OMMT/2.5%TGD/EP 样品的燃烧强度明显受到抑制，并且整体燃烧过程也有明显的延迟现象。这些结果表明，OMMT 和 TGD 复合应用不仅抑制了“烛芯效应”，还构建了高效的协同阻燃机制。

同时，如表 2.34 所示，0.5%OMMT/2.5%TGD/EP 样品的 TSP 最低、残炭产率最高，这说明更多的树脂基体保留在凝聚相中。此外，其更高的 CO 占比，即 av-COY/（av-COY + av-CO_2Y），表明 0.5%OMMT/2.5%TGD/EP 样品燃烧过程中发生了更多的不完全燃烧。以上两点是 OMMT 和 TGD 之间具有协同作用的两个有力证据，它们证实了燃烧过程中 TGD/OMMT/EP 体系的凝聚相屏障和保护作用更强。而且，相较于 3%OMMT/EP 样品中“烛芯效应”导致的高 TSP 值，0.5%OMMT/2.5%TGD/EP 样品则能够产生明显的抑烟效果。这是因为 OMMT 能够吸附固体烟雾颗粒，从而在提高残炭量的同时降低 TSP。而在前期研究中，OMMT 与另一种磷杂菲/三嗪双基化合物 TAD 复配，构建了 TAD/OMMT 复合体系阻燃环氧树脂，测试结果表明 TAD/OMMT 体系不能抑制环氧树脂固化物燃烧过程中的烟雾释放。在化学结构上，TAD 与 TGD 的差异仅在于 TGD 多了三个羟基，因此，TGD/OM-

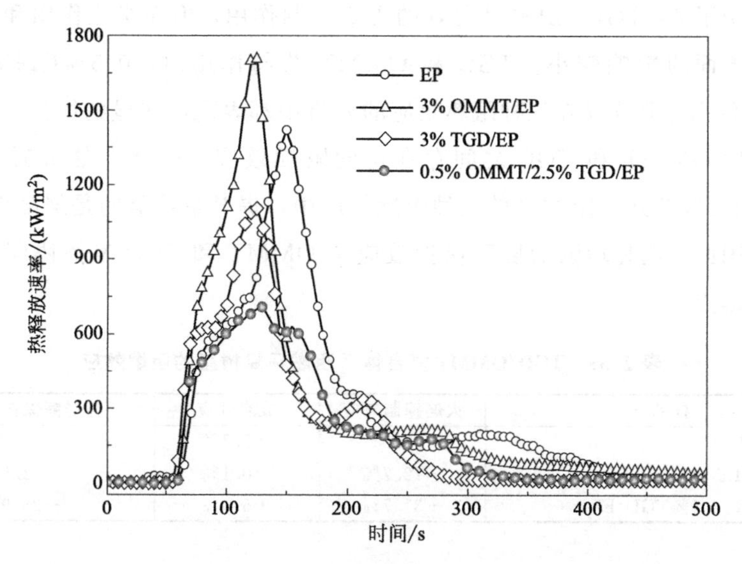

图 2.60 TGD/OMMT复合体系阻燃环氧树脂的热释放速率曲线

MT的抑烟效果应该源于MMT颗粒（OMMT的有机成分经历火焰分解后剩下的蒙脱土颗粒）的过滤和吸附效应，而TGD和EP的热解过程提供了更多含羟基的极性碎片，进一步提升了MMT颗粒的过滤和吸附效应。

表 2.34 TGD/OMMT复合体系阻燃环氧树脂的锥形量热仪燃烧试验参数

样品	pk-HRR /(kW/m^2)	av-EHC /(MJ/kg)	THR /(MJ/m^2)	av-COY /(kg/kg)
EP	1420	30.0	144	0.13
3%TGD/EP	1107	23.7	102	0.15
3%OMMT/EP	1709	33.8	141	0.13
0.5%OMMT/2.5%TGD/EP	707	20.5	94	0.12
样品	**av-CO_2Y /(kg/kg)**	**TSP /m^2**	**TML /%**	**残炭产率 /%**
EP	2.51	52.2	92.2	7.8
3%TGD/EP	2.10	51.1	89.7	10.3
3%OMMT/EP	2.84	63.9	92.3	7.7
0.5%OMMT/2.5%TGD/EP	1.72	44.7	87.6	12.4

采用阻燃效应量化分析方程式（2.1）～式（2.3），定量评价OMMT/TGD复合体系阻燃环氧树脂的火焰抑制效应、成炭效应和屏障保护效应，探索TGD/OMMT体系在环氧树脂中的协同阻燃机制。如表2.35所示，OMMT单独作用时，对环氧树脂的阻燃性能造成了负面影响，3%OMMT/EP的上述三种阻燃效应结果均为负值。不同的是，TGD赋

予了3%TGD/EP样品更好的火焰抑制作用，但在炭化作用和阻隔作用方面的影响较小。TGD和OMMT共同作用时，0.5%OMMT/2.5%TGD/EP样品在三种阻燃效应的分析中都表现出明显的增强效果，这说明OMMT和TGD之间存在协同阻燃效应。此外，在0.5%OMMT/2.5%TGD/EP样品的三种阻燃效应中，提升最明显的是屏障保护效应。因此，明显增强的屏障保护效应是OMMT和TGD发挥协同作用的关键点。

表2.35 TGD/OMMT复合体系阻燃环氧树脂的阻燃效应

样品	火焰抑制效应	成炭效应	屏障保护效应
3%TGD/EP	+21.0%	+2.7%	−9.8%
3%OMMT/EP	−12.7%	−0.1%	−22.6%
0.5%OMMT/2.5%TGD/EP	+31.7%	+5.0%	+23.9%

2.7.4 燃烧残炭分析

基于上述分析，OMMT能够在TGD/OMMT复合体系阻燃环氧树脂材料燃烧过程中产生吸附和过滤作用。因此，进一步采用红外光谱仪分析TGD/OMMT复合体系的凝聚相协同阻燃行为。如图2.61所示，各环氧树脂样品锥形量热仪燃烧试验残炭的红外光谱在$1036cm^{-1}$处出现明显差异。3%OMMT/EP样品残炭的红外光谱在$1036cm^{-1}$处出现了一个突兀的强吸收峰，产生这个峰原因是硅氧化物中稳定的Si—O—Si结构，而硅氧化物主要来自于燃烧裂解后的OMMT。此处，3%OMMT/EP样品的峰强远高于其他样品，原因是单独添加OMMT导致的“烛芯效应”对环氧树脂燃烧反应的促进作用使其有更多的基体成分燃烧分解，留下了更多难燃的硅氧化物在残炭中。除此之外，在$1064cm^{-1}$处、$1105cm^{-1}$和$1163cm^{-1}$处也能发现一些差别。在这三处产生峰的原因均是TGD的热解碎片，前两个峰是代表TGD分解出的P—O—R结构，后一个峰代表TGD分解出的P—O—Ar结构。在0.5%OMMT/2.5%TGD/EP样品的残炭红外光谱中，象征P—O—Ar结构的$1163cm^{-1}$处吸收峰峰强比其他样品都更强，进一步表明TGD/OMMT体系能够通过MMT的过滤和吸附效应将更多含磷碎片保留在凝聚相中，即TGD/OMMT复合体系通过物理过程构建协同屏障保护效应。

通过扫描电子显微镜观察TGD/OMMT复合体系阻燃环氧树脂锥形

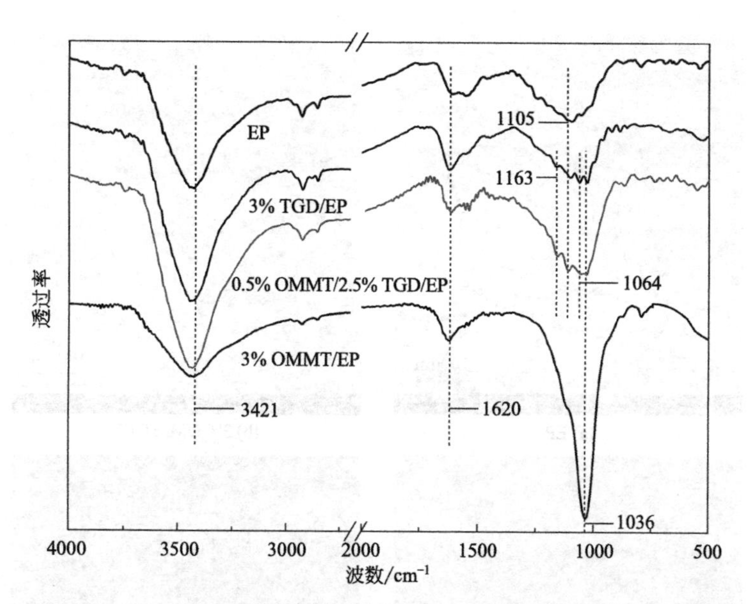

图 2.61 TGD/OMMT 复合体系阻燃环氧树脂燃烧残炭的红外光谱

量热仪燃烧试验残炭微观形貌，进一步分析了 TGD/OMMT 复合体系的凝聚相阻燃机理。如图 2.62 所示，未改性 EP 样品燃烧残炭的表面具有许多断裂结构，而 3%OMMT/EP 样品的燃烧残炭也非常松散，这类残炭结构都无法发挥有效的屏障保护作用。不同的是，3%TGD/EP 和 0.5%OMMT/2.5%TGD/EP 样品燃烧残炭都具有平整、致密的结构形态，同时在表面上还能观察到一些泡沫包裹和开放的孔洞结构，这都说明材料燃烧过程中产生了黏稠残留物，该特性有助于提高屏障保护效应。但是，不同于 3%TGD/EP 样品燃烧残炭，0.5%OMMT/2.5%TGD/EP 残炭表面不仅有许多泡膜结构覆盖的孔洞结构，还有大量 MMT 颗粒附着于残炭表面。这些附着于残炭表面的无机 MMT 颗粒有助于提升炭层阻隔性和稳定性，进而实现更高效的屏障保护作用。

此外，还可以利用 X 射线光电子能谱测试锥形量热仪燃烧试验残炭的元素组成，进一步了解 TGD/OMMT 复合体系的协同屏障保护效应的作用机理。如表 2.36 所示，3%OMMT/EP 样品燃烧残炭中保留的有机成分很少，因此大多为 OMMT 裂解生成的含硅、铝元素残炭，这与该样品的燃烧残炭红外光谱相一致。相比于 3%TGD/EP，0.5%OMMT/2.5%TGD/EP 样品燃烧残炭的磷含量明显升高，而 TGD 是残炭磷元素的唯一来源，这说明 0.5%OMMT/2.5%TGD/EP 样品在更低的 TGD

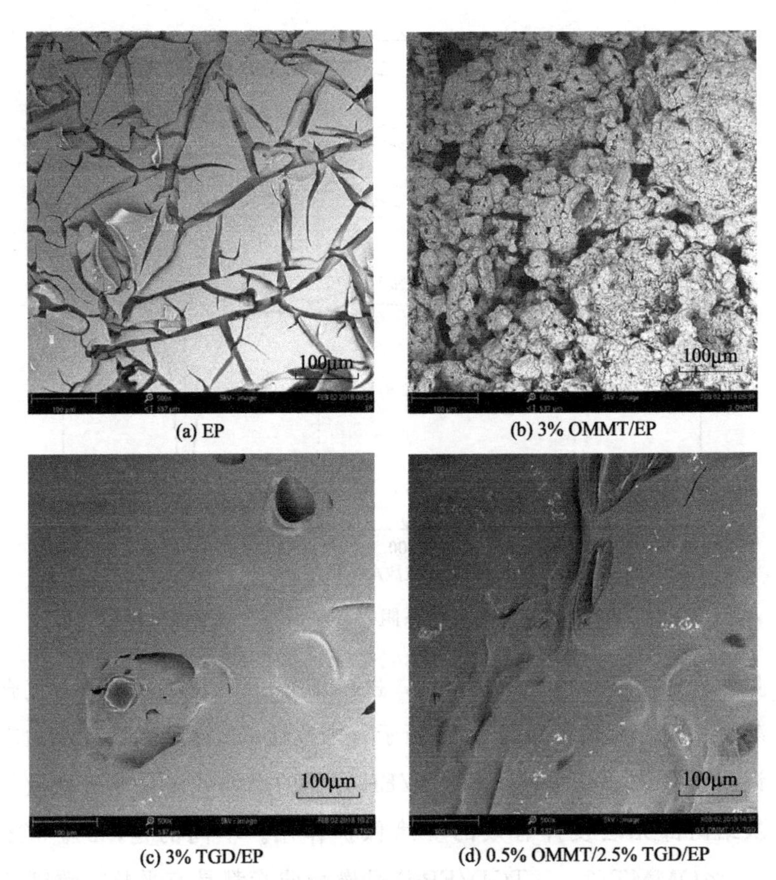

(a) EP (b) 3% OMMT/EP
(c) 3% TGD/EP (d) 0.5% OMMT/2.5% TGD/EP

图 2.62 TGD/OMMT 复合体系阻燃环氧树脂燃烧残炭的微观形貌

添加量下保留了更多的磷元素在凝聚相，这主要是因为 0.5%OMMT/2.5%TGD/EP 样品能够通过 MMT 颗粒的过滤和吸附作用将更多含磷裂解碎片保留在凝聚相残炭中。而凝聚相中保留更多的含磷成分，有利于形成黏稠致密的炭层结构，可以进一步与 MMT 颗粒共同构建更有效的阻隔炭层，赋予环氧树脂材料更优异的阻燃性能。

表 2.36 TGD/OMMT 复合体系阻燃环氧树脂燃烧残炭的元素组成

样品	元素含量/%					
	C	N	O	P	Si	Al
EP	80.3	7.6	12.1	—	—	—
3%TGD/EP	77.7	9.0	12.1	1.2	—	—
3%OMMT/EP	15.5	1.7	47.3	—	26.9	8.5
0.5%OMMT/2.5%TGD/EP	68.3	6.6	18.9	2.1	4.1	—

2.7.5 热性能分析

如图2.63所示，添加TGD后，3%TGD/EP和0.5%OMMT/2.5%TGD/EP样品的初始分解温度[$T_{d,1\%}$，失重1%（质量分数）时的温度]都有明显的降低，这说明TGD的加入诱导了环氧树脂提前分解。而单独加入OMMT则对环氧树脂的$T_{d,1\%}$没有明显影响，并且3%OMMT/EP样品的分解过程与未改性EP基本重合，说明OMMT只是对环氧树脂的热解过程产生物理影响。另外，3%TGD/EP和0.5%OMMT/2.5%TGD/EP样品均产生了明显的促进成炭效果，并且0.5%OMMT/2.5%TGD/EP样品的残炭产量最高。这与锥形量热仪燃烧试验的测试结果相互一致，进一步说明了TGD/OMMT复合体系存在的协同成炭作用。

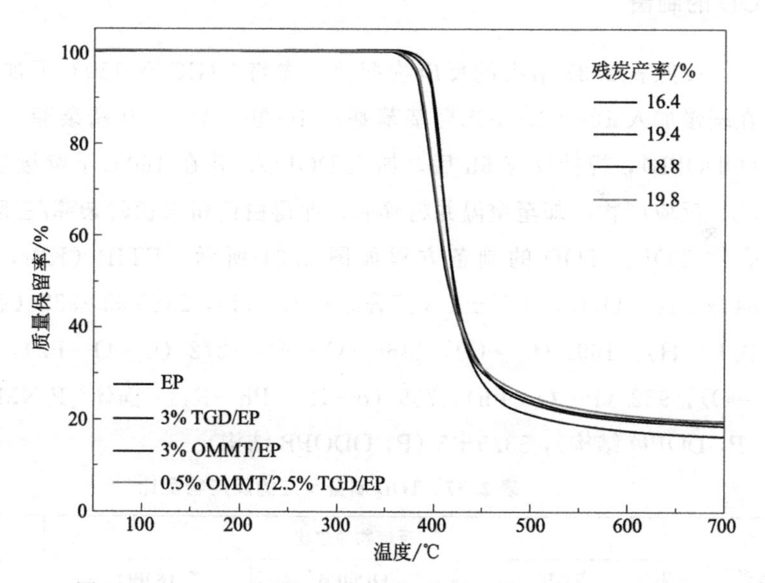

图2.63 TGD/OMMT复合体系阻燃环氧树脂的热失重曲线

2.7.6 小结

本节将OMMT与磷杂菲/三嗪双基化合物TGD复合，共同应用于阻燃环氧树脂材料，探索具有更优异综合阻燃性能的高性能阻燃环氧树脂材料制备方法。仅3%的阻燃剂添加量就能够让0.5%OMMT/2.5%TGD/EP样品通过UL 94阻燃级别V-0级，并且LOI从也能从26.4%提升至33.7%。通过与磷杂菲衍生物TGD的协同效应，OMMT裂解生成的MMT显示出物理的过滤和吸附效应，降低了TSP，增加了残炭量，并在残炭中保留了更多的含磷成分。TGD中的羟基使得TGD和树脂基体的裂解碎片在燃烧过程中与MMT颗粒产生更强的吸附作用，从而降低燃烧过程的烟密度，并增加成炭数量。据此，TGD/OMMT体系在环氧树脂材料中发挥了高效协同阻燃作用。

2.8 磷杂菲/三嗪双基化合物TOD阻燃环氧树脂的行为与机理

2.8.1 TOD的制备

按照表2.37给出的反应物配比，先将TGIC在150℃下加热熔融，在缓慢加入10-（2，5-二羟基苯基）-10-氢-9-氧杂-10-磷杂菲-10-氧化物（ODOPB），搅拌反应5h后，加入DOPO，并在160℃下继续搅拌反应3h。反应产物冷却至室温并粉碎后，即得白色粉末状磷杂菲/三嗪双基化合物TOD，TOD的制备方程如图2.64所示。FTIR（KBr，cm^{-1}）：3429±10（OH），3071±2（芳香结构C—H），2960和2925（脂肪链结构C—H），1691（C═O），1466（C—N），1272（C—O—Ph），1207（P═O），922（P—O—Ph），759（o—R_1—Ph—R_2）；固体^{31}P NMR：66.4（P，DOPO结构），53.5±5（P，ODOPB结构）。

表2.37 TOD制备反应的反应物配比

TOD低聚物	反应物摩尔比			聚合度
	TGIC	ODOPB	DOPO	
TOD-1	2	1	4	1
TOD-2	3	2	5	2
TOD-3	4	3	6	3
TOD-4	5	4	7	4

2.8.2 TOD的热性能分析

由于三嗪环是一种刚性结构，而磷杂菲结构又具有非共平面、大体

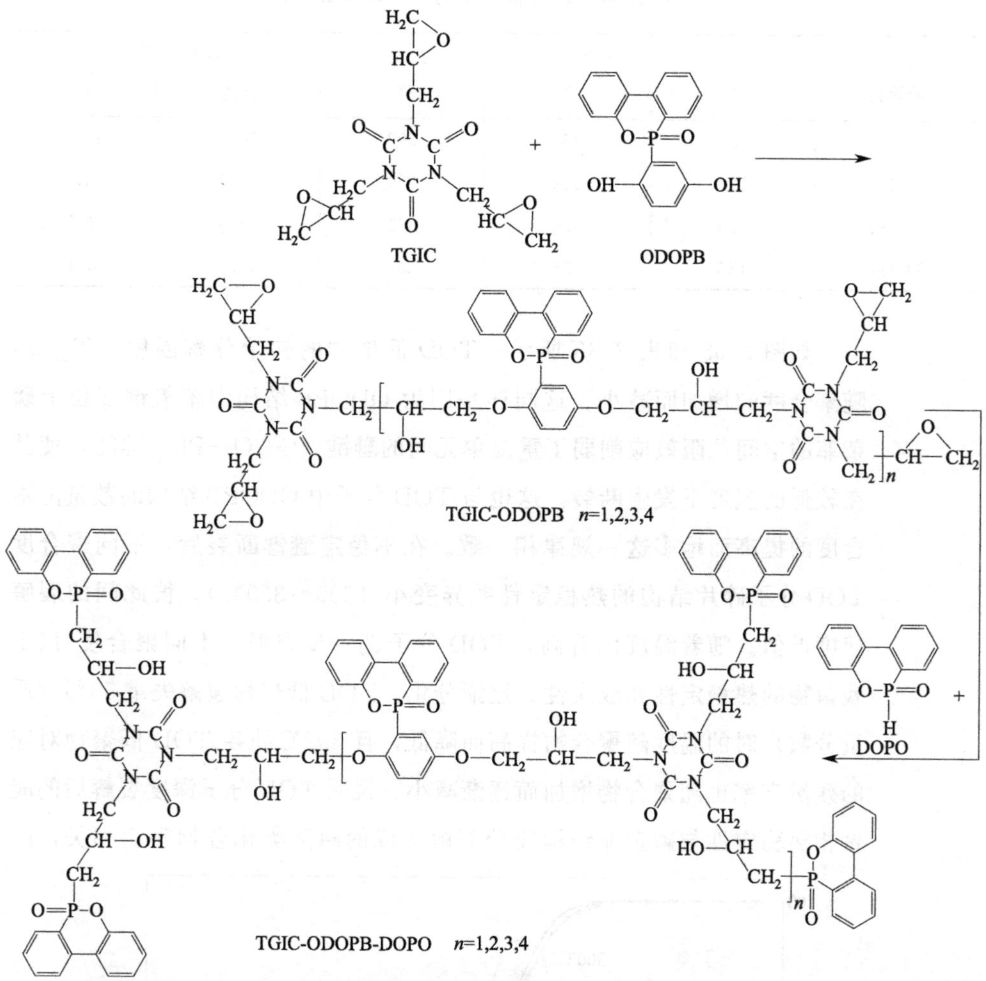

图 2.64　磷杂菲/三嗪双基化合物 TOD 的制备方程

积的特性，故而使得 TOD 低聚物分子因为这两种结构的存在而变得刚硬、不规整，无法为晶格排列进行有效的结构调整。DSC 测试结果也表明，TOD 低聚物没有熔点，在 120～130℃之间有一个玻璃化转变过程，属于无定形化合物，而且 TOD 低聚物的 T_g 随聚合度的增加而下降。这主要由以下两方面造成：①TOD 分子结构内的重复单元本就属于刚性、非共平面结构；② ODOPB 结构上的磷杂菲处于苯氧键邻位上，这使得磷杂菲结构的空间位阻效应严重地限制了 TOD 分子结构上重复单元间的醚键结构（C—O—Ph）的活动空间，从而增加了分子链的刚性。

表 2.38 TOD 低聚物的热性能参数

TOD 低聚物	T_g /℃	$T_{d,1\%}$ /℃	$T_{d,50\%}$ /℃	残炭产率/%	
				392℃	700℃
TOD-1	127	258	392	50.0	10.9
TOD-2	127	242	380	44.3	11.0
TOD-3	126	236	371	38.6	8.1
TOD-4	125	225	369	37.9	8.4

如图 2.65 和表 2.38 所示，TOD 低聚物的初始分解温度（$T_{d,1\%}$）随聚合度的增加而减小。这同样是因为 ODOPB 结构中苯氧键邻位上磷杂菲的空间位阻效应削弱了重复单元间的醚键（C—O—Ph）键能，使其在较低的温度下发生断裂。这也与 TOD 分子中 ODOPB 结构的数量随聚合度的提高而增多这一规律相一致。在不稳定醚键断裂后，不同聚合度 TOD 分子碎片结构的热稳定性差异变小（300～330℃），彼此间的裂解速度近似。随着温度的升高，TOD 分子进一步裂解，不同聚合度 TOD 残留物的热稳定性和成炭性又逐渐分化。TOD 低聚物裂解失重 50%（质量分数）时的温度随聚合物提高而降低，且 392℃处各 TOD 低聚物对应的残炭产率也随聚合物增加而逐渐减小，说明 TOD 分子深度裂解后的凝聚相热稳定性与磷杂菲结构充分裂解生成的磷酸类化合物密切相关，故

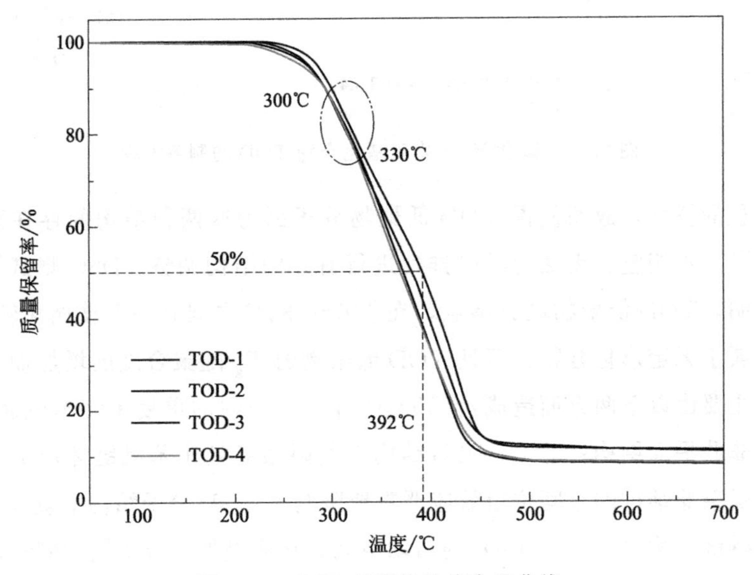

图 2.65 TOD 低聚物的热失重曲线

而当磷杂菲结构随 TOD 聚合度提高而减少时，TOD 低聚物高温残留物热稳定性也随着这类磷酸化合物的促进成炭作用减弱而降低。TOD 低聚物在 700℃时的残炭产率数据表明，随着 TOD 聚合度提高，磷杂菲结构比例降低，裂解生成的磷酸类化合物促进树脂基体脱水炭化作用下降，TOD 低聚物的成炭性降低。

2.8.3 TOD 阻燃环氧树脂的制备

将 TOD 加入环氧树脂中，搅拌至 TOD 充分分散后，升温至 100℃。加入固化剂 DDM，并搅拌至 DDM 完全溶解，再置于 100℃真空烘箱中抽真空 3min，除去体系中的气泡，再迅速浇注到预热的模具中，先在 120℃下预固化 2h，再在 170℃下深度固化 4h。对比样品 EP/DDM 的制备方法同上。TOD、DGEBA 和 DDM 在环氧树脂样品中的用量如表 2.39 所示。

表 2.39　TOD 阻燃环氧树脂的制备配方

样品	DGEBA/g	DDM/g	TOD/g
EP/DDM	100	25.3	—
2%TOD-1/EP/DDM	100	25.3	2.56
4%TOD-1/EP/DDM	100	25.3	5.22
6%TOD-1/EP/DDM	100	25.3	8.00
2%TOD-2/EP/DDM	100	25.3	2.56
4%TOD-2/EP/DDM	100	25.3	5.22
6%TOD-2/EP/DDM	100	25.3	8.00
2%TOD-3/EP/DDM	100	25.3	2.56
4%TOD-3/EP/DDM	100	25.3	5.22
6%TOD-3/EP/DDM	100	25.3	8.00
2%TOD-4/EP/DDM	100	25.3	2.56
4%TOD-4/EP/DDM	100	25.3	5.22
6%TOD-4/EP/DDM	100	25.3	8.00

2.8.4 LOI 和 UL 94 垂直燃烧试验

通过 LOI 和 UL 94 垂直燃烧试验对各环氧树脂样品的阻燃性能进

行测试，评价不同聚合度TOD在EP/DDM体系中的量效关系。如表2.40所示，不同聚合度TOD低聚物均表现出了优异的阻燃效率，其中尤以TOD-1的阻燃效率最高。当TOD-1的添加量达到4%（质量分数）时，4%TOD-1/EP/DDM样品就可达到UL 94 V-0级，并获得35.9%的LOI。而TOD-2、TOD-3以及TOD-4各自阻燃的环氧树脂样品的阻燃级别也都分别在6%的添加量下达到UL 94 V-0级。虽然在6%的添加量下各聚合度的TOD化合物均使相应的TOD/EP/DDM样品达到了UL94 V-0级，但是各样品对应的余焰时间（av-t_1 + av-t_2）表明，TOD-1/EP/DDM体系的余焰燃烧时间明显低于其余三者，说明TOD低聚物在EP/DDM体系中的阻燃效率随着TOD低聚物聚合度的提高而降低。

表 2.40 TOD阻燃环氧树脂的LOI和UL94阻燃级别

样品	LOI /%	垂直燃烧试验			
		余焰时间		UL 94 阻燃级别	是否熔滴
		av-t_1/s	av-t_2/s		
EP/DDM	26.4	83.0①	—	无级别	是
2%TOD-1/EP/DDM	32.8	9.0	6.5	V-1级	否
4%TOD-1/EP/DDM	35.9	3.6	2.9	V-0级	否
6%TOD-1/EP/DDM	38.0	2.2	1.3	V-0级	否
2%TOD-2/EP/DDM	33.7	26.5	10.1	V-1级	否
4%TOD-2/EP/DDM	34.4	6.8	6.5	V-1级	否
6%TOD-2/EP/DDM	35.2	2.6	3.4	V-0级	否
2%TOD-3/EP/DDM	32.7	12.4	35.4	无级别	否
4%TOD-3/EP/DDM	34.3	3.5	7.3	V-1级	否
6%TOD-3/EP/DDM	35.9	2.5	4.3	V-0级	否
2%TOD-4/EP/DDM	31.9	30.9	18.2	无级别	否
4%TOD-4/EP/DDM	34.6	10.3	8.9	V-1级	否
6%TOD-4/EP/DDM	36.1	1.8	3.6	V-0级	否

① 样条燃烧至夹具。

鉴于TOD低聚物与TGD有着近乎一致的官能结构（ODOPB结构除外），因此在TOD/EP样品燃烧过程中，一方面，TOD低聚物结构中的磷杂菲结构深度裂解生成的磷氧自由基和苯氧自由基等分子碎片能够通过自由基猝灭作用猝灭H·、HO·以及链端自由基，抑制树脂基体的裂解和燃烧反应；另一方面，磷杂菲结构深度裂解生成的磷酸类化合物能够通过促进树脂基体交联、炭化提高环氧树脂的残炭质量和数量，增强残炭层的隔氧隔热作用，发挥凝聚相阻燃作用。同时，TOD 低聚物和树脂基体裂解生成的氨气等不燃性气体对氧气和可燃性气体浓度的稀释作用也能够降低树脂材料的燃烧速度。TOD 低聚物正是通过上述气相/凝聚相阻燃机理赋予 EP/DDM 体系优异的阻燃性能。正是因为 TOD-1 结构中磷杂菲结构的比例最高，所以聚合度最低的 TOD-1 在单位数量上具有更强的自由基猝灭作用和磷酸类化合物促进成炭行为，从而表现出最高的阻燃效率。

2.8.5 TOD 阻燃环氧树脂的热性能分析

LOI 和 UL 94 垂直燃烧试验结果表明，TOD-1 在 EP/DDM 体系中发挥了最高的阻燃效率，故采用差示扫描量热仪和热重分析仪评价 TOD-1/EP/DDM 样品的热性能和裂解成炭行为。如表 2.41 所示，未阻燃 EP/DDM 样品的 $T_{d,1\%}$ 处于 353℃，而表 2.38 中 TOD-1 的 $T_{d,1\%}$ 在 258℃，这说明 TOD-1/EP/DDM 体系中的 TOD-1 将先于环氧树脂基体发生裂解。表 2.41 中的数据表明 TOD-1 的添加降低了 TOD-1/EP/DDM 体系的 $T_{d,1\%}$，而且如图 2.66 所示，这种降低的程度随 TOD-1 添加量的增加而增大。EP/DDM 样品在 370℃失重（$ML_{370℃}$）10%（质量分数）时，TOD-1/EP/DDM 样品失重了 27.2%～37.6%，比 EP/DDM 样品的失重率高了 17.2%～27.6%，远高于 TOD-1 在 TOD-1/EP/DDM 样品中的添加量（2.0%～6.0%）。以上结果证实了 TOD-1 作用于 EP/DDM 基体的诱发裂解-加速裂解机制。此外，700℃残炭产率（$R_{700℃}$）的测试结果表明，TOD-1 的添加明显地促进了 EP/DDM 体系的成炭，提高了环氧树脂的成炭性，强化了环氧树脂的凝聚相阻燃作用。

此外，表 2.41 给出的 DSC 测试结果表明，TOD-1 的引入不会过多地降低 EP/DDM 基体的 T_g。添加 4%的 TOD-1 就可使 4%TOD-1/EP/DDM 样品的阻燃级别达到 UL 94 V-0 级，而此时 4%TOD-1/EP/DDM 样品的 T_g 为 163℃，仅比未阻燃的 EP/DDM 样品的 T_g 下降 5℃。进一步增加 TOD-1 的量后，6% TOD-1/EP/DDM 样品的 T_g 仍可达到 161℃。

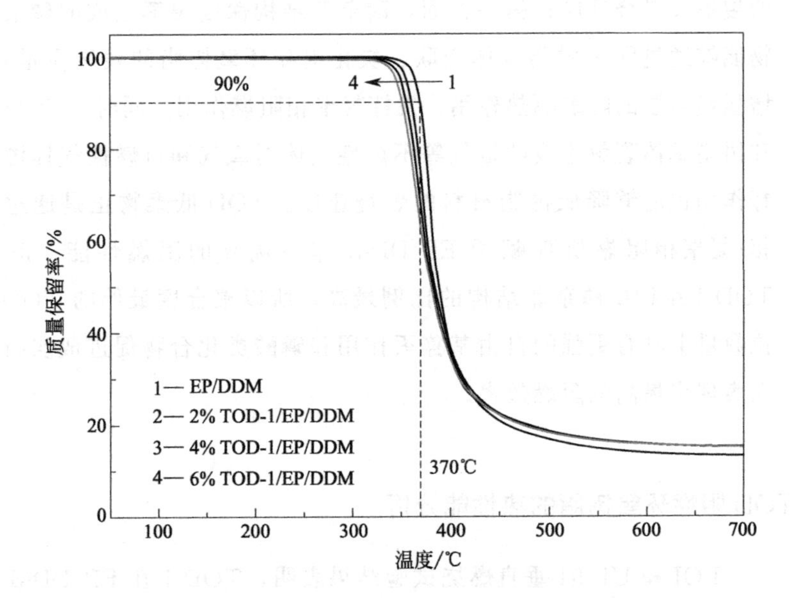

图 2.66 TOD阻燃环氧树脂的热失重曲线

表 2.41 TOD 阻燃环氧树脂的热性能参数

样品	T_g /℃	$T_{d,1\%}$ /℃	$ML_{370℃}$ /%	$R_{700℃}$ /%
EP/DDM	168	353	−10.0	13.2
2%TOD-1/EP/DDM	164	342	−27.2	15.2
4%TOD-1/EP/DDM	163	331	−33.5	15.2
6%TOD-1/EP/DDM	161	326	−37.6	15.2

2.8.6 锥形量热仪燃烧试验

锥形量热仪燃烧试验结果表明，如图 2.67 所示，TOD-1 的添加不仅明显降低了环氧树脂的 pk-HRR，更使 TOD-1/EP/DDM 体系的热释放速率曲线整体下降，有效抑制了环氧树脂的燃烧强度。同时，如表 2.42 所示，TOD-1/EP/DDM 的 av-HRR、THR 以及 av-EHC 均随着 TOD-1 添加量增加而逐步减小，进一步证实了 TOD-1 对环氧树脂燃烧行为的抑制作用。另外，与未阻燃的 EP/DDM 样品相比，TOD-1 的添加明显地缩短了 TOD-1/EP/DDM 体系的 TTI。热失重分析结果表明，TOD-1 先于树脂基体裂解，并通过其裂解产物诱发 EP/DDM 提前裂解。

因此，TOD-1/EP/DDM 样品在 TOD-1 的诱发作用下，受热辐照后迅速裂解并释放出可燃性气体，进而被点火器电火花引燃，提前开启燃烧进程。

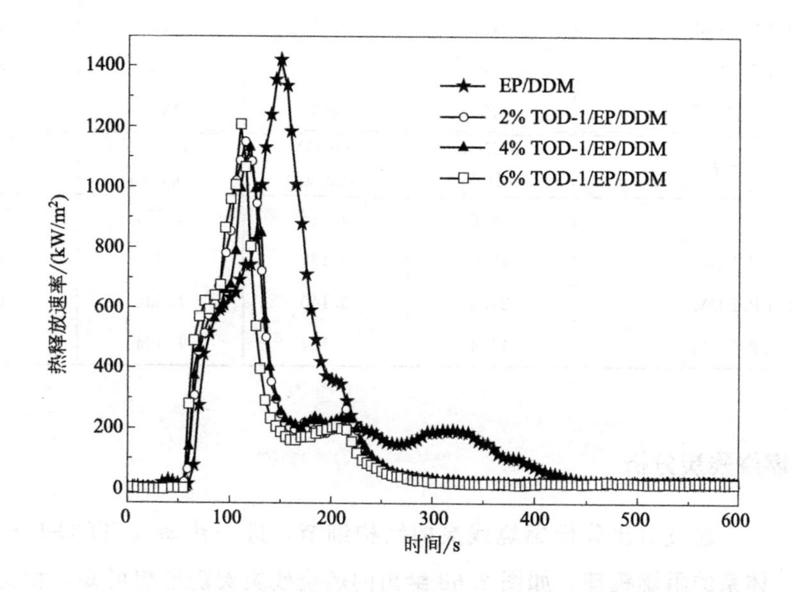

图 2.67　TOD 阻燃环氧树脂的热释放速率曲线

此外，EP/DDM、2% TOD-1/EP/DDM 以及 4% TOD-1/EP/DDM 样品的 av-COY 和 av-CO_2Y 的对比结果表明，TOD-1 的添加抑制了 EP/DDM 基体的完全燃烧反应，减少完全燃烧反应产物（CO_2）的生成，也增加了不完全燃烧产物（CO）的释放。而对于 6%（质量分数）TOD-1/EP/DDM 样品，在 av-CO_2Y 进一步减小的同时，av-COY 反而低于未阻燃的 EP/DDM 样品，这说明 6%（质量分数）TOD-1 的加入引起了 TOD-1/EP/DDM 体系阻燃机理的质变。在 6% TOD-1/EP/DDM 样品中，TOD-1 的裂解产物不仅抑制了 EP/DDM 基体的完全燃烧反应，更完全抵消甚至反超了 TOD-1 前期裂解产物作用于 EP/DDM 基体的诱发裂解-加速裂解机制带来的负面影响，显著地减少了可燃性气体的释放量，从而使不完全燃烧反应也受到限制。另外，锥形量热燃烧试验中环氧树脂样品燃烧 600s 后的残炭产率（R_{600s}）也表明，TOD-1 的添加有效地促进了环氧树脂的成炭性的提升，而且这种促进作用随 TOD-1 添加量的增加而增大。TOD-1 正是通过上述气相/凝聚相阻燃机理高效地赋予了 TOD-1/EP/DDM 体系优异的阻燃性能。

表 2.42 TOD 阻燃环氧树脂的锥形量热仪燃烧试验参数

样品	TTI /s	av-HRR /(kW/m²)	pk-HRR /(kW/m²)	THR /(MJ/m²)
EP/DDM	56	263	1420	144
2%TOD-1/EP/DDM	44	157	1152	87
4%TOD-1/EP/DDM	47	157	1130	86
6%TOD-1/EP/DDM	48	146	1207	80
样品	av-EHC /(MJ/kg)	av-COY /(kg/kg)	av-CO_2Y /(kg/kg)	R_{600s} /%
EP/DDM	29.9	0.126	2.514	7.8
2%TOD-1/EP/DDM	22.0	0.130	1.870	9.2
4%TOD-1/EP/DDM	21.5	0.140	1.832	10.1
6%TOD-1/EP/DDM	17.4	0.124	1.484	11.4

2.8.7 燃烧残炭分析

通过对比分析燃烧残炭的结构细节，进一步研究 TOD-1/EP/DDM 体系的阻燃机理。如图 2.68 给出的燃烧残炭宏观形貌可知，相比于未改性 EP/DDM 样品燃烧残炭的稀松、破碎结构，TOD-1/EP/DDM 体系燃烧残炭具有十分厚实、致密的炭层结构，说明 TOD-1 提高了 EP/DDM 体系在燃烧过程中的成炭性能。

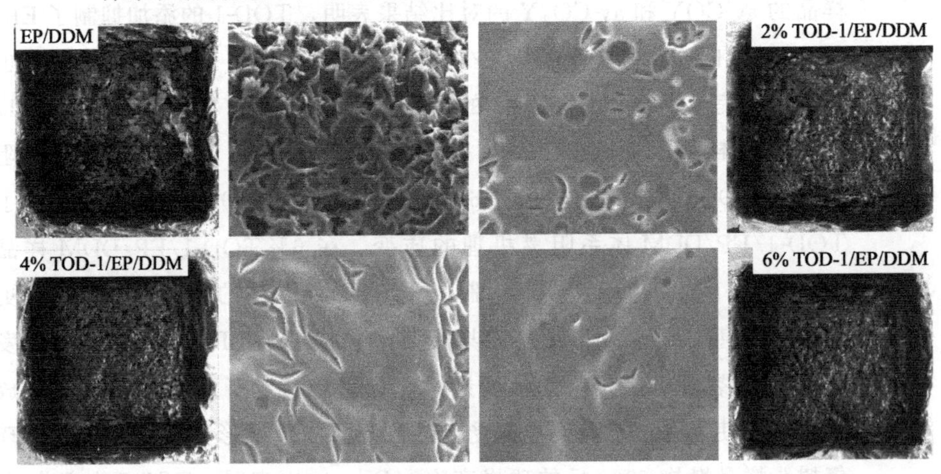

图 2.68 TOD 阻燃环氧树脂燃烧残炭的宏观和微观形貌

此外，由图 2.68 给出的燃烧残炭微观形貌可知，EP/DDM 样品燃烧残炭上具有大量的开孔孔洞，贯穿了残炭内外，既不能有效地覆盖内层树脂、隔氧隔热，也容易释放出内部树脂裂解生成的可燃性气体。而 TOD-1/EP/DDM 体系燃烧残炭的微观形貌则随 TOD-1 添加量的变化呈现出一系列渐变特征。2%TOD-1/EP/DDM 样品残炭表面致密，在大多数的内部孔洞外都覆盖撑伸状封闭炭层，只有少数的开孔孔洞。随着 TOD-1 添加量的增加，TOD-1/EP/DDM 样品的残炭表面逐步变得厚实、致密。当 TOD-1 的添加量达到 6%（质量分数）时，6%TOD-1/EP/DDM 样品残炭表面除了少量凹痕，余者尽皆光滑、致密，在燃烧过程中能够有效地隔绝氧气的进入和可燃性气体的释放，增加了外部火焰和热反馈作用于内层树脂基体的难度，体现了完善的凝聚相阻燃机理。

2.8.8 小结

本节介绍了不同聚合度（n=1、2、3、4）的磷杂菲/三嗪双基化合物 TOD 的制备方法与表征，并将其应用于阻燃环氧树脂，探索了不同聚合度的 TOD 在环氧树脂中的阻燃行为和作用机理。

TOD 低聚物属于非晶化合物，T_g、$T_{d,1\%}$ 以及成炭性均随着聚合度的增加而降低。TOD-1 的裂解行为诱导 EP/DDM 基体提前裂解、加快裂解，并提高了环氧树脂的成炭性能。LOI 和 UL 94 垂直燃烧试验结果表明，TOD 低聚物均可赋予 EP/DDM 体系优异的阻燃性能，其中尤以 TOD-1 的阻燃效率最高。当 TOD-1 的添加量达到 4%（质量分数）时，4%TOD-1/EP/DDM 样品达到 UL 94 V-0 级，并获得 35.9%的 LOI。随着 TOD 低聚物聚合度增加，磷杂菲基团比例减小，气相/凝聚相阻燃作用再分布，TOD 低聚物阻燃效率降低。

TOD-1 能够有效地抑制环氧树脂的燃烧放热行为，明显地降低 pk-HRR、av-HRR、THR 和 av-EHC 等放热参数。较少添加量下（≤4%），TOD-1 通过抑制环氧树脂的完全燃烧反应减小 av-CO_2Y；TOD-1 添加量达到 6%后，TOD-1 还能通过抑制树脂基体的裂解行为，减少可燃性气体的释放，同时减少完全和不完全燃烧产物的释放。TOD-1 还能有效地促进 EP/DDM 基体在锥形量热燃烧试验过程中的成炭行为，提高 TOD-1/EP/DDM 样品的残炭产率。锥形量热燃烧试验残炭的宏/微观形貌则表明，TOD-1 能够促进 EP/DDM 基体形成厚实、致密的残炭炭层。TOD 低聚物正是通过以上的气相/凝聚相阻燃的共同作用，高效地赋予了环氧树脂优异的阻燃性能。

参 考 文 献

[1] 陈平，刘胜平，王德中．环氧树脂及其应用［M］．北京：化学工业出版社，2011：1-6.

[2] Qian L J，Ye L J，Xu G Z，Liu J，Guo J Q. The non-halogen flame retardant epoxy resin based on a novel compound with phosphaphenanthrene and cyclotriphosphazene double functional groups［J］. Polymer Degradation and Stability，2011，96（6）：1118-1124.

[3] Wang C S，Lin C H. Synthesis and properties of phosphorus-containing epoxy resins by novel method［J］. Journal of Polymer Science Part A：Polymer Chemistry，1999，37（21）：3903-3909.

[4] Brehme S，Schartel B，Goebbels J，Fischer O，Pospiech D，Bykov Y，Döring M. Phosphorus polyester versus aluminium phosphinate in poly（butylene terephthalate）（PBT）：Flame retardancy performance and mechanisms［J］. Polymer Degradation and Stability，2011，96（5）：875-884.

[5] Wang J Y，Qian L J，Huang Z G，Fang Y Y，Qiu Y. Synergistic flame-retardant behavior and mechanisms of aluminum poly-hexamethylenephosphinate and phosphaphenanthrene in epoxy resin［J］. Polymer Degradation and Stability，2016，130：173-181.

[6] Schartel B，Balabanovich AI，Braun U，Knoll U，Artner J，Ciesielski M，Döring M，Perez R，Sandler J K W，Altstädt V，Hoffmann T，Pospiech D. Pyrolysis of epoxy resins and fire behavior of epoxy resin composites flame-retarded with 9，10-dihydro-9-oxa-10-phosphaphenanthrene-10-oxide additives［J］. Journal of Applied Polymer Science，2007，104（4）：2260-2269.

[7] Schartel B，Perret B，Dittrich B，Ciesielski M，Krämer J，Müller P，Altstädt V，Zang L，Döring M. Flame retardancy of polymers：the role of specific reactions in the condensed phase［J］. Macromolecular Materials and Engineering，2016，301（1）：9-35.

[8] Chen Y H，Wang Q. Preparation，properties and characterizations of halogen-free nitrogen-phosphorous flame-retarded glass fiber reinforced polyamide 6 composite［J］. Polymer Degradation and Stability，2006，91（9）：2003-2013.

[9] Zhou Y，Feng J，Peng H，Qu H Q，Hao J W. Catalytic pyrolysis and flame retardancy of epoxy resins with solid acid boron phosphate［J］. Polymer Degradation and Stability，2014，110：395-404.

[10] Dai K，Song L，Jiang S H，Yu B，Yang W，Yuen R K K，Hu Y. Unsaturated polyester resins modified with phosphorus-containing groups：Effects on thermal properties and flammability［J］. Polymer Degradation and Stability，2013，98：2033-2040.

第3章

磷杂菲/硅氧烷双基化合物阻燃环氧树脂

在阻燃分子或复合体系的构建过程中，不同阻燃基团之间的键接组合或复配，有利于在阻燃行为上形成互补的完善机制，获得综合性能优异的高效阻燃分子或复合体系。在新型阻燃基团构建研究中，阻燃基团的桥键形式对基团分子作用行为的影响、不同阻燃基团间的多基协同作用机理这些方面都是当前的研究热点。同时，反应型阻燃大分子的构建不仅可以调节阻燃基团的微观分布形式和基团比值，也有利于解决添加型小分子阻燃剂在聚合物材料中的迁移析出等问题。因此，可以在磷杂菲基团的基础上，结合能够改善树脂基体冲击韧性和凝聚相成炭质量的硅氧烷基团，并在分子结构中引入酚羟基，构建不同的反应型双基阻燃大分子，使其在材料制备过程中能够与环氧树脂发生键接反应，这样既可以促进阻燃大分子在树脂材料中的稳定分散，也能够将增韧硅氧烷链段直接键入树脂基体结构上，提高基体材料的冲击韧性，获得同时具有优异阻燃性能和抗冲击性能的高性能阻燃环氧树脂材料。

本章以三种反应型簇状磷杂菲/硅氧烷双基化合物为例，评价了相关磷杂菲/硅氧烷双基化合物改性环氧树脂的阻燃性能和力学性能，分析了相关磷杂菲/硅氧烷双基化合物阻燃和增韧环氧树脂的量效关系，阐明了相关磷杂菲/硅氧烷双基化合物对环氧树脂冲击断裂、裂解成炭以及燃烧行为的影响规律，揭示了相关磷杂菲/硅氧烷双基化合物阻燃和增韧环氧树脂的作用机理。

3.1 磷杂菲/硅氧烷双基化合物 DDSi-*n* 阻燃环氧树脂

3.1.1 DDSi-*n* 和 DBAS 的制备

(1) DDSi-*n* 的制备

先将 DOPO（47.56 g，0.22 mol）在 140℃下加热熔融后，加入邻二烯丙基双酚 A（30.84 g，0.10 mol），并搅拌至邻二烯丙基双酚 A 完全熔融，再利用氮气排出反应体系中的空气，随后在 160 ℃下搅拌反应 24 h，制得中间体 DDBA。在加热条件下，利用乙醇/水（体积比 3∶1）

混合溶剂洗涤DDBA粗产物，除去DDBA粗产物中残留的DOPO等杂质，即得目标产物DDBA，产率＞95%。DDBA的制备方程如图3.1所示。FTIR（cm^{-1}），3223（C_{Ar}—OH）；3064（C_{Ar}—H）；2962、2868（CH_3）；2932（CH_2）；1607、1595、1583、1560、1507（苯环骨架）；1431（P—C）；1203（P═O）；916（P—O—C）；754（苯环邻二取代）。^{1}H NMR（DMSO-d_6），9.03（C_{Ar}—OH）；8.22～7.23（C_{Ar}—H，磷杂菲结构）；6.75、6.62、6.60（C_{Ar}—H，双酚A结构）；1.44（CH_3）；^{1}H NMR（THF-d_4），2.62（CH_2）；2.00（CH_2）；1.85（CH_2）。^{31}P NMR（DMSO-d_6），38.17（磷杂菲结构）。元素含量（理论值/测试值,%），C 72.96/（72.98±0.10）；H 5.71/（5.69±0.04）；O 12.96/（12.93±0.05）。

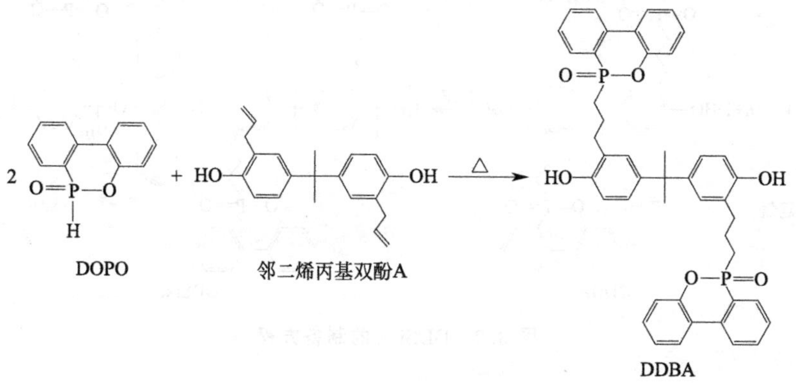

2 DOPO + 邻二烯丙基双酚A —△→ DDBA

图3.1 DDBA的制备方程

根据表3.1给出的DDSi-*n*制备反应原料配比，先将中间体DDBA加入四氢呋喃（THF）中，搅拌至DDBA完全溶解，缓慢加入三乙胺，搅拌至三乙胺充分分散，再缓慢加入二苯基二氯硅烷，并继续搅拌反应3 h。反应结束后，先通过减压抽滤分离体系中析出的三乙胺盐酸盐晶粒，再将滤液滴加到正己烷中，析出目标产物DDSi-*n*，产率＞98%。DDSi-*n*的制备方程如图3.2所示。FTIR（DDSi-*n*，cm^{-1}），3226（C_{Ar}—OH）；3067（C_{Ar}—H）；2962、2869（CH_3）；2932（CH_2）；1607、1594、1582、1560、1498（苯环骨架）；1430（P—C）；1204（P═O）；995（Si—O—C）；915（P—O—C）；754（苯环邻二取代）；700

(Si—C)。^1H NMR (DDSi-*n*, DMSO-d_6), 9.06、9.07 (C_{Ar}—OH); 8.19～7.24 (C_{Ar}—H, 磷杂菲结构); 6.78～6.60 (C_{Ar}—H, 双酚 A 和苯基硅氧烷结构); 1.45、1.46 (CH_3)。^1H NMR (DDSi-*n*, THF-d_4), 2.63～2.59 (CH_2); 1.99～1.96 (CH_2); 1.86～1.81 (CH_2)。^{31}P NMR (DDSi-*n*, DMSO-d_6), 38.15、37.40 (磷杂菲结构)。元素含量 (理论值/测试值,%): ①DDSi-1, C 73.72/ (73.52±0.11), H 5.58/ (5.60±0.03), O 11.55/ (11.57±0.05); ②DDSi-2, C 73.94/ (73.88±0.05), H 5.54/ (5.58±0.03), O 11.15/ (11.20±0.07); ③DDSi-5, C 74.14/ (74.10±0.05), H 5.51/ (5.52±0.02), O 10.77/ (10.72±0.03)。

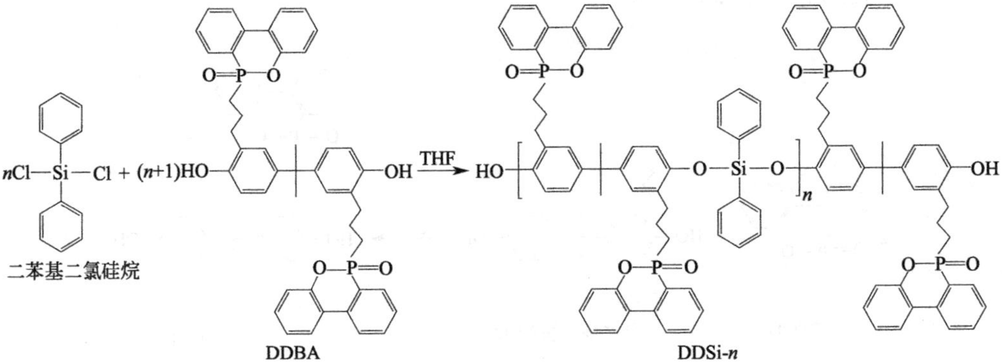

图 3.2　DDSi-*n* 的制备方程

表 3.1　DDSi-*n* 制备反应的原料配比

DDSi-*n*	DDBA		二苯基二氯硅烷		三乙胺	
	/g	/mol	/g	/mol	/g	/mol
DDSi-1	29.63	0.040	5.06	0.020	4.45	0.044
DDSi-2	22.22	0.030	5.06	0.020	4.45	0.044
DDSi-5	22.22	0.030	6.33	0.025	5.57	0.055

(2) 双酚 A 苯基硅氧烷化合物 DBAS 的制备

将双酚 A (45.66 g, 0.20 mol) 加入 THF 中, 搅拌至双酚 A 完全溶解后, 加入三乙胺 (22.26 g, 0.22 mol), 并继续搅拌至三乙胺充分分散, 再缓慢加入二苯基二氯硅烷 (25.32 g, 0.10 mol), 继续搅拌反应 3h。反应结束后, 先通过减压抽滤分离体系中析出三乙胺盐酸盐晶粒, 再将滤液缓慢滴加到正已烷中, 析出目标产物 DBAS, 产率＞98%。DBAS 的制备方程如图 3.3 所示。FTIR (cm^{-1}), 3346 (C_{Ar}—OH);

3069、3049、3025 (C_{Ar}—H)；2965、2870 (CH_3)；1611、1598、1509 (苯环骨架)；1128 (Si—O—C)；827 (苯环对二取代)。^{1}H NMR (DMSO-d_6)，9.12 (C_{Ar}—OH)；6.64～7.64 (C_{Ar}—H)；1.53 (CH_3)。元素含量 (理论值/测试值,%)，C 79.21/ (79.22 ± 0.03)，H 6.33/ (6.27±0.07)，O 10.05/ (10.03±0.04)。

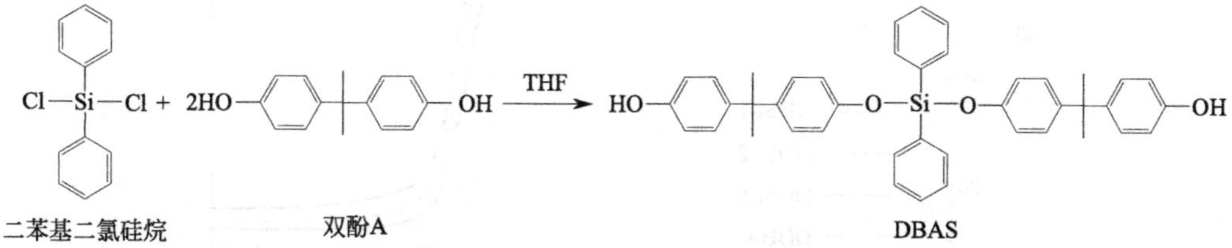

二苯基二氯硅烷　双酚A　THF　DBAS

图 3.3　DBAS 的制备方程

3.1.2　DDSi-n 的热性能分析

采用差示扫描量热仪和热重分析仪测试磷杂菲/硅氧烷双基化合物 DDSi-*n* 的热性能和裂解成炭行为，研究 DDSi-*n* 的热性能与其结构特征之间的对应关系。如图 3.4 和表 3.2 所示，DDSi-*n* 表现出了优异的热稳定性，$T_{d,1\%}$ 均达到 347 ℃以上，满足大多数聚合物材料的加工条件，而且 DDSi-*n* 的 $T_{d,1\%}$ 和 $R_{700℃}$ 均随其聚合度的增加而提高。由 DDSi-*n* 的结构特征可知，酚羟基是 DDSi-*n* 结构中的活泼结构，随着 DDSi-*n* 聚合度的提高，酚羟基在 DDSi-*n* 中的结构比例下降。因此，DDSi-*n* 结构中活泼酚羟基结构比例的下降应该是 DDSi-*n* 热稳定性提高的主要原因。另外，DDSi-1 与 DDBA 在 $T_{d,1\%}$ 上的差异也体现了酚羟基结构比例对 DDSi-1 和 DDBA 热稳定性的影响。

此外，DDSi-*n* 的 $R_{700℃}$ 均高于 DDBA，说明磷杂菲基团和硅氧烷基团的共同作用有利于生成了更多的残炭。至于在 $R_{700℃}$ 方面，DDSi-1＜DDSi-2＜DDSi-5，则说明 DDSi-*n* 中硅氧烷基团比例的提高有利于提高 DDSi-*n* 的成炭量。

表 3.2　DDSi-*n* 和 DDBA 的热性能参数

样品	T_g/℃	$T_{d,1\%}$/℃	$R_{700℃}$/%
DDSi-1	112	347	11.5
DDSi-2	112	353	13.1
DDSi-5	111	368	15.5
DDBA	110	338	7.4

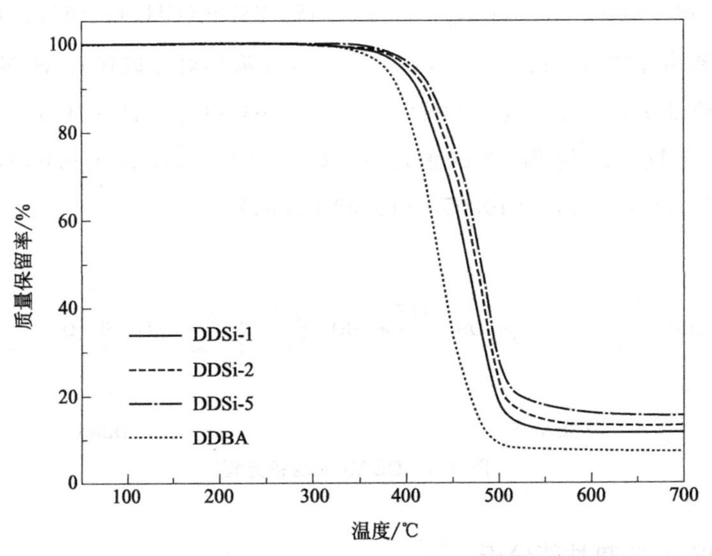

图 3.4 DDSi-*n* 和 DDBA 的热失重曲线

DSC 测试结果表明，DDSi-*n* 和 DDBA 均没有熔点，属于非晶态化合物，而且不同聚合度 DDSi-*n* 的 T_g 相近（111～112 ℃），说明聚合度的变化对 DDSi-*n* 内的链段运动没有明显影响。

3.1.3 DDSi-n 阻燃环氧树脂的制备

根据表 3.3 给出的 DDSi-*n* 阻燃环氧树脂制备配方，将 DDSi-*n* 加入 DGEBA 中，在 140℃下搅拌至 DDSi-*n* 完全溶于 DGEBA 后，加入反应促进剂苄基三苯基氯化磷［0.25%（质量分数）DGEBA］，再在 140℃下搅拌反应 1h。随后，将体系降温至 100～110℃，加入固化剂 DDM，搅拌至 DDM 完全溶解后，置于 120 ℃真空干燥箱中抽真空 3min，除去体系中的气泡，再迅速浇注入预热的模具中，先在 120℃下预固化 2h，再在 170℃下深度固化 4h。对比样品 7.2%DDBA/EP、4.8%DBAS/EP 以及未改性环氧树脂固化物 EP 的制备方法同上。其中，7.2%DDBA/EP 与 8%DDSi-1/EP 的磷含量最高，均为 0.60%（质量分数），而 4.8%DBAS/EP 与 8%DDSi-5/EP 的硅含量最高，均为 0.21%（质量分数）。改性环氧树脂固化物中的磷、硅含量直接反映了固化物交联网络中磷杂菲基团和硅氧烷基团的数量。DDSi-*n*、DDBA、DBAS、DGEBA 以及 DDM 在环氧树脂中的用量如表 3.3 所示。

表 3.3 DDSi-*n* 阻燃环氧树脂的制备配方

样品	DGEBA /g	DDM /g	阻燃剂 /g	磷含量 /%	硅含量 /%
EP	100	25.30	—	—	—
4%DDSi-1/EP	100	24.99	5.21	0.30	0.07
6%DDSi-1/EP	100	24.82	7.97	0.45	0.10
8%DDSi-1/EP	100	24.65	10.84	0.60	0.14
8%DDSi-2/EP	100	24.88	10.86	0.58	0.17
8%DDSi-5/EP	100	25.10	10.88	0.56	0.21
7.2%DDBA/EP	100	24.02	9.59	0.60	—
4.8%DBAS/EP	100	24.32	6.27	—	0.21

3.1.4 LOI和UL 94垂直燃烧试验

采用LOI测试和垂直燃烧试验评价DDSi-*n*阻燃环氧树脂的LOI和UL 94阻燃级别，探究DDSi-*n*对环氧树脂固化物燃烧行为的作用结果和影响规律。如表3.4所示，DDSi-*n*的添加均显著地提高了环氧树脂固化物的LOI和UL 94阻燃级别。添加4%（质量分数）的DDSi-1就可使环氧树脂固化物的LOI从改性前的26.4%（纯EP）提高至32.4%（4%DDSi-1/EP），而且DDSi-1/EP的LOI值随着DDSi-1添加量的增加逐步提高。与DDSi-*n*/EP体系相比，对比样品7.2%DDBA/EP的LOI达到33.8%，略低于同等磷含量的8%DDSi-1/EP（35.9%），而与8%DDSi-5/EP同等硅含量的对比样品4.8%DBAS/EP只获得了25.6%的LOI，甚至略低于纯EP的LOI值。由此可知，DDSi-*n*/EP体系LOI值的提高主要来源于DDSi-*n*结构中磷杂菲基团的阻燃作用。同时，DDSi-*n*中磷杂菲基团与硅氧烷基团的共同作用，在提高环氧树脂固化物的LOI方面形成了更高效的协同作用机制，赋予了DDSi-*n*阻燃环氧树脂固化物更高的LOI（8%DDSi-1/EP＞7.2%DDBA/EP）。至于8%DDSi-*n*/EP体系的LOI值随着DDSi-*n*聚合度的增大逐步降低，则可能是DDSi-*n*的磷含量下降、磷杂菲基团比例减小所导致的结果。这一结果进一步体现了磷杂菲基团在提高DDSi-*n*/EP体系的LOI方面发挥了主要作用。

此外，含有最高磷含量的8%DDSi-1/EP和7.2%DDBA/EP都只是UL 94 V-1级，而磷含量较低的8%DDSi-2/EP和8%DDSi-5/EP却都通

过了 UL 94 V-0 级，说明 DDSi-*n* 中磷杂菲基团和硅氧烷基团的共同作用赋予了 8% DDSi-2/EP 和 8% DDSi-5/EP 优异的离火自熄性能，而且 DDSi-*n*/EP 体系中磷杂菲/硅氧烷基团的比例或者聚集程度对 DDSi-*n* 提高树脂基体离火自熄性能的作用效率具有重要影响。

表 3.4 DDSi-*n* 阻燃环氧树脂的 LOI 和 UL 94 阻燃级别

样品	LOI /%	垂直燃烧试验			
		余焰时间		UL 94 阻燃级别	是否熔滴
		av-t_1/s	av-t_2/s		
EP	26.4	83.0①	—	无级别	否
4%DDSi-1/EP	32.4	12.8	9.2	V-1 级	否
6%DDSi-1/EP	34.1	8.2	7.1	V-1 级	否
8%DDSi-1/EP	35.9	7.4	4.8	V-1 级	否
8%DDSi-2/EP	34.8	1.6	2.7	V-0 级	否
8%DDSi-5/EP	33.0	1.4	3.1	V-0 级	否
7.2%DDBA/EP	33.8	4.2	8.7	V-1 级	否
4.8%DBAS/EP	25.6	48.7①	—	无级别	否

① 样条燃烧至夹具。

3.1.5 热性能分析

采用差示扫描量热仪和热重分析仪评价 DDSi-*n* 阻燃环氧树脂的热稳定性、热分解行为、成炭能力以及 T_g，探索 DDSi-*n* 对环氧树脂固化物热性能的作用结果和影响规律。如表 3.5 所示，与未改性 EP 相比，DDSi-*n*/EP 的 $T_{d,1\%}$ 在氮气氛围下降低了 4～9 ℃，在空气氛围下升高了 7～11℃，说明 DDSi-*n* 的添加不会明显地影响环氧树脂固化物的热稳定性。随着热分解的进行，在氮气和空气氛围下，DDSi-*n*/EP 体系的 MLR_{max} 均与对比样品 7.2% DDBA/EP 相近，且都明显低于纯 EP 的 MLR_{max}，而 4.8%DBAS/EP 的 MLR_{max} 则与 EP 相当，说明 DDSi-*n* 中的磷杂菲基团在抑制树脂基体热分解速率方面发挥了主要作用。

在氮气和空气氛围下，DDSi-*n*/EP 的成炭能力都明显高于纯 EP。DDSi-1/EP 体系的残炭产率（$R_{700℃}$）和 800℃ 下的残炭产率（$R_{800℃}$）均随着 DDSi-1 添加量的增加逐步提高，而 8%DDSi-*n*/EP 体系的 $R_{700℃}$ 和 $R_{800℃}$ 则随着 DDSi-*n* 聚合度的提高逐步减小，说明 DDSi-*n*/EP 在热失重测试过程中的成炭规律与其在锥形量热仪燃烧试验中的成炭规律基本一致。另外，如图 3.5（b）所示，在空气氛围的 700～800℃之间，对比样品 7.2%DDBA/EP 残炭的失重速率明显快于 8%DDSi-n/EP，说明 8%DDSi-n/EP 残炭的热稳定性高于对比样品 7.2%DDBA/EP，这也再次证实了 DDSi-n 中磷杂菲基团和硅氧烷基团在提高 DDSi-n/EP 残炭热稳定性方面的协同作用。

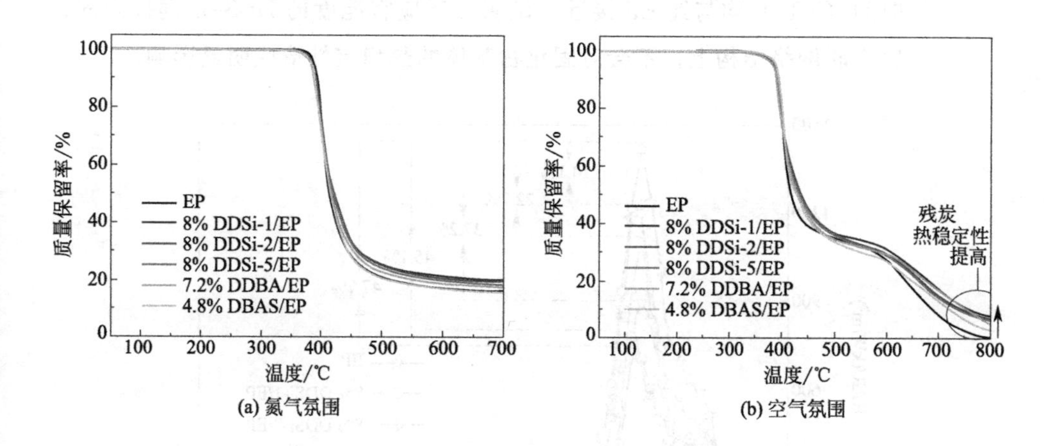

图 3.5　DDSi-n 阻燃环氧树脂的热失重曲线

此外，如表 3.5 所示，DDSi-n/EP 体系的 T_g 均略高于纯 EP，说明键接到固化物交联网络中的 DDSi-n 对固化物基体的链段运动影响较小，不会影响环氧树脂固化物的应用温度范围。

表 3.5　DDSi-n 阻燃环氧树脂的热性能参数

样品	T_g /℃	氮气氛围			空气氛围			
		$T_{d,1\%}$/℃	MLR_{max} /(%/min)	$R_{700℃}$ /%	$T_{d,1\%}$/℃	MLR_{max} /(%/min)	$R_{700℃}$ /%	$R_{800℃}$ /%
EP	166	379	48.8	16.0	348	45.4	8.4	0.4
4%DDSi-1/EP	167	374	40.3	18.5	359	41.7	13.9	3.6
6%DDSi-1/EP	167	375	40.2	19.3	357	38.1	14.8	5.1
8%DDSi-1/EP	168	372	33.4	19.9	356	33.1	16.7	7.8
8%DDSi-2/EP	168	371	32.3	19.3	355	34.9	15.2	7.1
8%DDSi-5/EP	171	370	34.4	18.2	359	36.2	14.2	6.8
7.2%DDBA/EP	159	365	36.1	17.4	340	33.7	16.9	5.2
4.8%DBAS/EP	165	374	48.8	15.8	355	42.8	12.9	2.8

3.1.6 锥形量热仪燃烧试验

采用锥形量热仪追踪测试 DDSi-*n* 阻燃环氧树脂固化物燃烧过程的热释放量、烟释放量以及成炭行为等方面，研究 DDSi-*n* 对环氧树脂材料燃烧行为的影响规律和作用机制。如图 3.6 所示，DDSi-*n*/EP 体系的引燃时间（TTI）均与纯 EP 接近，说明二反应官能度的 DDSi-*n* 键接到固化物交联网络结构上，不会对固化物基体的热稳定性造成明显影响。

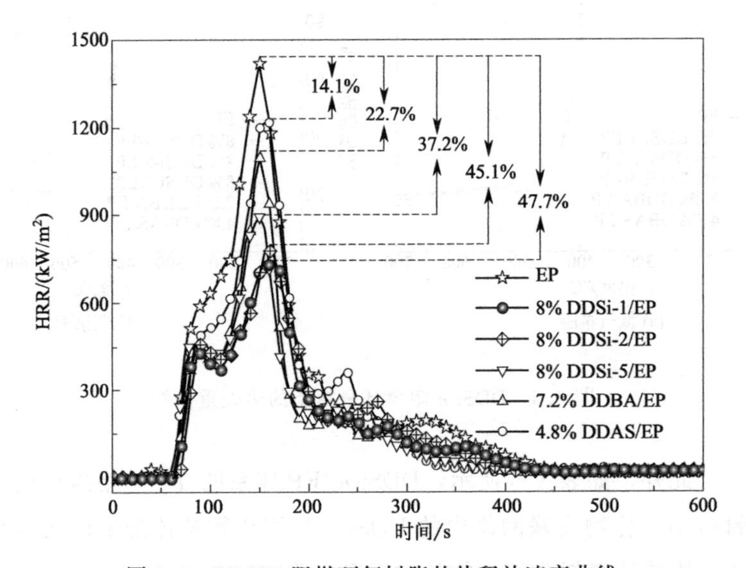

图 3.6 DDSi-*n* 阻燃环氧树脂的热释放速率曲线

如表 3.6 所示，不同聚合度的 DDSi-*n* 都在不同程度上降低了树脂基体燃烧过程的 pk-HRR 和 THR，而且 8% DDSi-*n*/EP 的 pk-HRR 和 THR 值均低于对比样品 7.2% DDBA/EP 和 4.8% DBAS/EP，说明 DDSi-*n* 中磷杂菲基团和硅氧烷基团的共同作用更高效地抑制了树脂基体的燃烧强度。同时，DDSi-1/EP 体系的 pk-HRR 随着 DDSi-1 添加量的增加逐步降低。而 8%DDSi-*n*/EP 体系的 pk-HRR 则随着 DDSi-*n* 聚合度的提高逐步升高，说明随着磷杂菲基团/硅氧烷基团比值的下降，磷杂菲基团含量降低，DDSi-*n* 对环氧树脂固化物燃烧强度的抑制效率逐步降低。另外，DDSi-1/EP 体系燃烧 600s 后的残炭产率（R_{600s}）随着 DDSi-1 添加量的增加逐步提高，而 8%DDSi-*n*/EP 体系的 R_{600s} 则随着 DDSi-*n* 聚合度的升高逐步降低。由于对比样品 4.8%DBAS/EP 的 R_{600s} 只有 5.7%（质量分数），而对比样品 7.2%DDBA/EP 的 R_{600s} 则达到了

13.6%，因此可以认为磷杂菲基团在提高 DDSi-n/EP 体系成炭能力方面也发挥了主要作用，而 DDSi-n 中磷杂菲基团和硅氧烷基团在改善树脂基体凝聚相成炭方面的共同作用，进一步提高了 DDSi-n/EP 体系的成炭能力。

8%DDSi-n/EP 体系的 TSP 均略低于对比样品 7.2%DDBA/EP、4.8%DBAS/EP 以及纯 EP，说明 DDSi-n 中磷杂菲基团和硅氧烷基团的共同作用在一定程度上抑制了树脂基体燃烧过程的烟释放量。这可能是因为 DDSi-n 中磷杂菲基团和硅氧烷基团的共同作用提高了树脂基体的成炭能力，将更多的基体成分保留在了凝聚相残炭中，减少了气相裂解产物的释放，也抑制了烟颗粒生成。至于 8%DDSi-n/EP 的 av-COY 值均略高于纯 EP，表明 8%DDSi-n/EP 燃烧时发生了更多的不完全燃烧反应，应该属于 DDSi-n 中磷杂菲基团气相阻燃行为的作用结果。同时，与对比样品 4.8%DBAS/EP 和 7.2%DDBA/EP 相比，8%DDSi-n/EP 体系获得了更低的 av-EHC，说明 DDSi-n 中磷杂菲基团和硅氧烷基团的共同作用，有利于 DDSi-n 在环氧树脂固化物中发挥更高效的气相阻燃作用。

由此可知，在 DDSi-n/EP 燃烧过程中，DDSi-n 中磷杂菲基团和硅氧烷基团的共同作用形成了更高效的协同阻燃机制，赋予了 DDSi-n 高效的气相和凝聚相阻燃作用，使得 DDSi-n/EP 燃烧过程的热释放量明显降低。同时，DDSi-n 中磷杂菲基团和硅氧烷基团的共同作用，在提高树脂基体凝聚相成炭的同时，也减少了树脂基体燃烧过程的烟释放量。DDSi-n 中磷杂菲基团和硅氧烷基团的协同阻燃机制赋予了环氧树脂固化物优异的综合阻燃性能。

表 3.6 DDSi-n 阻燃环氧树脂的锥形量热仪燃烧试验参数

样品	TTI /s	pk-HRR /(kW/m²)	av-EHC /(MJ/kg)	THR /(MJ/m²)	TSP /m²	av-COY /(kg/kg)	R_{600s} /%
EP	56	1420	29.9	144	52.2	0.13	7.7
4%DDSi-1/EP	61	1115	23.4	105	48.1	0.12	12.0
6%DDSi-1/EP	55	907	22.6	101	48.8	0.13	14.1
8%DDSi-1/EP	58	743	21.8	95	48.7	0.14	16.1
8%DDSi-2/EP	62	779	22.2	98	52.0	0.15	15.6
8%DDSi-5/EP	54	892	21.8	95	49.5	0.14	13.7
7.2%DDBA/EP	56	1097	22.7	99	54.4	0.16	13.6
4.8%DBAS/EP	53	1220	25.9	124	53.4	0.11	5.7

3.1.7 燃烧残炭分析

采用 SEM-EDS 联用仪对 DDSi-*n* 阻燃环氧树脂燃烧残炭的微观形貌和元素分布进行测试和观察，研究 DDSi-*n* 对环氧树脂成炭行为的作用结果和影响规律。如图 3.7 所示，在 DDSi-1/EP 体系的表层残炭上，有许多丝状或颗粒状的白色物质富集。由图 3.7 给出的碳（C）、氮（N）、氧（O）、硅（Si）以及磷（P）元素分布图可知，只有氧元素和硅元素分布图中的高浓度区域与最左侧 SEM 图中的白色物质分布相吻合，其中尤其以 4%DDSi-1/EP 表层残炭的情况最为明显。由此可知，DDSi-1/EP 残炭表面上富集的白色物质，应该是由 DDSi-1 中硅氧烷基团裂解生成的耐热氧化硅氧化物迁移到 DDSi-1/EP 残炭表面，形成的丝状或颗粒状硅氧化物聚集体，而耐热氧化硅氧化物在表层残炭的聚集有助于提高炭层结构的热稳定性[1,2]。而且随着 DDSi-1 添加量的提高，DDSi-1/EP 残炭表面的硅氧化物逐步由丝状结构（4%DDSi-1/EP）向颗粒状结构（6%DDSi-1/EP 和 8%DDSi-1/EP）转变，这主要是由 DDSi-1/EP 体系中磷杂菲基团和硅氧烷基团含量变化引发树脂基体成炭性差异所导致的结果。结合表 3.6 中给出的 R_{600s}，4%DDSi-1/EP 残炭中丝状硅氧化物的形成应该是 4%DDSi-1/EP 成炭能力不足的体现，即树脂基体过度裂解，使

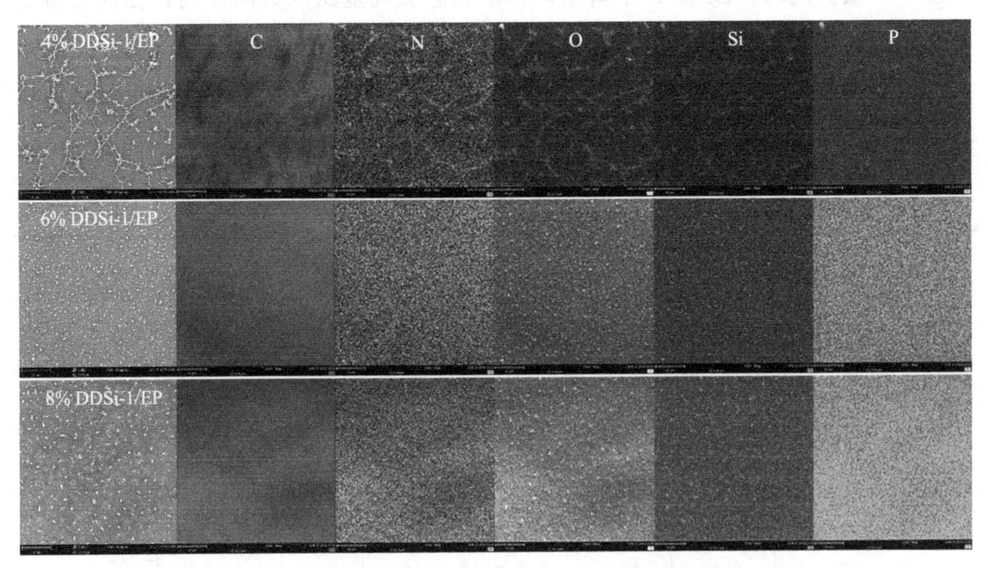

图 3.7 DDSi-*n* 阻燃环氧树脂燃烧残炭表层的微观形貌和元素分布

得聚集在表层残炭的硅氧化物裸露、聚集，形成相互粘连的丝状结构。随着 DDSi-1 添加量的提高，一方面，更多的磷杂菲基团裂解产物与树脂基体相互作用，形成更多的黏稠含磷残炭[3]，另一方面，更多的硅氧烷基团裂解生成更多的硅氧化物聚集到残炭表面，与含磷残炭相结合，形成了更多的耐热氧化含磷/硅残炭[1,2,4]，对树脂基体形成更有效的炭层阻隔和保护作用，进而在凝聚相残炭中保留了更多的基体组分，在提高树脂基体成炭量的同时，也避免了硅氧化物的裸露和粘连。

此外，在图 3.8(a) 中，与对比样品 7.2%DDBA/EP 表层残炭外侧的致密形貌不同，对比样品 4.8%DBAS/EP 表层残炭的外侧密集地堆叠着大量丝状硅氧化物聚集体，加之图 3.8(c) 中稀疏、残破的 4.8% DBAS/EP 残炭，表明单独作用的硅氧烷基团不能有效地改善环氧树脂固化物的成炭能力，而 DDSi-n/EP 体系成炭能力的提高和致密炭层的形成则应该是 DDSi-n 中磷杂菲基团和硅氧烷基团共同作用的结果。

如图 3.8(b) 所示，在 8%DDSi-n/EP 表层残炭的内侧有许多收缩、褶皱且封闭的泡膜结构。已报道的相关研究结果表明[3]，磷杂菲基团的裂解产物能够促使环氧树脂固化物在燃烧过程中形成黏稠的含磷残炭，且这种黏稠的含磷残炭不仅能够在一定程度上包裹和抑制树脂基体内部裂解气体的释放，还会在裂解气体的驱动下膨胀，形成膨胀型残炭，阻

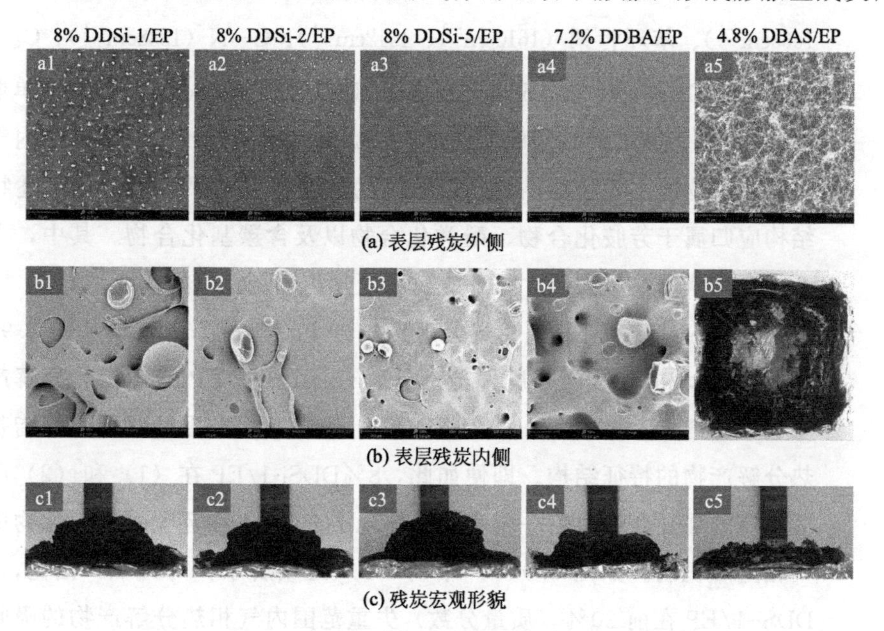

图 3.8　DDSi-n 阻燃环氧树脂燃烧残炭的微观和宏观形貌

碍氧气和热量的交换，从而对内层树脂基体形成阻隔和保护作用。因此，8%DDSi-n/EP 表层残炭内侧的泡膜结构应该属于上述的这种黏稠含磷残炭膨胀后形成的特征结构。在图 3.8(c) 中，8%DDSi-n/EP 的膨胀型残炭也与报道的含磷杂菲基团环氧树脂固化物的成炭行为类似。至于 8%DDSi-n/EP 获得了比 7.2%DDBA/EP 更高倍率的膨胀型残炭，这应该是 DDSi-n 中磷杂菲基团和硅氧烷基团共同作用的结果，即硅氧烷基团裂解生成的硅氧化物分散到黏稠的含磷残炭中，同时增强了残炭的抗热氧化能力和黏度，有利于膨胀残炭在燃烧过程结束后保持更高的膨胀倍率。综上可知，DDSi-n 中磷杂菲基团和硅氧烷基团的共同作用，改善了环氧树脂固化物的成炭，获得了更有效的炭层阻隔和保护效应，赋予了材料更优异的凝聚相阻燃作用。

3.1.8 热失重-红外联用分析

通过 TG-FTIR 联用仪追踪测试 DDSi-n 阻燃环氧树脂的气相热分解产物，解析 DDSi-n 对环氧树脂材料气相热分解产物的影响规律。如图 3.9(d) 所示，纯 EP 气相热分解产物的 FTIR 谱图解析结果表明，N—H（3736cm^{-1}）、OH（3652cm^{-1}）、C_{Ar}—H（3034cm^{-1}）、CH_3（2976cm^{-1}）、C ═ O（1818～1663cm^{-1}）、苯环骨架（1610cm^{-1}、1512cm^{-1}）、C—N（1338cm^{-1}）、C_{Ar}—O（1259cm^{-1}）、C—O（1175cm^{-1}）、苯环对二取代（828cm^{-1}）、苯环单取代（747cm^{-1}）等特征结构组成了纯 EP 在 30%（质量分数）失重范围内气相热分解产物的主要特征结构。已报道的相关研究结果表明[5]，上述特征结构应归属于芳胺化合物、酚类化合物以及含羰基化合物。其中，含羰基化合物属于易燃物质，是环氧树脂固化物燃烧反应的重要燃料。

在 8%DDSi-1/EP 气相热分解产物的 FTIR 谱图中，除了图 3.9(a) 中（1）区域的吸收峰强度偏低以外，8%DDSi-1/EP 的气相热分解产物吸收峰与纯 EP 基本一致，说明 DDSi-1 的添加并未明显地影响树脂基体热分解产物的特征结构。即便如此，8%DDSi-1/EP 在（1）和（2）区域吸收峰的强度变化也在一定程度上体现了 DDSi-1 在环氧树脂固化物中的气相阻燃机制。如图 3.9(a) 中的（1）区域所示，与纯 EP 相比，8% DDSi-1/EP 在前 20%（质量分数）失重范围内气相热分解产物的吸收峰强度整体偏低，说明 8%DDSi-1/EP 释放气相热分解产物速度降低，即

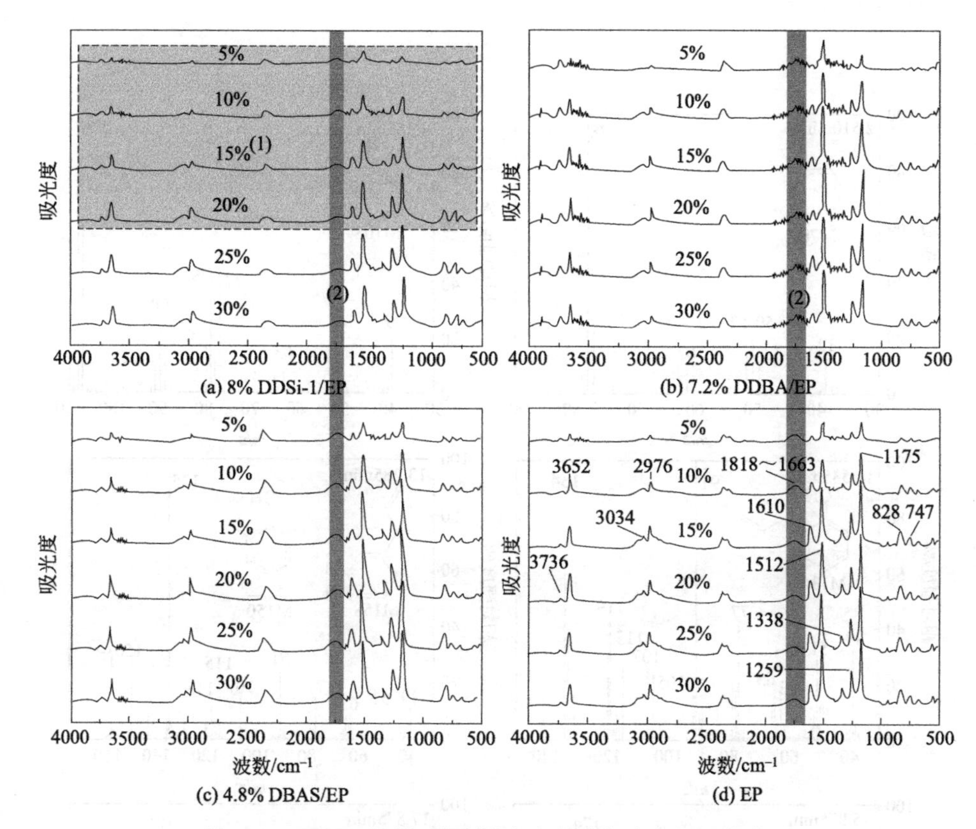

图 3.9　DDSi-n 阻燃环氧树脂气相热分解产物的红外谱图

DDSi-1 抑制了树脂基体的热分解速率。另外，在（2）区域中，羰基结构的吸收峰强度大小为：8% DDSi-1/EP＜7.2% DDBA/EP＜4.8% DBAS/EP≈EP，说明 DDSi-1 和 DDBA 的添加都有效地抑制了树脂基体热分解过程中易燃性含羰基化合物的生成，而 DBAS 的引入则对树脂基体在这方面的热分解行为没有明显的影响。由此可知，DDSi-1 中磷杂菲基团的作用是抑制 8%DDSi-1/EP 裂解生成易燃性羰基化合物的主要因素。而 DDSi-1 中磷杂菲基团和硅氧烷基团的共同作用，则更高效地抑制树脂基体气相裂解产物的释放，使得 8%DDSi-1/EP 的含羰基裂解产物也明显少于同等磷含量的对比样品 7.2%DDBA/EP。

3.1.9　DDSi-n 的裂解行为

采用 Py-GC-MS 联用仪对 DDSi-1 在 500℃下的裂解行为进行了解析。如图 3.10 所示，MS 谱图解析结果表明，DDSi-1 的裂解产物主要可

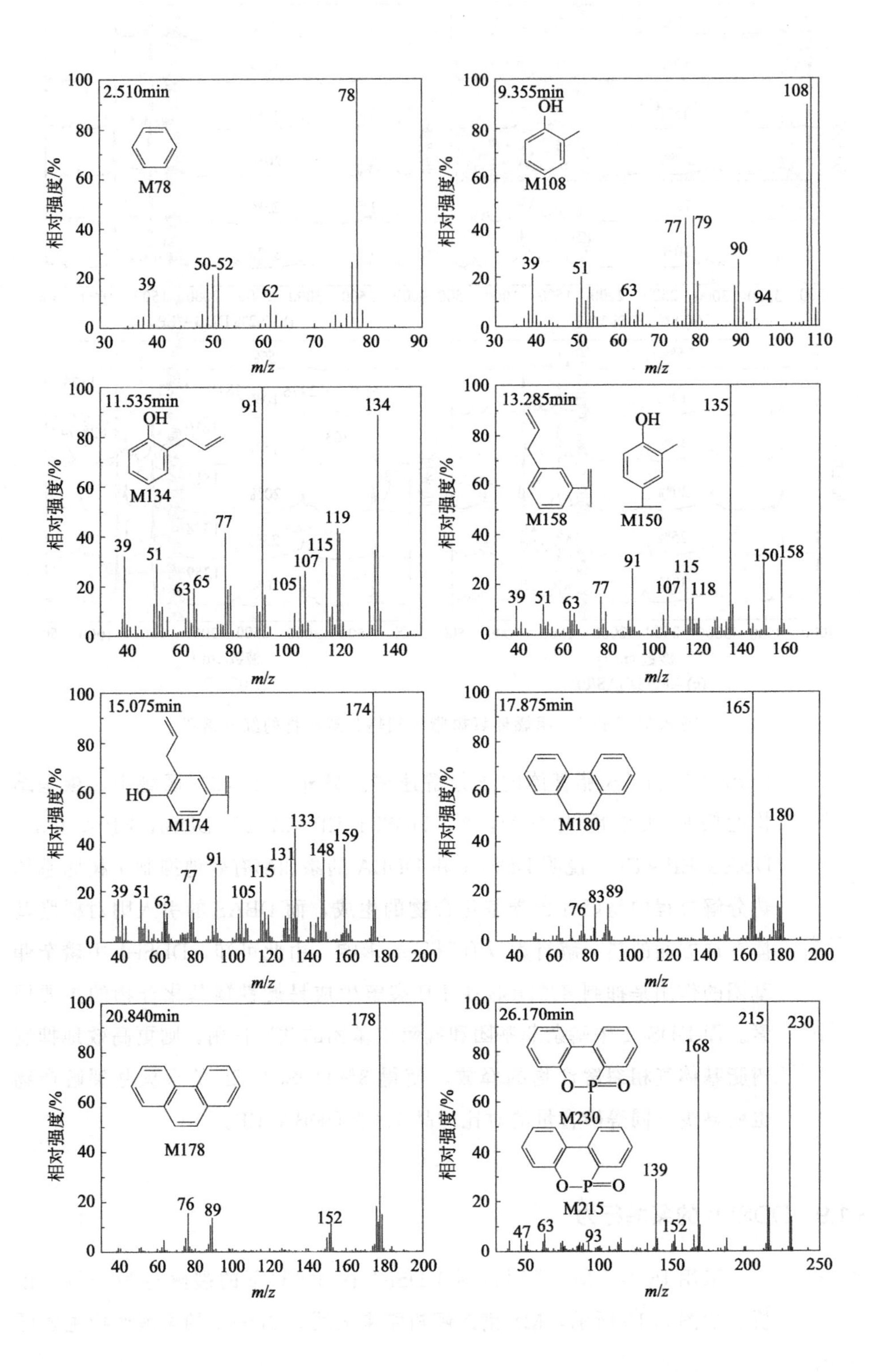
2.510min
M78
78
50-52
39
62
9.355min
OH
M108
108
77
79
90
39
51
63
94
11.535min
OH
M134
91
134
119
115
107
105
77
39
51
63
65
13.285min
OH
M158
M150
135
150
158
91
115
107
118
39
51
63
77
15.075min
HO
M174
174
133
131
148
159
91
115
105
77
39
51
63
17.875min
M180
165
180
76
83
89
20.840min
M178
178
76
89
152
26.170min
O—P=O
M230
M215
215
230
168
139
47
63
93
152
相对强度/%
m/z

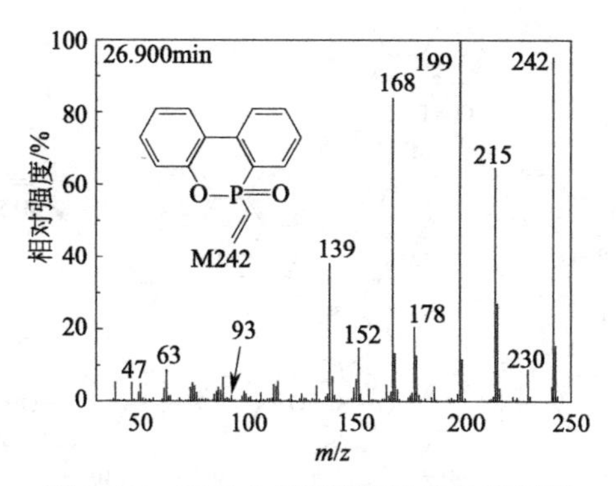

图 3.10 DDSi-1 主要裂解产物的质谱图

以分为以下三类：①苯基硅氧烷结构裂解生成的苯（M78）；②双酚A结构裂解生成的酚类化合物（M108、M134、M150以及M174）和芳香化合物（M158）；③磷杂菲基团裂解生成的磷杂菲碎片（M230和M242）和芳香化合物（M178和M180）。其中，M178和M180碎片均属于磷杂菲基团热裂解、释放磷氧自由基后的特征副产物。

结合MS谱图的解析结果和DDSi-1的化学结构，图3.11给出DDSi-1可能的裂解路径。如图3.11所示，DDSi-1裂解时生成了大量的磷杂菲碎片。由图3.10中M230和M242碎片的MS谱图可知，这些磷杂菲碎片还将进一步裂解生成M47、M63、M93以及M139等能够猝灭H·和OH·等活性自由基的碎片结构，对抑制环氧树脂固化物的自由基燃烧反应具有重要作用，是DDSi-*n*提高环氧树脂固化物阻燃性能的重要作用形式。

3.1.10 抗冲击性能分析

采用无缺口冲击试验评价DDSi-*n*阻燃环氧树脂固化物的冲击强度，研究二反应官能度DDSi-*n*对环氧树脂材料力学性能的作用结果和影响规律。如图3.12所示，与未改性EP相比，DDSi-1/EP的冲击强度得到明显的提高，说明键接到环氧树脂固化物交联网络上的二反应官能度DDSi-1有助于提高树脂基体的抗冲击性能。而且，DDSi-1/EP的冲击强度随着DDSi-1添加量的增加逐渐提高，说明DDSi-1在固化物交联网络中的含量越高，固化物基体获得的增韧效果越好。在同等添加量下，8% DDSi-*n*/EP的冲击强度大小为8%DDSi-1/EP > 8%DDSi-2/EP > 8% DDSi-5/EP，说明DDSi-*n*的聚合度越低，DDSi-*n*对环氧树脂固化物的增韧效率越高。

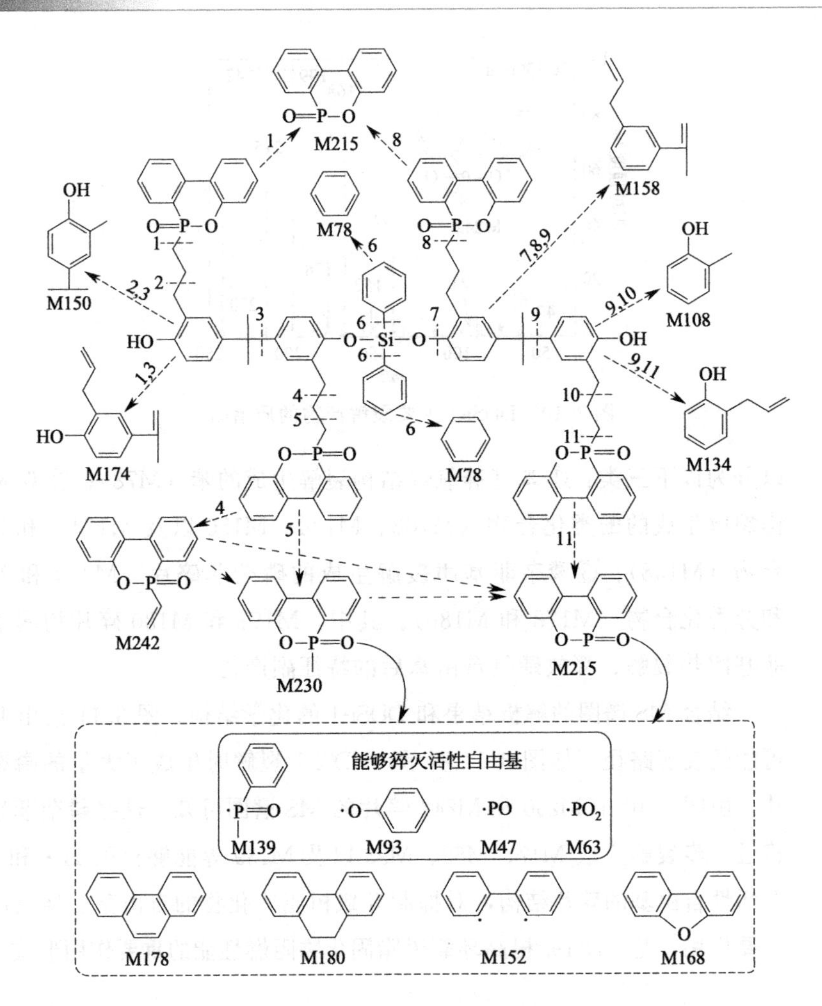

图 3.11 DDSi-1 可能的裂解路径

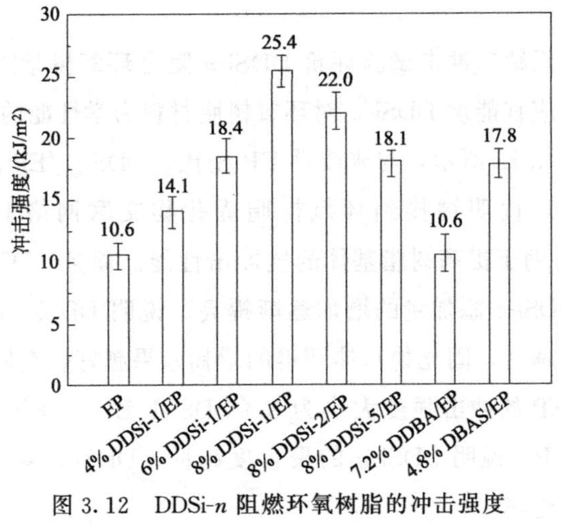

图 3.12 DDSi-n 阻燃环氧树脂的冲击强度

此外，对比样品 7.2%DDBA/EP（与 8%DDSi-1/EP 一样，磷含量最高，即磷杂菲基团含量最高）的冲击强度与纯 EP 相当，而对比样品 4.8%DBAS/EP（与 8%DDSi-5/EP 一样，硅含量最高，即硅氧烷链段含量最高）的冲击强度则在纯 EP 的基础上提高了 67.9%，说明键接到固化物交联网络中的硅氧烷链段在提高固化物基体抗冲击性能方面发挥了积极的作用，而且 DDSi-*n* 在环氧树脂固化物中的增韧作用应该也主要来源于 DDSi-*n* 结构中的柔性硅氧烷链段。至于同等和更低硅含量的 8% DDSi-*n*/EP 所获得的冲击强度均大于 4.8%DBAS/EP，如图 3.13 所示，则可能是极性磷杂菲基团的共同作用提高了柔性硅氧烷链段强度，从而进一步增强了硅氧烷链段的增韧作用，形成了更高效的协同增韧机制，赋予了 DDSi-*n* 在环氧树脂固化物中更高的增韧效率。

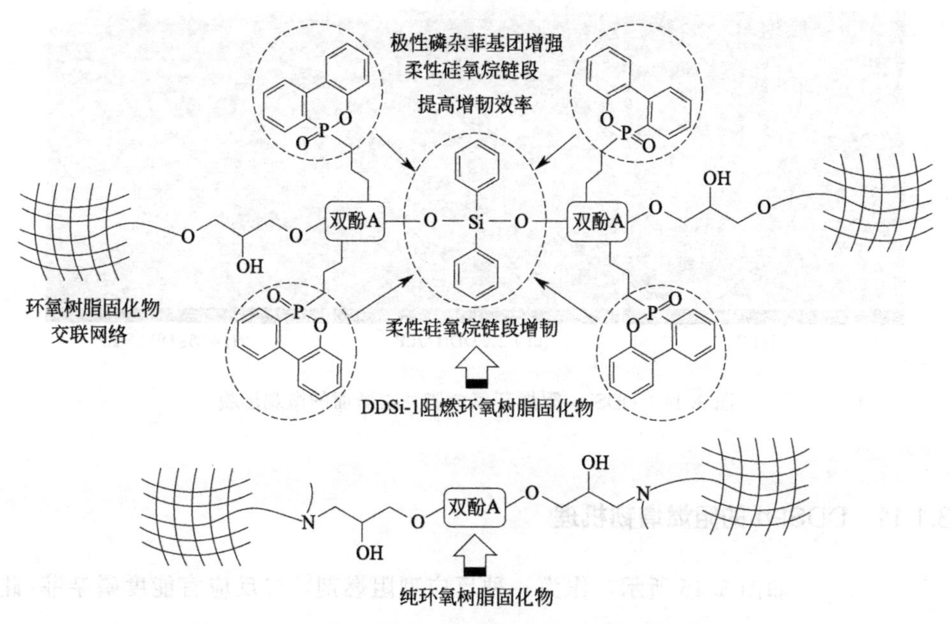

图 3.13　DDSi-*n* 阻燃环氧树脂的增韧结构

进一步地，采用 SEM 观察 DDSi-*n* 阻燃环氧树脂冲击断面的微观形貌，研究 DDSi-*n* 对环氧树脂断裂行为的影响形式和作用结果。如图 3.14 所示，对比样品 EP 和 7.2%DDBA/EP 的冲击断面都为相对平整的片层形貌，而 8%DDSi-*n*/EP 和 4.8%DBAS/EP 的冲击断面则遍布大量撕裂、翘曲的粗糙形貌。与相对平整的片层形貌相比，撕裂、翘曲的粗糙形貌既反映了更大的断裂面积和更复杂的断裂路径，也体现了更多的冲击能量消耗。8%DDSi-1/EP 和 8%DDSi-2/EP 冲击断面形貌比 8%

DDSi-5/EP 和 4.2%DBAS/EP 更粗糙、更复杂，也表明 8%DDSi-1/EP 和 8%DDSi-2/EP 受冲击断裂时消耗了更多的冲击能量，与冲击试验的测试结果相一致。

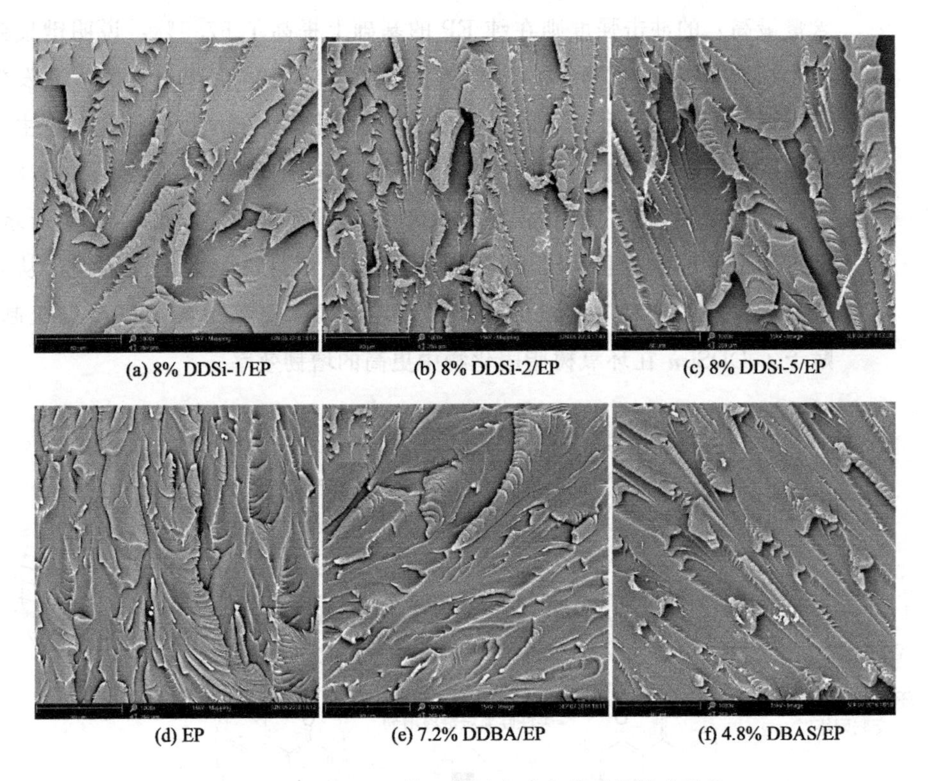

图 3.14 DDSi-*n* 阻燃环氧树脂冲击断面的微观形貌

3.1.11 DDSi-*n* 的阻燃增韧机理

如图 3.15 所示，作为一种反应型阻燃剂，二反应官能度磷杂菲/硅氧烷双基化合物 DDSi-*n* 键接到环氧树脂固化物交联网络中，同时提高了环氧树脂固化物的抗冲击性能和阻燃性能。

在提升抗冲击性能方面，DDSi-*n* 中的柔性硅氧烷链段发挥了主要的增韧作用，而极性磷杂菲基团的共同作用进一步提高了柔性硅氧烷链段的增韧效率。柔性硅氧烷链段和极性磷杂菲基团的协同作用，能够诱导树脂基发生更复杂路径的断裂行为，消耗更多的冲击能量。

在提升阻燃性能方面，DDSi-*n* 中的磷杂菲基团既能裂解生成磷氧自由基和苯氧自由基等碎片，猝灭树脂基体裂解、燃烧过程的活性自由基，也能抑制树脂基体的热分解速率，提高树脂基体的成炭能力，减缓和减少气相热分解产物的释放，抑制树脂基体燃烧过程的燃料供给。同时，DDSi-*n* 中硅氧烷基团裂解生成的耐热氧化硅氧化物与磷杂菲基团作用生成的含磷残炭相结合，能够进一步提高基体残炭的热稳定性，促进树脂基体生成致密完整的膨胀型残炭，发挥更有效的炭层阻隔和保护作用，从而赋予 DDSi-*n* 在环氧树脂固化物中更高的阻燃效率。

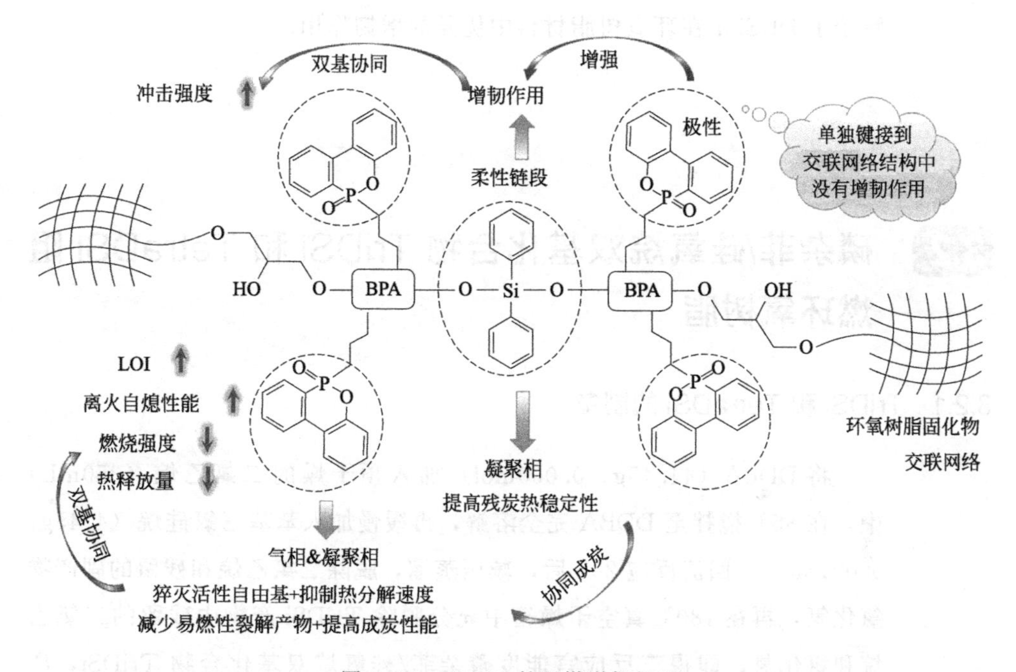

图 3.15　DDSi-*n* 的阻燃增韧机理

3.1.12　小结

本节介绍了 DDSi-*n* 的制备方法及表征，并将其键接到环氧树脂固化物交联网络中，探索了 DDSi-*n* 在环氧树脂材料中的阻燃增韧行为与机理。DDSi-*n* 热稳定性优异，$T_{d,1\%}$ 均达到 347℃以上，满足大多数聚合物材料的加工温度。DDSi-*n* 同时提高了环氧树脂的阻燃和抗冲击性能；8%DDSi-1/EP 的 LOI 达到 35.9%，并通过 UL 94 V-1 级，而 8%DDSi-2/EP 和 8% DDSi-5/EP 的 LOI 分别达到 34.8%和 33.0%，且都通过了 UL 94 V-0 级；与纯 EP 相比，8%DDSi-1/EP 的 pk-HRR、av-EHC 以及 THR 分别下降了 47.7%、27.1%以及 34.0%，冲击强度提高了 140%。

DDSi-*n* 中磷杂菲基团的裂解产物在猝灭树脂基体裂解、燃烧过程的活性自由基，降低树脂基体的热分解速率，减少树脂基体裂解生成易燃性含羰基碎片的同时，DDSi-*n* 中硅氧烷基团裂解生成的耐热氧化硅氧化物与磷杂菲基团作用生成的含磷残炭相结合，促进树脂基体生成了热稳定性更高的致密残炭，提高了树脂基体的成炭量和炭层阻隔作用。

DDSi-*n* 中的柔性硅氧烷链段在环氧树脂材料中发挥了主要的增韧作用，而极性磷杂菲基团的共同作用进一步提高了硅氧烷链段的增韧效率，赋予了 DDSi-*n* 在环氧树脂材料中优异的增韧作用。

3.2 磷杂菲/硅氧烷双基化合物 TriDSi 和 TetraDSi 阻燃环氧树脂

3.2.1 TriDSi 和 TetraDSi 的制备

将 DDBA (44.45g, 0.060mol) 加入预干燥的二氯乙烷 (350mL) 中，在 85℃搅拌至 DDBA 完全溶解，再缓慢加入苯基三氯硅烷 (4.45g, 0.021mol)，回流反应 20h 后，减压蒸馏，脱除二氯乙烷和残留的副产物氯化氢，再在 180℃真空干燥箱中充分脱除 TriDSi 产物中残留的二氯乙烷和氯化氢，即得三反应官能度磷杂菲/硅氧烷双基化合物 TriDSi，产率>98%。TriDSi 的制备方程如图 3.16 所示。FTIR (cm^{-1})，3383、

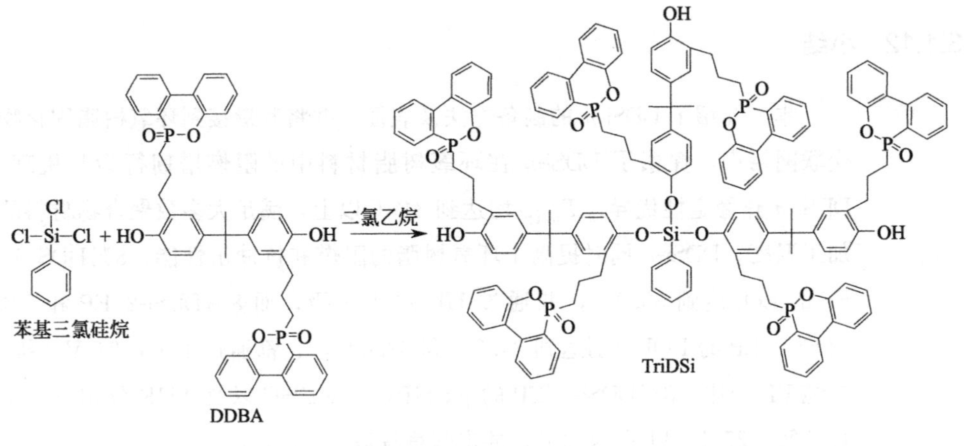

图 3.16 TriDSi 的制备方程

3231（C_{Ar}—OH）；3063（C_{Ar}—H）；2963、2870（CH_3）；2932（CH_2）；1607、1595、1583、1561、1497（苯环骨架）；1431（P—C）；1206（P═O）；969（Si—O—C）；914（P—O—C）；755（苯环邻二取代）。^{1}H NMR（DMSO-d_6），9.05（C_{Ar}—OH）；8.19～7.24（C_{Ar}—H，磷杂菲结构）；6.79～6.63（C_{Ar}—H，双酚 A 和单取代的苯环结构）。^{31}P NMR（DMSO-d_6），38.24、37.40（磷杂菲结构）。元素含量（理论值/测试值，%），C 72.86/(72.93±0.15)；H 5.55/(5.55±0.03)。

将 DDBA（47.41g，0.064mol）加入预干燥的二氯乙烷（350mL）中，在 85℃下搅拌至 DDBA 完全溶解，再缓慢加入四氯硅烷（2.86g，0.0168mol），回流反应 20h 后，减压蒸馏，脱除二氯乙烷和残留的副产物氯化氢，再在 180℃真空干燥箱中充分脱除 TetraDSi 产物中残留的二氯乙烷和氯化氢，即得四反应官能度磷杂菲/硅氧烷双基化合物 TetraDSi，产率＞98%。TetraDSi 的制备方程如图 3.17 所示。FTIR（cm^{-1}），3404、3238（C_{Ar}—OH）；3064（C_{Ar}—H）；2963、2870（CH_3）；2932（CH_2）；1607、1595、1583、1561、1498（苯环骨架）；1431（P—C）；1205（P═O）；987（Si—O—C）；915（P—O—C）；755（苯环邻二取代）。^{1}H NMR（DMSO-d_6），9.04（C_{Ar}—OH）；8.20～7.24（C_{Ar}—H，磷杂菲结构）；6.78～6.62（C_{Ar}—

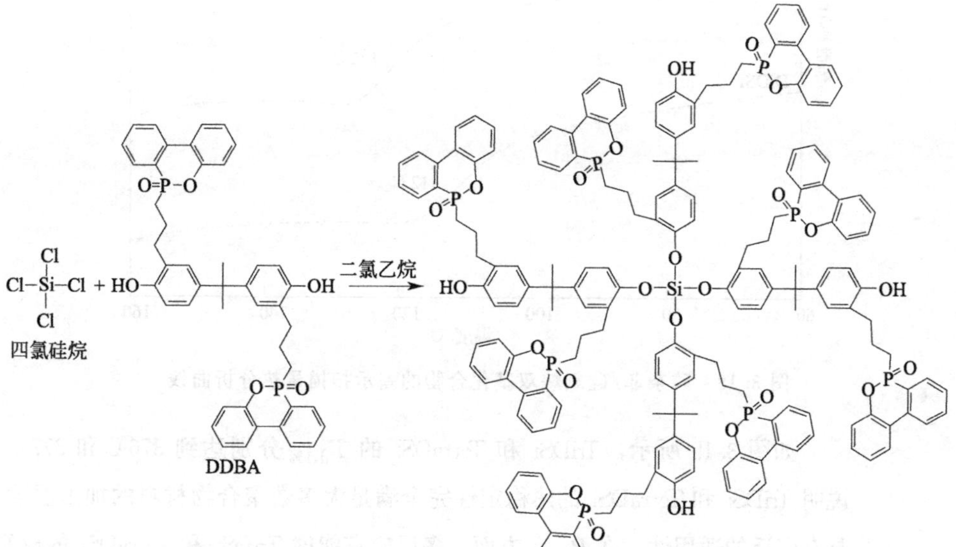

图 3.17　TetraDSi 的制备方程

H，双酚 A 结构）。^{31}P NMR（DMSO-d_6），38.24、37.24（磷杂菲结构）。元素含量（理论值/测试值,%），C 72.38/(72.44±0.07)；H 5.53/(5.63±0.05)。

3.2.2 TriDSi 和 TetraDSi 的热性能分析

采用差式扫描量热仪和热重分析仪评价 TriDSi 和 TetraDSi 的 T_g、热稳定性、热分解行为以及成炭能力，确定 TriDSi 和 TetraDSi 的热性能与其结构特征之间的对应关系。如图 3.18 所示，TriDSi 和 TetraDSi 都没有熔点，属于非晶态化合物。TriDSi 和 TetraDSi 的 T_g 分别为 122℃和 127℃，且 $T_{g,DiDSi} < T_{g,TriDSi} < T_{g,TetraDSi}$（DiDSi 即为 DDSi-1），说明随着磷杂菲/硅氧烷双基大分子化学结构的增大，分子结构中的链段运动难度增大，T_g 升高。

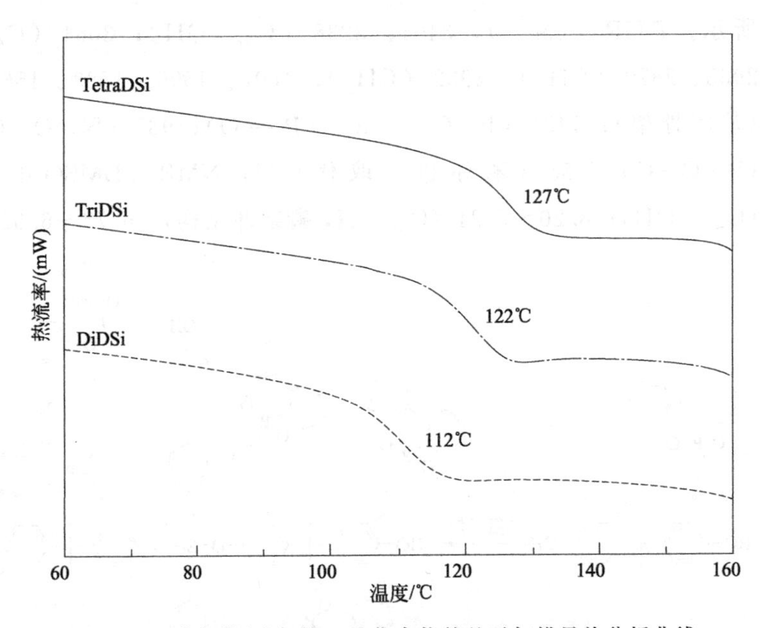

图 3.18　磷杂菲/硅氧烷双基化合物的差示扫描量热分析曲线

如图 3.19 所示，TriDSi 和 TetraDSi 的 $T_{d,1\%}$ 分别达到 376℃和 377℃，说明 TriDSi 和 TetraDSi 的热稳定性完全满足大多数聚合物材料的加工温度，具有广泛的适用性。在 $R_{700℃}$ 方面，多反应官能度 TriDSi 和 TetraDSi 的成炭量都略高于二反应官能度 DiDSi，说明磷杂菲/硅氧烷基团比例的优化有利于进一步提高磷杂菲/硅氧烷双基大分子的成炭能力。

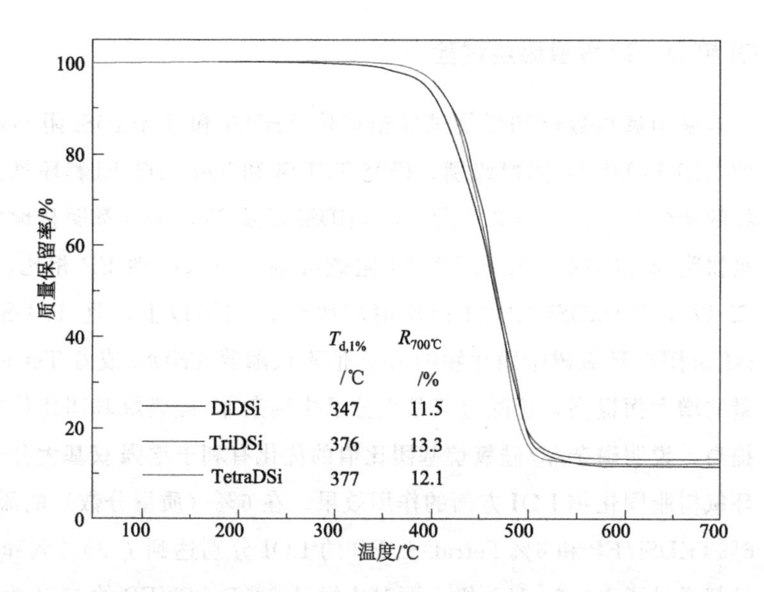

图 3.19 磷杂菲/硅氧烷双基化合物的热失重曲线

3.2.3 TriDSi 和 TetraDSi 阻燃环氧树脂的制备

将 TriDSi 或者 TetraDSi 加入 DGEBA 中，在 140℃下搅拌至 TriDSi 或者 TetraDSi 完全溶解，之后加入反应促进剂苄基三苯基氯化磷［0.25％（质量分数）DGEBA］，140℃下搅拌反应 1h 后，降温至 100～110℃，加入固化剂 DDM，并搅拌至 DDM 完全溶解，再置于 120℃真空干燥箱中抽真空 3min，脱除体系中的气泡，然后迅速浇注到预热的模具中，先在 120℃下预固化 2h，再在 170℃下深度固化 4h，即得 TriDSi 和 TetraDSi 阻燃环氧树脂固化物。对比样品 DiDSi/EP 和未改性环氧树脂固化物 EP 的制备方法同上。TriDSi、TetraDSi、DiDSi、DGEBA 以及 DDM 在环氧树脂样品中的用量如表 3.7 所示。

表 3.7 TriDSi 和 TetraDSi 阻燃环氧树脂的制备配方

样 品	DGEBA/g	DDM/g	FR/g	磷含量/％	硅含量/％
EP	100	25.30	—	—	—
4％DiDSi/EP	100	24.99	5.21	0.30	0.07
4％TriDSi/EP	100	24.97	5.21	0.32	0.05
4％TetraDSi/EP	100	24.95	5.21	0.33	0.04
6％DiDSi/EP	100	24.82	7.97	0.45	0.10
6％TriDSi/EP	100	24.79	7.97	0.48	0.07
6％TetraDSi/EP	100	24.77	7.96	0.50	0.06

3.2.4 LOI和UL 94垂直燃烧试验

采用氧指数仪和燃烧试验箱评价TriDSi和TetraDSi阻燃环氧树脂的LOI和UL 94阻燃级别，研究TriDSi和TetraDSi阻燃环氧树脂固化物的量效关系。如表3.8所示，TriDSi以及TetraDSi都明显地提高了环氧树脂固化物的LOI和UL 94阻燃级别。与未改性EP相比，TriDSi/EP以及TetraDSi/EP的LOI值均达到33.4%以上，且TriDSi和TetraDSi阻燃环氧树脂固化物的LOI值不仅随着TriDSi或者TetraDSi添加量的增大而提高，还随着双基大分子中磷杂菲/硅氧烷基团比值的增大而提高，说明磷杂菲/硅氧烷基团比值的优化有利于增强双基大分子在提高环氧树脂固化物LOI方面的作用效果。在6%（质量分数）的添加量下，6%TriDSi/EP和6%TetraDSi/EP的LOI分别达到了35.2%和36.0%，且都通过了UL 94 V-0级，而对比样品6%DiDSi/EP的LOI为34.1%，且只通过了UL 94 V-1级，说明TriDSi和TetraDSi结构中磷杂菲/硅氧烷基团比值的增大，增强了TriDSi和TetraDSi对环氧树脂固化物有焰燃烧反应的抑制效果，更高效地赋予了6%TriDSi/EP和6%TetraDSi/EP优异的离火自熄性能。

表3.8 TriDSi和TetraDSi阻燃环氧树脂的LOI和UL 94阻燃级别

样品	LOI /%	垂直燃烧试验			
		余焰时间/s		UL 94 阻燃级别	是否熔滴
		av-t_1	av-t_2		
EP	26.4	83.0①	—	无级别	否
4%DiDSi/EP	32.4	12.8	9.2	V-1级	否
4%TriDSi/EP	33.4	8.1	10.5	V-1级	否
4%TetraDSi/EP	34.6	11.5	9.0	V-1级	否
6%DiDSi/EP	34.1	8.2	7.1	V-1级	否
6%TriDSi/EP	35.2	5.2	3.5	V-0级	否
6%TetraDSi/EP	36.0	3.0	2.4	V-0级	否

① 样条燃烧至夹具。

3.2.5 热性能分析

采用差式扫描量热仪和热重分析仪评价TriDSi和TetraDSi阻燃环氧树脂的T_g、热稳定性、热分解行为以及成炭能力，分析TriDSi和TetraDSi对环氧树脂固化物热性能和裂解成炭行为的影响规律。如图

3.20 和表 3.9 所示，与未改性 EP 相比，TriDSi/EP 和 TetraDSi/EP 体系在氮气氛围下的 $T_{d,1\%}$ 降低了 4～6℃，而 TriDSi/EP 和 TetraDSi/EP 体系在空气氛围下的 $T_{d,1\%}$ 升高了 16～19℃，说明多反应官能度 TriDSi 和 TetraDSi 键接到环氧树脂固化物交联网络中，不会对环氧树脂固化物的热稳定性产生明显的影响。

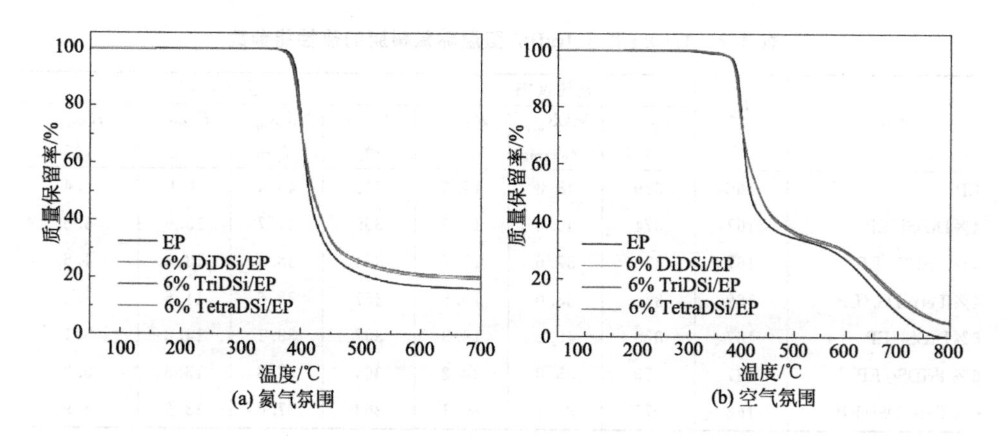

图 3.20　TriDSi 和 TetraDSi 阻燃环氧树脂的热失重曲线

与未改性 EP 相比，TriDSi/EP 和 TetraDSi/EP 体系的 MLR_{max} 明显降低，且 MLR_{max} 随着 TriDSi 和 TetraDSi 添加量的增大而降低，说明 TriDSi 和 TetraDSi 有效地抑制了环氧树脂固化物基体气相热分解产物的释放速度。至于 TriDSi/EP 和 TetraDSi/EP 体系的 MLR_{max} 均低于对比的 DiDSi/EP 体系，则说明磷杂菲/硅氧烷基团比值的增大，有利于双基大分子更高效地抑制环氧树脂固化物的热失重速率。

在氮气和空气氛围下的 $R_{700℃}$ 和 $R_{800℃}$ 测试结果都表明，TriDSi 和 TetraDSi 都明显地提高了环氧树脂固化物的成炭能力。在空气氛围的 700～800℃ 之间，环氧树脂固化物残炭的质量损失（ML）为 $ML_{4\%\ DiDSi/EP}$（10.3%）>$ML_{4\%\ TriDSi/EP}$（9.2%）>$ML_{4\%\ TetraDSi/EP}$（8.4%），且 $ML_{6\%\ DiDSi/EP}$（9.7%）>$ML_{6\%\ TriDSi/EP}$（8.5%）>$ML_{6\%\ TetraDSi/EP}$（8.3%），说明在 4% 和 6% 的添加体系中，环氧树脂固化物残炭的热稳定性为 DiDSi/EP<TriDSi/EP<TetraDSi/EP，即环氧树脂固化物体系中磷杂菲/硅氧烷基团比值越大，树脂基体残炭的热稳定性越高，这与锥形量热仪燃烧试验中环氧树脂固化物成炭行为的结论相

一致。

此外，如表 3.9 所示，TriDSi/EP 和 TetraDSi/EP 体系的 T_g 均略高于纯 EP，说明 TriDSi 和 TetraDSi 键接到环氧树脂固化物交联网络中，不会降低固化物基体的 T_g，不影响环氧树脂固化物的应用温度范围。

表 3.9 TriDSi 和 TetraDSi 阻燃环氧树脂的热性能参数

样品	T_g /℃	氮气氛围			空气氛围			
		$T_{d,1\%}$ /℃	MLR_{max} /(%/min)	$R_{700℃}$ /%	$T_{d,1\%}$ /℃	MLR_{max} /(%/min)	$R_{700℃}$ /%	$R_{800℃}$ /%
EP	166	379	48.8	16.0	348	45.4	8.4	0.4
4%DiDSi/EP	167	374	40.3	18.5	359	41.7	13.9	3.6
4%TriDSi/EP	167	373	37.6	19.7	364	38.9	13.8	4.6
4%TetraDSi/EP	169	375	38.0	19.5	367	38.6	11.6	3.2
6%DiDSi/EP	167	375	40.2	19.3	357	38.1	14.8	5.1
6%TriDSi/EP	167	373	35.0	20.2	364	37.8	13.8	5.3
6%TetraDSi/EP	168	375	35.2	20.1	364	37.0	13.2	4.9

3.2.6 锥形量热仪燃烧试验

采用锥形量热仪追踪测试 TriDSi 和 TetraDSi 阻燃环氧树脂的燃烧过程，研究 TriDSi 和 TetraDSi 对环氧树脂燃烧行为的具体影响和作用结果，如图 3.21 所示，TriDSi 和 TetraDSi 都有效地抑制了环氧树脂固化物的燃烧强度。如表 3.10 所示，TriDSi/EP 和 TetraDSi/EP 的 TTI 均与纯 EP 相近，说明多反应官能度 TriDSi 和 TetraDSi 键接到环氧树脂固化物交联网络中，不会对环氧树脂固化物的热稳定性产生明显的影响。与未改性 EP 相比，6%TriDSi/EP 和 6%TetraDSi/EP 的 pk-HRR 均显著降低，且 $\text{pk-HRR}_{6\%\text{TetraDSi/EP}} < \text{pk-HRR}_{6\%\text{TriDSi/EP}} < \text{pk-HRR}_{6\%\text{DiDSi/EP}}$，说明双基大分子中磷杂菲/硅氧烷基团比值越大，越有利于提高双基大分子对环氧树脂固化物燃烧强度的抑制效果。

如图 3.32 所示，对比样品 6%DiDSi/EP 在燃烧后期比 6%TriDSi/EP 和 6%TetraDSi/EP 多了一个相对较低的放热峰，这应该是 6%DiDSi/EP 残炭的炭层结构破裂，导致残炭内部包裹的裂解气体集中外逸、燃烧产生的热释放，说明对比样品 6%DiDSi/EP 残炭的热稳定性不足，容易在燃烧过程中受热氧化破裂，而 6%TriDSi/EP 和 6%

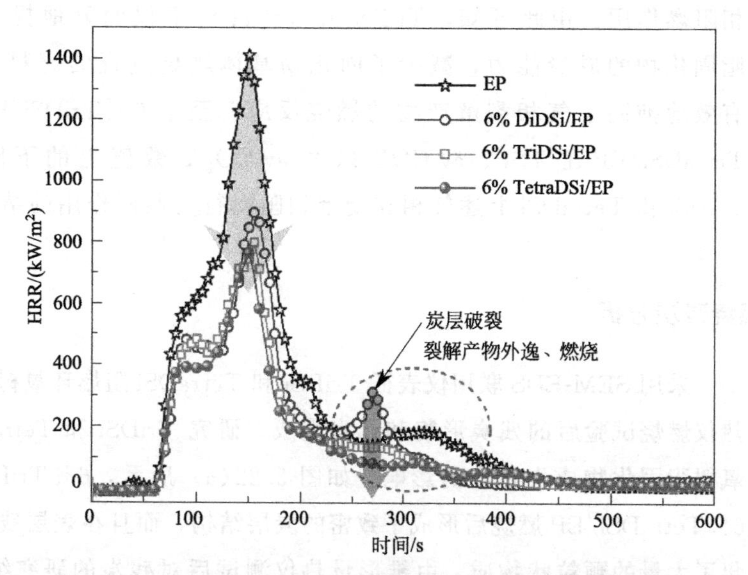

图 3.21 TriDSi 和 TetraDSi 阻燃环氧树脂的热释放速率曲线

TetraDSi/EP 中磷杂菲/硅氧烷基团比值的进一步增大，有利于促进树脂基体在燃烧过程中生成更稳定的残炭结构，获得更有效的炭层阻隔和保护作用。

表 3.10 TriDSi 和 TetraDSi 阻燃环氧树脂的锥形量热仪燃烧试验参数

样品	TTI /s	pk-HRR /(kW/m²)	av-EHC /(MJ/kg)	THR /(MJ/m²)	TSP /m²	av-COY /(kg/kg)	av-CO_2Y /(kg/kg)	R_{600s} /%
EP	56	1420	29.9	144	52.2	0.13	2.51	7.7
4%DiDSi/EP	61	1115	23.4	105	48.1	0.12	1.89	12.0
4%TriDSi/EP	54	827	21.5	93	45.3	0.11	1.74	11.7
4%TetraDSi/EP	55	814	20.3	87	44.8	0.10	1.69	12.8
6%DiDSi/EP	55	907	22.6	101	48.8	0.13	1.76	14.1
6%TriDSi/EP	58	810	21.4	90	43.0	0.12	1.70	13.2
6%TetraDSi/EP	57	776	19.9	83	45.5	0.11	1.63	13.7

与未改性 EP 相比，6%TriDSi/EP 以及 6%TetraDSi/EP 的 R_{600s} 分别提高了 5.5%（质量分数）和 6.0%。同时，6%TriDSi/EP 和 6%TetraDSi/EP 的 av-EHC 不仅明显低于纯 EP，而且 $\text{av-EHC}_{6\%\,\text{TetraDSi/EP}} < \text{av-EHC}_{6\%\,\text{TriDSi/EP}} < \text{av-EHC}_{6\%\,\text{DiDSi/EP}}$，说明双基大分子中磷杂菲/硅氧烷基团比值的增大，有利于增强双基大分子在环氧树脂固化物中的气

相阻燃作用。由此可知，TriDSi 和 TetraDSi 不仅明显地提高环氧树脂固化物的成炭能力，减少了固化物基体燃烧过程的燃料供给，还有效地抑制了气相裂解产物的燃烧反应。至于 6%TriDSi/EP 和 6%TetraDSi/EP 在 TSP、av-COY 以及 av-CO_2Y 数值上的下降，则是 TriDSi 和 TetraDSi 上述气相和凝聚相阻燃行为共同作用的结果。

3.2.7 燃烧残炭分析

采用 SEM-EDS 联用仪表征 TriDSi 和 TetraDSi 阻燃环氧树脂锥形量热仪燃烧试验后的残炭形貌和元素组成，研究 TriDSi 和 TetraDSi 对环氧树脂固化物成炭行为的影响。如图 3.22(a) 所示，6%TriDSi/EP 和 6%TetraDSi/EP 燃烧后形成了致密的炭层结构，而且在表层残炭外侧富集了大量的颗粒状物质。由锥形量热仪测试后对残炭的研究结构可知，对比样品 6%DiDSi/EP 表层残炭外侧富集的颗粒状物质属于硅氧烷基团裂解生成的耐热氧化硅氧化物。鉴于构建 TriDSi 和 TetraDSi 的元素种类和键接特征都与 DiDSi 基本相同，所以 6%TriDSi/EP 和 6%TetraDSi/EP 表层残炭外侧富集的颗粒状物质也应是各自所含硅氧烷基团裂解生成的耐热氧化硅氧化物。即是说，6%TriDSi/EP 和 6%TetraDSi/EP 结构中的硅氧烷基团也转化为了耐热氧化的硅氧化物颗粒，并富集在表层残

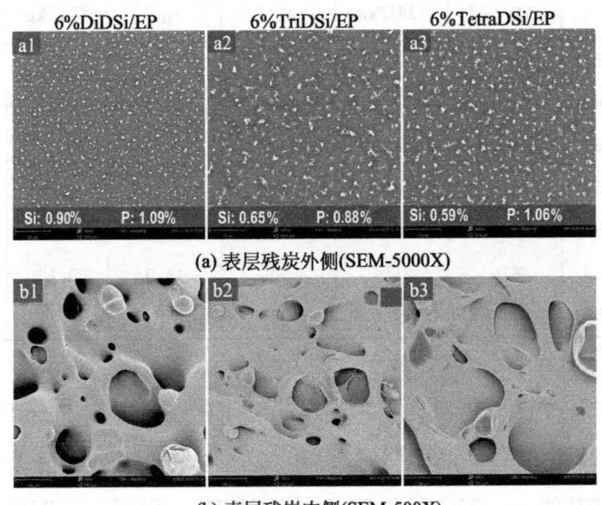

图 3.22　TriDSi 和 TetraDSi 阻燃环氧树脂燃烧残炭的微观形貌和元素组成

炭外侧，与磷杂菲基团共同作用，促进树脂基体生成热稳定性更高的阻隔炭层。同时，表层残炭外侧硅含量的大小为 6%DiDSi/EP＞6%TriDSi/EP＞6%TetraDSi/EP，说明硅氧化物在表层残炭外侧的富集程度与燃烧前环氧树脂固化物的硅含量密切相关。而表层残炭外侧磷含量的大小为 6%DiDSi/EP＞6%TetraDSi/EP＞6%TriDSi/EP，与各自对应的 R_{600s} 大小规律相一致，说明环氧树脂固化物的成炭能力与凝聚相残炭的磷含量密切相关，即保留在凝聚相中的含磷物质是促进固化物基体成炭的主要因素。

此外，如图 3.22(b) 所示，6%TriDSi/EP 和 6%TetraDSi/EP 表层残炭内侧存在大量膨胀后收缩、褶皱的泡膜结构，这是环氧树脂固化物在 TriDSi 和 TetraDSi 中磷杂菲基团的作用下形成黏稠含磷残炭的特征结构。与 6%TriDSi/EP 和 6%TetraDSi/EP 相对致密的表层残炭内侧结构不同，对比样品 6%DiDSi/EP 的表层残炭内侧遍布着许多开孔通道，这十分不利于表层残炭稳定、有效地发挥炭层阻隔和保护作用，因为这种炭层结构使得表层残炭外侧稍有破裂，残炭内部包裹的裂解气体就会通过这些开孔通道集中释放，这也是对比样品 6%DiDSi/EP 在燃烧后期多了一个放热峰的主要原因。由此可知，6%TriDSi/EP 和 6%TetraDSi/EP 中磷杂菲/硅氧烷基团比值的提高，促进树脂基体形成了内/外侧整体致密的表层残炭结构，获得了更好的炭层阻隔和保护作用，赋予了 6%TriDSi/EP 和 6%TetraDSi/EP 更优异的综合阻燃性能。

3.2.8 TriDSi 和 TetraDSi 的裂解行为

采用 Py-GC/MS 联用仪解析 TriDSi 和 TetraDSi 在 500℃下的裂解产物。如图 3.23 所示，TriDSi 的裂解产物主要可以分为以下三类：①苯基硅氧烷结构裂解生成的苯（M78）；②双酚 A 结构裂解生成的酚类化合物（M108、M134、M150、M160 以及 M174）和芳香化合物（M158）；③磷杂菲基团裂解生成的磷杂菲碎片（M230 和 M242）和芳香化合物（M178）。其中，M178 碎片属于磷杂菲基团裂解生成磷氧自由基后的特征副产物。结合 TriDSi 裂解产物 MS 谱图的解析结果和 TriDSi 的化学结构，图 3.24 给出 TriDSi 可能的裂解路径。

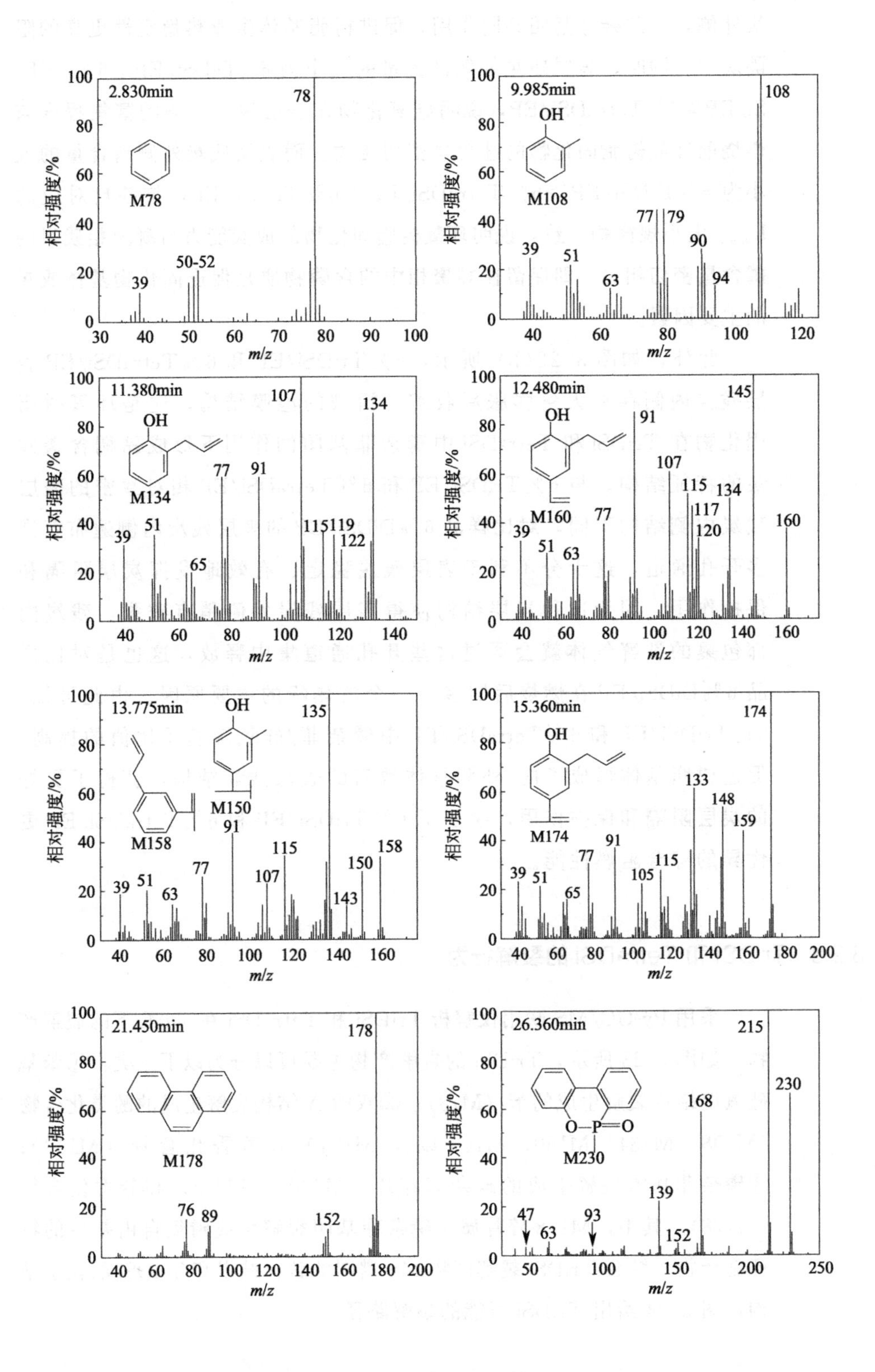
2.830min
78
M78
50-52
39
9.985min
OH
108
M108
77
79
90
94
39
51
63
11.380min
OH
107
134
M134
77
91
39
51
65
115
119
122
12.480min
OH
145
91
107
115
117
120
134
M160
77
39
51
63
160
13.775min
OH
135
M150
M158
91
115
158
150
39
51
63
77
107
143
15.360min
OH
174
133
148
159
M174
91
77
115
105
39
51
65
21.450min
178
M178
76
89
152
26.360min
215
230
168
O
P
M230
139
47
63
93
152
相对强度/%
m/z

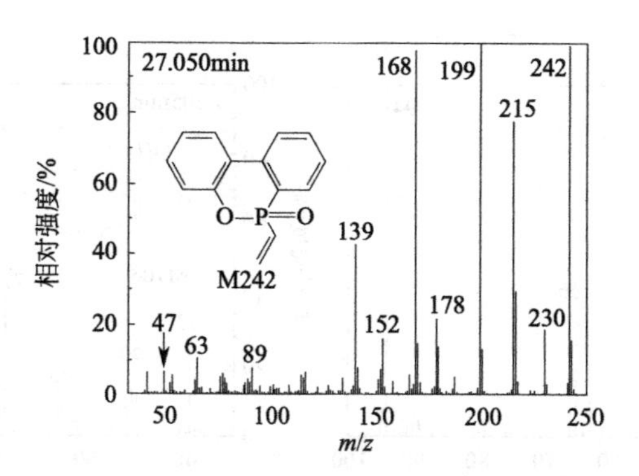

图 3.23　TriDSi 主要裂解产物的质谱图

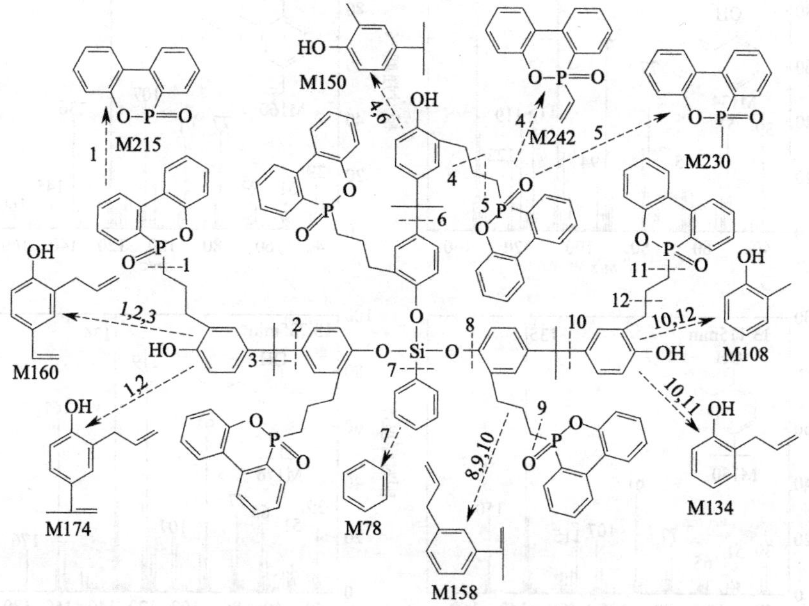

图 3.24　TriDSi 可能的裂解路径

如图 3.25 所示，TetraDSi 的裂解产物主要可以分为以下两类：①双酚 A 结构裂解生成的酚类化合物（M108、M134、M150、M160、M174 以及 M176）；②磷杂菲基团裂解生成的磷杂菲碎片（M230 和 M242）和芳香化合物（M170 和 M178）。至于苯酚（M94），则可能同时来源于磷杂菲基团和双酚 A 结构的裂解产物。其中，M170 和 M178 碎片都属于磷杂菲基团裂解生成磷氧自由基后的特征副产物。结合 TetraDSi 裂解产物 MS 谱图的解析结果和 TetraDSi 的化学结构，图 3.26 给出 TetraDSi 可能的裂解路径。

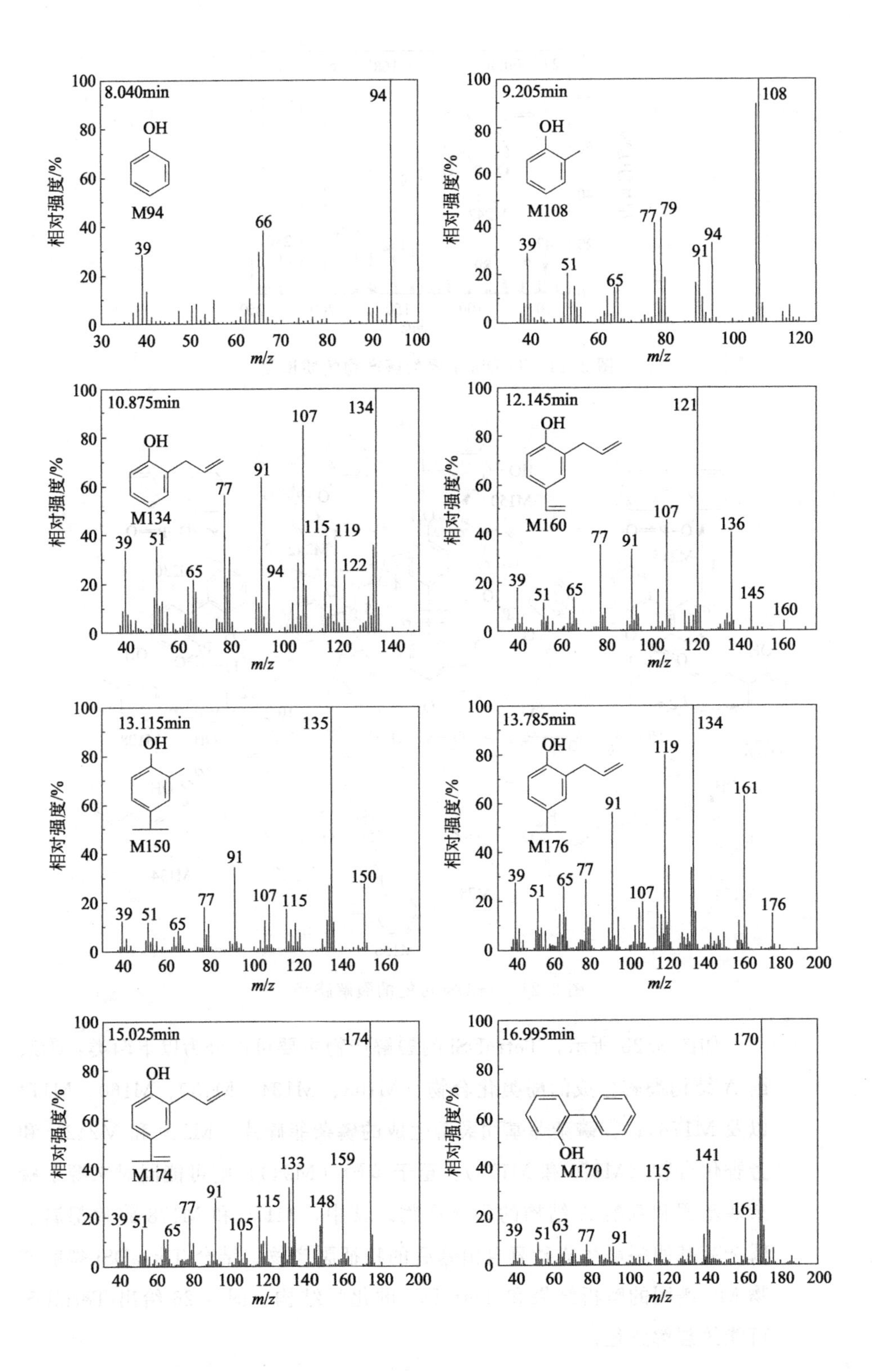
8.040min
OH
M94
94
66
39
相对强度/%
m/z
9.205min
OH
M108
108
77 79
94
91
39
51
65
10.875min
OH
M134
134
107
91
77
115 119
122
39 51
65
94
12.145min
OH
M160
121
107
136
77 91
39 51 65
145
160
13.115min
OH
M150
135
91
150
107 115
77
39 51 65
13.785min
OH
M176
134
119
161
91
39 51 65 77
107
176
15.025min
OH
M174
174
133
159
148
91
77
115
105
39 51 65
16.995min
OH
M170
170
141
115
161
39 51 63 77 91

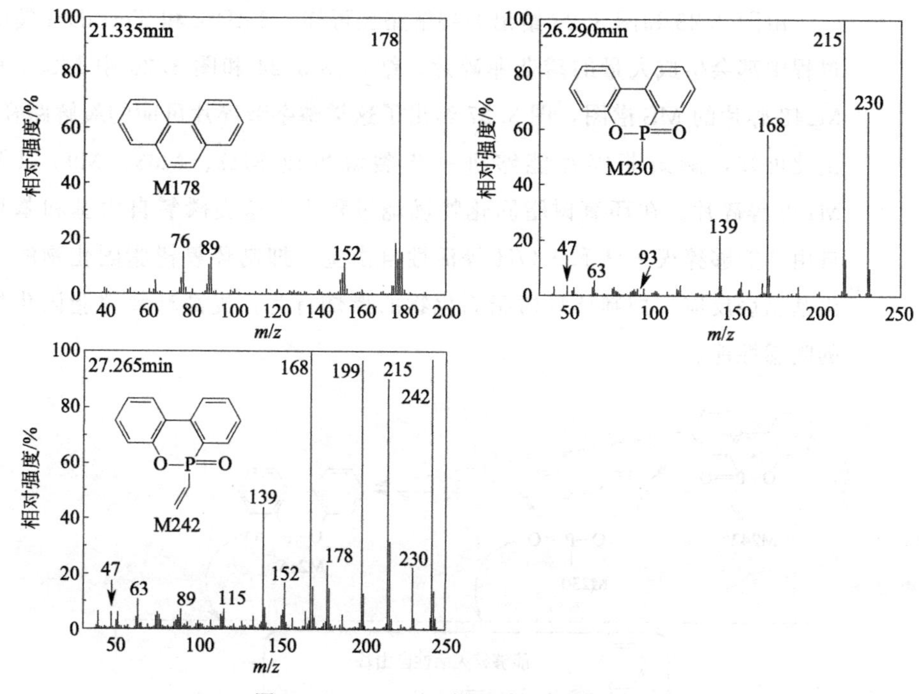

图 3.25 TetraDSi 主要裂解产物的质谱图

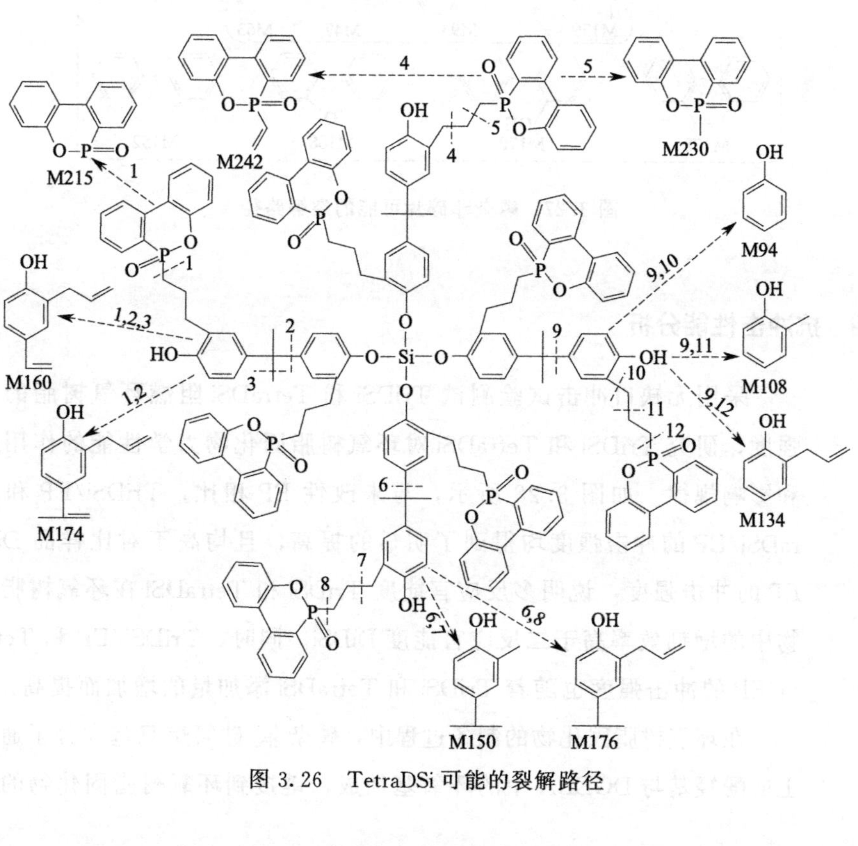

图 3.26 TetraDSi 可能的裂解路径

由图 3.23 和图 3.25 给出的裂解路径可知，TriDSi 和 TetraDSi 裂解过程中都会生成大量的磷杂菲碎片。结合图 3.24 和图 3.26 中 M230 和 M242 碎片的 MS 谱图，图 3.27 给出了这类磷杂菲碎片可能的裂解路径。由此可知，磷杂菲碎片能够进一步裂解生成 M47、M63、M93 以及 M139 等碎片。在环氧树脂固化物燃烧过程中，这类磷氧自由基和苯氧自由基能够猝灭 · H 和 · OH 等活性自由基，抑制环氧树脂固化物的自由基燃烧反应，抑制环氧树脂固化物的燃烧行为，提高环氧树脂固化物的阻燃性能。

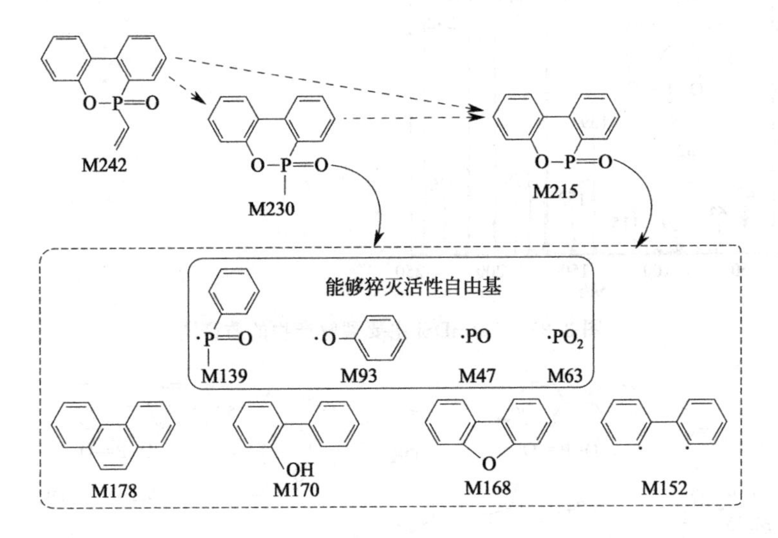

图 3.27 磷杂菲碎片可能的裂解路径

3.2.9 抗冲击性能分析

采用无缺口冲击试验测试 TriDSi 和 TetraDSi 阻燃环氧树脂的冲击强度，研究 TriDSi 和 TetraDSi 对环氧树脂固化物力学性能的作用效果和影响规律。如图 3.28 所示，与未改性 EP 相比，TriDSi/EP 和 TetraDSi/EP 的冲击强度均得到了明显的提高，且均高于对比样品 DiDSi/EP 的冲击强度，说明多反应官能度 TriDSi 和 TetraDSi 在环氧树脂固化物中的增韧效率高于二反应官能度 DiDSi。同时，TriDSi/EP 和 TetraDSi/EP 的冲击强度也随着 TriDSi 和 TetraDSi 添加量的增加而提高。

在环氧树脂固化物的制备过程中，磷杂菲/硅氧烷双基大分子通过其上的酚羟基与 DGEBA 中的环氧基加成，键接到环氧树脂固化物的交联

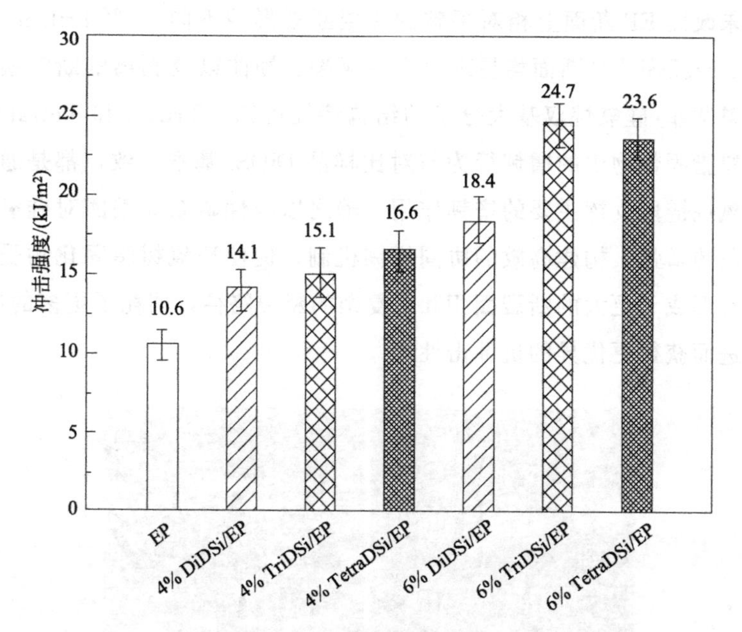

图 3.28 TriDSi 和 TetraDSi 阻燃环氧树脂的冲击强度

网络中，使得双基大分子在固化物交联网络中的参与形式与固化剂类似，所以不同反应官能度 DiDSi、TriDSi 以及 TetraDSi 的键合引入，会在不同程度上影响固化物的交联密度。

如图 3.29 所示，TriDSi 和 TetraDSi 的反应官能度高于 DiDSi，键接到环氧树脂固化物交联网络中后，固化物基体在 TriDSi 和 TetraDSi 位点处的交联度提高，使得双基大分子周围增韧区域的增韧密度增大，进一步提高了 TriDSi 和 TetraDSi 在环氧树脂固化物中的增韧效率，赋予了 TriDSi/EP 和 TetraDSi/EP 更高的冲击强度。

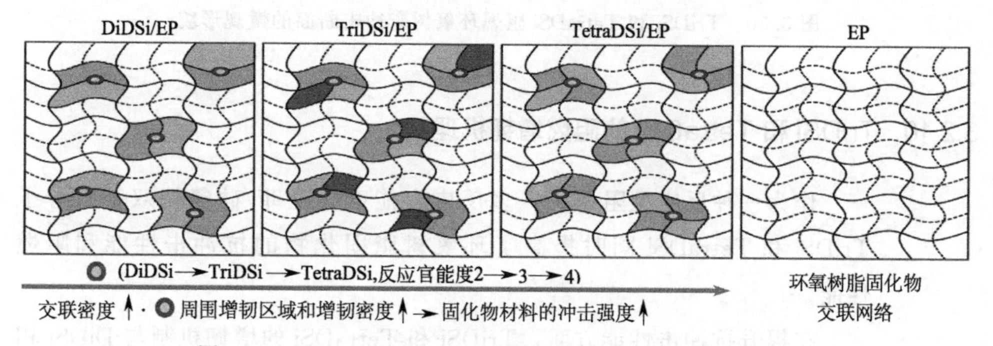

图 3.29 TriDSi 和 TetraDSi 阻燃环氧树脂的增韧网络结构

此外，图 3.30 中给出的环氧树脂固化物冲击断面微观形貌表明，与未改性 EP 断面上相对平整的片层断裂形貌不同，6% TriDSi/EP 和 6% TetraDSi/EP 断面均呈现出大量撕裂、翘曲以及剥离的断裂痕迹。结合磷杂菲/硅氧烷双基大分子的结构特征可知，TriDSi 和 TetraDSi 在环氧树脂固化物中的增韧行为与对比样品 DiDSi 基本一致，都是通过柔性硅氧烷链段发挥主要的增韧作用，辅之以极性磷杂菲基团对硅氧烷柔性链段的增强，构建高效的协同增韧机制，促使环氧树脂固化物受冲击断裂时形成了更大的断裂面积和更复杂的断裂路径，消耗了更多的冲击能量，进而获得更优异的抗冲击性能。

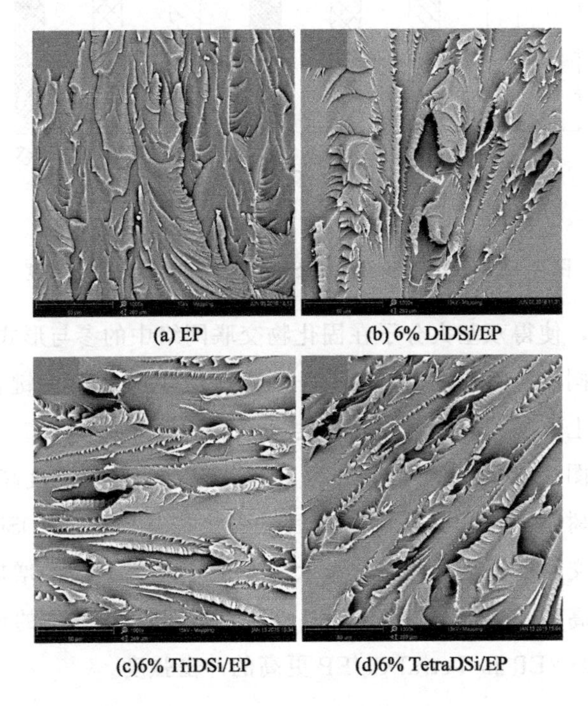

图 3.30　TriDSi 和 TetraDSi 阻燃环氧树脂冲击断面的微观形貌

3.2.10 TriDSi 和 TetraDSi 的阻燃增韧机理

作为一种反应型阻燃剂，多反应官能度磷杂菲/硅氧烷双基大分子 TriDSi 和 TetraDSi 同时提高了环氧树脂固化物的抗冲击性能和阻燃性能。

在提升抗冲击性能方面，TriDSi 和 TetraDSi 的增韧机制与 DiDSi 相似，也是通过柔性硅氧烷链段发挥主要的增韧作用，辅之以极性磷杂菲基团的共同作用对柔性硅氧烷链段增韧效率的进一步提高。与二反应官能度 DiDSi 相比，多反应官能度 TriDSi 和 TetraDSi 的引入增大了树脂基体中双基大分子周围增韧区域的增韧密度，赋予了 TriDSi 和 TetraDSi 在环氧树脂固化物中更高的增韧效率。

在提升阻燃性能方面，TriDSi 和 TetraDSi 的阻燃行为与 DiDSi 相似。一方面，双基大分子中磷杂菲基团裂解生成的磷氧自由基等碎片，能够猝灭树脂基体裂解和燃烧过程的自由基反应，减少易燃性含羰基碎片的生成。另一方面，双基大分子中磷杂菲基团的裂解产物与树脂基体相互作用，能够降低树脂基体的热分解速率，提高树脂基体的成炭能力，在减缓和减少气相热分解产物的释放、抑制燃烧反应燃料供给的同时，还能与双基大分子中硅氧烷基团裂解生成的耐热氧化硅氧化物相结合，促进树脂基体生成高热稳定性的含磷/硅残炭，获得高效的炭层阻隔和保护作用。此外，与 DiDSi 相比，TriDSi 和 TetraDSi 中磷杂菲/硅氧烷基团比值的增大，实现了更高效的磷杂菲/硅氧烷双基协同作用，赋予了 TriDSi 和 TetraDSi 在环氧树脂固化物中更高效的气相和凝聚相阻燃行为。

3.2.11 小结

本节介绍了多反应官能度磷杂菲/硅氧烷双基化合物 TriDSi 和 TetraDSi 的制备方法及表征，并将其键接到环氧树脂固化物交联网络中，研究了 TriDSi 和 TetraDSi 在环氧树脂中的阻燃增韧行为与机理。TriDSi 和 TetraDSi 都具有优异的热稳定性，$T_{d,1\%}$ 分别达到 376℃和 377℃，可满足绝大多数聚合物材料的加工温度。

TriDSi 和 TetraDSi 在环氧树脂固化物中发挥了高于 DiDSi 的增韧效率；与未改性 EP 相比，6% TriDSi/EP 和 6% TetraDSi/EP 的冲击强度分别提高了 133%和 123%，这得益于多反应官能度 TriDSi 和 TetraDSi 的引入提高了环氧树脂固化物基体中双基大分子周围增韧区域的增韧密度，赋予了 TriDSi 和 TetraDSi 更高的增韧效率。

TriDSi 和 TetraDSi 都有效地提高了环氧树脂固化物的 LOI 和 UL 94 阻燃级别；6% TriDSi/EP 和 6% TetraDSi/EP 的 LOI 分别达到 35.2%和 36.0%，且都通过了 UL 94 V-0 级。TriDSi 和 TetraDSi 对环氧树脂固化物燃烧行为的抑制，有效地降低了固化物基体燃烧过程的热释放量、烟释放量以及 CO 和 CO_2 产量，明显提高了树脂基体的成炭量，促进树脂基体生成了整体致密性更好的炭层结构，获得了更有效的炭层阻隔和保护作用；与纯 EP 相比，6%TetraDSi/EP 的 pk-HRR、av-EHC 以及 THR 分别下降了 45.4%、33.4%以及 42.4%。

与 DiDSi 相比，TriDSi 和 TetraDSi 中磷杂菲/硅氧烷基团比值的增大，在增强 TriDSi/EP 和 TetraDSi/EP 体系气相阻燃作用的同时，还促使树脂基体生成了内/外侧整体致密性更好的表层残炭结构，获得了更有效的炭层阻隔和保护作用，进一步提高了 TriDSi 和 TetraDSi 在环氧树脂固化物中的阻燃效率，更高效地赋予了环氧树脂固化物优异的阻燃性能。

参 考 文 献

[1] Ahmad S, Ashraf S M, Sharmin E, Mohomad A, Alam M. Synthesis, formulation, and characterization of siloxane-modified epoxy-based anticorrosive paints [J] . Journal of Applied Polymer Science, 2006, 100 (6): 4981-4991.

[2] Liu W Q, Ma S Q, Wang Z F, Hu C H, Tang C Y. Morphologies and mechanical and thermal properties of highly epoxidized polysiloxane toughened epoxy resin composites [J] . Macromolecular Research, 2010, 18 (9): 853-861.

[3] Qian L J, Ye L J, Qiu Y, Qu S R. Thermal degradation behavior of the compound containing phosphaphenanthrene and phosphazene groups and its flame retardant mechanism on epoxy resin [J] . Polymer, 2011, 52 (24): 5486-5493.

[4] Shree Meenakshi K, Pradeep Jaya Sudhan E, Ananda Kumar S, Umapathy M J. Development of dimethylsiloxane based tetraglycidyl epoxy nanocomposites for high performance, aerospace and advanced engineering applications [J] . Progress in Organic Coatings, 2012, 74 (1): 19-24.

[5] Qian L J, Qiu Y, Wang J Y, Xi W. High-performance flame retardancy by char-cage hindering and free radical quenching effects in epoxy thermosets [J] . Polymer, 2015, 68: 262-269.

第4章 ▶▶

磷杂菲/硼酸酯双基化合物阻燃环氧树脂

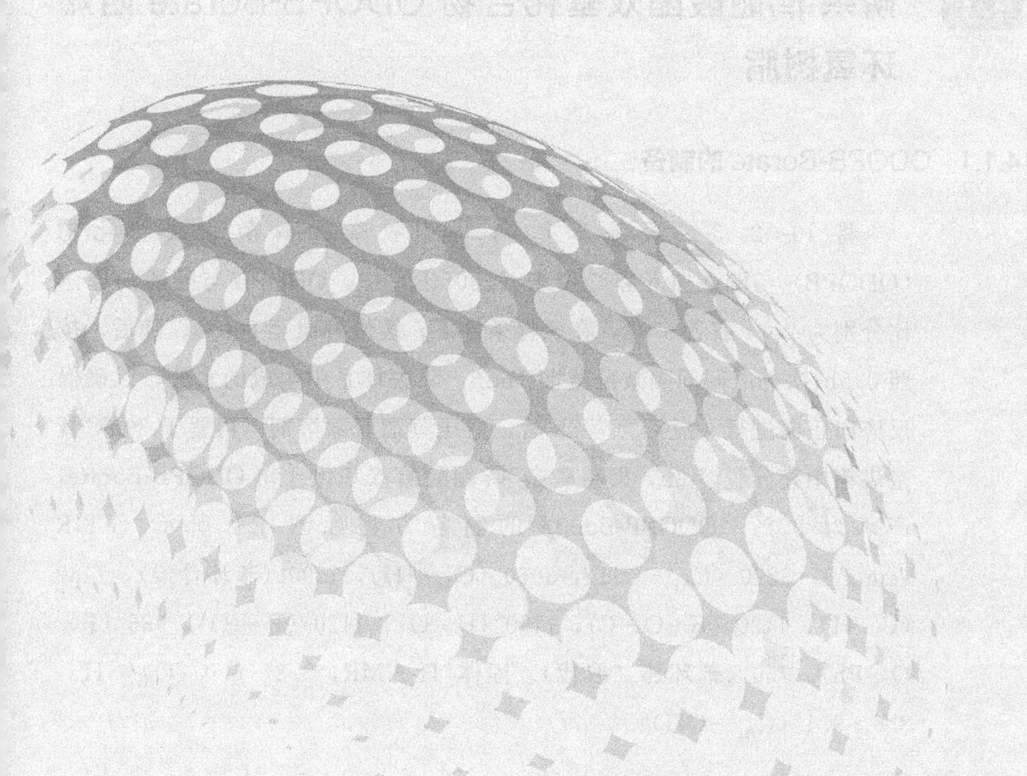

含硼化合物与磷杂菲衍生物之间的协同作用，有助于增强体系在凝聚相的阻燃作用，从而更高效地赋予环氧树脂优异的阻燃性能。基于此，研究者们利用阻燃基团协同效应理论，将硼酸酯与磷杂菲基团构建到同一分子结构中，设计制备了磷杂菲/硼酸酯双基化合物，并对其在环氧树脂材料中的阻燃应用进行了研究[1]。

本章以磷杂菲/硼酸酯双基化合物 ODOPB-Borate 为例，评价了 ODOPB-Borate 改性环氧树脂的阻燃性能和力学性能，分析了 ODOPB-Borate 阻燃和增韧环氧树脂的量效关系，阐明了 ODOPB-Borate 对环氧树脂冲击断裂、裂解成炭和燃烧行为的影响规律，揭示了 ODOPB-Borate 阻燃和增韧环氧树脂的作用机理。

4.1 磷杂菲/硼酸酯双基化合物 ODOPB-Borate 阻燃环氧树脂

4.1.1 ODOPB-Borate 的制备

将 10-(2，5-二羟基苯基)-10-氢-9-氧杂-10-磷杂菲-10-氧化物（ODOPB）与硼酸加入邻二氯苯（200mL）中，ODOPB 与硼酸的摩尔比分别为 2∶1 或者 5∶3，在搅拌条件下，缓慢升温至 200℃。随后，按照 0.5h/次的时间间隔减压蒸馏 1min，除去体系中生成的水分，以确保反应向正向进行。搅拌反应 8h 后，减压蒸馏脱除溶剂，再置于 200℃真空烘箱中充分脱溶 2h，即得磷杂菲/硼酸酯双基化合物 ODOPB-Borate，产率为 97%。ODOPB-Borate 的制备方程如图 4.1 所示。FTIR（cm^{-1}），3220（C_{Ar}—OH），3060（C_{Ar}—H），1590（苯环骨架），1480（C—H），1430（B—O—C），1190（C—O），1120（P═O），926（P—O—Ph），750（苯环邻二取代）。固体 ^{1}H NMR，5.8～6.0（C_{Ar}—H），8.6～9.1（C_{Ar}—OH）。

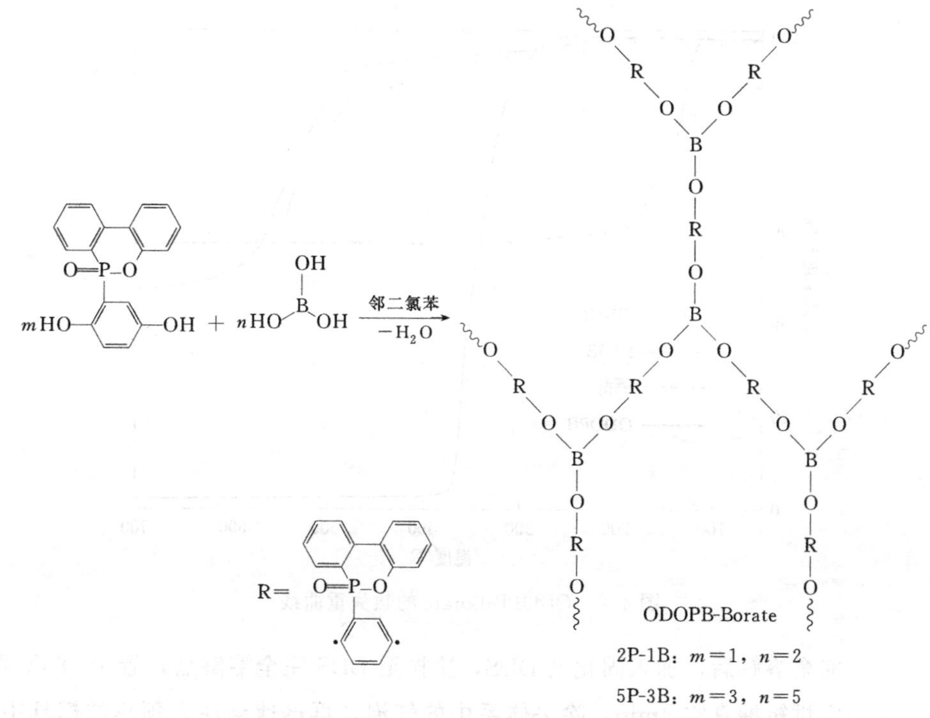

图 4.1　ODOPB-Borate 的制备方程

对比样品 HQ-Borate 的制备工艺同上，只需将 ODOPB 替换为对苯二酚（HQ），且 HQ 与硼酸的摩尔比为 5∶3。

4.1.2　ODOPB-Borate 的热性能分析

如图 4.2 所示，ODOPB 的初始分解温度 $T_{d,1\%}$ 为 275℃，$T_{d,5\%}$ 为 295℃，且在 400℃之前就分解完毕，残炭产率为 2.2%。而硼酸的初始分解温度 $T_{d,1\%}$ 为 118℃，$T_{d,5\%}$ 为 122℃，并且在 300℃左右分解完毕，残炭产率为 56.6%。两种 ODOPB-Borate 化合物（2P-1B 和 5P-3B）的初始分解温度 $T_{d,1\%}$ 在 210～259℃之间，$T_{d,5\%}$ 在 358～434℃之间。ODOPB-Borate 的 $T_{d,5\%}$ 明显高于 ODOPB 和硼酸，且裂解失重在 600℃左右才趋于结束，在 700℃时的残炭产率在 43%～47%之间，明显高于 ODOPB 的残炭产率。

4.1.3　ODOPB-Borate 阻燃环氧树脂的制备

将 ODOPB-Borate 加入 DGEBA，在 180℃下搅拌至 ODOPB-Borate

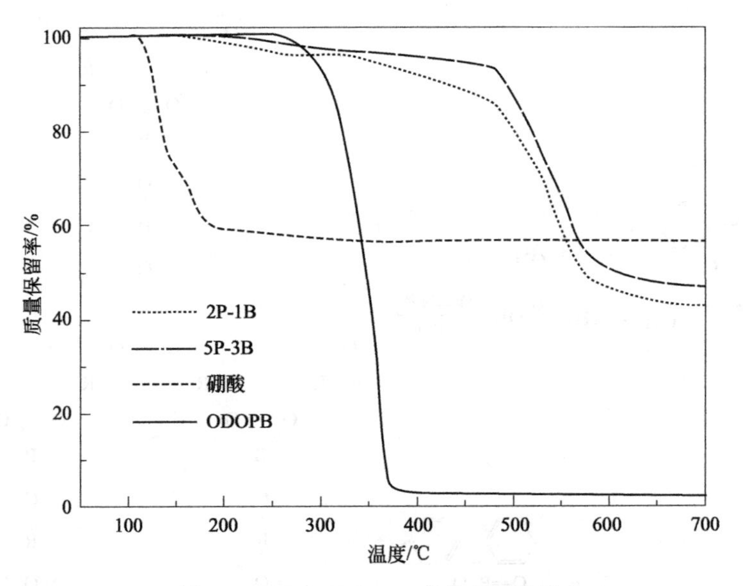

图 4.2 ODOPB-Borate 的热失重曲线

完全溶解后，加入固化剂 DDS，搅拌至 DDS 完全溶解后，置于 185℃真空烘箱抽真空 3min，除去体系中的气泡，再迅速浇注入预热的模具中。先在 160℃下固化反应 1h，再在 180℃下固化反应 2h，最后在 200℃下固化反应 1h。对比样品 6%ODOPB/EP、6%HQ-Borate/EP 以及未改性环氧树脂固化物 EP 的制备方法同上。ODOPB-Borate（2P-1B 和 5P-3B）、ODOPB、HQ-Borate、DGEBA 以及 DDS 在环氧树脂样品中的用量如表 4.1 所示。

表 4.1 ODOPB-Borate 阻燃环氧树脂的制备配方

样品	DGEBA /g	DDS /g	2P-1B /g	5P-3B /g	ODOPB /g	HQ-Borate /g
EP	100	31.7	—	—	—	—
2%2P-1B/EP	100	31.7	2.7	—	—	—
4%2P-1B/EP	100	31.7	5.5	—	—	—
6%2P-1B/EP	100	31.7	8.4	—	—	—
2%5P-3B/EP	100	31.7	—	2.7	—	—
4%5P-3B/EP	100	31.7	—	5.5	—	—
6%5P-3B/EP	100	31.7	—	8.4	—	—
6%ODOPB/EP	100	28.5	—	—	8.2	—
6%HQ-Borate/EP	100	31.7	—	—	—	8.4

4.1.4 LOI 和 UL 94 垂直燃烧试验

采用氧指数仪和燃烧试验箱测试 ODOPB-Borate 阻燃环氧树脂的

LOI 和 UL 94 阻燃级别，研究 ODOPB-Borate 抑制环氧树脂燃烧性能的量效关系。如表 4.2 所示。未改性 EP 的 LOI 为 22.5%，且属于 UL 94 无级别。如图 4.3 所示，ODOPB-Borate 的引入，显著提高了环氧树脂材料的 LOI 和阻燃级别。在 2%（质量分数）的添加量下，2%5P-3B/EP 样品达到 UL 94 V-1 级。在同等添加量下，两种 ODOPB-Borate（2P-1B 和 5P-3B）阻燃环氧树脂的 LOI 相近，但在 UL 94 阻燃级别方面则略有差别。其中，5P-3B 的阻燃效率高于 2P-1B。当添加量达到 6%时，6%5P-3B/EP 样品的 LOI 提高至 31.6%，且通过了 UL 94 V-0 级。这说明以 5∶3 摩尔比合成的磷杂菲/硼酸酯双基化合物 5P-3B 的阻燃效率较高。由此可知，阻燃基团比例对 ODOPB-Borate 的阻燃效率具有重要影响，只有在合适的基团比例下才能发挥高效的阻燃作用。

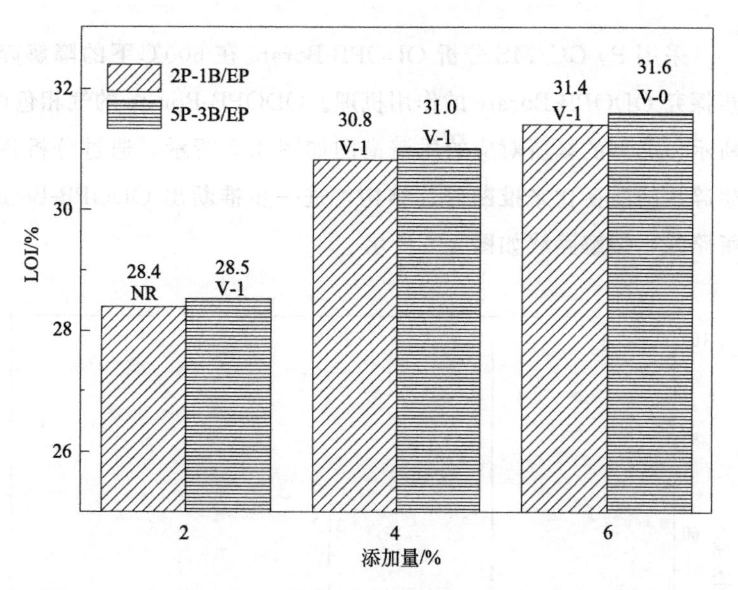

图 4.3　ODOPB-Borate 阻燃环氧树脂的 LOI 和 UL 94 阻燃级别

表 4.2　ODOPB 和 HQ-Borate 阻燃环氧树脂的 LOI 和 UL 94 阻燃级别

样品	LOI /%	垂直燃烧试验		
		余焰时间		UL 94 阻燃级别
		av-t_1/s	av-t_2/s	
EP	22.5	121.4①	—	无级别
6%ODOPB/EP	31.5	17.9	42.9	无级别
6%HQ-Borate/EP	29.4	12.7	13.2	V-1 级

① 样条燃烧至夹具。

此外，6%ODOPB/EP 的 LOI 达到 31.5%，这与 ODOPB-Borate/

EP的LOI较为接近。然而，6%ODOPB/EP仍处于UL 94无级别，明显低于UL 94 V-0级的2P-1B/EP和5P-3B/EP样品，这说明ODOPB-Borate能够显著提升环氧树脂的UL 94阻燃级别。另外，6%HQ-Borate/EP的LOI仅为29.4%，且达到UL 94 V-1级，说明单独的硼酸酯基团也具有一定的阻燃作用，只是阻燃效率明显低于磷杂菲/硼酸酯双基化合物ODOPB-Borate。磷杂菲和硼酸酯共同作用时，有效地抑制了环氧树脂在垂直燃烧试验中的燃烧行为。磷杂菲和硼酸酯基团的协同阻燃行为，有效提高了ODOPB-Borate阻燃环氧树脂的LOI和UL 94阻燃级别。

4.1.5 ODOPB-Borate的裂解行为

采用Py-GC/MS分析ODOPB-Borate在600℃下的降解碎片，进一步探究ODOPB-Borate的作用机理。ODOPB-Borate的气相色谱如图4.4所示，典型的峰所对应的质谱谱图如图4.5所示，通过分析各时间所产生碎片的质荷比来推断碎片结构，进一步推断出ODOPB-Borate的热裂解路线，裂解路线如图4.6所示。

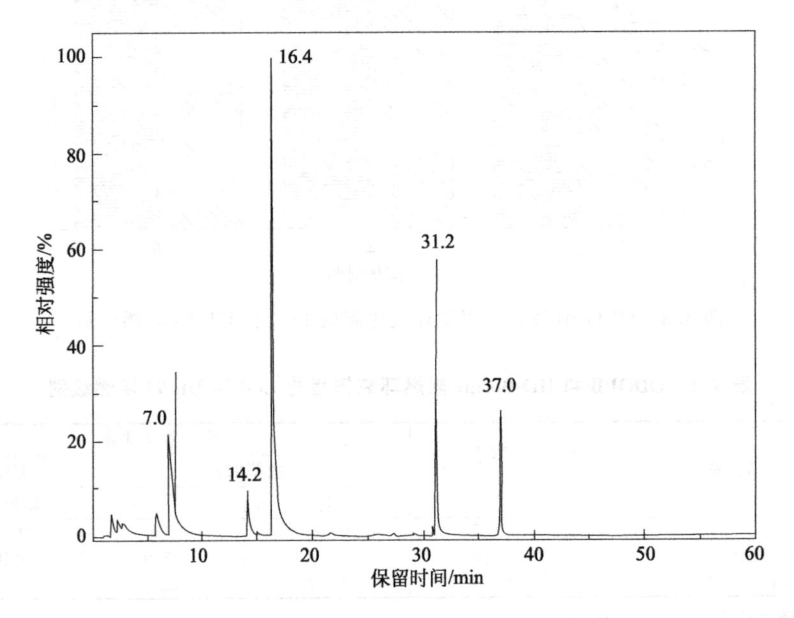

图4.4 ODOPB-Borate裂解产物的气相色谱图

在气相色谱中，ODOPB-Borate主要在以下5个保留时间出峰，分

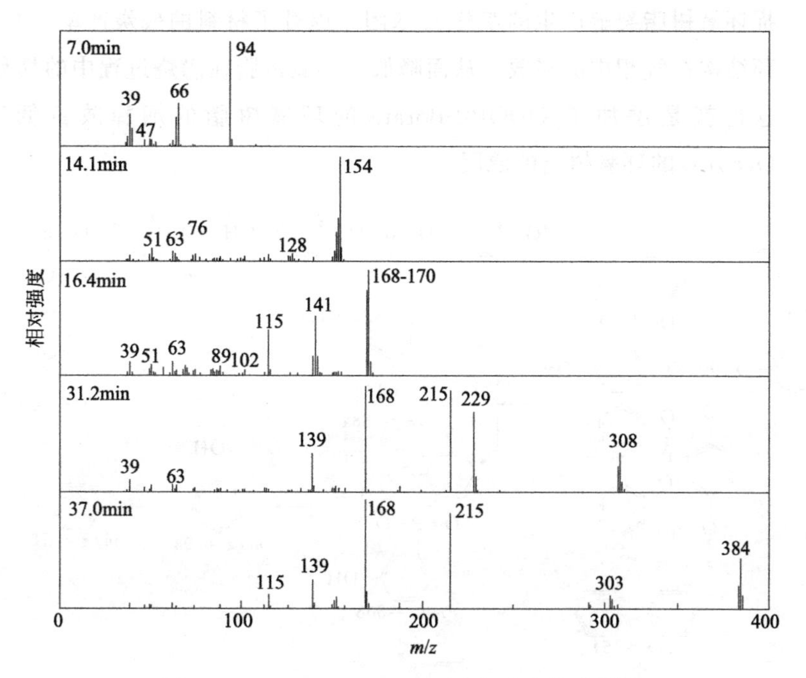

图 4.5　ODOPB-Borate 主要裂解碎片的质谱图

别是 37.0min、31.2min、16.4min、14.2min 以及 7.0min，下面分别对各峰所对应的碎片结构进行解析，所对应的碎片结构如图 4.5 所示。首先，在 37.0min 时，主要的裂解碎片为含有硼酸酯基团的大分子碎片如 $m/z=384$ ($C_{18}H_{14}BO_7P$) 和 $m/z=308$ ($C_{18}H_{12}BO_4$)，这些碎片中都含有硼酸酯 (BO_3) 基团，而这种硼酸酯基团在接下来的裂解过程中完全观察不到，这说明硼酸酯基团不会优先裂解并被释放在气相当中，这也就意味着硼酸酯基团主要保留在凝聚相中发挥凝聚相阻燃作用。在 31.2min 时碎片中出现了另一个分子量较大的碎片，$m/z=308$ ($C_{18}H_{13}O_3P$)，该碎片为 ODOPB 裂解所形成的碎片。随后，这个碎片一步一步地裂解，生成分子量较小的基团碎片，如含有 DOPO 的碎片 ($C_{12}H_8O_2P$，$m/z=215$)，以及苯氧自由基的碎片 (·C_6H_5O，$m/z=94$)。DOPO 的碎片进一步裂解生成联苯或二苯并呋喃等结构 ($C_{12}H_8O$，$m/z=168$；$C_{12}H_{10}$，$m/z=154$)，以及含有磷氧自由基的碎片 (·PO，$m/z=47$；·PO_2，$m/z=63$)。磷氧自由基及苯氧自由基都能够有效地发挥气相猝灭作用，而硼酸酯基团则倾向于捕捉芳香碎片并使更多的富炭组分保留在凝聚相中，发挥更加有效的凝聚相阻隔作用。此外，在燃烧过程中，硼酸酯基团从 ODOPB-Borate 中断裂并倾向于捕捉环氧树脂裂解产生的双酚 A 基团，提升了材料的残炭产率，并减少芳环结构在气相中的释放，从而降低了环氧树脂在燃烧过程中的烟释放量。这也就是添加了 ODOPB-Borate 的环氧树脂的烟释放量低于添加 ODOPB 的环氧树脂的原因。

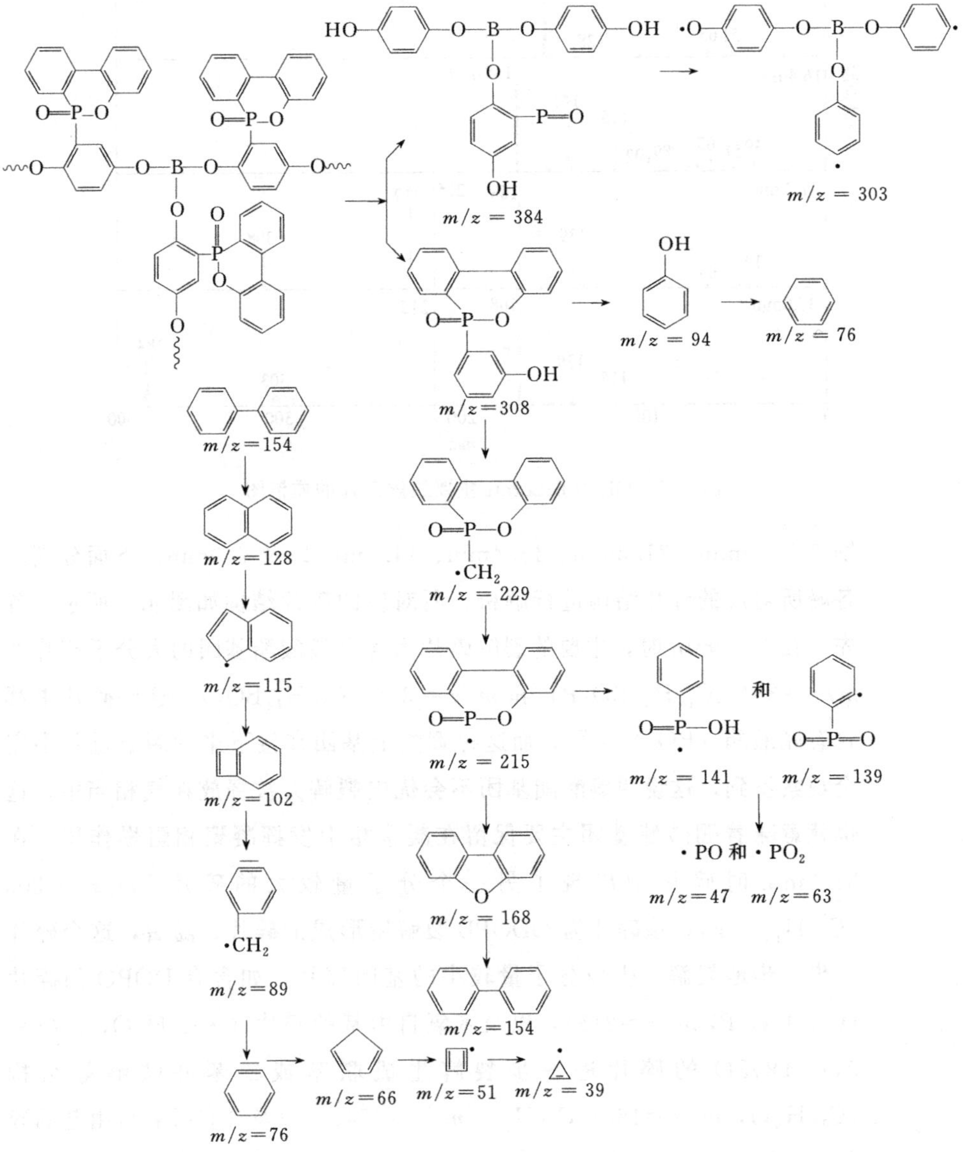

m/z = 384
m/z = 303
m/z = 308
m/z = 94
m/z = 76
m/z=154
m/z=128
m/z = 229
m/z=115
m/z = 215
m/z = 141
m/z = 139
m/z=102
· PO 和 · PO_2
m/z=47 m/z=63
m/z = 168
m/z=89
m/z=154
m/z=66 m/z=51 m/z = 39
m/z=76

图 4.6 ODOPB-Borate 的热裂解路径

4.1.6 热性能分析

采用热重分析仪测试 6%5P-3B/EP 和 6%2P-1B/EP 样品的热失重和

成炭性能。如图 4.7 所示，ODOPB-Borate 添加到环氧树脂中时，对于环氧树脂的初始分解温度几乎没有影响，这主要是由于 ODOPB-Borate 自身的分解温度较高，添加到树脂中时，对材料的热稳定性没有明显的影响。其次，如表 4.3 所示，添加了 ODOPB-Borate 的环氧树脂样品在 700℃时的残炭产率（$R_{700℃}$）明显高于纯 EP，这说明了 ODOPB-Borate 能够有效促进体系成炭。值得注意的是，添加了磷杂菲硼酸酯化合物的环氧树脂的残炭产率实际值是高于理论值的，例如 6%5P-3B/EP 样品的残炭产率为 20.2%，而理论值为 6%×5P-3B 的残炭产率＋94%×EP 的残炭产率＝14.7%，这说明 ODOPB-Borate 是明显的阻燃基团协同成炭效应，而不单单是简单的加和效应。此外，单独添加 ODOPB 的环氧树脂在 700℃时的残炭产率明显高于纯 EP，这说明了 DOPO 基团自身也能够发挥促进体系成炭的能力。然而添加了 ODOPB-Borate 样品的残炭产率高于添加了 ODOPB 的样品，这说明磷杂菲和硼酸酯在同一个分子中所发挥的基团协同成炭效应高于处于两个分子中时的效应。

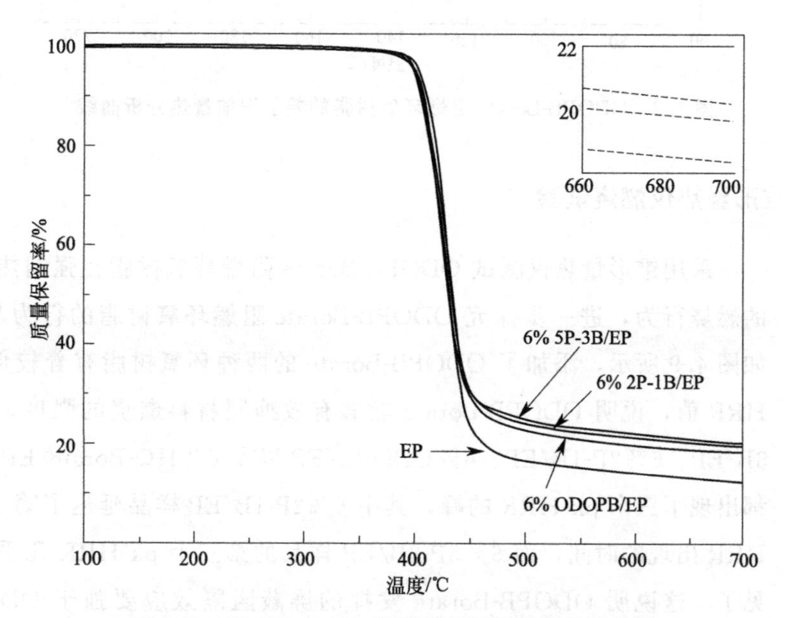

图 4.7　ODOPB-Borate 阻燃环氧树脂的热失重曲线

表 4.3　ODOPB-Borate 阻燃环氧树脂的热失重参数

样品	$T_{d,1\%}$/℃	$T_{d,5\%}$/℃	$R_{700℃}$/%
6%5P-3B/EP	365	401	20.4
6%2P-1B/EP	380	404	19.6
6%ODOPB/EP	376	402	18.4
EP	378	391	12.6

此外，如图 4.8 所示，纯环氧树脂的 T_g 为 194℃，而添加了 ODOPB-Borate 之后，体系的 T_g 小幅度提升至 196℃，这是由于 ODOPB-Borate 的添加提升了环氧树脂的交联密度。

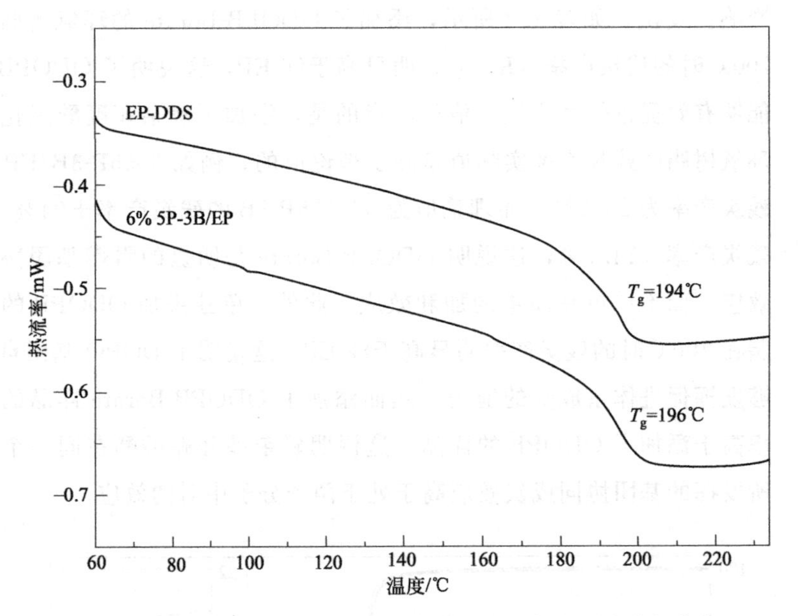

图 4.8 ODOPB-Borate 阻燃环氧树脂的差示扫描量热分析曲线

4.1.7 锥形量热仪燃烧试验

采用锥形量热仪测试 ODOPB-Borate 阻燃环氧树脂在强制热辐照下的燃烧行为，进一步探究 ODOPB-Borate 阻燃环氧树脂的行为与规律。如图 4.9 所示，添加了 ODOPB-Borate 的两种环氧树脂有着较低的 pk-HRR 值，说明 ODOPB-Borate 能够有效抑制材料燃烧的强度。6%5P-3B/EP、6%2P-1B/EP、6%ODOPB/EP 以及 6%HQ-Borate/EP 曲线中都出现了三个 pk-HRR 的峰，其中 6%2P-1B/EP 样品延迟了第三个 pk-HRR 出现的时间，而 6%5P-3B/EP 样品的第三个 pk-HRR 几乎消失不见了，这说明 ODOPB-Borate 发挥的屏蔽阻隔效应要强于 ODOPB 和 HQ-Borate，而且更加合适的磷杂菲基团和硼酸酯基团的比例有助于 ODOPB-Borate 发挥更加优异的阻燃作用。

另外，如表 4.4 所示，6%5P-3B/EP 和 6%2P-1B/EP 的 pk-HRR、THR、EHC、TML 等参数较纯环氧树脂都有着明显的降低，这再一次证明了 ODOPB-Borate 对于环氧树脂有着明显的阻燃作用，能够有效地

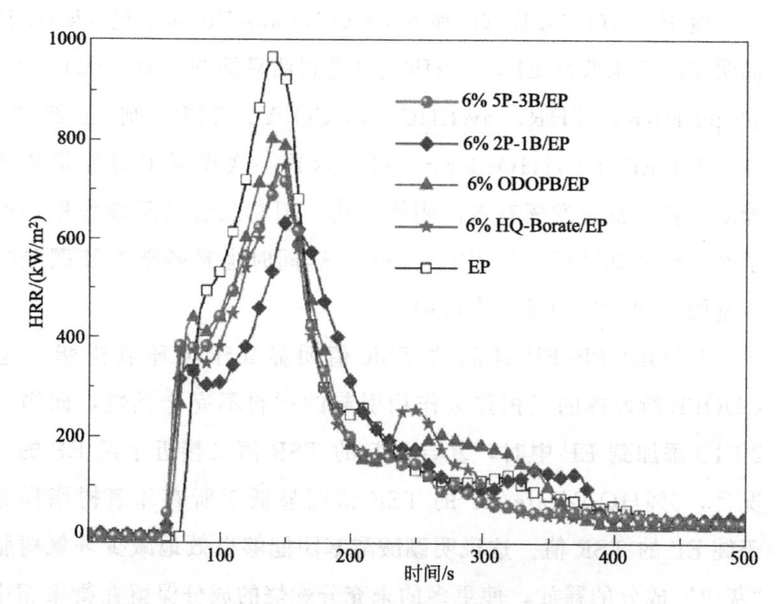

图 4.9　ODOPB-Borate 阻燃环氧树脂的热释放速率曲线

抑制材料燃烧的强度。材料 av-EHC 的降低是由于 ODOPB-Borate 所发挥的气相猝灭作用能够导致材料燃烧链式反应终结。而材料 TML 的降低则是由于 ODOPB-Borate 所发挥的凝聚相成炭作用，使更少的基体参与到燃烧反应中，减少了燃烧过程的燃料供应。而 CO 产量的升高以及 CO_2 产量的降低都意味了材料的不完全燃烧。不难推测，ODOPB-Borate 所发挥的气相猝灭作用是由 DOPO 基团产生的，而其在凝聚相的促进成炭作用则是由于硼酸酯的作用，这将在下文的试验中继续验证。在表 4.4 中，6％5P-3B/EP 的 THR、av-EHC、TML 都略低于 6％2P-1B/EP，结合 LOI 与 UL 94 垂直燃烧的测试数据可以推测出，当 ODOPB-Borate 分子中的基团比为 5∶3 时，所得到的产物阻燃效率较高。

表 4.4　ODOPB-Borate 阻燃环氧树脂的锥形量热仪燃烧试验数据

样品	pk-HRR /(kW/m^2)	THR /(MJ/m^2)	av-EHC /(MJ/kg)	av-COY /(kg/kg)	av-CO_2Y /(kg/kg)	TSR /(m^2/m^2)	TML /％
EP	966	102	24.2	0.090	2.09	4148	91.6
6％5P-3B/EP	734	88	20.9	0.139	1.79	4384	79.9
6％2P-1B/EP	650	92	22.6	0.145	1.90	4668	83.4
6％ODOPB/EP	802	100	22.9	0.141	1.90	6520	86.7
6％HQ-Borate/EP	751	91	22.6	0.147	1.92	3736	83.2

鉴于6%ODOPB/EP和6%HQ-Borate/EP样品的pk-HRR、THR都明显低于未改性EP，且HRR也受到明显抑制，而6%5P-3B/EP样品的pk-HRR、THR、av-EHC、av-CO_2Y、TML则全部低于6%ODOPB/EP和6%HQ-Borate/EP，这再一次说明了磷杂菲基团和硼酸酯基团自身都能发挥有效的阻燃作用，但是二者的阻燃作用仍低于结合了两种阻燃基团的ODOPB-Borate，这同时也是磷杂菲和硼酸酯基团存在基团协同效应的最有力证据。

6%ODOPB/EP样品的TSR值明显高于纯环氧树脂，这是由于ODOPB所发挥的气相猝灭作用引起的材料不完全燃烧，而当5P-3B或2P-1B添加到EP中时，复合材料的TSR值又接近于纯EP的TSR值。况且，6%HQ-Borate/EP的TSR值明显低于所有环氧树脂样品，且低于纯EP的TSR值。这说明硼酸酯基团能够有效地减少环氧树脂基体中“灰尘”成分的释放，使更多的未充分燃烧的成分保留在凝聚相中，从而提升了体系的残炭量并降低材料的烟释放量，这对降低二次火灾危害十分重要。

此外，ODOPB-Borate阻燃环氧树脂燃烧残炭的宏观形貌如图4.10所示。在图4.10(c)中，6%ODOPB/EP样品的残炭量很少，且炭层很薄，破碎严重，这说明ODOPB自身的促进成炭能力较弱。在图4.10(a)和4.10(b)中，6%5P-3B/EP和6%2P-1B/EP样品的成炭量很高，炭层膨胀程度高，且炭层较密，呈现出层层叠加的状态。结合锥形量热仪测试数据可知，ODOPB-Borate有着很强的成炭能力，能够促进体系形成厚实的炭层，从而发挥阻隔火焰、保护基体的作用。在图4.10(d)中，6%HQ-Borate/EP所形成的炭层高度是所有研究样品中最高的，这说明HQ-Borate自身具有很强的促进成炭的能力，这也同时证明了硼酸酯基团的催化成炭作用[2]。然而，仔细观察6%HQ-Borate/EP样品的炭层表面，可以看到有很多大气孔，明显不同于添加了ODOPB-Borate的环氧树脂残炭表面那样呈现层层叠加的状态。结合锥形量热仪测得的TML，6%HQ-Borate/EP样品的TML高于6%5P-3B/EP或6%2P-1B/EP，这说明6%HQ-Borate/EP样品的成炭量相对较少，这也就意味着6%HQ-Borate/EP残炭的密度较小，可能导致其阻隔保护作用相对较弱，这也是其pk-HRR的值低于ODOPB-Borate阻燃环氧树脂样品的主要原因。

图 4.10　ODOPB-Borate 阻燃环氧树脂燃烧残炭的宏观形貌

4.1.8 燃烧残炭分析

通过分析 ODOPB-Borate 阻燃环氧树脂在空气氛围热失重测试过程中的凝聚相残炭结构，进一步探索 ODOPB-Borate 对于环氧树脂凝聚相裂解过程的作用机理。为了更显著地观察 ODOPB-Borate 与环氧树脂之间的相互作用，将 20%的 5P-3B 添加到环氧树脂中，制备 20%5P-3B/EP 阻燃环氧树脂。

如图 4.11 (a) 所示，随着温度升高，未改性纯 EP 残炭的各官能团吸收峰强度逐步减弱，有的甚至消失，如 1509cm^{-1}、831cm^{-1}（苯环），1240cm^{-1} 碳氧单键（C—O），1030cm^{-1} 砜基（S═O），等等，这证明了环氧树脂分子链在逐步裂解。如图 4.11 (b) 所示，在 25℃时，20% 5P-3B/EP 样品的红外谱图相比于纯 EP 出现了两个新吸收峰，928cm^{-1}（P—O—Ph）和 751cm^{-1}（O—R_1—Ph—R_2），这是 ODOPB-Borate 的吸收峰。随着体系的不断升温，这两个吸收峰也在不断地变弱直至消失，这说明 ODOPB-Borate 不断热解且将含磷成分大量地释放到气相中。除去这两个吸收峰，在 25～500℃区间内，20%5P-3B/EP 与纯环氧树脂的红外谱图几乎相同，这说明 ODOPB-Borate 在前期几乎不影响环氧树脂

的凝聚相裂解。

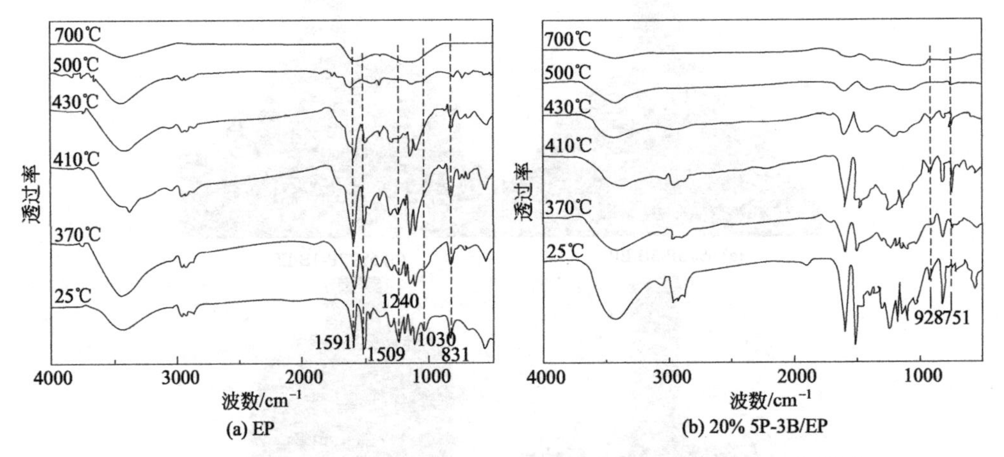

图 4.11 ODOPB-Borate 阻燃环氧树脂不同温度下裂解残炭的红外谱图

然而，如图 4.12 所示，在 700℃时，20%5P-3B/EP 残炭的红外光谱比纯 EP 残炭的红外光谱多了几个新吸收峰。其中，867cm^{-1} 和 746cm^{-1} 代表了芳香结构的存在[3]，说明了 ODOPB-Borate 并没有分解完全，部分芳香结构仍残留在凝聚相中，这证明了 ODOPB-Borate 在凝聚相发挥了阻燃作用。此外，20%5P-3B/EP 残炭的红外光谱中出现了一

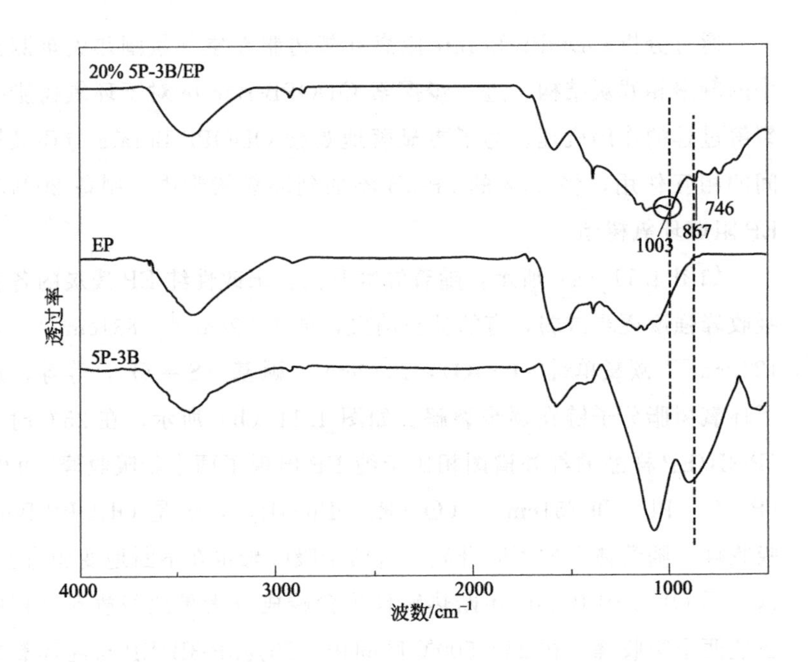

图 4.12 ODOPB-Borate 阻燃环氧树脂 700℃裂解残炭的红外谱图

个新的吸收峰 1003cm^{-1}，这是硼碳键（B—C）的吸收峰[4]。然而，5P-3B 在 700℃时残炭的红外光谱中并不存在硼碳键的吸收峰。可以推测在材料燃烧的过程中，ODOPB-Borate 分解生成硼酸，硼酸产生了酸催化作用，促进环氧树脂发生交联，促使体系生成更多的残炭，并提升炭层的质量。由此可知，ODOPB-Borate 能够显著提升环氧树脂在凝聚相的成炭作用。

4.1.9 抗冲击性能分析

如表 4.5 所示，相比于未改性的纯 EP 样品，6%ODOPB/EP 的冲击强度得到明显的提升，这主要是因为 ODOPB 能够与环氧树脂发生部分交联，提高了体系的交联密度，因而进一步提升了材料的冲击强度。而当 ODOPB-Borate 添加到环氧树脂中时，材料的冲击强度获得了更显著的提升。由于存在羟基，ODOPB-Borate 也能与环氧树脂发生交联，且 ODOPB-Borate 的三维体型结构更有效地增加了体系的交联程度，故而能够更大程度地提升材料的冲击强度。

表 4.5　ODOPB-Borate 阻燃环氧树脂的冲击强度

项目	6%5P-3B/EP	6%ODOPB/EP	EP
冲击强度/(kJ/m^2)	21.92	15.23	9.72

4.1.10 ODOPB-Borate 的基团协同阻燃机理

综上所述，ODOPB-Borate 的阻燃机理如图 4.13 所示。ODOPB-Borate 的主要裂解产物分为两大部分。首先，是 ODOPB 基团从分子中脱落，形成由硼酸酯连接苯环的体型大分子（三苯基硼酸酯碎片）。其次，是 ODOPB 分子断裂形成的裂解产物。ODOPB 所形成的裂解产物逐步分解生成磷氧自由基、苯氧自由基等，能够发挥有效的气相自由基猝灭作用。而三苯基硼酸酯碎片的产生也揭示了硼酸酯基团能够倾向于捕捉燃烧产生的芳香结构碎片，使更多的富炭组分保留在凝聚相中，且降低材料燃烧时的烟释放量。在燃烧过程中，硼酸酯基团还能够转化为硼酸，发挥催化成炭作用，促进环氧树脂生成更多的残炭。此外，ODOPB-Borate 分子还能够与环氧树脂发生交联，提升环氧树脂的交联程度，这样有利于提升材料在裂解、燃烧时生成炭层的致密程度，增强阻隔保护效应。ODOPB-Borate的磷杂菲与硼酸酯基团分别在气相和凝聚相中发挥协同作用，赋予环氧树脂材料优异的阻燃性能。

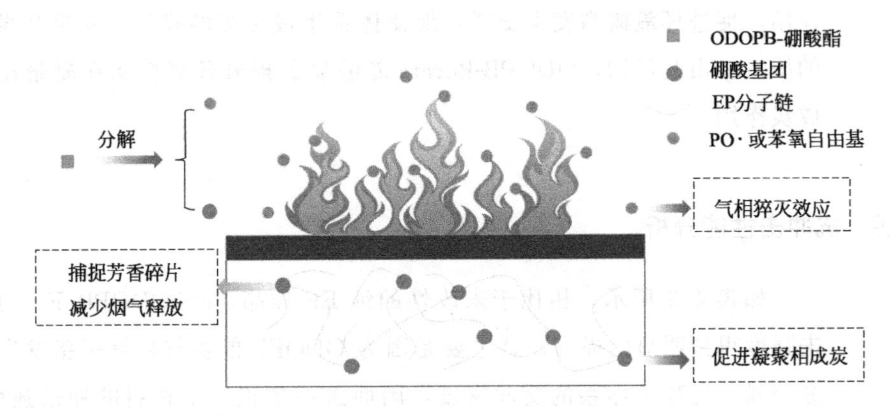

图 4.13 ODOPB-Borate的阻燃机理

4.1.11 小结

本节介绍了磷杂菲/硼酸酯双基化合物ODOPB-Borate的制备方法及表征，并将其添加到环氧树脂中，研究了对ODOPB-Borate环氧树脂阻燃性能、热性能以及力学性能的影响规律与机理。

① 当ODOPB-Borate中磷杂菲与硼酸酯基团的摩尔比为5∶3时，6%5P-3B/EP的LOI达到31.6%，并通过了UL 94 V-0级。磷杂菲与硼酸酯基团比例的不同会对ODOPB-Borate的阻燃效率产生不同的影响。

② ODOPB-Borate的添加能够有效降低环氧树脂的pk-HRR、THR及av-EHC，抑制材料的热释放速率，并提高材料的成炭能力。

③ ODOPB-Borate受热分解时，分子中的磷杂菲基团裂解释放磷氧和苯氧自由基，能够发挥有效的气相自由基猝灭作用；硼酸酯基团则趋向于捕捉环氧树脂裂解的芳香结构碎片，有效地降低体系的烟释放量，并增加体系的成炭量。ODOPB-Borate中磷杂菲和硼酸酯基团的协同阻燃作用能够有效平衡体系的气相和凝聚相阻燃作用，进而高效赋予环氧树脂优异的阻燃性能。

④ ODOPB-Borate的添加能够提升环氧树脂的交联密度，使其获得更高的玻璃化转变温度和冲击强度等力学性能。

4.2 基于 ODOPB-Borate 的复合体系阻燃环氧树脂

4.2.1 基于 ODOPB-Borate 的复合体系阻燃环氧树脂的制备

基于固化剂 DDS 的环氧树脂固化体系：在超声作用下，将 DGEBA 升温至 100℃，加入 OMMT 或者 SiO_2 并继续搅拌 1h。待 OMMT 或者 SiO_2 充分分散于 DGEBA 后，将体系温度升至 180℃，加入 ODOPB-Borate（5P-3B），搅拌至 ODOPB-Borate 完全溶于环氧树脂，加入固化剂 DDS，再搅拌至 DDS 完全溶解后，置于 185℃ 真空干燥箱中抽真空 3min，除去体系中的气泡，再迅速浇注入预热的模具中。先在 160℃ 预固化 1h，再在 180℃继续固化 2h，最后在 200℃深度固化 1h。

基于固化剂 DDM 的环氧树脂固化体系：在超声作用下，将 DGEBA 升温至 100℃，加入 OMMT 或者 SiO_2 并继续搅拌 1h。待 OMMT 或者 SiO_2 充分分散于 DGEBA 后，将体系温度升至 120℃，加入 ODOPB-Borate（5P-3B），搅拌至 ODOPB-Borate 完全溶于环氧树脂后，加入固化剂 DDM。搅拌至 DDM 完全溶解后，置于 120℃ 真空干燥箱中抽真空 3min，除去体系中的气泡，再迅速浇注入预热的模具中。先在 120℃ 预固化 2h，再在 170℃深度固化 4h。

DGEBA、DDS、DDM、ODOPB-Borate、OMMT 及 SiO_2 的用量如表 4.6 所示。

表 4.6 基于 ODOPB-Borate 的复合体系阻燃环氧树脂的制备配方

样品	DGEBA /g	DDS /g	DDM /g	ODOPB-Borate /g	OMMT /g	SiO_2 /g
5%B-1%M/DDS	100	31.7	—	7.00	1.40	—
5%B-1%S/DDS	100	31.7	—	7.00	—	1.40
4%ODOPB-Borate/DDM	100	—	25.3	5.22	—	—
3.5%B-0.5%M/DDM	100	—	25.3	4.57	0.65	—
3%B-1%M/DDM	100	—	25.3	3.91	1.30	—
2.5%B-1.5%M/DDM	100	—	25.3	3.26	1.96	—
2%B-2%M/DDM	100	—	25.3	2.61	2.61	—
3.5%B-0.5%S/DDM	100	—	25.3	4.57	—	0.65
3%B-1%S/DDM	100	—	25.3	3.91	—	1.30
2.5%B-1.5%S/DDM	100	—	25.3	3.26	—	1.96
2%B-2%S/DDM	100	—	25.3	2.61	—	2.61

4.2.2 LOI和UL 94垂直燃烧试验

采用氧指数仪和燃烧试验箱评价了基于ODOPB-Borate的复合体系阻燃环氧树脂的LOI和UL 94阻燃级别，测试结果如表4.7所示。

表4.7 基于ODOPB-Borate的复合体系阻燃环氧树脂的LOI和UL 94阻燃级别

样品	LOI /%	垂直燃烧试验		
		余焰时间		UL 94 阻燃级别
		av-t_1/s	av-t_2/s	
6%ODOPB-Borate/DDS	31.6	4.0	4.5	V-0级
5%B-1%M/DDS	34.9	14.8	14.9	V-1级
5%B-1%S/DDS	36.1	5.3	5.2	V-1级
4%ODOPB-Borate/DDM	36.9	7.5	3.2	V-1级
3.5%B-0.5%M/DDM	38.8	2.5	2.5	V-0级
3%B-1%M/DDM	36.9	5.1	6.6	V-1级
2.5%B-1.5%M/DDM	35.5	46.1	38.4	无级别
2%B-2%M/DDM	33.8	68.0	54.5	无级别
3.5%B-0.5%S/DDM	38.5	1.4	4.8	V-0级
3%B-1%S/DDM	38.0	11.6	10.4	V-1级
2.5%B-1.5%S/DDM	36.5	4.4	3.8	V-1级
2%B-2%S/DDM	36.0	5.9	11.3	V-1级

在EP/DDS体系中，相比于6%ODOPB-Borate/DDS，当阻燃剂的总添加量为6%（质量分数），且ODOPB-Borate与含硅阻燃剂（OMMT或者SiO_2）的质量比为5∶1时，5%B-1%M/DDS的LOI进一步提升至34.9%，而阻燃级别则下降至UL 94 V-1级。类似地，5%B-1%S/DDS的LOI提升至36.1%，而阻燃级别也降至UL 94 V-1级。由此可知，在DDS体系中，两种含硅阻燃剂的引入虽然提升了环氧树脂的LOI，但也延长了材料的自熄时间，使其UL 94阻燃级别下降。

在EP/DDM体系中，当阻燃剂的总添加量为4%（质量分数），ODOPB-Borate与含硅阻燃剂（OMMT或者SiO_2）的质量比按照0.5%的梯度从4∶0变化至2∶2。当体系中只添加4%的ODOPB-Borate时，4%ODOPB-Borate/DDM的LOI达到36.9%，UL 94阻燃级别则为V-1级。将0.5%（质量分数）的OMMT引入ODOPB-Borate/DDM体系时，3.5%B-0.5%M/DDM的LOI提升至38.8%，并通过了UL 94 V-0级。继续提升OMMT的含量并降低ODOPB-Borate的含量时，复合体系阻燃环氧树脂的LOI以及UL 94阻燃级别反而逐步降低。当ODOPB-

Borate 的含量降至 2.5%（质量分数）时，2.5%B-1.5%M/DDM 的 UL 94 阻燃级别降至无级别。类似地，将 0.5%（质量分数）的 SiO_2 添加到 ODOPB-Borate/DDM 体系时，3.5% B-0.5% S/DDM 的 LOI 提升至 38.5%，UL 94 阻燃级别也达到了 V-0 级。继续降低 ODOPB-Borate 的含量时，复合体系阻燃环氧树脂的 LOI 以及 UL 94 阻燃级别也逐步降低，只是其降低程度比 ODOPB-Borate/OMMT 复合体系更小些。当 ODOPB-Borate 的含量降至 2%（质量分数）时，2%B-2%S/DDM 仍达到了 UL 94 V-1 级。由此可知，在 EP/DDM 体系中，在特定复合比例下，OMMT 和 SiO_2 的引入都能够与 ODOPB-Borate 之间产生更高效的协同阻燃作用，进一步提升材料的阻燃性能，且这两种含硅阻燃剂对环氧树脂体系阻燃性能的提升程度比较接近。需要注意的是，OMMT 和 SiO_2 在 EP/DDM 体系中都只能起到“辅助”的阻燃作用，ODOPB-Borate 仍是发挥阻燃作用的主导成分。

4.2.3　锥形量热仪燃烧试验

采用锥形量热仪燃烧试验研究基于 ODOPB-Borate 的复合体系阻燃环氧树脂材料在强制热辐照条件下的燃烧行为，测试结果如表 4.8 所示。

在 EP/DDS 体系中，相比于未改性的 EP/DDS，6% ODOPB-Borate/DDS 的 pk-HRR、THR 及 EHC 都明显下降，说明 ODOPB-Borate 有效地抑制了环氧树脂的燃烧强度。如图 4.14 所示，当 OMMT 和 SiO_2 分别与 ODOPB-Borate 复配添加到环氧树脂中时，复合体系阻燃环氧树脂的 pk-HRR 实现了进一步的降低，这说明 OMMT 和 SiO_2 都有利于加强 ODOPB-Borate 的屏障保护作用，使得环氧树脂燃烧时的最大放热强度得到进一步的抑制。至于复合体系阻燃环氧树脂的 av-EHC、TML 及 TSR 值稍微升高，这是由于 ODOPB-Borate 含量的降低。而复合体系阻燃环氧树脂的 THR、COY 及 CO_2Y 值几乎不变，则说明含硅阻燃剂的添加对 ODOPB-Borate 阻燃环氧树脂体系的气相阻燃作用几乎没有影响。综上可知，ODOPB-Borate 是影响复合体系阻燃作用的主要因素，对体系阻燃作用的发挥具有主要作用，其含量的高低直接影响了体系的凝聚相成炭作用和气相自由基猝灭、稀释以及抑烟作用的强弱。而与 B-M/DDS 体系相比，B-S/DDS 体系的 pk-HRR 和 TML 值较低，这与 LOI 和

UL 94 垂直燃烧试验结果相对应，说明 SiO_2 对 ODOPB-Borate/EP 体系的凝聚相屏障保护作用的提升效果更强。

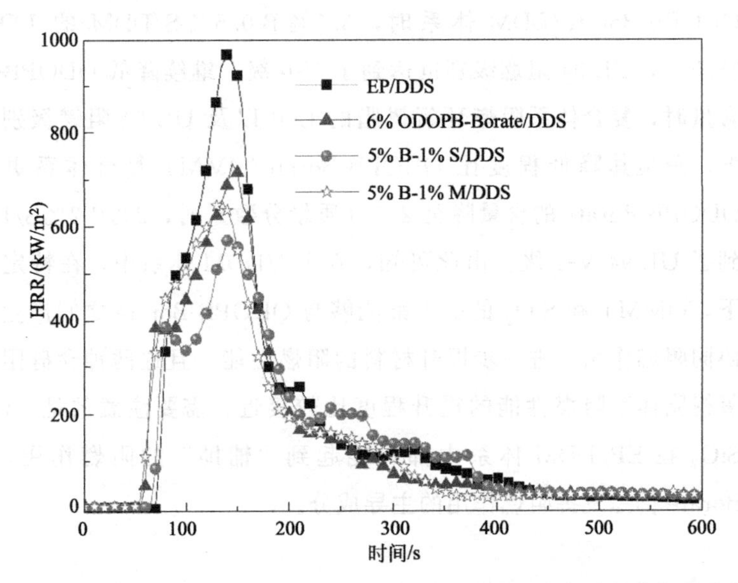

图 4.14 基于 ODOPB-Borate 的复合体系阻燃 DDS 固化环氧树脂的热释放速率曲线

在 EP/DDM 体系中，相比于未改性的 EP/DDM，4%ODOPB-Borate/DDS 的燃烧强度的明显下降。如图 4.15 所示，当 0.5%（质量分数）的 OMMT 或者 SiO_2 分别与 ODOPB-Borate 复配添加到环氧树脂中

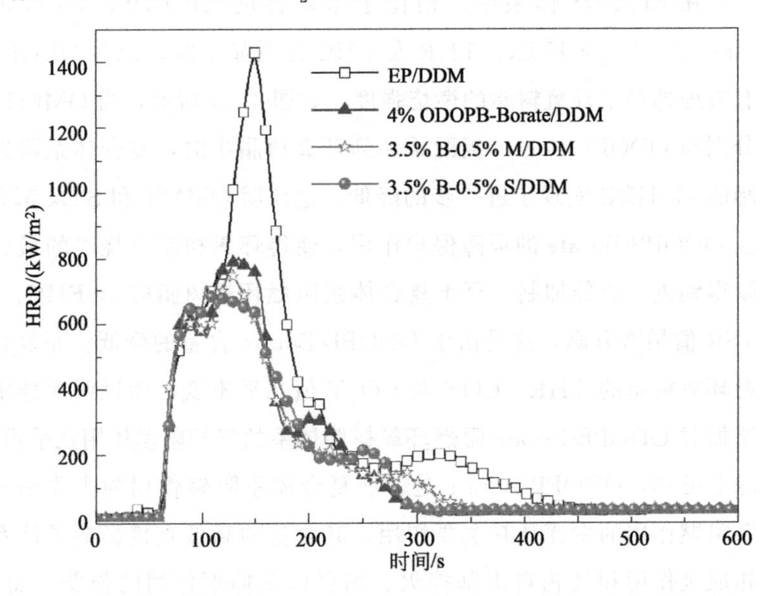

图 4.15 基于 ODOPB-Borate 的复合体系阻燃 DDM 固化环氧树脂的热释放速率曲线

时，复合体系阻燃环氧树脂的pk-HRR都轻微降低，这再次说明OMMT和SiO_2的引入都有利于加强ODOPB-Borate的屏障保护作用。而随着含硅阻燃剂比例的提升，复合体系阻燃环氧树脂的pk-HRR、THR、av-EHC、av-CO_2Y等值不断升高，av-COY值不断降低。这说明ODOPB-Borate在环氧树脂燃烧过程中发挥了主要的阻燃作用，包括成炭作用以及气相自由基猝灭和稀释作用等，而OMMT和SiO_2在少量添加的情况下，有利于提升体系的屏障保护作用，这种微小的提升在一定程度上有利于优化主阻燃剂的两相阻燃效应的分布，从而在一定程度上提升复合体系的整体阻燃效率。

表4.8 基于ODOPB-Borate的复合体系阻燃环氧树脂的锥形量热仪燃烧试验参数

样品	pk-HRR /(kW/m^2)	THR /(MJ/m^2)	av-EHC /(MJ/kg)	av-COY /(kg/kg)	av-CO_2Y /(kg/kg)	TSR /(m^2/m^2)	TML /%
EP/DDS	966	102	24.2	0.090	2.09	4148	91.6
6%ODOPB-Borate/DDS	734	88	20.9	0.139	1.79	4384	79.9
5%B-1%M/DDS	654	86	22.3	0.135	1.89	5213	86.7
5%B-1%S/DDS	568	87	21.7	0.137	1.79	4739	83.7
EP/DDM	1420	144	29.9	0.126	2.51	5905	92.2
4%ODOPB-Borate/DDM	795	95	23.1	0.140	1.90	4308	86.9
3.5%B-0.5%M/DDM	745	94	22.9	0.145	1.88	6499	87.1
3%B-1%M/DDM	799	95	23.7	0.138	1.97	5388	87.0
2.5%B-1.5%M/DDM	805	98	23.9	0.124	2.00	5811	89.3
2%B-2%M/DDM	1095	102	24.4	0.123	2.01	5758	90.9
3.5%B-0.5%S/DDM	709	94	22.8	0.149	1.88	6034	86.1
3%B-1%S/DDM	734	96	23.1	0.138	1.94	5630	87.1
2.5%B-1.5%S/DDM	933	94	23.4	0.141	1.94	4624	87.7
2%B-2%S/DDM	873	102	23.6	0.123	1.90	5435	87.8

4.2.4 热性能分析

采用热重分析研究基于ODOPB-Borate的复合体系阻燃环氧树脂材料在氮气氛围下的热失重行为，测试结果如表4.9所示。

表4.9 基于ODOPB-Borate的复合体系阻燃环氧树脂的热失重参数

样品	$T_{d,1\%}$/℃	$T_{d,5\%}$/℃	$R_{700℃}$/%
6%ODOPB-Borate/DDS	365	401	20.4
5%B-1%M/DDS	364	400	20.9
5%B-1%S/DDS	366	400	21.2
4%ODOPB-Borate/DDM	357	383	19.9
3.5%B-0.5%M/DDM	364	383	19.9
3.5%B-0.5%S/DDM	357	383	20.2

在EP/DDS体系中，ODOPB-Borate及其与OMMT或者SiO_2的复合体系都对材料的初始分解温度没有明显影响，说明两种含硅阻燃剂不会与环氧树脂或者ODOPB-Borate产生化学作用。如图4.16所示，在700℃时，6%ODOPB-Borate/DDS的残炭产率明显高于未改性的EP/DDS，说明ODOPB-Borate具有较强的促进成炭能力。进一步引入含硅阻燃剂OMMT或者SiO_2后，复合体系阻燃环氧树脂的残炭产率仅仅出现了小幅提升。结合含硅阻燃剂自身的成炭性能，这一结果说明两种含硅阻燃剂对环氧树脂的成炭行为都没有明显的促进作用。

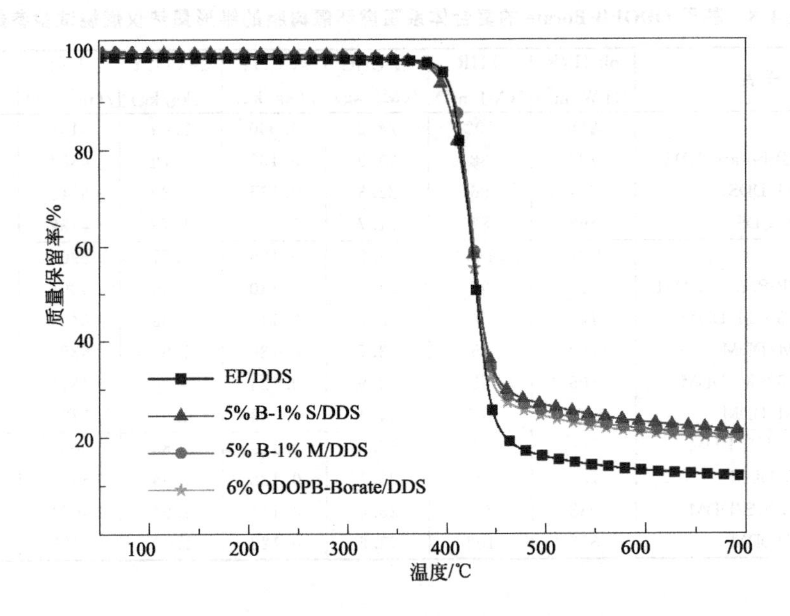

图4.16 基于ODOPB-Borate的复合体系阻燃DDS固化环氧树脂的热失重曲线

在EP/DDM体系中，类似的，无论是ODOPB-Borate还是含硅阻燃剂都对环氧树脂的初期分解路径没有明显影响。如图4.17所示，在700℃时，当含硅阻燃剂OMMT或者SiO_2与ODOPB-Borate复合阻燃环氧树脂时，与4%ODOPB-Borate/DDM相比，体系的残炭产率几乎不变。这主要是因为，在DDM体系中，含硅阻燃剂OMMT和SiO_2也不与环氧树脂或ODOPB发生任何的化学反应，故而未对环氧树脂的降解行为产生明显影响。

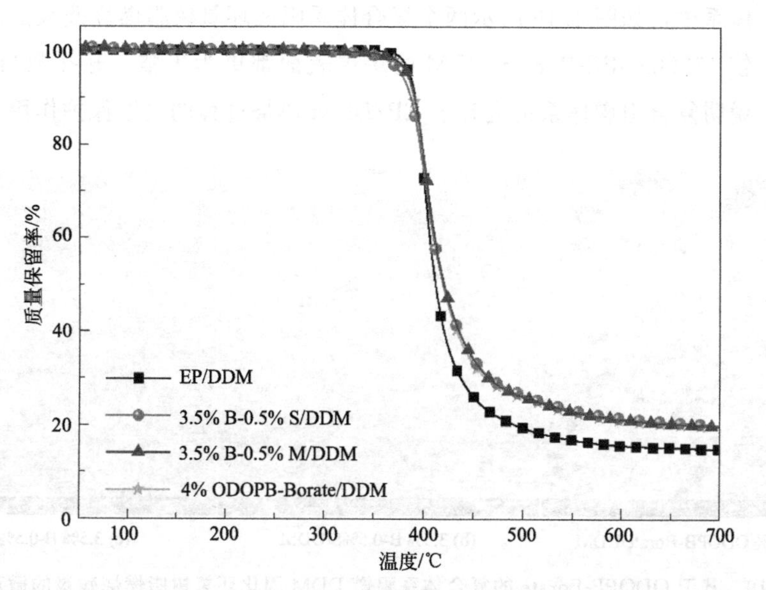

图 4.17　基于 ODOPB-Borate 的复合体系阻燃 DDM 固化环氧树脂的热失重曲线

4.2.5　燃烧残炭分析

采用 SEM-EDS 联用仪分析基于 ODOPB-Borate 的复合体系阻燃环氧树脂燃烧残炭的形貌与组成，探索基于 ODOPB-Borate 的复合体系对环氧树脂凝聚相成炭行为的影响。如图 4.18 所示，6%ODOPB-Borate/DDS 燃烧残炭表面上有些许开放孔洞。引入 OMMT 或者 SiO_2 后，复合体系阻燃环氧树脂燃烧残炭表面的开放孔洞数量明显减少，生成了更为致密的炭层结构，这有助于提升炭层的阻隔保护作用。同样地，在 DDM

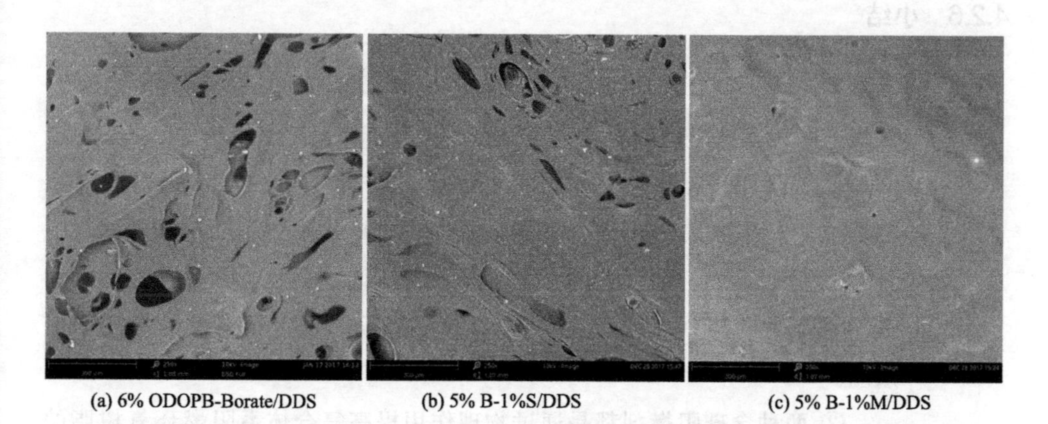

图 4.18　基于 ODOPB-Borate 的复合体系阻燃 DDS 固化环氧树脂燃烧残炭的微观形貌

体系中，如图 4.19 所示两个复合体系阻燃环氧树脂燃烧残炭的炭层表面较 4%ODOPB-Borate/DDM 的炭层表面都更为平整，开孔数目也更少，说明复合阻燃体系也提升了 EP/DDM 燃烧过程的炭层保护作用。

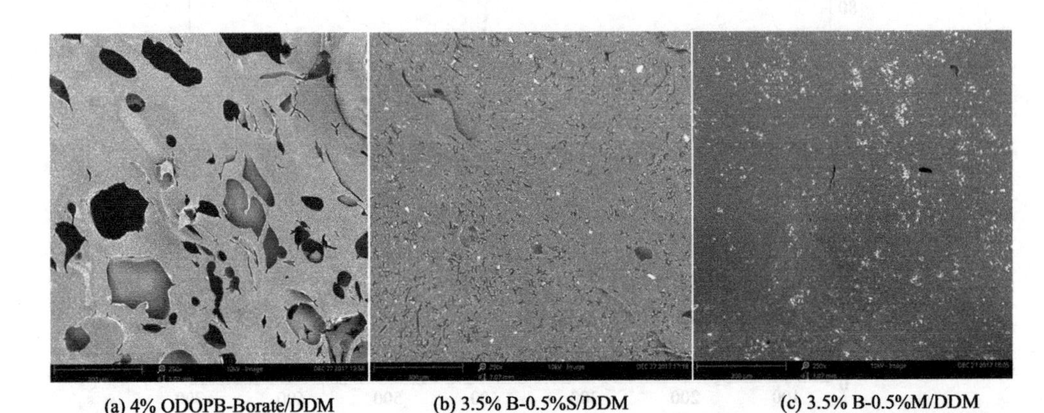

图 4.19 基于 ODOPB-Borate 的复合体系阻燃 DDM 固化环氧树脂燃烧残炭的微观形貌

如图 4.20 所示，所有复合体系阻燃环氧树脂的炭层表面都有一些大小不等的颗粒，结合各样品的元素分布图可知，这些颗粒都含有丰富的硅（Si）元素，说明这些颗粒都来源于 SiO_2 或 MMT（OMMT 分解所剩）本身，而碳（C）元素则分布在这些颗粒以外的其他区域。这证明了含硅阻燃剂在材料燃烧后残留在炭层表面，并通过其不燃且导热速率慢的特性提升了炭层的阻隔保护作用。

4.2.6 小结

本节将 ODOPB-Borate 分别与 SiO_2 和 OMMT 复合阻燃环氧树脂，探索了两种含硅阻燃剂对 ODOPB-Borate/EP 体系阻燃行为的影响规律。

① SiO_2 和 OMMT 的添加都能够明显提升 ODOPB-Borate/EP 体系的 LOI，尤其在 EP/DDM 体系中，SiO_2 和 OMMT 的引入都能够同时提升 ODOPB-Borate/EP 体系的 LOI 和 UL 94 阻燃级别，说明 OMMT 和 SiO_2 能够在 EP/DDM 体系中与 ODOPB-Borate 发生更高效的协同阻燃效应。

② 两种含硅阻燃剂都是通过物理作用提高复合体系阻燃环氧树脂的炭层阻隔和保护作用，降低材料的燃烧强度。在 DDM 体系中，OMMT

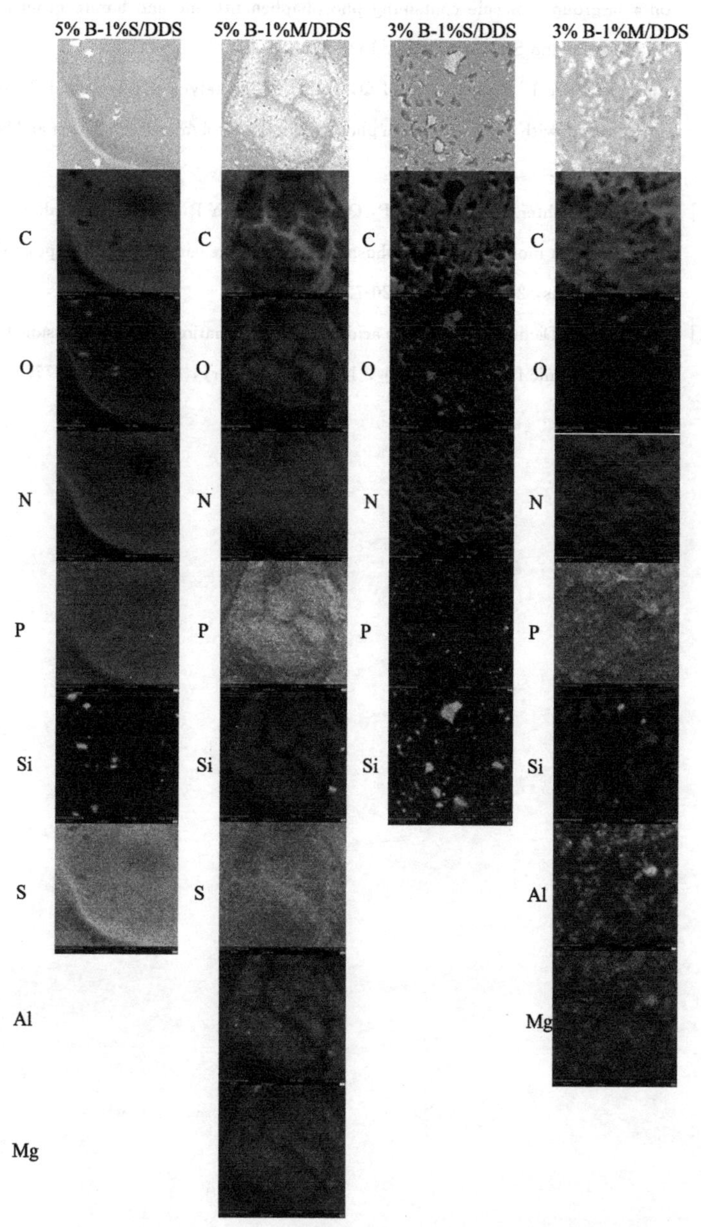

图 4.20　基于 ODOPB-Borate 的复合体系阻燃环氧树脂燃烧残炭的元素分布

和 SiO_2 通过增强凝聚相阻隔保护作用，优化了体系的气相和凝聚相阻燃效应分布，与 ODOPB-Borate 构建了更高效的协同阻燃机制。

参 考 文 献

[1]　Tang S, Qian L J, Qiu Y, Dong Y P. High-performance flame retardant epoxy resin based

on a bi-group molecule containing phosphaphenanthrene and borate groups [J] . Polymer Degradation and Stability, 2018, 153: 210-219.

[2] Zhou Y, Feng J, Peng H, Qu H Q, Hao J W. Catalytic pyrolysis and flame retardancy of epoxy resins with solid acid boron phosphate [J] . Polymer Degradation and Stability, 2014, 110: 395-404.

[3] Tang S, Wachtendorf V, Klack P, Qian L J, Dong Y P, Schartel B. Enhanced flame-retardant effect of a montmorillonite/phosphaphenanthrene compound in an epoxy thermoset [J]. RSC Advances, 2017, 7 (2): 720-728.

[4] Spitler E L, Dichtel W R. Lewis acid-catalysed formation of two-dimensional phthalocyanine covalent organic frameworks [J] . Nature Chemistry, 2010, 2: 672-677.

第 5 章

磷杂菲/磷腈双基化合物阻燃环氧树脂

磷腈化合物在环氧树脂中具有很多优异的阻燃效果。作为磷腈化合物研究的重要原料，六氯环三磷腈结构中活泼的P—Cl键为其衍生物的多样性提供了重要的实践基础。基于此，在具有优异阻燃效果和完善阻燃机制的新型高效无卤阻燃体系探索中，研究人员利用不同阻燃基团或者特征结构在阻燃行为上的互补性和协同性，将磷杂菲[1-3]、磷酸酯[4]以及酰亚胺[5]等结构与磷腈结构键接，构建了一系列含磷腈的双基阻燃化合物，探索了磷腈基团与不同阻燃基团在环氧树脂中的基团协同阻燃行为与机理。

本章以两种磷杂菲/磷腈双基化合物为例，评价了相关磷杂菲/磷腈双基化合物改性环氧树脂的阻燃性能，分析了相关磷杂菲/磷腈双基化合物阻燃环氧树脂的量效关系，阐明了相关磷杂菲/磷腈双基化合物对环氧树脂裂解成炭和燃烧行为的影响规律，揭示了相关磷杂菲/磷腈双基化合物阻燃环氧树脂的作用机理。

5.1 磷杂菲/磷腈双基化合物HAP-DOPO阻燃环氧树脂

5.1.1 HAP-DOPO的制备

将对羟基苯甲醛（96.0g，0.79mol）加入丙酮（180mL）中，搅拌至对羟基苯甲醛完全溶解后，加入无水碳酸钠（83.7g，0.79mol），搅拌1h后，加入六氯环三磷腈（45.2g，0.13mol），并搅拌至完全溶解，之后回流反应6h，结束反应。在搅拌条件下将体系温度降至室温后，减压抽滤出体系中析出的产物，并在80℃下按照30min/次，搅拌水洗3次后，即得目标产物HAP，产率>97%。HAP的制备方程如图5.1所示。熔点：158～159℃；FTIR（KBr，cm^{-1}）：1706（C═O），1159、1181、1208（P═N）、962、745（P—O—Ph）；^{1}H NMR（$CDCl_3$）：9.94（s，6H，CHO），7.75（d，12H，C_6H_4），7.12（d，12H，C_6H_4）。

先将DOPO（71.3g，0.33mol）在140℃下加热熔融，再加入中间体HAP（34.1g，0.05mol），继续在140℃下搅拌反应4h后，结束反应。再用甲苯在回流条件下，按照30min/次，搅拌洗涤3次，即得目标产物

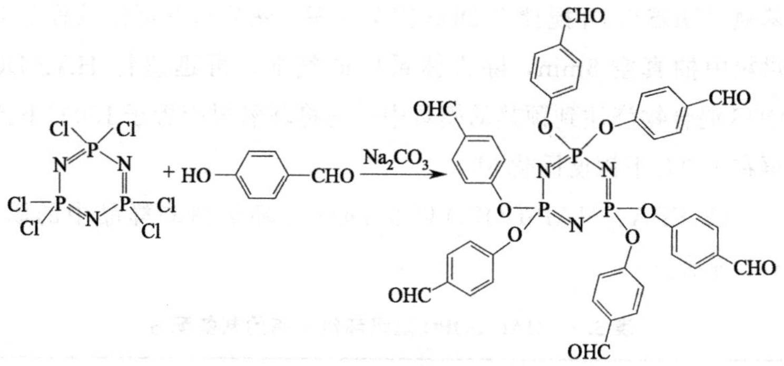

图 5.1　HAP 的制备方程

HAP-DOPO，产率>82%。HAP-DOPO 的制备方程如图 5.2 所示。熔点 185～186℃；FTIR（KBr，cm^{-1}），3383（—OH），1238（P=O），962、745（P—O—Ph），1203、1184、1162（P=N）；^{1}H NMR（DMSO-d_6），7.56～8.17（m，8H），6.49～7.33（m，16H），6.30、6.34（d，2H），5.19、5.38（d，2H）；^{31}P NMR（DMSO-d_6），30.99，9.32。

图 5.2　HAP-DOPO 的制备方程

5.1.2　HAP-DOPO 阻燃环氧树脂的制备

将双酚 A 二缩水甘油醚（DGEBA，E-51）加热至 180℃后，加入 HAP-DOPO，搅拌至 HAP-DOPO 完全溶解，之后加入 4,4′-二氨基二苯砜（DDS），并搅拌至DDS完全溶解，然后将共混体系置于180℃真空烘箱中抽真空5min，除去体系中的气泡，再迅速将HAP-DOPO/EP/DDS混合物浇注到预热的模具中。先将环氧树脂置于150℃下预固化3h，再在180℃下深度固化5h。

DGEBA、HAP-DOPO以及DDS在环氧树脂样品中的添加量如表5.1所示。

表5.1 HAP-DOPO阻燃环氧树脂的制备配方

样品	DGEBA/g	DDS/g	HAP-DOPO/g	磷含量/%
F1	100	31.6	0	0
F2	100	31.6	11.0	1%
F3	100	31.6	13.46	1.2%
F4	100	31.6	17.27	1.5%
F5	100	31.6	24.1	2%
F6	100	31.6	39.76	3%

5.1.3 热性能分析

采用差示扫描量热仪测试磷杂菲/磷腈双基化合物的热转变行为，如表5.2所示，HAP- DOPO的熔点（T_m）为186℃，处于含磷环氧树脂的固化温度区间。同时，作为非聚合物，HAP-DOPO在82℃附近出现了玻璃化转变行为，这是由于DOPO基团作为一个大体积非共平面结构，为分子内部提供了较大的自由空间，当分子受热时，能够吸收热量进行构象调整。

表5.2 HAP-DOPO的热性能试验参数

样品	T_g/℃	T_m/℃	$T_{d,1\%}$/℃	$T_{d,max}$/℃	$R_{600℃}$/%
HAP	—	159	288	295	79.9
HAP-DOPO	82	186	201	246	46.7

HAP-DOPO的热失重测试结果表明，如图5.3所示，HAP与DOPO通过加成反应制备了HAP-DOPO以后，其1%（质量分数）失重温度（$T_{d,1\%}$）在201℃，与HAP相比有明显下降，这主要是因为DOPO与醛基加成形成了活泼的羟基。其分解过程表现为三个阶段。其中，300℃以前为第一阶段，失重约18%（质量分数），这个阶段主要是化合物失水，如图5.4所示，HAP-DOPO在300℃加热10min后，在3383cm^{-1}处的—OH吸收峰变小。300～520℃为第二阶段降解，失重约32%，在500℃以后为第

三阶段降解，轻微失重。这些失重降解过程包含了分子内或分子间的羟基脱水形成交联结构、DOPO 杂环被破坏生成可挥发性物质、多聚磷酸的脱水成炭等。另外，HAP-DOPO 在 600℃时的残炭产率（$R_{600℃}$）仍有 46.7%（质量分数），表现出优异的成炭性能。

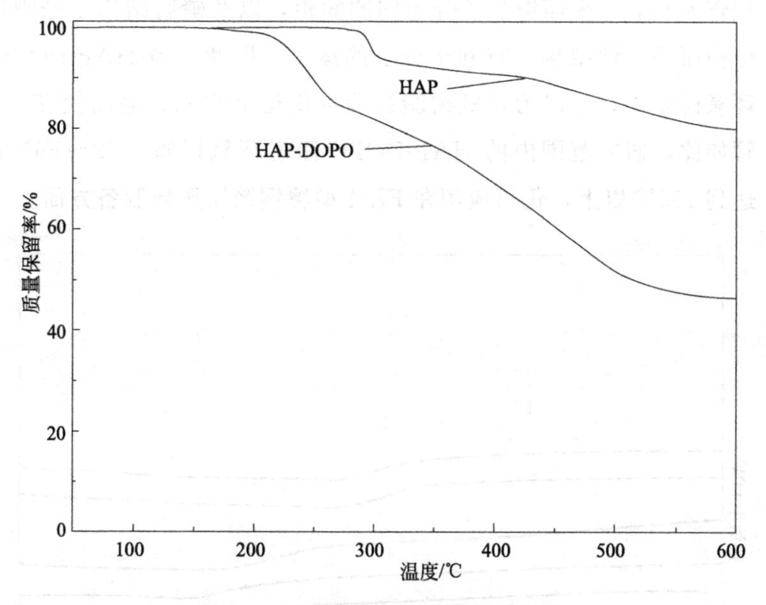

图 5.3　HAP-DOPO 的热失重曲线

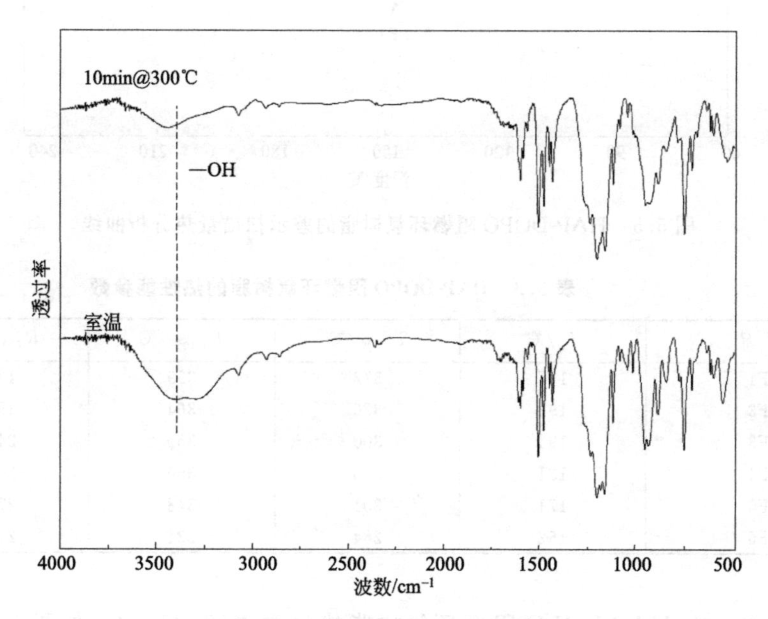

图 5.4　HAP-DOPO 的红外谱图

此外，HAP-DOPO 阻燃环氧树脂的热性能测试结果表明，如图 5.5 和表 5.3 所示，随着磷含量的提高，HAP-DOPO 阻燃环氧树脂的 T_g 从 193℃（F2）逐渐降低至 152℃（F6）。显然，作为添加型阻燃剂，HAP-DOPO 的引入会降低环氧树脂材料的 T_g，这是由于磷杂菲结构本身的体积较大和非共平面增加了分子间的间距，以及磷腈结构不是刚性的共轭结构而是柔性结构，有利于分子的运动。因此，当 HAP-DOPO 添加到环氧树脂中，可以为环氧树脂链段提供运动空间，进而使 T_g 降低。尽管如此，研究范围内的 HAP-DOPO 阻燃环氧树脂（F2～F6）的 T_g 都达到 150℃以上，仍可应用在 FR-4 型覆铜箔层压板制备方面。

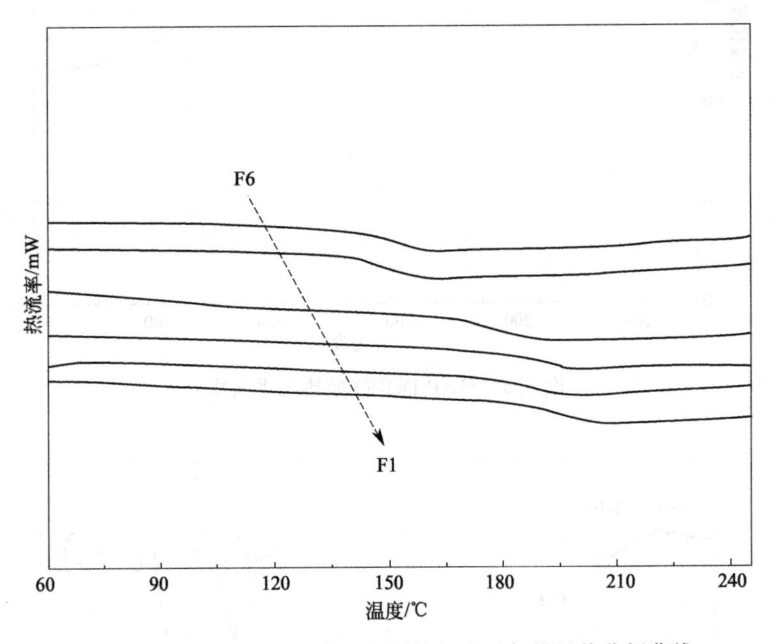

图 5.5 HAP-DOPO 阻燃环氧树脂的差示扫描量热分析曲线

表 5.3 HAP-DOPO 阻燃环氧树脂的热性能参数

样品	T_g/℃	$T_{d,1\%}$/℃	$T_{d,10\%}$/℃	$R_{700℃}$/%
F1	197	372	399	13.2
F2	193	326	364	25.5
F3	191	300	359	24.9
F4	181	298	356	25.8
F5	171	301	348	27.0
F6	152	284	331	27.3

在 HAP-DOPO 阻燃环氧树脂热失重测试过程中，如图 5.6 所示，

所有阻燃环氧树脂样品在350～430℃区间内都只有单一的失重，约为65%（质量分数）。与未改性环氧树脂（F1）的初始分解温度（$T_{d,1\%}$，372℃）相比，HAP-DOPO阻燃环氧树脂的$T_{d,1\%}$随着体系磷含量的提高逐步下降（326℃→284℃），这是由于HAP- DOPO会在较低温度下率先脱水分解（$T_{d,1\%}$为201℃，300℃时失重18%）。随着温度进一步升高，含磷环氧树脂在HAP-DOPO裂解产物的作用下迅速脱水成炭，使得体系在700℃下的残炭产率（$R_{700℃}$）从13.2%提高到27.3%，如表5.3所示。在此过程中，HAP-DOPO中的磷腈、磷杂菲及多羟基结构能够共同促进树脂成炭，生成更多的富磷残炭。

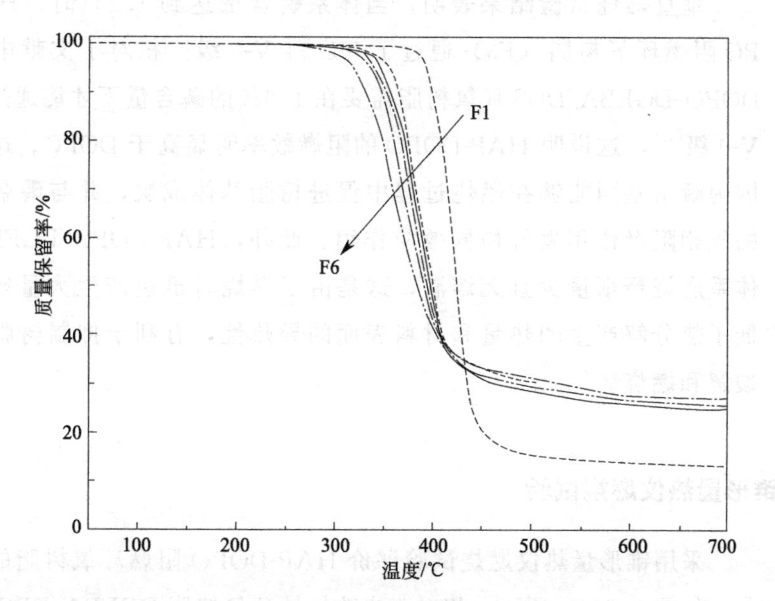

图5.6　HAP-DOPO阻燃环氧树脂的热失重曲线

5.1.4　LOI和UL 94垂直燃烧试验

采用氧指数仪和燃烧试验箱评价HAP-DOPO在环氧树脂中的阻燃效率，如表5.4所示，当体系磷含量达到1.5%时，HAP-DOPO阻燃环氧树脂（F4）的LOI值从22.5%提高至35.2%。但是，进一步提高体系磷含量（>1.5%）时，材料的LOI反而逐步降低。这与P/N/C（芳香环）的比例有关，适当的P/N/C的比例有助于体系发挥更高效的阻燃作用。LOI测试结果表明，HAP-DOPO的高添加量并没有使环氧树脂获得更高的阻燃性能。

表 5.4 HAP-DOPO 阻燃环氧树脂的 LOI 和 UL 94 阻燃级别

样 品	磷含量/%	LOI/%	垂直燃烧试验	
			UL 94 阻燃级别	是否熔滴
F1	—	22.5	无级别	是
F2	1.0	30.1	V-1 级	否
F3	1.2	31.0	V-0 级	否
F4	1.5	35.2	V-0 级	否
F5	2.0	30.8	V-0 级	否
F6	3.0	29.7	V-0 级	否

垂直燃烧试验结果表明，当体系磷含量达到 1.2%时，HAP-DOPO 阻燃环氧树脂（F3）通过了 UL 94 V-0 级。相对于文献中报道的 DOPO-DGEBA/DDS 环氧树脂需要在 1.6%的磷含量下才能通过 UL 94 V-0 级[6]，这说明 HAP-DOPO 的阻燃效率明显高于 DOPO。这主要是因为磷腈基团能够在燃烧过程中促进树脂基体成炭，并与磷杂菲基团的气相阻燃作用发挥协同效应作用。此外，HAP-DOPO/DGEBA/DDS 体系燃烧释烟量少且无熔滴，这是由于燃烧时迅速产生大量残炭，降低了热分解产生的热量和材料表面的导热性，有利于抑制树脂基体的裂解和燃烧。

5.1.5 锥形量热仪燃烧试验

采用锥形量热仪燃烧试验评价 HAP-DOPO 阻燃环氧树脂的燃烧行为，如图 5.7(a) 所示，相对于未改性纯环氧树脂 DGEBA/DDS，HAP-DOPO 阻燃环氧树脂（F3 和 F5）的 HRR 和 pk-HRR 都明显降低。同时，F3 和 F5 的 TTI 都有一定程度的降低，这不仅是因为 HAP-DOPO 提前分解，还因为 HAP-DOPO 促进基体树脂在较低温度下提前分解。另外，随着磷含量增加，如图 5.7(b) 所示，HAP-DOPO 阻燃环氧树脂（F3 和 F5）的 THR 也逐步降低，这是因为 HAP-DOPO 不仅促进树脂基体形成了更多、更稳定的残炭，还通过稳定炭层发挥了更有效的阻隔保护作用。类似地，如图 5.7(c) 所示，HAP-DOPO 的加入也有效抑制了环氧树脂燃烧过程的热辐射平均速率（ARHE)。综上可知，HAP-DOPO 的引入有效地抑制了树脂基体的燃烧放热行为，赋予了环氧树脂材料更优异的阻燃性能。

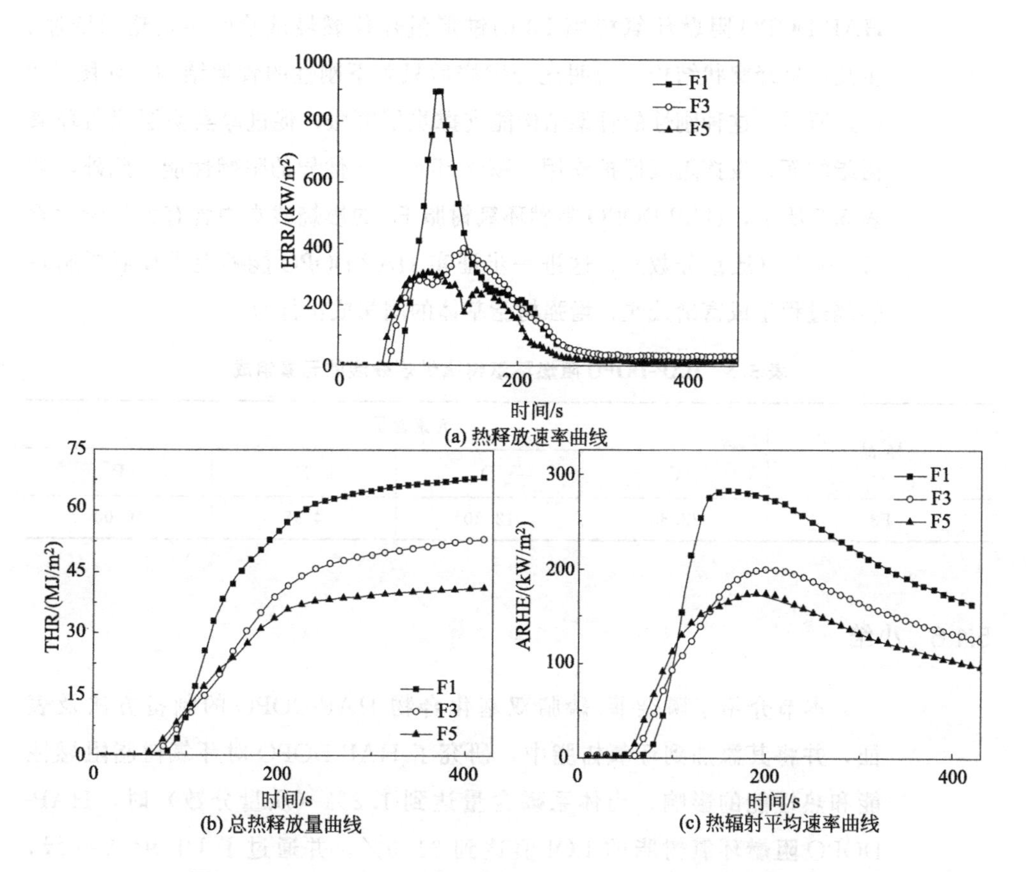

图 5.7　HAP-DOPO 阻燃环氧树脂的锥形量热仪燃烧试验曲线

进一步地，采用 SEM 和 EDX 研究 HAP-DOPO 阻燃环氧树脂燃烧残炭的表面形貌和元素组成。如图 5.8(a) 所示，未改性环氧树脂 F1 的锥形量热仪燃烧试验残炭收缩成薄片，表面连续光滑且致密。而

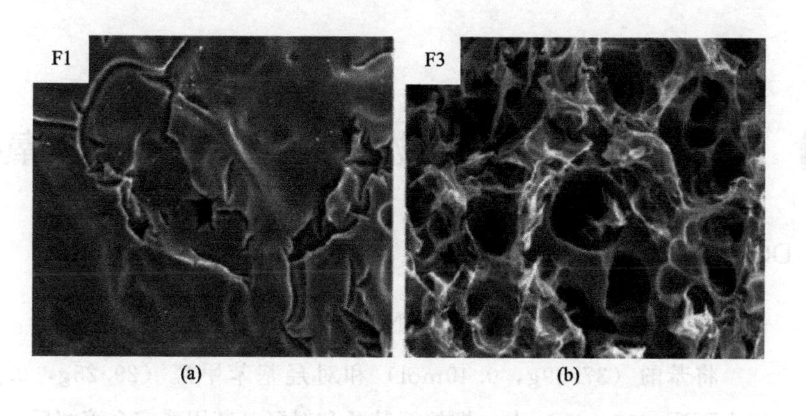

图 5.8　HAP-DOPO 阻燃环氧树脂燃烧残炭的微观形貌

HAP-DOPO阻燃环氧树脂F3的锥形量热仪燃烧试验残炭则略微膨胀、多孔，呈蜂窝状结构，说明充分燃烧后只剩下刚性的骨架结构，如图5.8(b)所示。这种刚性的骨架结构能支撑炭层膨胀，促进厚实炭层覆盖环氧树脂的面，发挥阻隔保护作用，赋予环氧树脂优异的阻燃性能。此外，如表5.5所示，HAP-DOPO阻燃环氧树脂F3的燃烧残炭中含有大量磷元素[10.00%（质量分数)]，这进一步证实HAP-DOPO能够促进环氧树脂在燃烧过程生成富磷残炭，增强树脂基体的固相成炭行为。

表5.5 HAP-DOPO阻燃环氧树脂燃烧残炭的元素组成

样品	元素含量/%			
	C	O	N	P
F3	72.86	12.20	4.95	10.00

5.1.6 小结

本节介绍了磷杂菲/磷腈双基化合物HAP-DOPO的制备方法及表征，并将其添加到环氧树脂中，研究了HAP-DOPO对环氧树脂阻燃性能和热性能的影响。当体系磷含量达到1.2%（质量分数）时，HAP-DOPO阻燃环氧树脂的LOI值达到31.0%，并通过了UL 94 V-0级，且T_g仍保持在180℃以上。HAP-DOPO的引入不仅有效地抑制了环氧树脂材料燃烧过程的热释放量，还促进树脂基体生成具有蜂窝状刚性骨架结构的富磷膨胀炭层，体现了良好的凝聚相阻燃机理。

5.2 磷杂菲/磷腈双基化合物DOPO-Ar-PN阻燃环氧树脂

5.2.1 DOPO-Ar-PN的制备

(1) $DOPO_{(44\%)}$-$Ar_{(56\%)}$-PN的制备

将苯酚（37.69g，0.40mol）和对羟基苯甲醛（29.25g，0.24mol）加入丙酮（150mL）中，搅拌至苯酚和对羟基苯甲醛完全溶解后，加入无水碳酸钠（43.75g，0.41mol），搅拌30min后，加入六氯环三磷腈（HCP）（22.60g，0.065mol），并升温至56℃，搅拌反应6h，结束反应。过滤出析出的产物，在80℃下，按照30min/次，搅拌水洗3次，除去碳酸氢钠、氯化钠等杂质，即得目标中间体$CHO_{(44\%)}$-$Ar_{(56\%)}$-PN。$CHO_{(44\%)}$-$Ar_{(56\%)}$-PN的制备方程如图5.9所示。FTIR(KBr,cm^{-1})，1706(C═O)，1159、1181、1208(P═N)，962、745(P—O—Ph)；^1H NMR(DMSO-d_6)，9.94(s,2.64H)，6.49～8.17(d,27.36H)。

将DOPO(14.90g,0.069mol)在140℃下加热熔融后，加入中间体$CHO_{(44\%)}$-$Ar_{(56\%)}$-PN(20.00g,0.026mol)，并继续在140℃下搅拌反应4h后，结束反应。再用甲苯在回流条件下，按照30min/次，搅拌洗涤3次，即得目标产物$DOPO_{(44\%)}$-$Ar_{(56\%)}$-PN。$DOPO_{(44\%)}$-$Ar_{(56\%)}$-PN的制备方程如图5.9所示。FTIR（KBr，cm^{-1}），3383（—OH），1238（P═O），1203、1184、1162(P═N)，962、745(P—O—Ph)；^1H NMR（DMSO-d_6），7.56～8.17（m，5.39H），6.49～7.33（m，10.77H），6.30、6.34(d，2H)，5.19、5.38(d，2H)。

（2）$DOPO_{(74\%)}$ -$Ar_{(26\%)}$ -PN的制备

将苯酚（56.43g，0.60mol）和对羟基苯甲醛（19.50g，0.16mol）加入丙酮（150mL）中，搅拌至苯酚和对羟基苯甲醛完全溶解后，加入无水碳酸钠（80.50g，0.76mol），搅拌30min后，加入六氯环三磷腈（22.60g，0.065mol），并升温至56℃，搅拌反应6h，结束反应。过滤出析出的产物，在80℃下，按照30min/次，搅拌水洗3次，除去碳酸氢钠、氯化钠等杂质，即得目标中间体$CHO_{(74\%)}$ -$Ar_{(26\%)}$ -PN。$CHO_{(74\%)}$ -$Ar_{(26\%)}$ -PN的制备方程如图5.9所示。FTIR（KBr，cm^{-1}），1706（C═O），1159、1181、1208（P═N），962、745(P—O—Ph)；^1H NMR（DMSO-d_6），9.94（s，4.44H），6.49～8.17（d，25.56H）。

将DOPO(23.76g，0.11mol）在140℃下加热熔融后，加入中间体$CHO_{(74\%)}$-$Ar_{(26\%)}$-PN(20.00g，0.025mol)，并继续在140℃下搅拌反应4h后，结束反应。再用甲苯在回流条件下，按照30min/次，搅拌洗涤3次，即得目标产物$DOPO_{(74\%)}$-$Ar_{(26\%)}$-PN。$DOPO_{(74\%)}$-$Ar_{(26\%)}$-PN的制备方程如图5.9所示。FTIR(KBr,cm^{-1})，3383(—OH)，1238(P═O)，1203、1184、1162(P═N)，962、745(P—O—Ph)；^1H NMR(DM-

SO-d_6)，7.56～8.17(m，6.79H)，6.49～7.33(m，13.57H)，6.30、6.34(d，2H)，5.19、5.38(d，2H)。

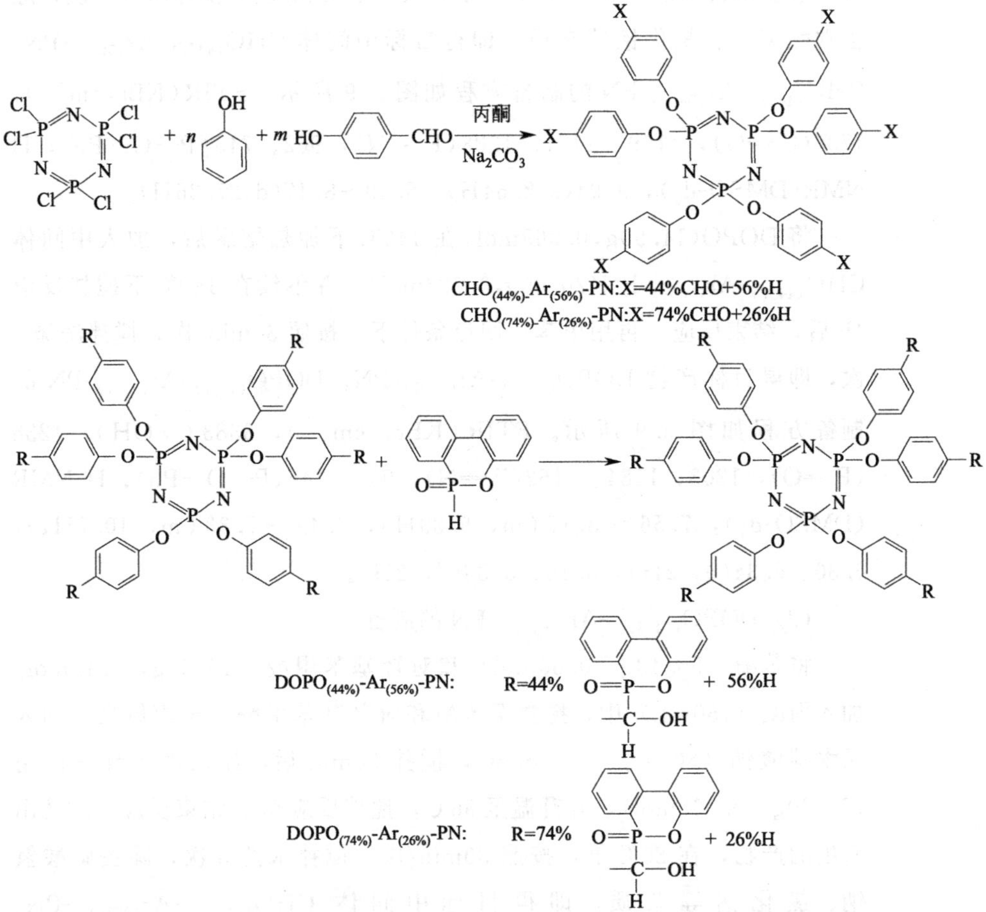

丙酮

Na_2CO_3

$CHO_{(44\%)}$-$Ar_{(56\%)}$-PN:X=44%CHO+56%H

$CHO_{(74\%)}$-$Ar_{(26\%)}$-PN:X=74%CHO+26%H

$DOPO_{(44\%)}$-$Ar_{(56\%)}$-PN:　R=44% + 56%H

$DOPO_{(74\%)}$-$Ar_{(26\%)}$-PN:　R=74% + 26%H

图 5.9　$DOPO_{(44\%)}$ -$Ar_{(56\%)}$ -PN 和 $DOPO_{(74\%)}$ -$Ar_{(26\%)}$ -PN 的制备方程

5.2.2 DOPO-Ar-PN 阻燃环氧树脂的制备

将双酚 A 二缩水甘油醚（DGEBA，E-51）加热至 180℃后，加入 $DOPO_{(44\%)}$-$Ar_{(56\%)}$-PN，搅拌至 $DOPO_{(44\%)}$-$Ar_{(56\%)}$-PN 完全溶解，然后加入 4,4′-二氨基二苯砜（DDS），并搅拌至 DDS 完全溶解，将共混体系置于 180℃真空烘箱中抽真空 5min，除去体系中的气泡，再迅速将 $DOPO_{(44\%)}$-$Ar_{(56\%)}$-PN/EP/DDS 混合物浇注到预热的模具中。先将环氧树脂置于 150℃下预固化 3h，再在 180℃下深度固化 5h。$DOPO_{(74\%)}$-$Ar_{(26\%)}$-PN/EP/DDS、$DOPO_{(100\%)}$-$Ar_{(0\%)}$-PN/EP/DDS 及未改性环氧

树脂 EP/DDS 的制备方法同上。

$DOPO_{(44\%)}$-$Ar_{(56\%)}$-PN、$DOPO_{(74\%)}$-$Ar_{(26\%)}$-PN、$DOPO_{(100\%)}$-$Ar_{(0\%)}$-PN、DGEBA 以及 DDS 在环氧树脂固化物中的用量如表 5.6 所示。

表 5.6 DOPO-Ar-PN 阻燃环氧树脂的制备配方

样品	DGEBA/g	DDS/g	DOPO-Ar-PN/g
$DOPO_{(44\%)}$-$Ar_{(56\%)}$-PN/EP/DDS	100.0	31.6	13.46
$DOPO_{(74\%)}$-$Ar_{(26\%)}$-PN/EP/DDS	100.0	31.6	13.46
$DOPO_{(100\%)}$-$Ar_{(0\%)}$-PN/EP/DDS	100.0	31.6	13.46
EP/DDS	100.0	31.6	0

5.2.3 热性能分析

采用热重分析仪测试磷杂菲/磷腈双基化合物 DOPO-Ar-PN 的热失重行为，如图 5.10 所示，对比样品六苯氧基环三磷腈（HPCP）只有一个失重阶梯，而 $DOPO_{(74\%)}$-$Ar_{(26\%)}$-PN、$DOPO_{(44\%)}$-$Ar_{(56\%)}$-PN 和 $DOPO_{(100\%)}$-$Ar_{(0\%)}$-PN 的热失重过程均有两个失重阶梯，其中第一阶段为 190～270℃，第二阶段为 350～540℃。虽然三种 DOPO-Ar-PN 具有不同的磷杂菲/磷腈基团比值（DOPO/PN），但热失重轨迹基本相近。同时，HPCP、$DOPO_{(100\%)}$-$Ar_{(0\%)}$-PN、$DOPO_{(74\%)}$-$Ar_{(26\%)}$-PN 和 $DOPO_{(44\%)}$-$Ar_{(56\%)}$-PN 在 600℃ 时的残炭产率分别为 8.71%、46.62%、47.75%和 50.80%。磷杂菲/磷腈双基化合物 DOPO-Ar-PN 在 600℃ 的残炭产率相对于单官能团的 HPCP 至少提高了 37.91%，这说明磷杂菲和磷腈基团处于同一分子结构中时，可以有效地增加体系的成炭能力。换言之，磷杂菲与磷腈基团在同一个分子中的相互作用对成炭过程有明显的促进作用。此外，随着 DOPO-Ar-PN 中 DOPO/PN 比值的增大，化合物在 600℃时的残炭产率变化较小，这是由于三种 DOPO-Ar-PN 分子具有类似化学结构，导致彼此间的热分解和成炭行为也较为相近。

图 5.11 给出的热失重测试结果表明，DOPO-Ar-PN 阻燃环氧树脂的初始分解温度明显低于未改性环氧树脂 EP/DDS，这是由于 DOPO-Ar-PN 提前降解后，其裂解产物会与树脂基体相互作用，并诱导树脂基体提前分解。此外，DOPO-Ar-PN 阻燃环氧树脂的残炭产率都基本相近，且都明显高于 EP/DDS，说明 DOPO-Ar-PN 能够有效促进树脂基体成炭，提高环氧树脂的成炭能力，这有助于环氧树脂材料在燃烧过程中

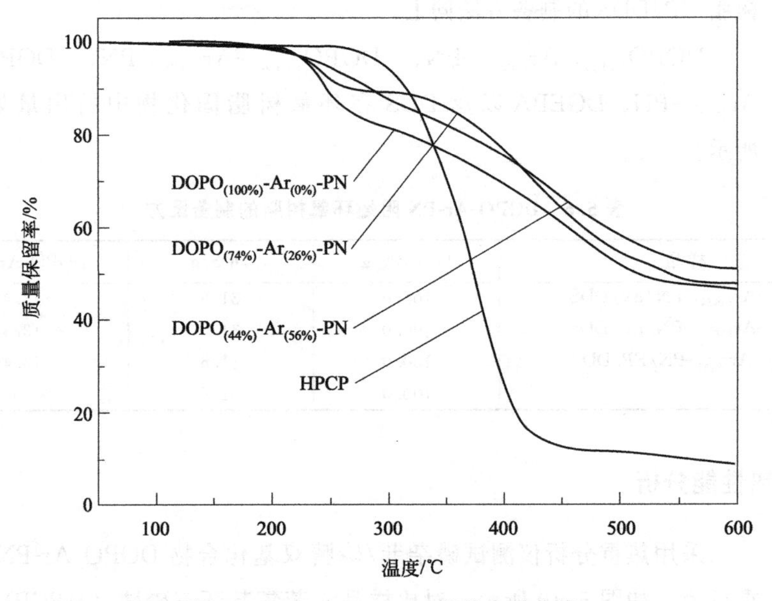

图 5.10 DOPO-Ar-PN 的热失重曲线

获得更有效的炭层阻隔和保护作用。

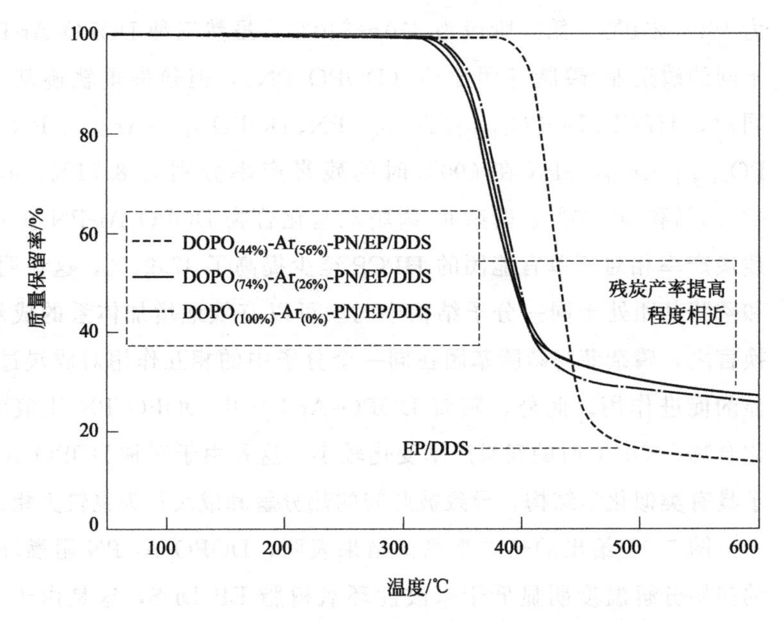

图 5.11 DOPO-Ar-PN 阻燃环氧树脂的热失重曲线

5.2.4 LOI 和 UL 94 垂直燃烧试验

采用氧指数仪和燃烧试验箱评价磷杂菲/磷腈双基化合物 DOPO-Ar-

PN阻燃环氧树脂的量效关系和作用规律。如表5.7所示，在同等添加量下，随着DOPO/PN比值的增大，DOPO-Ar-PN阻燃环氧树脂的LOI从29.5%逐步上升至31.0%，UL 94阻燃级别也从V-1级上升至V-0级，说明DOPO/PN比值的增大，磷杂菲基团比例的提高，有利于促进磷杂菲和磷腈基团发挥更高效的基团协同阻燃作用，从而更高效地赋予环氧树脂材料优异的阻燃性能。

表5.7 DOPO-Ar-PN阻燃环氧树脂的LOI和UL 94阻燃级别

样品	LOI /%	UL 94 阻燃级别	DOPO/PN 比值
$DOPO_{(44\%)}$-$Ar_{(56\%)}$-PN/EP/DDS	29.5	V-1级	2.64
$DOPO_{(74\%)}$-$Ar_{(26\%)}$-PN/EP/DDS	30.9	V-1级	4.44
$DOPO_{(100\%)}$-$Ar_{(0\%)}$-PN/EP/DDS	31.0	V-0级	6.00
EP/DDS	22.5	无级别	—

5.2.5 锥形量热仪燃烧试验

采用锥形量热仪追踪分析DOPO-Ar-PN阻燃环氧树脂的行为规律和作用效果。如图5.12和表5.8所示，相比于未改性环氧树脂EP/DDS，DOPO-Ar-PN阻燃环氧树脂的引燃时间TTI明显缩短，这是因为DO-PO-Ar-PN先于环氧树脂基体发生降解，并同时诱导树脂基体发生降解，释放可燃性裂解产物进入气相，导致材料被提前点燃。随着DOPO/PN比值的增大，DOPO-Ar-PN阻燃环氧树脂的TTI逐步延长，表明DO-PO-Ar-PN的诱导降解效应减弱。

如图5.12所示，$DOPO_{(44\%)}$-$Ar_{(56\%)}$-PN/EP/DDS、$DOPO_{(74\%)}$-$Ar_{(26\%)}$-PN/EP/DDS、$DOPO_{(100\%)}$-$Ar_{(0\%)}$-PN /EP/DDS到达pk-HRR的时间分别为89s、106s、139s，说明DOPO-Ar-PN中DOPO/PN比值的升高，有利于推迟树脂基体燃烧强度的峰值时间，这是因为磷杂菲基团含量的提升能够释放更多具有气相自由基猝灭作用的裂解碎片，抑制树脂基体燃烧反应的发展，进而有效抑制材料燃烧初期的热量释放，延迟pk-HRR的出现时间。具体的主要体现在以下两个方面：一方面，DOPO-Ar-PN受热分解后，产生的气相裂解碎片能够通过猝灭效应发挥阻燃作用，比如：PO自由基、苯氧自由基及其衍生物；另一方面，DO-PO-Ar-PN能够促进环氧树脂基体生成更多、更稳定的含磷炭层，从而

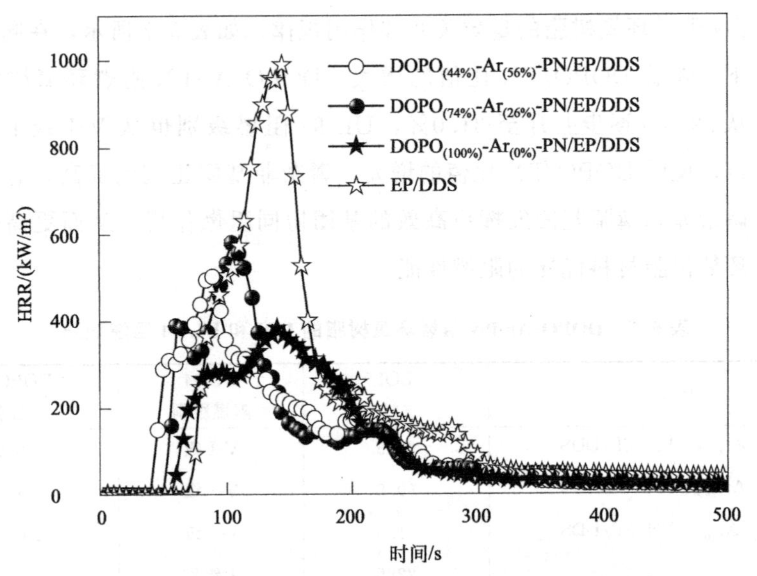

图 5.12 DOPO-Ar-PN 阻燃环氧树脂的热释放速率曲线

更好地阻隔热量传递和氧气扩散，延缓内层树脂基体的受热分解。$DOPO_{(100\%)}$-$Ar_{(0\%)}$-PN/EP/DDS 具有最低的 pk-HRR，这说明 DOPO-Ar-PN 能够发挥更好的阻燃效果的关键因素是具有较高的 DOPO/PN 比值，且在 $DOPO_{(100\%)}$-$Ar_{(0\%)}$-PN 中，获得了最好的阻燃协同效果。

表 5.8 DOPO-Ar-PN 阻燃环氧树脂的锥形量热仪燃烧试验参数

样品	TTI /s	pk-HRR /(kW/m^2)	THR /(MJ/m^2)	TSP /m^2	COY /(kg/kg)	CO_2Y /(kg/kg)
$DOPO_{(44\%)}$-$Ar_{(56\%)}$-PN/EP/DDS	46	628	69	26.5	0.08	0.78
$DOPO_{(74\%)}$-$Ar_{(26\%)}$-PN/EP/DDS	48	578	61	27.3	0.08	0.63
$DOPO_{(100\%)}$-$Ar_{(0\%)}$-PN /EP/DDS	51	383	56	27.5	0.11	1.26
EP/DDS	52	995	93	36.6	0.08	1.53

DOPO-Ar-PN 阻燃环氧树脂的总烟释放量曲线如图 5.13 所示，三个 DOPO-Ar-PN 阻燃环氧树脂在 400s 后，其总烟释放释放量几乎都比 EP/DDS 下降了 24.8%，这是因为 DOPO-Ar-PN 能够在燃烧过程中将更多的树脂基体保留在残炭中，在减少燃料供给的同时，也降低了烟释放量。另外，随着 DOPO/PN 比值的增大，DOPO-Ar-PN 阻燃环氧树脂的初始产烟量逐步降低，这主要是因为具有高 DOPO/PN 比值的 DOPO-Ar-PN 能够更有效地促进树脂基体形成稳定的残炭层，有利于延迟烟气的释放。同时，如表 5.8 所示，DOPO-Ar-PN 的引入有利于降低

CO_2 的释放量，这是因为更多的树脂基体被保留在凝聚相残炭中。而 TSP、COY 以及 CO_2Y 总体数值的下降，也说明 DOPO-Ar-PN 能够有效减少材料燃烧过程中可燃性气体的总释放量。

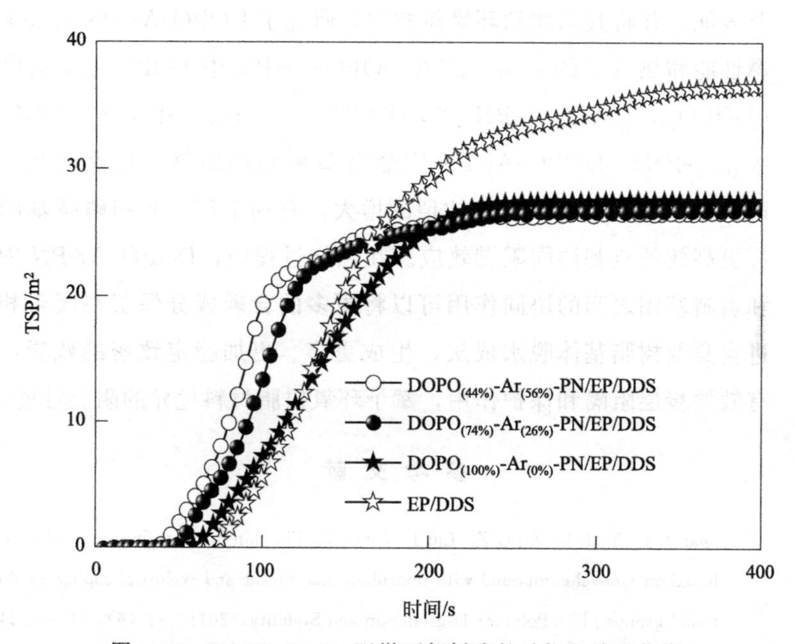

图 5.13　DOPO-Ar-PN 阻燃环氧树脂的总烟释放量曲线

DOPO-Ar-PN 阻燃环氧树脂燃烧残炭的元素含量测试结果表明，如表 5.9 所示，随着 DOPO/PN 比值增大，DOPO-Ar-PN 阻燃环氧树脂燃烧残炭的磷含量有明显增大的趋势。其中，$DOPO_{(100\%)}$-$Ar_{(0\%)}$ -PN / EP/DDS 燃烧残炭的磷含量为 6.2%（质量分数），比 $DOPO_{(74\%)}$-$Ar_{(26\%)}$ -PN/EP/DDS 燃烧残炭的磷含量高了 3.2%，比 $DOPO_{(44\%)}$-$Ar_{(56\%)}$ -PN/EP/DDS 燃烧残炭的磷含量高了 4.3%。残炭中磷元素含量的增长说明，随着 DOPO/PN 比值增大，磷杂菲与磷腈基团之间的凝聚相协同阻燃作用逐渐增强。

表 5.9　DOPO-Ar-PN 阻燃环氧树脂燃烧残炭的元素组成

样品	元素含量/%				
	C	N	O	P	S
$DOPO_{(44\%)}$-$Ar_{(56\%)}$-PN/EP/DDS	82.9	3.2	10.1	1.9	1.9
$DOPO_{(74\%)}$-$Ar_{(26\%)}$-PN/EP/DDS	75.5	3.9	15.1	3.0	2.5
$DOPO_{(100\%)}$-$Ar_{(0\%)}$-PN /EP/DDS	66.2	4.3	21.5	6.2	1.8

5.2.6 小结

本节介绍了两种磷杂菲/磷腈双基化合物 DOPO-Ar-PN 的制备方法及表征，并将其添加到环氧树脂中，研究了 DOPO-Ar-PN 对环氧树脂阻燃性能和热性能的影响。随着 DOPO-Ar-PN 中 DOPO/PN 比值的增大（$DOPO_{(44\%)}$-$Ar_{(56\%)}$-PN < $DOPO_{(74\%)}$-$Ar_{(26\%)}$-PN < $DOPO_{(100\%)}$-$Ar_{(0\%)}$-PN)，DOPO-Ar-PN 阻燃环氧树脂的阻燃性能逐步提高。DOPO-Ar-PN 中 DOPO/PN 比值的增大，有利于磷杂菲和磷腈基团之间发挥更高效的双基协同阻燃效应。在燃烧过程中，DOPO-Ar-PN 中磷杂菲和磷腈基团之间的协同作用可以将更多的含磷成分保留在凝聚相中，促进自身及树脂基体脱水成炭，生成更多、更加稳定致密的残炭，发挥更有效的炭层阻隔和保护作用，赋予环氧树脂材料优异的阻燃性能。

参考文献

[1] Qian L J, Ye L J, Xu G Z, Liu J, Guo J Q. The non-halogen flame retardant epoxy resin based on a novel compound with phosphaphenanthrene and cyclotriphosphazene double functional groups [J]. Polymer Degradation and Stability, 2011, 96 (6): 1118-1124.

[2] Qian L J, Ye L J, Qiu Y, Qu S R. Thermal degradation behavior of the compound containing phosphaphenanthrene and phosphazene groups and its flame retardant mechanism on epoxy resin [J]. Polymer, 2011, 52 (24): 5486-5493.

[3] Xu M J, Xu G R, Leng Y, Li B. Synthesis of a novel flame retardant based on cyclotriphosphazene and DOPO groups and its application in epoxy resins [J]. Polymer Degradation and Stability, 2016, 123: 105-114.

[4] Yang R, Hu W T, Xu L, Song Y, Li J C. Synthesis, mechanical properties and fire behaviors of rigid polyurethane foam with a reactive flame retardant containing phosphazene and phosphate [J]. Polymer Degradation and Stability, 2015, 122: 102-109.

[5] Yang S, Wang J, Huo S Q, Wang J P, Tang Y S. Synthesis of a phosphorus/nitrogen-containing compound based on maleimide and cyclotriphosphazene and its flame-retardant mechanism on epoxy resin [J]. Polymer Degradation and Stability, 2016, 126: 9-16.

[6] Wang C S, Lin C H. Synthesis and properties of phosphorus-containing epoxy resins by novel method [J]. Journal of Polymer Science Part A: Polymer Chemistry, 1999, 37 (21): 3903-3909.

第6章

烷基次膦酸铝阻燃环氧树脂

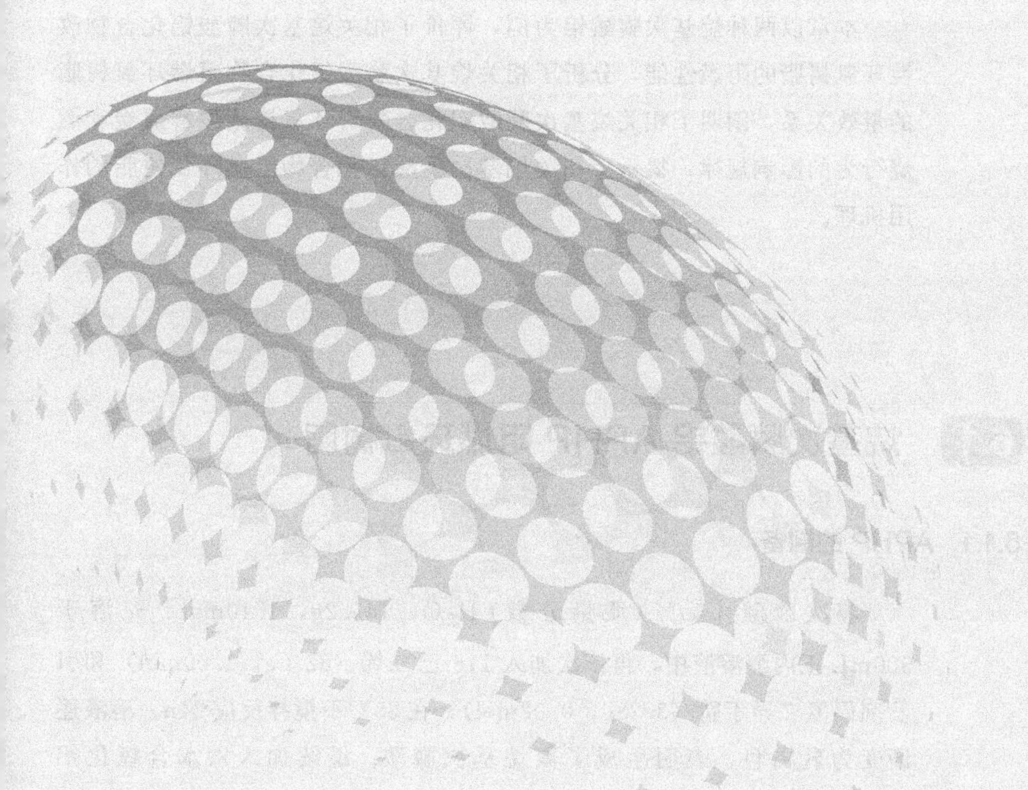

有机次膦酸盐类阻燃剂是一类新型阻燃剂，最初是用于工程塑料的阻燃改性，具有热稳定性高、耐水性好、阻燃效率高等特点，应用过程对材料力学性能影响较小，而且还能发挥一定的抑烟作用，环境安全性好，毒理学测试无副作用[1,2]。目前，有机次膦酸盐的常见制备工艺是自由基合成法。通常采用次磷酸钠或次磷酸为原料，通过自由基引发剂引发烷烯烃与P—H键之间的加成反应，制备有机次膦酸或次膦酸盐中间体，再利用中间体与目标金属离子进行成盐反应，制备目标有机次膦酸盐[3,4]。该方法产率高，副产物少，现已广泛应用到工业化生产中。随着相关产品问世，有机次膦酸盐类阻燃剂因其优异的阻燃效果迅速受到广泛关注，人们开始将有机次膦酸盐应用于各类树脂材料的阻燃改性研究。其中，有机次膦酸盐在环氧树脂中的阻燃应用研究中也受到了研究人员的重点关注。然而，由于有机次膦酸盐的工业生产技术难度相对较高，导致相关产品价格较高，这在一定程度上也限制了其进一步推广应用。因此，开发新型高效的有机次膦酸盐类阻燃剂有着十分重要的现实意义。

本章以两种烷基次膦酸铝为例，评价了相关烷基次膦酸铝化合物改性环氧树脂的阻燃性能，分析了相关烷基次膦酸铝化合物阻燃环氧树脂的量效关系，阐明了相关烷基次膦酸铝化合物对环氧树脂裂解成炭和燃烧行为的影响规律，揭示了相关烷基次膦酸铝化合物阻燃环氧树脂的作用机理。

6.1 烷基次膦酸铝 APHP 阻燃环氧树脂

6.1.1 APHP 的制备

将次磷酸［50%（质量分数）H_2O，145.2g，1.10mol］先溶于500mL正丙醇溶液中，再依次加入1,5-己二烯（82.0g，1.00mol）和引发剂偶氮二异丁腈（3.28g，0.02mol），在65℃下搅拌反应24h。溶液逐渐变为乳白色，表明生成了聚烷基次膦酸。继续加入六水合氯化铝（88.5g，0.37mol），搅拌反应6h后，加入无水碳酸钠（58.3，

0.55mol）中和反应体系酸性，并析出产物。将产物过滤后，搅拌水洗（80℃）至中性，烘干即得白色粉末状目标产物APHP，产率>92.0%。APHP的制备路线如图6.1所示。FTIR（KBr，cm^{-1}）：2924、2857（C—H），1459、1405（P—CH_2），1176（P=O），1093（P—O），716（P—C）。^{1}H ssNMR：4.51（P—H），2.29（CH_2）；^{13}C ssNMR：31.54（P—C—P），22.82（P—C—H），积分面积比P—C—P：P—C—H=1：0.49；^{31}P ssNMR：37.54（C—P—C），18.98（C—P—H），积分面积比C—P—C：C—P—H=1.00：0.96；^{27}Al ssNMR：−13.61。XPS元素含量测试（质量分数）（理论值/测试值，%）：H（7.06/7.05），C（40.19/43.21），O（23.50/22.89），Al（6.61/6.27）。ICP-OES元素含量测试（质量分数）（理论值/测试值，%）：P（22.7/20.3）。

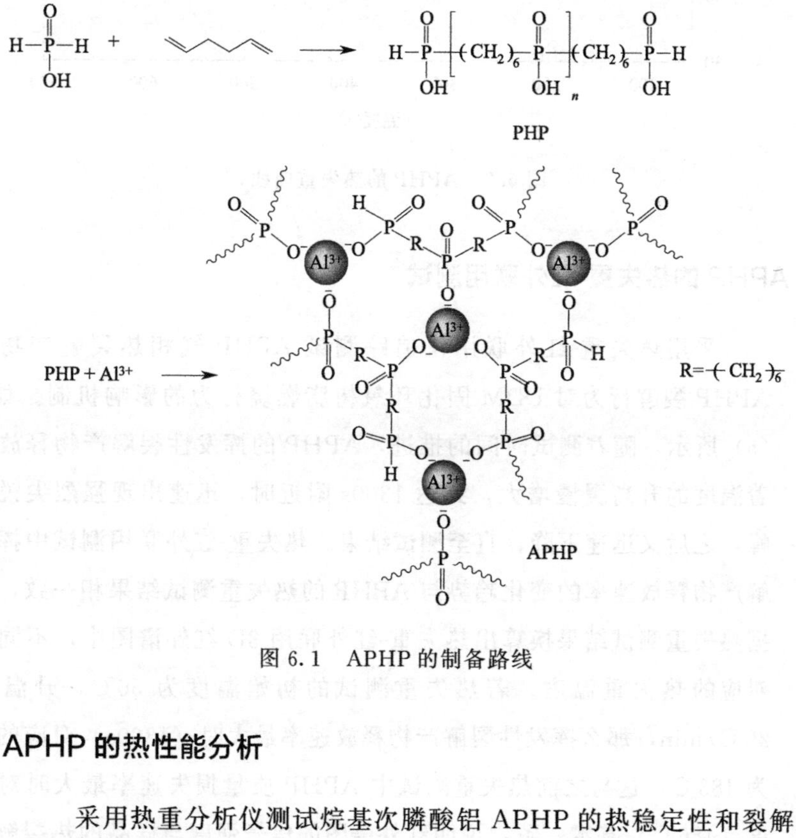

PHP

PHP + Al^{3+} → APHP　R=$+CH_2+_6$

图6.1 APHP的制备路线

6.1.2 APHP的热性能分析

采用热重分析仪测试烷基次膦酸铝APHP的热稳定性和裂解成炭特征，如图6.2所示，当温度升高至400℃时，APHP失重2.8%（质量分数），可以满足大部分聚合物的加工温度；APHP在最大分解速率时对应温度为486℃；700℃时，APHP残炭产率达到45.4%，表现良好的成炭性能。

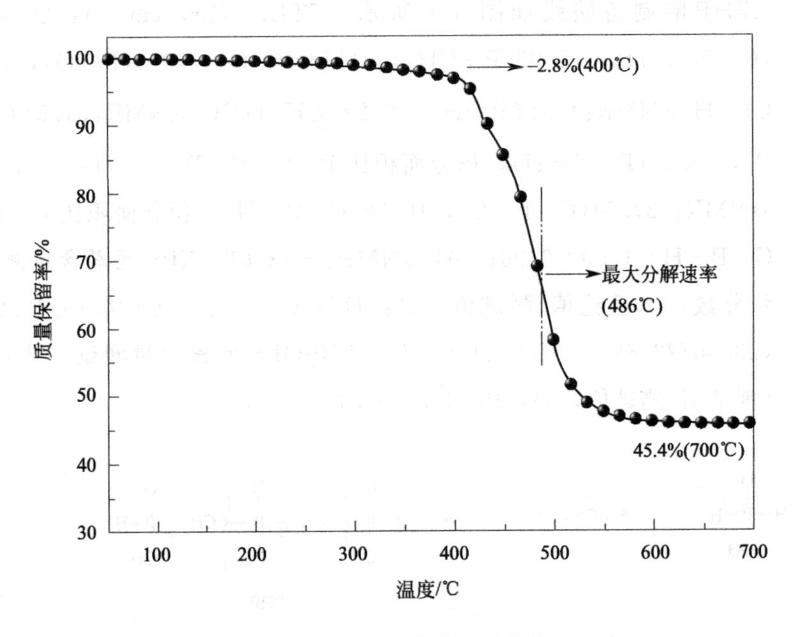

图6.2 APHP的热失重曲线

6.1.3 APHP的热失重-红外联用测试

采用热失重-红外联用仪追踪测试APHP气相热裂解产物，探究APHP裂解行为对DDM固化环氧树脂燃烧行为的影响机制。如图6.3(a)所示，随着测试时间的推进，APHP的挥发性裂解产物释放速率随着温度的升高缓慢增大，到达1300s附近时，迅速出现强烈尖锐的吸收峰，之后又迅速下降，直至测试结束。热失重-红外联用测试中挥发性裂解产物释放速率的变化趋势与APHP的热失重测试结果相一致，可以根据热失重测试结果换算出热失重-红外联用3D红外谱图中，不同时间点对应的热失重温度。若热失重测试的初始温度为50℃，升温速率为20℃/min，那么挥发性裂解产物释放速率最大时（1300s）对应的温度应为483℃，这与之前热失重测试中APHP质量损失速率最大时对应的温度（486℃）基本一致，说明红外谱图的信号强度与样品的热裂解行为具有密切的相关性。

APHP在最大分解速率处对应的气相裂解产物红外谱图如图6.3

(b) 所示。其中，2937cm^{-1} 和 2956cm^{-1} 处强度最高的吸收峰是由 APHP 中己二烯链段裂解生成的烷基和烯烃产生。而 1652cm^{-1}、1457cm^{-1}、989cm^{-1}、949cm^{-1} 和 911cm^{-1} 处的吸收峰则进一步为烷基和烯烃碎片的生成提供证据。1250cm^{-1} 和 1175cm^{-1} 两处的吸收峰分别是由于 · PO_2 和 · PO 碎片引起。672cm^{-1} 处属于 P—C 键的吸收峰。图 6.3(b) 中解析出的上述含磷碎片，尤其是 · PO_2 和 · PO 碎片，具有自由基猝灭效应，可以有效终止燃烧过程的链式反应，发挥气相阻燃效果，这为 APHP 在锥形量热仪燃烧试验中发挥的火焰抑制效应提供了证据支持。

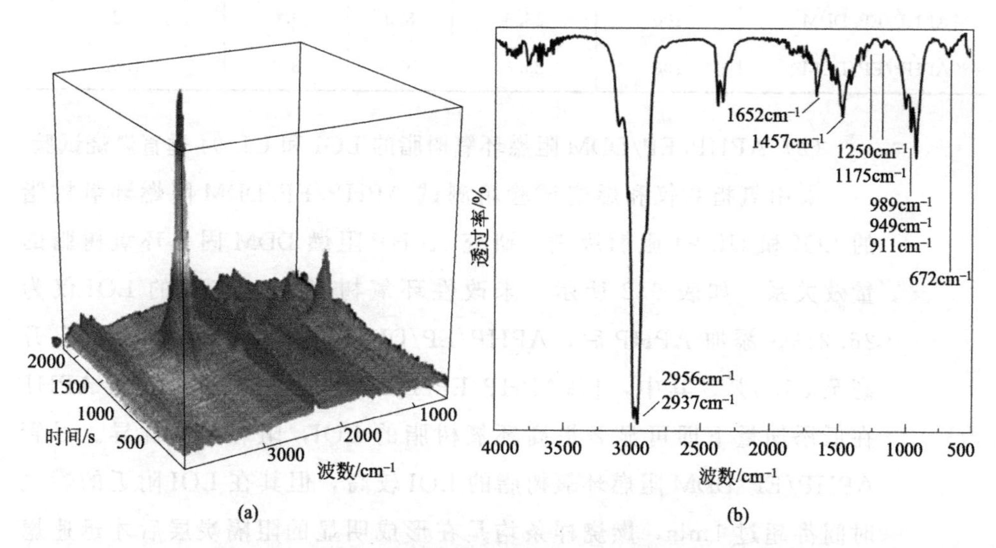

图 6.3 APHP 气相裂解产物的实时红外谱图 (a) 和 APHP 在 $T_{d,max}$ 处气相裂解产物的红外谱图 (b)

6.1.4 APHP/EP/DDM 阻燃环氧树脂

(1) APHP/EP/DDM 阻燃环氧树脂的制备

将 APHP 加入 DGEBA 中，搅拌升温至 120℃，待 APHP 分散均匀后，将 APHP/EP/DDM 共混体系搅拌降温至 100℃，加入固化剂 DDM，并搅拌至 DDM 完全溶解，再置于 120℃真空干燥箱中抽真空 3min，脱除体系中的气泡后，迅速浇注到预热的模具中，先在 120℃预固化 2h，再在 170℃深度固化 4h，即得 APHP/EP/DDM 固化物。对比样品 EP/DDM 的制备工艺同上，只是不添加阻燃剂 APHP。DGEBA、DDM 以及

APHP在环氧树脂固化物中的用量如表6.1所示。

表6.1 APHP/EP/DDM阻燃环氧树脂的制备配方

样品	DGEBA /g	DDM /g	APHP		磷含量 /%
			g	%	
EP/DDM	100	25.3	—	—	0
1%APHP/EP/DDM	100	25.3	1.3	1.0	0.20
2%APHP/EP/DDM	100	25.3	2.6	2.0	0.41
3%APHP/EP/DDM	100	25.3	3.9	3.0	0.61
4%APHP/EP/DDM	100	25.3	5.2	4.0	0.81
6%APHP/EP/DDM	100	25.3	8.0	6.0	1.22
8%APHP/EP/DDM	100	25.3	10.9	8.0	1.62

(2) APHP/EP/DDM阻燃环氧树脂的LOI和UL 94垂直燃烧试验

采用氧指数仪和燃烧试验箱测试APHP/EP/DDM阻燃环氧树脂的LOI和UL 94阻燃级别，研究APHP阻燃DDM固化环氧树脂的量效关系。如表6.2所示，未改性环氧树脂EP/DDM的LOI仅为26.2%。添加APHP后，APHP/EP/DDM的LOI逐步由26.2%升高至35.0%。其中，4%APHP/EP/DDM达到32.7%，表明APHP在低添加量下即可显著提高环氧树脂的LOI，阻燃效果优异。尽管APHP/EP/DDM阻燃环氧树脂的LOI较高，但其在LOI附近的燃烧时间都超过1min，燃烧样条均是在形成明显的阻隔炭层后才迅速熄灭，说明APHP提高DDM固化环氧树脂LOI的阻燃效率与其凝聚相成炭作用密切相关。

此外，如表6.2所示，未改性环氧树脂EP/DDM属于UL 94无级别，并伴有明显的熔滴现象。添加1%（质量分数）的APHP后，1%APHP/EP/DDM的熔滴行为受到了有效抑制，表明APHP对DDM固化环氧树脂具有良好的抗熔滴性。当APHP的添加量进一步增加至4%（质量分数）时，4%APHP/EP/DDM通过UL 94 V-1级，燃烧余焰时间显著缩短，也不存在熔滴现象。但是随着APHP添加量继续增大，6%APHP/EP/DDM和8%APHP/EP/DDM又下降为UL 94无级别，说明过多的APHP反而会恶化DDM固化环氧树脂的UL 94阻燃级别。由此可知，当APHP的添加量为4%（质量分数）时，APHP/EP/DDM

体系的综合阻燃性能最佳。

表 6.2　APHP/EP/DDM 阻燃环氧树脂的 LOI 和 UL 94 阻燃级别

样品	LOI /%	垂直燃烧试验			
		余焰时间		UL 94 阻燃级别	是否熔滴
		av-t_1/s	av-t_2/s		
EP/DDM	26.2	142.0	不自熄	无级别	是
1%APHP/EP/DDM	28.4	42.1	40.1	无级别	否
2%APHP/EP/DDM	29.3	34.5	14.8	无级别	否
3%APHP/EP/DDM	32.0	24.8	18.7	无级别	否
4%APHP/EP/DDM	32.7	15.5	10.8	V-1 级	否
6%APHP/EP/DDM	33.1	48.4	15.8	无级别	否
8%APHP/EP/DDM	35.0	39.3	10.8	无级别	否

(3) APHP/EP/DDM 阻燃环氧树脂的锥形量热仪燃烧试验

采用锥形量热仪追踪测试 APHP/EP/DDM 阻燃环氧树脂的燃烧过程，研究 APHP 对 DDM 固化环氧树脂燃烧行为的作用效果和影响机制，如图 6.4 所示，APHP 的引入有效地抑制了 DDM 固化环氧树脂的燃烧强度。由于 APHP 的热稳定性优异，5%（质量分数）分解温度超过 400℃，因此 APHP 的加入，对环氧树脂的引燃时间（TTI）没有明显影响。未改性环氧树脂 EP/DDM 的热释放速率曲线呈现为挺拔、尖锐的热释放速率峰（pk-HRR），达到峰值后迅速下降。添加 APHP 后，APHP/EP/DDM 阻燃环氧树脂的 HRR 曲线明显趋缓，尤其当 APHP 的添加量为 4%（质量分数）时，4%APHP/EP/DDM 的 pk-HRR 下降最为明显（下降 62.0%），而且 HRR 曲线平缓，具有成炭型材料的特征[5]，说明 APHP 的引入，尤其当添加量为 4%时，可以有效降低 DDM 固化环氧树脂的火灾危害性。

如图 6.5 所示，与未改性环氧树脂 EP/DDM 相比，APHP/EP/DDM 阻燃环氧树脂的总质量损失（TML）明显下降，燃烧 600s 后的残炭产率（$R_{600\,s}$）明显提高。如表 6.3 所示，当 APHP 添加量为 4%（质量分数）时，4%APHP/EP/DDM 的 TML 比未改性环氧树脂 EP/DDM 下降了 11.2%，说明 APHP 能够将更多的基体成分固定在凝聚相中，形成更多的难燃残炭，减少环氧树脂燃烧过程中燃料供给。显然，TML 的下降会导致相应的总热释放量（THR）的下降。如图 6.6 所示，相比于 EP/DDM，APHP 的添加使 APHP/EP/DDM 阻燃环氧树脂的 THR 明

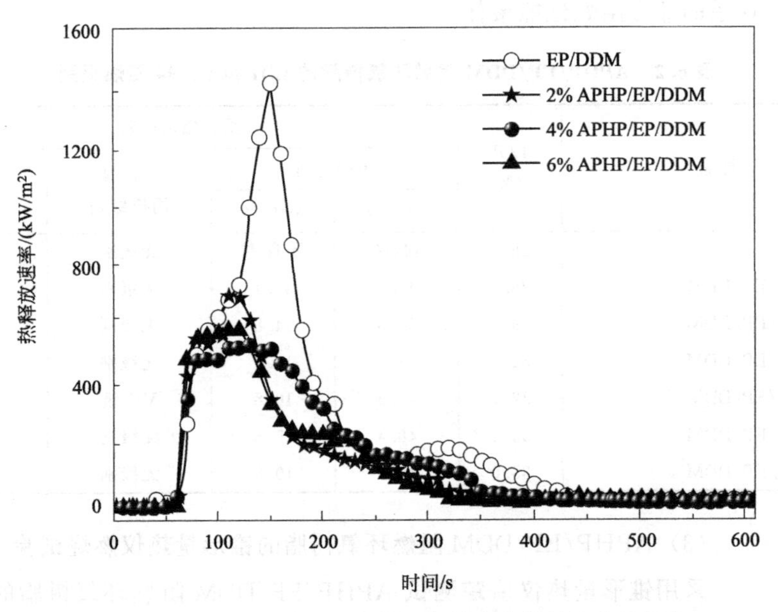

图 6.4　APHP/EP/DDM 阻燃环氧树脂的热释放速率曲线

显下降，而且下降程度随着 APHP 添加量的提高而增大。这表明 APHP 能够有效降低 DDM 固化环氧树脂燃烧时的热量释放，降低材料火灾的危险程度。与未改性环氧树脂 EP/DDM 相比，2% APHP/EP/DDM、4% APHP/EP/DDM 和 6% APHP/EP/DDM 的 THR 分别下降了 31.9%、34.0% 和 35.4%，远超过相应 TML 下降的比例（7.7%、11.2%、9.6%），说明 THR 的降低并不仅仅来自于凝聚相成炭机制的作用结果。

有效燃烧热（EHC），表示在某时刻测得的 HRR 与质量损失速率之比，反映了挥发性气体在气相火焰中的燃烧程度。如表 6.3 所示，与未改性环氧树脂 EP/DDM 相比，2% APHP/EP/DDM、4% APHP/EP/DDM 和 6%APHP/EP/DDM 的 av-EHC 分别下降了 25.1%、26.4% 和 28.4%，说明 APHP 的加入可以明显抑制环氧树脂的燃烧过程中挥发性气体的燃烧反应，从而进一步降低材料燃烧的 THR。综合上述气相火焰抑制效应和凝聚相促进成炭效应，APHP 显著提高了 DDM 固化环氧树脂的阻燃性能。

另外，如表 6.3 所示，与未改性环氧树脂 EP/DDM 相比，APHP/EP/DDM 阻燃环氧树脂的 av-COY 几乎没有变化，而 av-CO_2Y 则下降明显，说明 APHP/EP/DDM 燃烧过程产生的总气体中，CO 的比例上升，

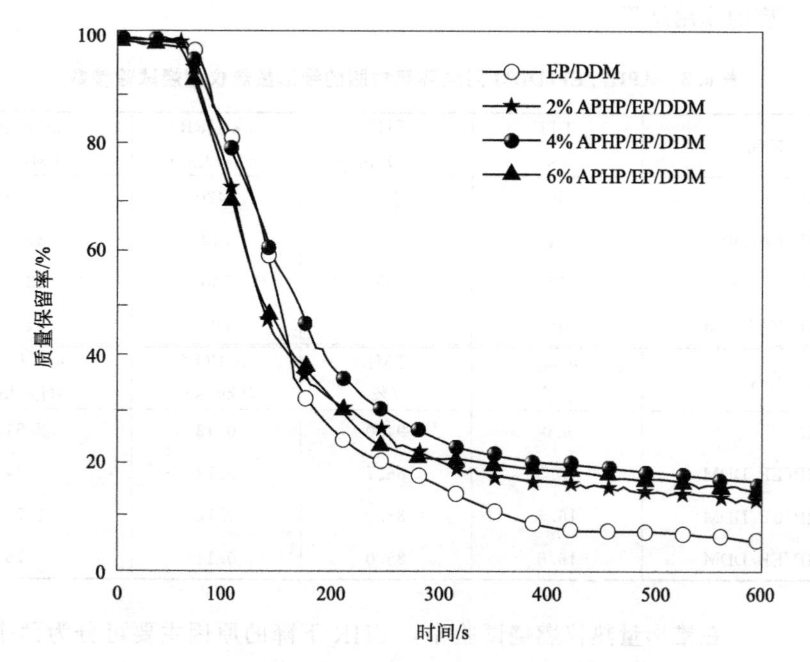

图 6.5　APHP/EP/DDM 阻燃环氧树脂的总质量损失曲线

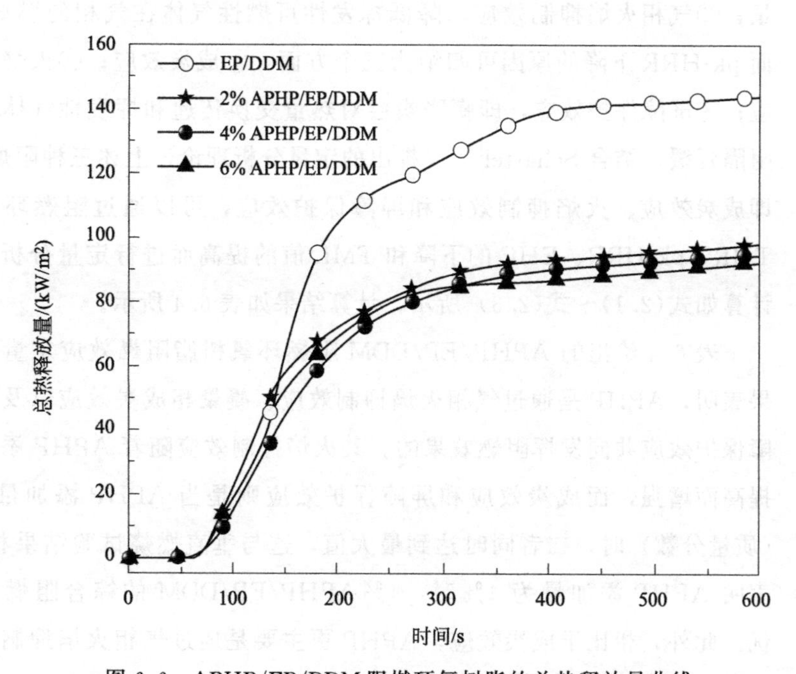

图 6.6　APHP/EP/DDM 阻燃环氧树脂的总热释放量曲线

这意味着由环氧树脂裂解生成的挥发性气体在气相中的不充分燃烧比例上升，这与其 av-EHC 的明显下降是相一致的，都是 APHP 火焰抑制效应的作用结果。

表 6.3 APHP/EP/DDM 阻燃环氧树脂的锥形量热仪燃烧试验参数

样品	TTI /s	THR /(MJ/m^2)	pk-HRR /(kW/m^2)	av-EHC /(MJ/kg)
EP/DDM	56	144	1420	29.9
2%APHP/EP/DDM	54	98	742	22.4
4%APHP/EP/DDM	58	95	540	22.0
6%APHP/EP/DDM	55	93	603	21.4
样品	R_{600s} /%	TML /%	av-COY /(kg/kg)	av-CO_2Y /(kg/kg)
EP/DDM	6.0	94.0	0.13	2.51
2%APHP/EP/DDM	13.3	86.7	0.12	1.74
4%APHP/EP/DDM	16.5	83.5	0.12	1.75
6%APHP/EP/DDM	15.0	85.0	0.14	1.76

在锥形量热仪燃烧试验中，THR 下降的原因主要可分为两个方面：①凝聚相成炭效应，提高残炭产量，降低参与燃烧反应的挥发性燃料总量；②气相火焰抑制效应，降低挥发性可燃性气体在气相的燃烧程度。而 pk-HRR 下降的原因可归纳为三个方面：①成炭效应；②火焰抑制效应；③屏障保护效应，即膨胀炭层对热量交换传递和挥发性气体释放的阻隔延缓。结合 Schartel[6,7] 提出的定量分析理论，上述三种阻燃效应，即成炭效应、火焰抑制效应和屏障保护效应，可以通过阻燃环氧树脂 THR、pk-HRR、EHC 的下降和 TML 值的提高而进行定量分析。相应计算如式(2.1)～式(2.3) 所示，计算结果如表 6.4 所示。

表 6.4 给出的 APHP/EP/DDM 阻燃环氧树脂阻燃效应定量分析结果表明，APHP 是通过气相火焰抑制效应、凝聚相成炭效应以及炭层屏障保护效应共同发挥阻燃效果的。其火焰抑制效应随着 APHP 添加量的提高而增强，而成炭效应和屏障保护效应则是当 APHP 添加量为 4%（质量分数）时，二者同时达到最大值，这与垂直燃烧试验结果相一致，表明 APHP 添加量为 4%时，4%APHP/EP/DDM 的综合阻燃性能最优。此外，相比于成炭效应，APHP 更主要是通过气相火焰抑制效应来实现阻燃效果的，而炭层的屏障保护效应则进一步大幅降低了 pk-HRR。当 APHP 添加量为 6%（质量分数）时，6%APHP/EP/DDM 的成炭效应和屏障保护效应都发生一定程度的下降，这也就解释了过多的 APHP

反而会恶化 DDM 固化环氧树脂 UL 94 阻燃级别的推论。

表 6.4 APHP/EP/DDM 阻燃环氧树脂的阻燃效应

样品	火焰抑制效应	成炭效应	屏障保护效应
2%APHP/EP/DDM	+25.1%	+7.7%	+23.2%
4%APHP/EP/DDM	+26.4%	+11.2%	+42.4%
6%APHP/EP/DDM	+28.4%	+9.6%	+34.2%

(4) APHP/EP/DDM 阻燃环氧树脂的热性能分析

采用热重分析仪评价 APHP/EP/DDM 阻燃环氧树脂的热稳定性、热分解行为以及成炭能力，分析 APHP 对 DDM 固化环氧树脂热稳定性和裂解成炭行为的影响规律。如图 6.7 和表 6.5 所示，与未改性环氧树脂 EP/DDM 相比，APHP 的引入对 DDM 固化环氧树脂的初始分解温度没有明显影响，这是因为 APHP 的初始分解温度 $T_{d,5\%}$ 为 416℃，远高于 EP/DDM 的 361℃，而且当 EP/DDM 达到 $T_{d,max}$ 时（376℃），APHP 几乎还没有开始分解，所以 APHP 很难在环氧树脂基体的裂解前期发挥作用。

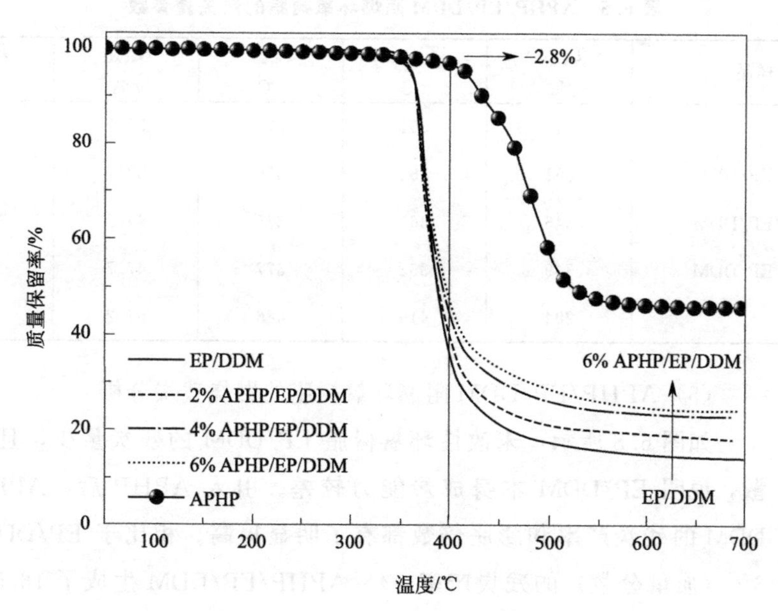

图 6.7 APHP/EP/DDM 阻燃环氧树脂的热失重曲线

当温度升高至 400℃时，APHP 开始分解并逐渐加快[2.8%(质量分数)]，不同 APHP 添加量的 APHP/EP/DDM 阻燃环氧树脂的残炭产率也呈现出不同变化。由表 6.5 可知，未改性环氧树脂 EP/DDM 在 400℃时的残炭产率（$R_{400℃}$）为 35.9%（质量分数），而 2% APHP/EP/DDM、4%APHP/EP/DDM 和 6%APHP/EP/DDM 的 $R_{400℃}$ 则分别增加至 38.7%、44.2%和 47.7%。尤其当 APHP 的添加量为 4%和 6%时，APHP/EP/DDM 在 $R_{400℃}$ 方面的提高量（8.3%和 11.8%）甚至超过了 APHP 自身的添加量（4%和 6%）。这表明 APHP 的分解产物，可以与环氧树脂相互作用，促进树脂基体交联成炭，并提高基体材料残留物的热稳定性。随着温度继续上升，APHP/EP/DDM 在 700℃时的残炭产率（$R_{700℃}$）也随着 APHP 添加量的提高而增大。与 $R_{400℃}$ 的情况类似，2% APHP/EP/DDM、4% APHP/EP/DDM 和 6% APHP/EP/DDM 的 $R_{700℃}$ 分别增加到 18.1%、22.9%和 24.2%，相比于未改性环氧树脂 EP/DDM 的 $R_{700℃}$（14.1%），APHP/EP/DDM 在 $R_{700℃}$ 方面的提高量（4.0%、8.8%和 10.1%）也都超过了 APHP 的添加量，这也证明 APHP 的引入可以有效提高 EP/DDM 基体的成炭能力，赋予基体材料更好的凝聚相阻燃作用。

表 6.5 APHP/EP/DDM 阻燃环氧树脂的热失重参数

样品	$T_{d,1\%}$ /℃	$T_{d,5\%}$ /℃	$T_{d,max}$ /℃	$R_{400℃}$ /%	$R_{700℃}$ /%
EP/DDM	346	361	376	35.9	14.1
2%APHP/EP/DDM	351	362	376	38.7	18.1
4%APHP/EP/DDM	346	361	375	44.2	22.9
6%APHP/EP/DDM	349	362	377	47.7	24.2
APHP	294	416	486	97.2	45.8

(5) APHP/EP/DDM 阻燃环氧树脂的燃烧残炭分析

如图 6.8 所示，未改性环氧树脂 EP/DDM 的残炭量少，且破碎离散，说明 EP/DDM 本身成炭能力较差。引入 APHP 后，APHP/EP/DDM 的残炭产率和膨胀倍数都有了明显提高。相比于 EP/DDM 仅有 6%（质量分数）的残炭产率，4%APHP/EP/DDM 生成了 16.5%（质量分数）的残炭产率，并且膨胀炭层的宏观形貌也明显改善，这说明 APHP 不仅能够增加环氧树脂的残炭数量，还能有效提高残炭的膨胀倍率，形成具有优异屏障保护效应的炭层结构。

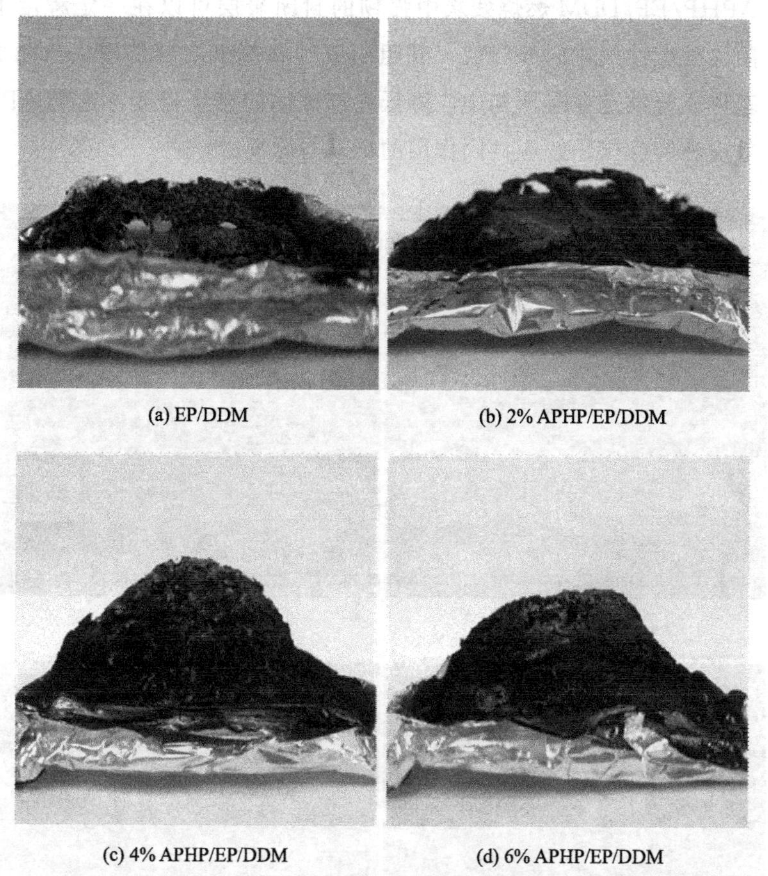

图 6.8　APHP/EP/DDM 阻燃环氧树脂燃烧残炭的宏观形貌

采用 SEM 进一步观察 APHP/EP/DDM 阻燃环氧树脂燃烧残炭的微观形貌，探索 APHP 对 DDM 固化环氧树脂成炭行为和成炭特征的影响规律。如图 6.9(a) 和(b) 所示，未改性环氧树脂 EP/DDM 燃烧残炭存在许多不同形状的开放孔洞，这些开放孔洞不仅将为内部树脂基体裂解产生的可燃性气体的释放提供通道，也会成为外部氧气和燃烧热向内部基体传输的路径，对抑制材料燃烧十分不利。而添加 4％的 APHP 后，APHP/EP/DDM 燃烧残炭的微观形貌变化显著。如图 6.9 (c) 所示，4％APHP/EP/DDM 燃烧残炭表面呈现出明显的山脉状封闭结构，说明材料燃烧生成的残炭韧性得到增强。而图 6.9(d) 中进一步放大至 2000 倍的微观形貌表明，残炭裂缝之间是连续的棉絮状交联结构，应是由内部基体裂解产生的可燃性气体向外释放时，形成较大内压向外膨胀形成的具有较高强度的膨胀炭层，具有较好的阻隔保护作用。换言之，4％

APHP/EP/DDM 燃烧残炭中强韧的封闭炭层可以在一定程度上封闭和阻隔可燃性气体向外释放，并阻碍氧气和热量向内传递，从而更多地将基体成分锁定在凝聚相中，降低外部火焰的燃烧强度，这是 APHP 成炭效应和屏障保护效应共同作用的结果与体现。

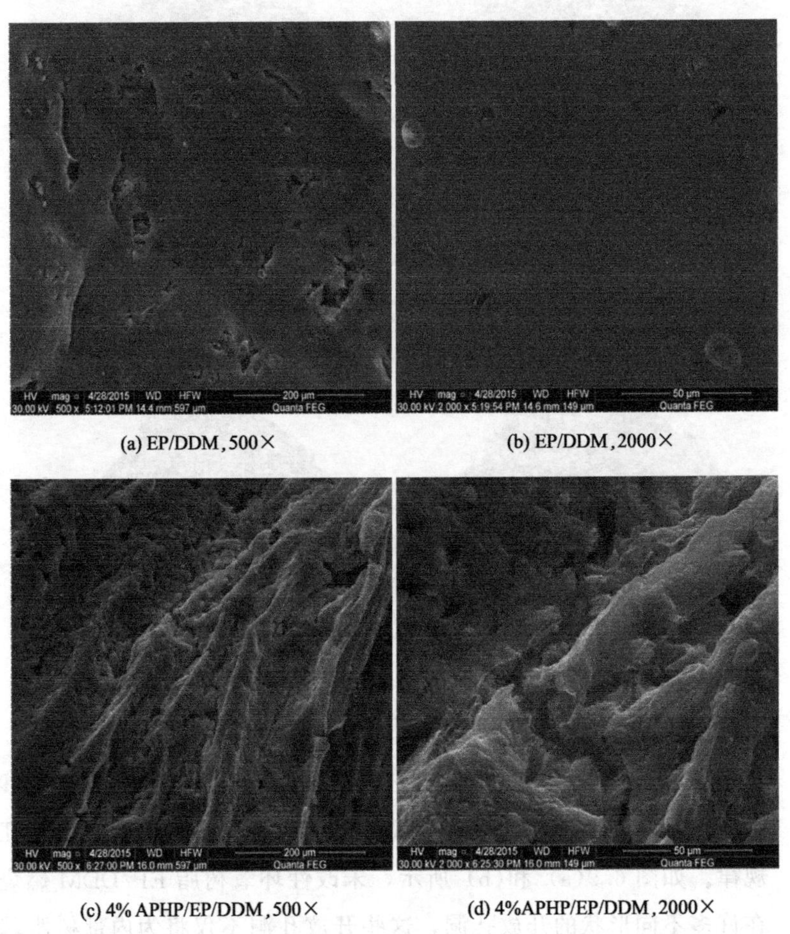

(a) EP/DDM，500×　(b) EP/DDM，2000×

(c) 4% APHP/EP/DDM，500×　(d) 4%APHP/EP/DDM，2000×

图 6.9　APHP/EP/DDM 阻燃环氧树脂燃烧残炭的微观形貌

此外，还通过 XPS 测试 APHP/EP/DDM 阻燃环氧树脂燃烧残炭表面的元素组成。如表 6.6 所示，与未改性环氧树脂 EP/DDM 相比，APHP 的添加明显提高了表层残炭的氧含量，而且表层残炭的磷含量和铝含量也随 APHP 添加量的提高而增大。相反地，随着 APHP 添加量的提高表层残炭中的碳元素含量反而逐步下降，尤其是当 APHP 添加量达到 4%（质量分数）和 6%（质量分数）时，表层残炭的磷、铝和氧含量迅速增加，碳含量则迅速降低。可以推断，当 APHP 添加量达到 4%时，

APHP/EP/DDM 燃烧后在残炭表面富集形成大量的含磷氧化物、磷酸盐化合物以及铝氧化物。这些不可燃或难燃的含磷氧化物、磷酸盐化合物以及铝氧化物不仅有助于强化炭层的膨胀特性，还能增强炭层的热稳定性，促进炭层发挥更有效的屏障保护作用，显著抑制环氧树脂材料的燃烧行为，赋予材料优异的阻燃性能。

表 6.6 APHP/EP/DDM 阻燃环氧树脂燃烧残炭的元素组成

样品	元素含量/%				
	C	N	O	Al	P
EP/DDM	82.78	4.34	12.88	—	—
2%APHP/EP/DDM	74.85	9.37	13.78	0.58	1.42
4%APHP/EP/DDM	41.66	4.34	41.01	5.06	8.12
6%APHP/EP/DDM	39.99	3.80	40.58	5.08	10.55

(6) APHP/EP/DDM 阻燃环氧树脂的阻燃机理

采用 Py-GC/MS 联用测试分析 APHP 的热裂解碎片，解析 APHP 的热裂解路线。图 6.10(a) 给出的 APHP 热解产物气相色谱图，其中，2.2min、7.7min 和 11.6min 三处的气相色谱峰最为明显，属于 APHP 的主要裂解碎片。图 6.10(b) 给出了以上三处主要气相色谱峰相对应的质谱图。结合图 6.10(b) 的谱图结果和相关文献报道[8] 分析，图 6.11 给出了 APHP 的裂解路线。

如图 6.10(b) 所示，APHP 的热裂解产物主要为三种：已二烯链段裂解碎片（C_6H_{12}、C_5H_{10}、C_4H_8、C_3H_5）、单质磷碎片（P_4、P_3、P_2）以及烷基次膦酸碎片（$C_6H_{11}PO_2$、$C_4H_6PO_2$、$C_3H_5PO_2$、PO_2）。其中，APHP 裂解生成的烷基次膦酸碎片具有自由基猝灭效应，可以有效捕获火焰区域中的活性自由基 HO· 和 H·，终止燃烧的链式反应，发挥气相火焰抑制效应，大幅地降低火焰燃烧强度。而 APHP 裂解生成的 P_4 碎片则证明其裂解过程与无机次磷酸铝具有一定程度的相似性。由此可以推断，APHP 不仅能够在气相释放 P_4 和烷基次膦酸碎片，还能在凝聚相裂解生成次磷酸铝、磷酸铝、偏磷酸等物质。次磷酸铝和磷酸铝等无机盐可以增加炭层的强度，而偏磷酸则可以促进环氧树脂基体的脱水成炭，都有助于促进和改善成炭行为，继而获得更好的隔氧隔热作用，以及减少燃烧反应的燃料供应。

基于上述研究结果，APHP 在 DDM 固化环氧树脂中的阻燃机理如

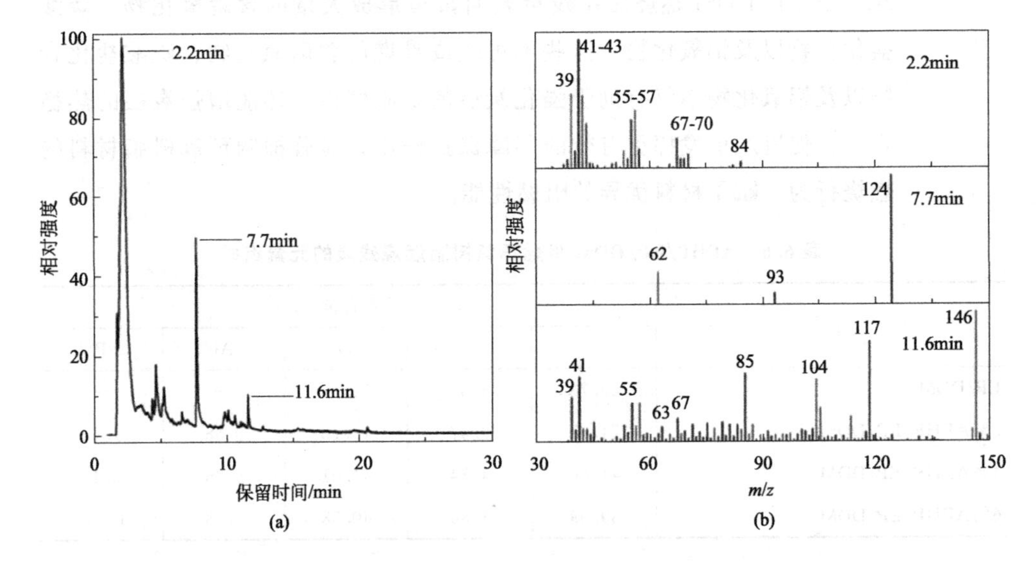

图 6.10 APHP 裂解产物的气相色谱图（a）和质谱图（b）

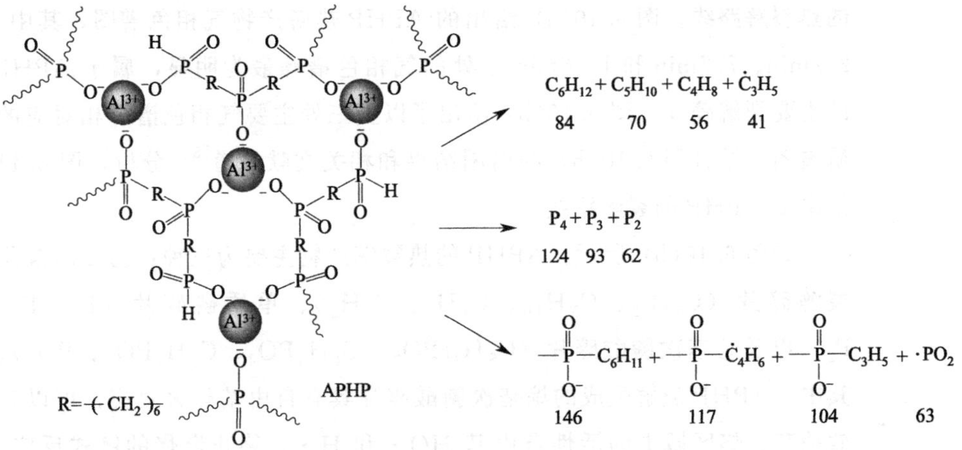

图 6.11 APHP 的裂解路线

图 6.12 所示。APHP/EP/DDM 引燃后，APHP 裂解生成烷基次膦酸类和 P_4 类碎片，这些碎片能够与环氧树脂基体发生交联反应，促进树脂基体裂解生成黏弹性含磷炭层。另外，APHP 还会裂解生成次磷酸铝和磷酸铝等产物，与基体残留物结合后，能够提高残炭的韧性、强度和数量。相比于未改性环氧树脂 EP/DDM，APHP/EP/DDM 成炭量的提高可以有效减少参与燃烧反应的可燃性物质的总量。由 APHP 裂解产物作用生

成的膨胀炭层也能对氧气和热量的传递形成阻隔和屏障，发挥有效的凝聚相阻燃作用。同时，APHP在基体材料燃烧过程中裂解释放的·PO、·PO_2以及烷基次膦酸自由基都具有自由基猝灭效应，可以终止燃烧反应中的链式反应，发挥优异的气相阻燃作用。

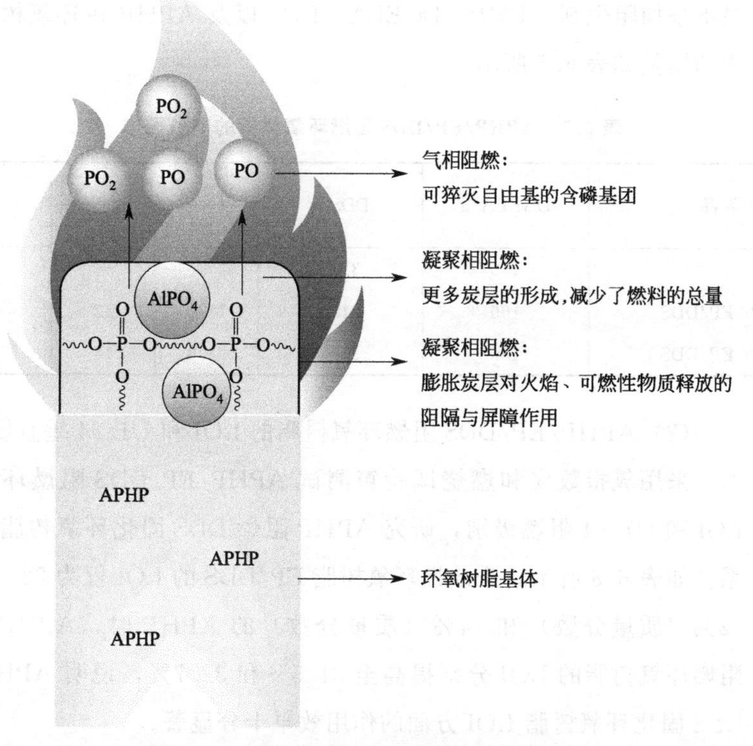

图6.12 APHP/EP/DDM体系的阻燃机理

综上可知，APHP在DDM固化环氧树脂中主要从三方面发挥阻燃作用：①成炭效应，减少参与燃烧反应的燃料总量，降低总热释放量和热释放速率峰值；②屏障保护效应，膨胀炭层阻隔挥发性燃烧、氧气以及热量的流通，抑制燃料供给，保护内层树脂，间接抑制材料的燃烧反应；③火焰抑制效应，裂解生成具有自由基猝灭效应的碎片，减少或终止燃烧过程的链式反应，直接抑制材料的燃烧反应。APHP正是通过上述气相、凝聚相阻燃作用，有效提高了DDM固化环氧树脂的阻燃性能。

6.1.5 APHP/EP/DDS阻燃环氧树脂

（1）APHP/EP/DDS阻燃环氧树脂的制备

APHP/EP/DDS 的制备：将 APHP 加入 DGEBA 中，搅拌升温至 185℃，待 APHP 分散均匀后，加入固化剂 DDS，并搅拌至 DDS 完全溶解，再置于 185℃真空干燥箱中抽真空 3min，脱除体系中的气泡后，迅速浇注到预热的模具中，先在 150℃预固化 3h，再在 180℃深度固化 5h，即得 APHP/EP/DDS 固化物。对比样品 EP/DDS 的制备工艺同上，只是不添加阻燃剂 APHP。DGEBA、DDS 以及 APHP 在环氧树脂固化物中的用量如表 6.7 所示。

表 6.7　APHP/EP/DDS 阻燃环氧树脂的制备配方

样 品	DGEBA/g	DDS/g	APHP		磷含量 %
			g	%	
EP/DDS	100	31.6	—	—	0
12%APHP/ EP/DDS	100	31.6	18.0	12	2.44
14%APHP/ EP/DDS	100	31.6	21.4	14	2.84

(2) APHP/EP/DDS 阻燃环氧树脂的 LOI 和 UL 94 垂直燃烧试验

采用氧指数仪和燃烧试验箱测试 APHP/EP/DDS 阻燃环氧树脂的 LOI 和 UL 94 阻燃级别，研究 APHP 阻燃 DDS 固化环氧树脂的量效关系。如表 6.8 所示，未改性环氧树脂 EP/DDS 的 LOI 仅为 22.5%，添加 12%（质量分数）和 14%（质量分数）的 APHP 时，APHP/EP/DDS 阻燃环氧树脂的 LOI 分别提高至 31.5%和 32.7%，说明 APHP 在提高 DDS 固化环氧树脂 LOI 方面的作用效果十分显著。

未改性的 DDS 固化环氧树脂之所以不能达到任何 UL 94 级别，主要在于 EP/DDS 被第一次引燃后便不会自熄，火焰逐步蔓延至所有基体，并且还伴有明显的有焰滴落。引入 APHP 后，如表 6.8 所示，APHP/EP/DDS 获得了自熄能力，燃烧过程的熔滴行为也得到了有效抑制。不过由于 12%APHP/EP/DDS 和 14%APHP/EP/DDS 的平均余焰时间 av-t_1 和 av-t_1 都超过了 30s，这使二者都无法满足任何 UL 94 阻燃级别的要求。由此可知，APHP 的添加有助于抑制 EP/DDS 燃烧过程的熔滴行为，并使其在一定时间内自熄，只是 APHP 在提高材料自熄速度方面的作用效果还难以满足 UL 94 阻燃级别的评定要求，APHP/EP/DDS 体系的阻燃机制和作用效率还有待进一步完善和提高。

表 6.8　APHP/EP/DDS 阻燃环氧树脂的 LOI 和 UL 94 阻燃级别

样品	LOI /%	垂直燃烧试验			
		余焰时间		UL 94 阻燃级别	是否熔滴
		av-t_1/s	av-t_2/s		
EP/DDS	22.5	不自熄	—	无级别	是
12%APHP/EP/DDS	31.5	49.2	42.3	无级别	否
14%APHP/EP/DDS	32.7	43.5	36.9	无级别	否

(3) APHP/EP/DDS 阻燃环氧树脂的锥形量热仪燃烧试验

采用锥形量热仪燃烧试验追踪评价 APHP/EP/DDS 阻燃环氧树脂的燃烧试验参数，探知 APHP 对 DDS 固化环氧树脂燃烧行为的影响机制和作用规律。如图 6.13 所示，添加 APHP 后，APHP/EP/DDS 的引燃时间（TTI）与未改性环氧树脂 EP/DDS 基本相当，说明 APHP 对 DDS 固化环氧树脂被引燃前的裂解行为没有明显影响，这主要是因为 APHP 的热稳定性较高，在树脂基体被引燃前难以裂解，无法释放裂解产物干预基体材料的裂解行为。

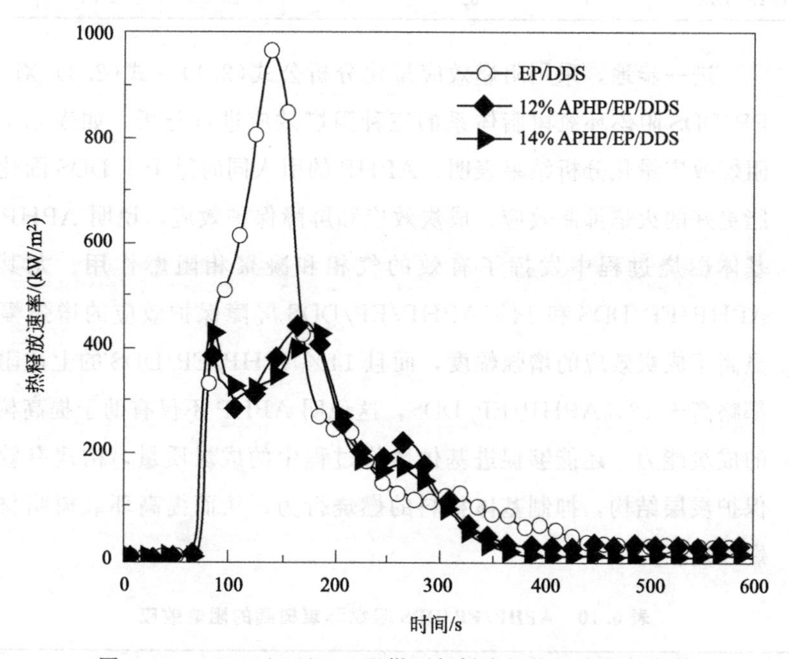

图 6.13　APHP/EP/DDS 阻燃环氧树脂的热释放速率曲线

如图 6.13 和表 6.9 所示，APHP/EP/DDS 被引燃后，APHP 对基体材料燃烧行为的影响迅速凸显。未改性环氧树脂 EP/DDS 的热释放速率曲线呈现为窄而挺拔、伴有尖锐的 HRR 峰，并在达到 pk-HRR 后迅速下降，说明 EP/DDS 的燃烧强度大，燃烧过程相对集中，火灾危险性高。添加 APHP 后，APHP/EP/DDS 的 HRR 曲线高度明显趋于低缓，pk-HRR 下降明显。其中，12%APHP/EP/DDS 和 14%APHP/EP/DDS 的 HRR 曲线趋势相对一致，都表现出明显的成炭型材料特征。只是，与 12%APHP/EP/DDS 相比，14%APHP/EP/DDS 的第三个 pk-HRR 峰明显更为低矮，说明 14%APHP/EP/DDS 在第三个 pk-HRR 峰处的燃烧强度明显低于 12%APHP/EP/DDS，这应是 14%APHP/EP/DDS 燃烧过程中生成了更稳定致密的炭层结构，赋予了 14%APHP/EP/DDS 体系更有效的阻隔保护作用。

表 6.9 APHP/EP/DDS 阻燃环氧树脂的锥形量热仪燃烧试验参数

样品	TTI /s	THR /(MJ/m^2)	pk-HRR /(kW/m^2)	av-EHC /(MJ/kg)	R_{600s} /%	TML /%
EP/DDS	65	102	966	24.2	8.3	91.7
12%APHP/EP/DDS	62	66	451	18.1	19.9	80.1
14%APHP/EP/DDS	64	65	432	18.0	20.1	79.9

进一步地，采用阻燃效应量化分析公式(2.1)～式(2.3) 对 APHP/EP/DDS 阻燃环氧树脂体系的三种阻燃效应进行分析。如表 6.10 所示，阻燃效应量化分析结果表明，APHP 的引入同时赋予了 DDS 固化环氧树脂更好的火焰抑制效应、成炭效应和屏障保护效应，说明 APHP 在树脂基体燃烧过程中发挥了有效的气相和凝聚相阻燃作用。尤其，12%APHP/EP/DDS 和 14%APHP/EP/DDS 屏障保护效应的增强幅度都明显高于成炭效应的增强幅度，而且 14%APHP/EP/DDS 的上述阻燃效应都略高于 12%APHP/EP/DDS，这说明 APHP 不仅有助于提高树脂基体的成炭能力，还能够促进基体燃烧过程中的成炭质量，构建有效的阻隔保护炭层结构，抑制基体材料的燃烧行为，从而提高环氧树脂材料的阻燃性能。

表 6.10 APHP/EP/DDS 阻燃环氧树脂的阻燃效应

样品	火焰抑制效应	成炭效应	屏障保护效应
12%APHP/EP/DDS	+25.3%	+12.6%	+28.6%
14%APHP/EP/DDS	+25.6%	+12.9%	+30.1%

6.1.6 APHP/BDP/EP/DDS阻燃环氧树脂

(1) APHP/BDP/EP/DDS阻燃环氧树脂的制备

将APHP和BDP（化学结构如图6.14所示）添加到DGEBA，搅拌升温至185℃，搅拌至APHP和BDP溶解或分散后，加入固化剂DDS，并搅拌至DDS完全溶解且混合均匀，再置于180℃真空干燥箱中抽真空3min，脱除体系中的气泡后，迅速浇注到预热的模具中，先在160℃预固化1h，再在180℃固化2h，再在200℃深度固化1h。

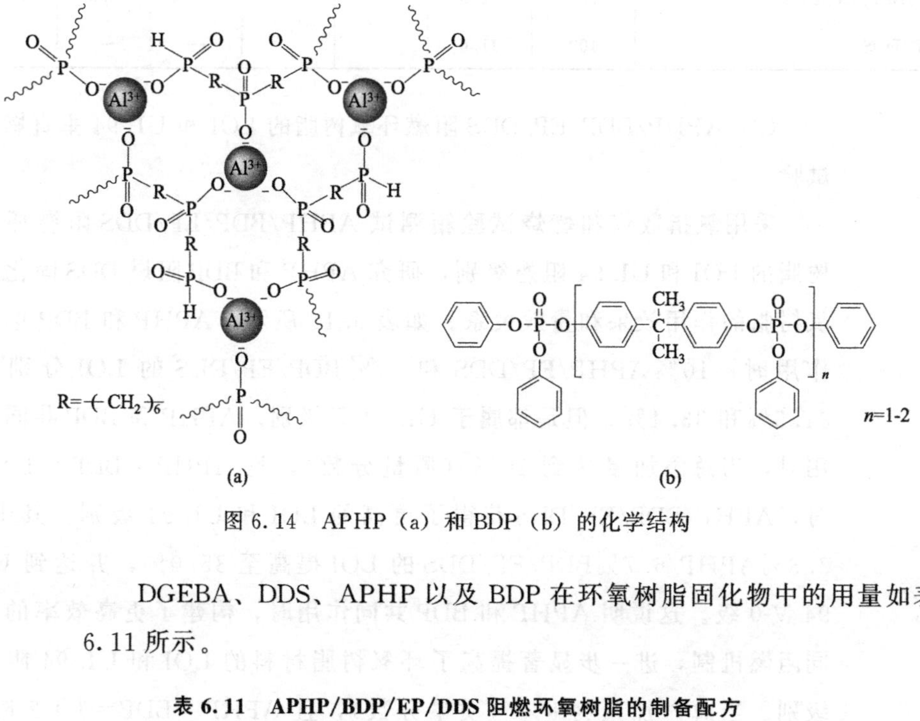

图6.14 APHP（a）和BDP（b）的化学结构

DGEBA、DDS、APHP以及BDP在环氧树脂固化物中的用量如表6.11所示。

表6.11 APHP/BDP/EP/DDS阻燃环氧树脂的制备配方

样品	DGEBA /g	DDS /g	APHP		BDP		磷含量 /%
			g	%	g	%	
6.7%APHP/3.3%BDP/EP/DDS	100	31.6	9.8	6.7	4.83	3.3	1.65
5%APHP/5%BDP/EP/DDS	100	31.6	7.32	5.0	7.32	5.0	1.46
3.3%APHP/6.7%BDP/EP/DDS	100	31.6	4.83	3.3	9.8	6.7	1.27
2%APHP/8%BDP/EP/DDS	100	31.6	2.92	2.0	11.7	8.0	1.12
10%APHP/EP/DDS	100	31.6	14.63	10.0	—	—	2.03
10%BDP/EP/DDS	100	31.6	—	—	14.63	10.0	0.89

续表

样品	DGEBA /g	DDS /g	APHP		BDP		磷含量 /%
			g	%	g	%	
5.3%APHP/2.7%BDP/EP/DDS	100	31.6	7.58	5.3	3.86	2.7	1.32
4%APHP/4%BDP/EP/DDS	100	31.6	5.72	4.0	5.72	4.0	1.17
2.7%APHP/5.3%BDP/EP/DDS	100	31.6	3.86	2.7	7.58	5.3	1.02
1.6%APHP/6.4%BDP/EP/DDS	100	31.6	2.29	1.6	9.15	6.4	0.89
8%APHP/EP/DDS	100	31.6	11.44	8.0	—	—	1.62
8%BDP/EP/DDS	100	31.6	—	—	11.44	8.0	0.71
EP/DDS	100	31.6	—	—	—	—	—

(2) APHP/BDP/EP/DDS阻燃环氧树脂的LOI和UL 94垂直燃烧试验

采用氧指数仪和燃烧试验箱测试APHP/BDP/EP/DDS阻燃环氧树脂的LOI和UL 94阻燃级别，研究APHP和BDP阻燃DDS固化环氧树脂的作用效果和量效关系。如表6.12所示，APHP和BDP单独作用时，10%APHP/EP/DDS和10%BDP/EP/DDS的LOI分别为31.5%和33.4%，但是都属于UL 94无级别。APHP和BDP共同作用时，当总添加量达到10%（质量分数），且APHP：BDP=1：2时，APHP/BDP/EP/DDS获得了更高的LOI和UL 94级别。其中，3.3%APHP/6.7%BDP/EP/DDS的LOI提高至35.0%，并达到UL 94 V-0级。这说明APHP和BDP共同作用时，构建了更高效率的协同阻燃机制，进一步显著提高了环氧树脂材料的LOI和UL 94阻燃级别。当总添加量为8%（质量分数），且APHP：BDP=1：2时，2.7%APHP/5.3%BDP/EP/DDS同样具有更高的LOI和UL 94阻燃级别。只是，虽然2.7%APHP/5.3%BDP/EP/DDS的LOI接近于3.3%APHP/6.7%BDP/EP/DDS，但是2.7%APHP/5.3%BDP/EP/DDS的UL 94阻燃级别仅达到V-1级，说明体系总添加量达到10%（质量分数），且APHP：BDP=1：2时，才可使APHP/BDP/EP/DDS体系的阻燃效率最高，且通过UL 94 V-0级。由此可知，APHP/BDP/EP/DDS是在APHP和BDP的高效协同阻燃机制下获得优异的LOI和UL 94阻燃级别。

表 6.12 APHP/BDP/EP/DDS 阻燃环氧树脂的 LOI 和 UL 94 阻燃级别

样品	APHP∶BDP	LOI/%	垂直燃烧试验			
			余焰时间		UL 94 阻燃级别	是否熔滴
			av-t_1/s	av-t_2/s		
6.7%APHP/3.3%BDP/EP/DDS	2∶1	33.9	36.9	26.1	无级别	否
5%APHP/5%BDP/EP/DDS	1∶1	34.5	12.5	29.4	无级别	否
3.3%APHP/6.7%BDP/EP/DDS	1∶2	35.0	7.5	2.3	V-0 级	否
2%APHP/8%BDP/EP/DDS	1∶4	34.2	13.4	4.7	V-1 级	否
10%APHP/EP/DDS	—	31.5	27.6	36.1	无级别	否
10%BDP/EP/DDS	—	33.4	7.0	24.1	无级别	否
5.3%APHP/2.7%BDP/EP/DDS	2∶1	32.1	33.9	28.1	无级别	否
4%APHP/4%BDP/EP/DDS	1∶1	32.4	26.6	22.1	无级别	否
2.7%APHP/5.3%BDP/EP/DDS	1∶2	34.7	7.2	10.8	V-1 级	否
1.6%APHP/6.4%BDP/EP/DDS	1∶4	33.7	18.0	20.4	无级别	否
8%APHP/EP/DDS	—	30.9	41.7	37.7	无级别	否
8%BDP/EP/DDS	—	33.6	19.8	8.8	无级别	否
EP/DDS	—	22.5	不自熄	—	无级别	是

(3) APHP/BDP/EP/DDS 阻燃环氧树脂的锥形量热仪燃烧试验

采用锥形量热仪研究 APHP/BDP/EP/DDS 阻燃环氧树脂燃烧过程的特征参数，研究 APHP 和 BDP 对 DDS 固化环氧树脂燃烧行为的作用机制和影响规律。如图 6.15 所示，APHP/BDP/EP/DDS 和 APHP / EP/DDS 以及 BDP/EP/DDS 的引燃时间（TTI）都明显提前于未改性环氧树脂 EP/DDS，说明 APHP 和 BDP 单独或者共同应用于 DDS 固化环氧树脂时，都会诱导树脂基体提前分解释放易燃性挥发产物，其中尤以 BDP 对 DDS 固化环氧树脂提前引燃的影响更大。随着燃烧反应的进行，与对比样品 10% BDP/EP/DDS 和 10% APHP/EP/DDS 相比，3.3% APHP/6.7%BDP/EP/DDS 的热释放速率峰值（pk-HRR）受到了更明显的抑制和推迟，说明 APHP 和 BDP 共同作用时，更高效地抑制了 DDS 固化环氧树脂燃烧进程的发展，并明显地抑制了基体材料燃烧过程的热量释放，降低了 DDS 固化环氧树脂的火灾危险性。

如表 6.13 所示，3.3% APHP/6.7% BDP/EP/DDS 的 THR、TML 和 av-EHC 都介于 10% APHP/EP/DDS 和 10% BDP/EP/DDS 之间，说明 APHP/BDP 复合体系在降低材料燃烧热释放和提高材料成炭能力方

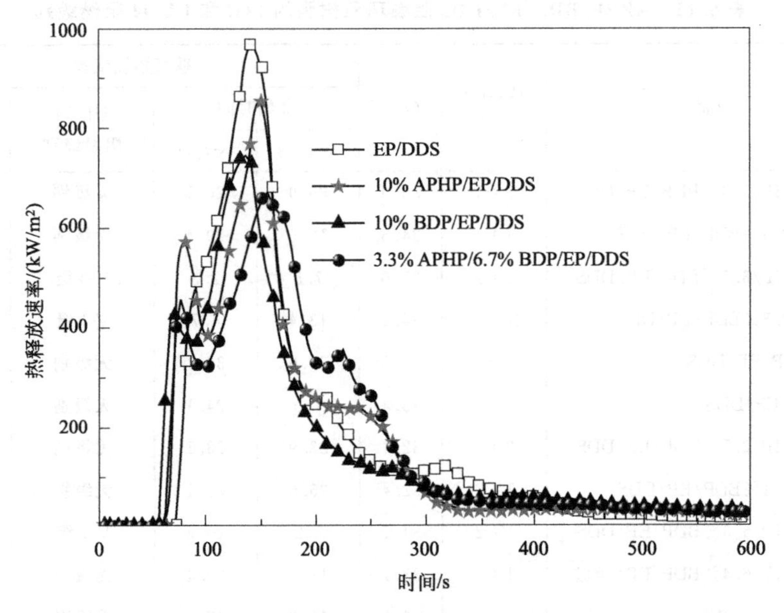

图 6.15　APHP/BDP/EP/DDS 阻燃环氧树脂的热释放速率曲线

面没有明显的协同作用。但是，3.3%APHP/6.7%BDP/EP/DDS 的 av-COY 和 av-CO_2Y 都低于 10%APHP/EP/DDS 和 10%BDP/EP/DDS，表明 APHP 和 BDP 共同作用时不仅减少了参与燃烧反应的挥发性裂解产物，而且更多地将裂解产物以烟颗粒形式排放，这使得 3.3%APHP/6.7%BDP/EP/DDS 的 TSR 明显高于 10%APHP/EP/DDS 和 10%BDP/EP/DDS。此外，由于 APHP 的加入更有效地减少了材料燃烧过程的总质量损失（TML），促进基体材料生成了更多的残炭，说明 APHP 能够增强树脂基体的凝聚相成炭作用。由 10%BDP/EP/DDS 的 av-EHC 低于未改性环氧树脂 EP/DDS 可知，BDP 的引入可以提高 DDS 固化环氧树脂的气相阻燃效果。由此可知，APHP 和 BDP 在气相和凝聚相的阻燃效果具有明显差异。

表 6.13　APHP/BDP/EP/DDS 阻燃环氧树脂的锥形量热仪燃烧试验参数

样品	范围 /s	TTI /s	pk-HRR /(kW/m^2)	THR /(MJ/m^2)	TML /%
3.3%APHP/6.7%BDP/EP/DDS	60～290	51	672	86	77.6
10%APHP/EP/DDS	65～260	56	855	90	74.6
10%BDP/EP/DDS	55～440	50	746	86	78.6
EP/DDS	75～385	65	966	96	87.8

续表

样品	范围 /s	av-EHC /(MJ/kg)	TSR /(m^2/m^2)	av-COY /(kg/kg)	av-CO_2Y /(kg/kg)
3.3%APHP/6.7%BDP/EP/DDS	60～290	26.3	5010	0.15	2.29
10%APHP/EP/DDS	65～260	29.1	4808	0.47	2.57
10%BDP/EP/DDS	55～440	24.1	4808	0.47	3.17
EP/DDS	75～385	25.5	4044	0.10	2.59

进一步地，采用量化分析公式式(2.1)～式(2.3)对APHP/BDP/EP/DDS阻燃环氧树脂的阻燃效应进行分析。如表6.14所示，APHP的加入有助于实现更强的成炭和阻隔保护作用，但对火焰抑制作用的发挥是不利的，而BDP能够使火焰抑制效应、成炭效应和屏障保护效应都得到明显增强，其中尤以屏障保护效应的增强幅度最大。具体的，APHP和BDP单独作用时，10%APHP/EP/DDS的屏障保护效应提高5.6%，10%BDP/EP/DDS的屏障保护效应提高13.8%，而3.3%APHP/6.7%BDP/EP/DDS的屏障保护效应则提高了22.3%，说明APHP和BDP在提高体系屏障保护效应方面构建了显著的协同作用机制，这也是APHP/BDP/EP/DDS阻燃环氧树脂pk-HRR发生显著下降和推迟的重要原因。同时，屏障保护效应的增强也有助于提高材料的自熄能力，改善环氧树脂材料的LOI和UL 94阻燃级别。此外，3.3%APHP/6.7%BDP/EP/DDS成炭效应和火焰抑制效应的变化幅度都介于10%APHP/EP/DDS和10%BDP/EP/DDS变化幅度之间，说明APHP和BDP在影响上述两种阻燃效应方面没有明显的协同行为。

表6.14 APHP/BDP/EP/DDS阻燃环氧树脂的阻燃效应

样品	火焰抑制效应	成炭效应	屏障保护效应
3.3%APHP/6.7%BDP/EP/DDS	−3.1%	+11.6%	+22.3%
10%APHP/EP/DDS	−14.1%	+15.0%	+5.6%
10%BDP/EP/DDS	+5.5%	+10.5%	+13.8%

(4) APHP/BDP/EP/DDS阻燃环氧树脂的燃烧残炭分析

如图6.16(a)所示，未改性环氧树脂EP/DDS的燃烧残炭很少，而且松散破碎，说明EP/DDS本身的成炭能力较差。APHP和BDP单独作用时，如图6.16(b)，10%APHP/EP/DDS燃烧残炭发生了明显膨胀，形成了致密的膨胀炭层，说明APHP促进树脂基体生成的膨胀炭层能够有效包裹和阻隔内部裂解气体逃逸；而图6.16(c)中给出的10%BDP/

EP/DDS燃烧残炭膨胀、松散，说明BDP促进树脂基体生成的膨胀炭层不能有效包裹和阻隔内部裂解气体的散逸。APHP和BDP共同作用时，如图6.16(d) 所示，3.3%APHP/6.7%BDP/EP/DDS燃烧残炭呈现为膨胀倍率更大也更加完整、致密的膨胀炭层，说明APHP和BDP在提高树脂基体成炭数量和成炭质量方面存在明显的协同作用，通过提高基体材料燃烧过程的阻隔保护作用，实现对树脂材料燃烧行为的有效抑制。

图6.16 APHP/BDP/EP/DDS阻燃环氧树脂燃烧残炭的宏观形貌

进一步地，采用扫描电镜分析APHP/BDP/EP/DDS阻燃环氧树脂燃烧残炭的微观形貌。如图6.17(a) 所示，未改性环氧树脂EP/DDS燃烧残炭表面存在大量开放裂缝，这会为基体材料裂解生成的可燃性气体释放入气相提供通道，也会使外部氧气和热量更容易接触内部基体，从而导致了更充分的燃烧。在图6.17(b) 中，10%APHP/EP/DDS燃烧残炭表面上形成的开孔很少，并且在残炭表面上存在很多小颗粒。这些颗粒应是APHP裂解生成的磷酸铝等物质[7]。在图6.17(c) 中，10%BDP/EP/DDS燃烧残炭表面上存在许多封闭孔洞和少量因柔性膜层破裂形成的开放孔洞，这主要是因为BDP促进树脂基体生成的残炭黏弹性和热稳定性不足，导致表层残炭受到持续炙烤后破裂。图6.17(d) 中可以观察到 APHP 裂解生成的磷酸铝等物质的颗粒以及皱褶的闭孔膜，说明在燃烧过程中闭孔膜具有较好的黏弹性，能够有效阻碍挥发性气体燃料的释放，后因燃烧结束冷却收缩，形成皱褶膜，这进一步说明 APHP 和 BDP 之间的协同作用改善了树脂基体成炭质量，发挥了更有效的阻隔保护作用，赋予了环氧树脂材料更优异的凝聚相阻燃作用。

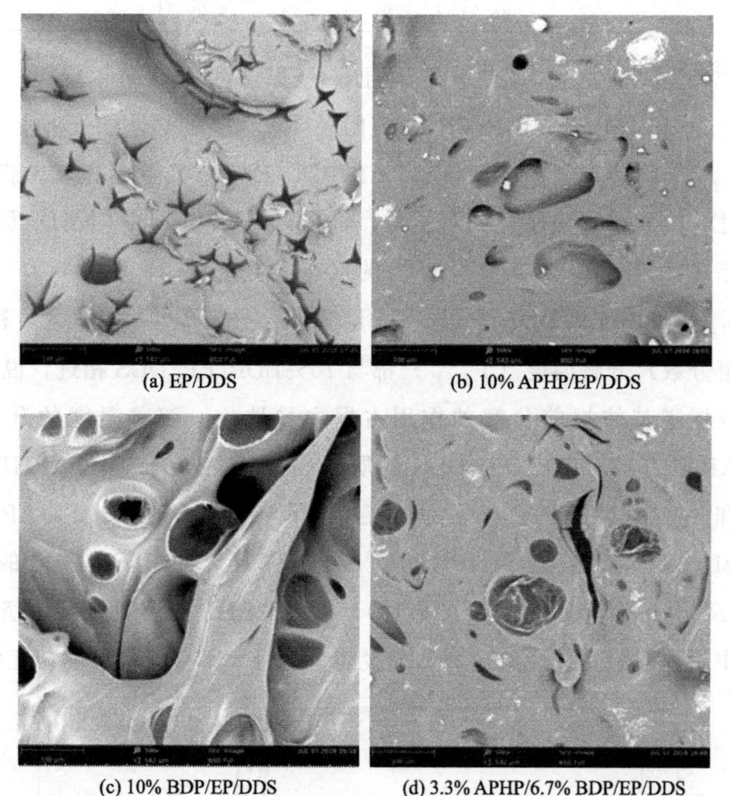
(a) EP/DDS　(b) 10% APHP/EP/DDS　(c) 10% BDP/EP/DDS　(d) 3.3% APHP/6.7% BDP/EP/DDS

图 6.17　APHP/BDP/EP/DDS 阻燃环氧树脂燃烧残炭的微观形貌

同时还采用 XPS 测试 APHP/BDP/EP/DDS 阻燃环氧树脂燃烧残炭的元素组成。如表 6.15 所示，3.3%APHP/6.7%BDP/EP/DDS 燃烧残炭的磷含量明显高于 10%APHP/EP/DDS 和 10%BDP/EP/DDS。进一步分析磷元素在凝聚相中的保留率 $R_{rP/iP}$ 可知，3.3% APHP/6.7% BDP/EP/DDS 的 $R_{rP/iP}$ 同样明显高于 10%APHP/EP/DDS 和 10%BDP/EP/DDS，说明 APHP 和 BDP 共同作用时，会将更多的含磷成分保留在凝聚相中，参与树脂基体成炭行为，促进树脂基体裂解生成更多的黏弹性富磷残炭，而 APHP 裂解生成的磷酸铝等物质富集在残炭表面，有利于提高残炭的热稳定性，增强体系的成炭效应和屏障保护效应。

表 6.15 APHP/BDP/EP/DDS 阻燃环氧树脂燃烧残炭的元素组成

样品	元素含量/%						$R_{rP/iP}$/%
	C	N	S	O	Al	P	
3.3%APHP/6.7%BDP/EP/DDS	69.32	1.75	0.53	22.18	2.99	3.22	56.8
10%APHP/EP/DDS	61.72	2.99	0.38	26.35	2.69	0.38	4.7
10%BDP/EP/DDS	84.63	2.67	0.85	11.39	—	0.46	11.1
EP/DDS	88.23	1.93	0.74	9.09	—	—	—

注：磷元素在凝聚相中的保留率 $R_{rP/iP}=\dfrac{残炭产率\times残炭磷含量}{样品初始磷含量}\times100\%$。

（5）APHP/BDP/EP/DDS 阻燃环氧树脂的热性能分析

采用热重分析仪评价 APHP/BDP/EP/DDS 阻燃环氧树脂的热稳定性、热分解行为以及成炭能力，研究 APHP 和 BDP 对 DDS 固化环氧树脂热稳定性和裂解成炭行为的影响。如图 6.18 所示，3.3% APHP/6.7%BDP/EP/DDS 的 1%（质量分数）分解温度（$T_{d,1\%}$）和 5%（质量分数）分解温度（$T_{d,5\%}$）都与 10%BDP/EP/DDS 相近，说明 BDP 诱导树脂基体提前分解的作用占据主导地位。随着温度的升高，3.3% APHP/6.7%BDP/EP/DDS 的质量损失始终介于 10% APHP/EP/DDS 和 10% BDP/EP/DDS 之间。温度升至 600℃ 时，3.3% APHP/6.7% BDP/EP/DDS、10%APHP/EP/DDS 和 10%BDP/EP/DDS 的残炭产率（$R_{600℃}$）都基本相近（表 6.16），说明 APHP 和 BDP 在热失重测试过程中干预树脂基体裂解速率和成炭能力的行为不存在明显的相互作用。

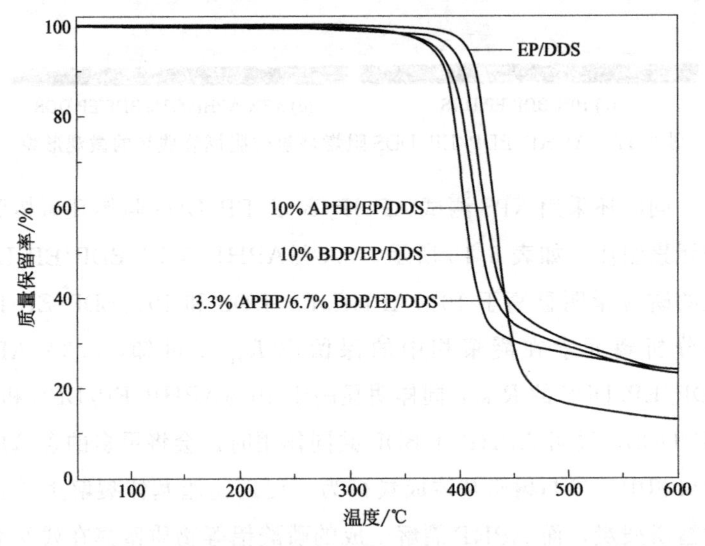

图 6.18 APHP/BDP/EP/DDS 阻燃环氧树脂的热失重曲线

表 6.16 APHP/BDP/EP/DDS 阻燃环氧树脂的热失重数据

样品	$T_{d,1\%}$/℃	$T_{d,5\%}$/℃	$R_{600℃}$/%
3.3%APHP/6.7%BDP/EP/DDS	304	377	23.1
10%APHP/EP/DDS	280	394	23.8
10%BDP/EP/DDS	311	376	23.8
EP/DDS	378	401	13.7

6.1.7 小结

本节介绍了聚己基次膦酸铝（APHP）的制备方法及表征，并将其应用于阻燃环氧树脂，研究了APHP在环氧树脂中的阻燃行为和作用机理；结合低聚双酚A二苯基磷酸酯（BDP）构建复合阻燃体系，探索了APHP/BDP复合体系在环氧树脂中的协同阻燃行为。

① 在APHP/EP/DDM体系中，4%APHP/EP/DDM的综合阻燃性能效果最佳，LOI达到32.7%，并通过UL 94 V-1级，av-EHC下降23.4%，THR下降34.0%，pk-HRR下降62.0%。阻燃效应量化分析结果表明，APHP能够同时增强树脂基体的火焰抑制效应、成炭效应以及屏障保护效应。

② 在APHP/EP/DDS体系中，添加12%（质量分数）的APHP使得12%APHP/EP/DDS的LOI由改性前的22.5%提高至31.5%，只是仍无法通过任何UL 94阻燃级别测试。相比于APHP/EP/DDM体系，APHP/EP/DDS体系成炭效应和火焰抑制效应的增强幅度相近，而屏障保护效应则下降明显。

③ 在APHP/BDP/EP/DDS体系中，当总添加量为10%，且APHP：BDP=1：2时，APHP/BDP/EP/DDS的综合阻燃性能最佳，3.3%APHP/6.7%BDP/EP/DDS的LOI由改性前的22.5%提高至35.0%，并通过UL 94 V-0级。APHP和BDP共同作用时，显著抑制并推迟了pk-HRR的出现，将更多的可燃性裂解产物转化为烟颗粒排放的同时，促进树脂基体生成更多的膨胀型富磷残炭，增强APHP/BDP/EP/DDS体系的成炭效应和屏障保护效应，构建高效凝聚相阻燃机制，提高环氧树脂材料的阻燃性能。

6.2 烷基次膦酸铝 TAHP 阻燃环氧树脂

6.2.1 TAHP 的制备

将次磷酸（50% H_2O，39.6g，0.3mol）溶于蒸馏水（19.8mL）中，在 6h 内缓慢滴入三烯丙基异氰脲酸酯（TAIC，24.90g，0.1mol）的丙醇（60mL）溶液。期间，按照 2h/次的添加速度分三次加入引发剂（2,2′-偶氮二异丁基脒二盐酸盐，0.41g，0.0015mol）。85℃搅拌反应 24h 后，体系变为白色乳液。在 60min 内缓慢滴入六水合氯化铝（31.33g，0.13mol）的水溶液（100mL）。继续搅拌反应 4h 后，体系中析出大量白色颗粒状产物。将产物过滤、水洗（80℃）至中性，再在 120℃下烘干，即得白色粉末状目标产物 TAHP。TAHP 的制备路线如图 6.19 所示。FTIR(KBr，cm^{-1})：1680cm^{-1}(C═O)，1461cm^{-1}(C—N)，2365cm^{-1}(P—H)，1164cm^{-1}(P═O)，1085cm^{-1}(P—O)。^{1}H ssNMR：1.61、3.34(CH_2)，5.38(P—H)；^{13}C ssNMR：149.58(C═O)，43.58、27.04、21.49(CH_2)；^{31}P ssNMR：35.86(C—P—C)，18.95(C—P—H)；^{27}Al ssNMR：−14.72。元素含量(质量分数,%)：C(31.02)，H(4.55)，N(9.21)。

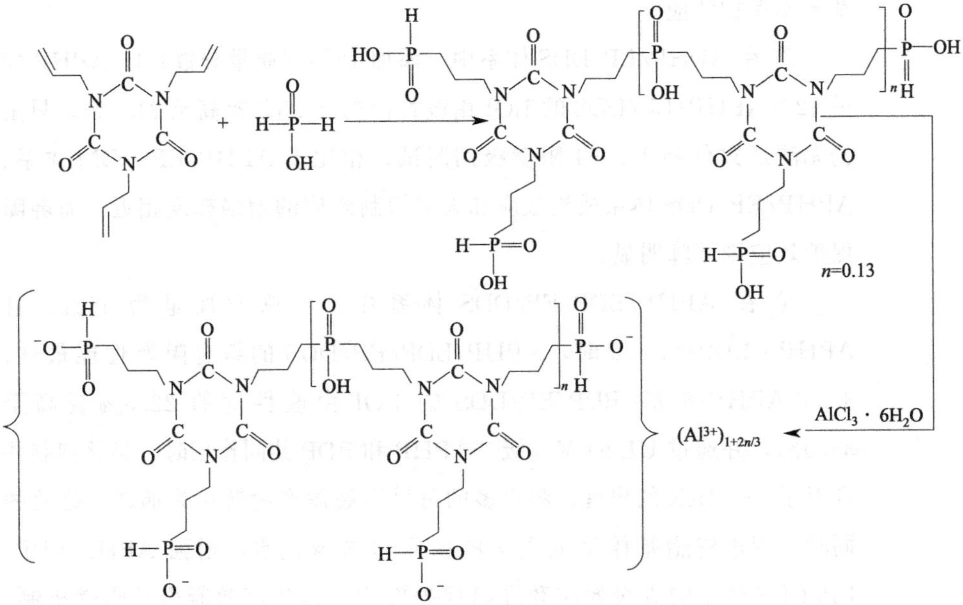

图 6.19　TAHP 的制备路线

6.2.2　TAHP 的热性能分析

如图 6.20 所示，TAHP 的 5%分解温度（$T_{d,5\%}$）达到 419℃，最大分解速率温度（$T_{d,max}$）达到 465℃，热稳定性优异。此外，TAHP 在 600℃的残炭产率（$R_{600℃}$）达到 51.2%（质量分数），说明 TAHP 具有优异的成炭性能。

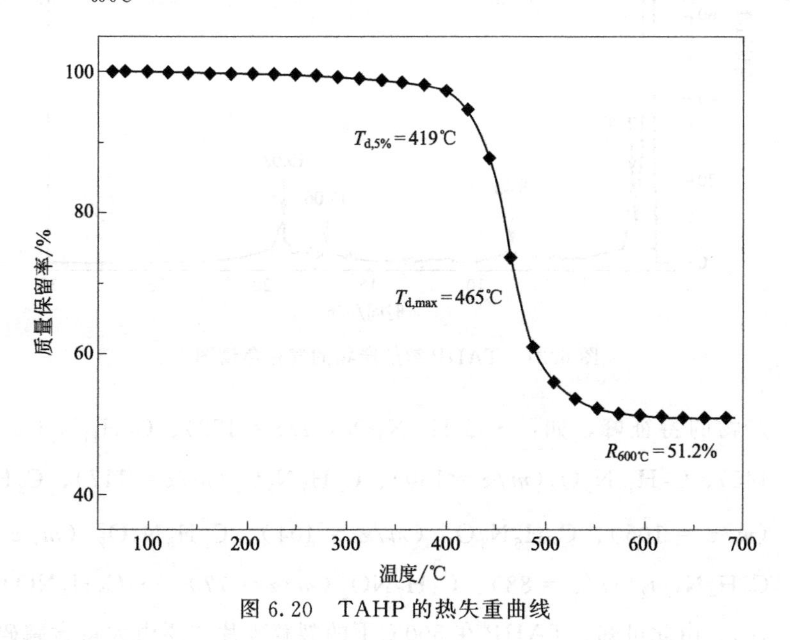

图 6.20　TAHP 的热失重曲线

6.2.3　TAHP 的裂解行为

采用热解-气相色谱/质谱联用仪（Py-GC/MS）解析 TAHP 在 500℃下的热裂解碎片，探索 TAHP 的热裂解路线，分析 TAHP 抑制环氧树脂燃烧行为的作用形式与原理。如图 6.21 所示，TAHP 裂解碎片的气相色谱峰主要有四部分：1.86min 处较强单峰、2.70min 处单峰、8.40min 处弱峰以及 17.06～19.02min 之间的一系列弱峰。其中，1.86min 处气相色谱峰代表 CO_2。

由 TAHP 的化学结构以及图 6.22 给出的气相色谱图对应质谱图可知，图 6.21 中 2.70min 处气相色谱峰应是三嗪环结构的特征峰，如：$\cdot C_4H_6ON$(m/z=84）和 $\cdot C_2H_2ON$(m/z=56)；8.40min 处气相色谱峰应是含磷碎片峰，如：P_4(m/z=124)、P_3(m/z=93)、P_2(m/z=62)；17.06～19.02min 处的一系列气相色谱峰应是 TAIC 结构单元裂解

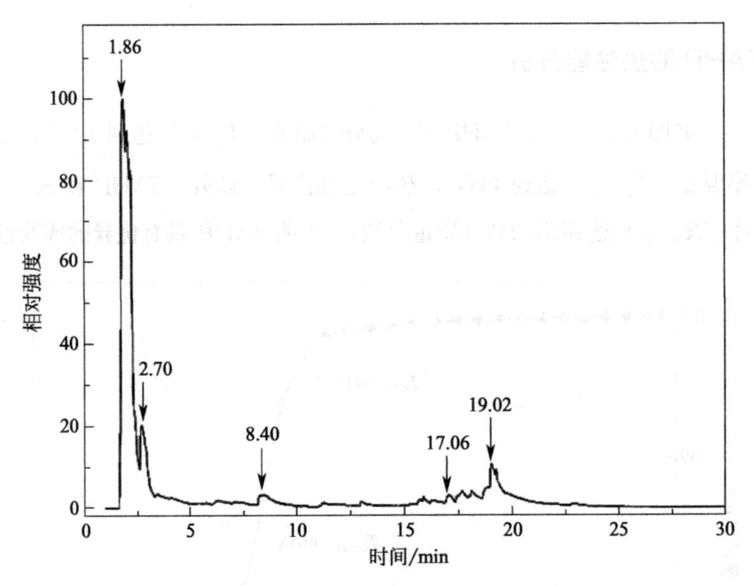

图 6.21 TAHP 裂解产物的气相色谱图

产物的特征峰，如：·$C_7H_{14}N_3O_2$（$m/z=172$）、$C_5H_{11}N_3O_2$（$m/z=145$）、$C_5H_{10}N_2O_2$（$m/z=130$）、$C_3H_7N_3O_2$（$m/z=117$）、$C_2H_7N_3O_2$（$m/z=105$）、$C_2H_6N_3O_2^-$（$m/z=104$）、$C_2H_5N_2O_2^-$（$m/z=89$）、$C_2H_4N_2O_2$（$m/z=88$）、$C_2H_7NO_2$（$m/z=77$）、·C_3H_4NO（$m/z=70$）。由此可知，TAHP 在 500℃下的裂解碎片主要由大量含磷碎片以及含氮自由基碎片组成。结合上述结果，图 6.23 给出了 TAHP 的裂解路线。

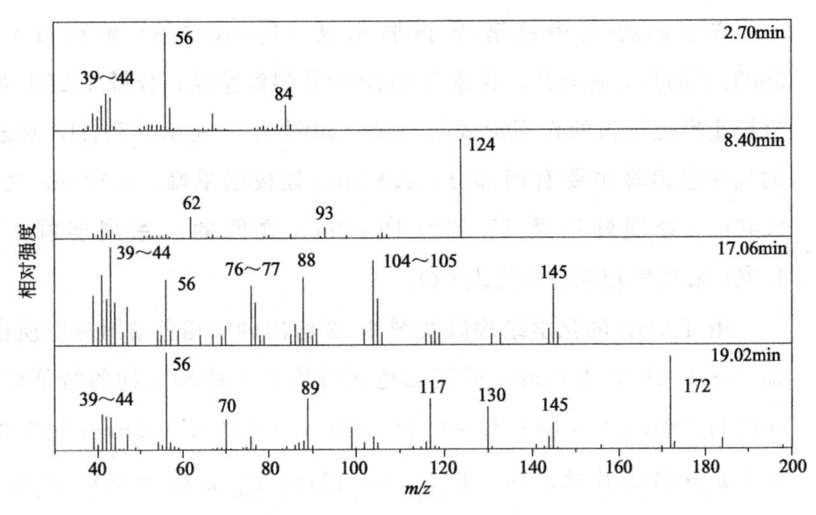

图 6.22 TAHP 主要裂解碎片的质谱图

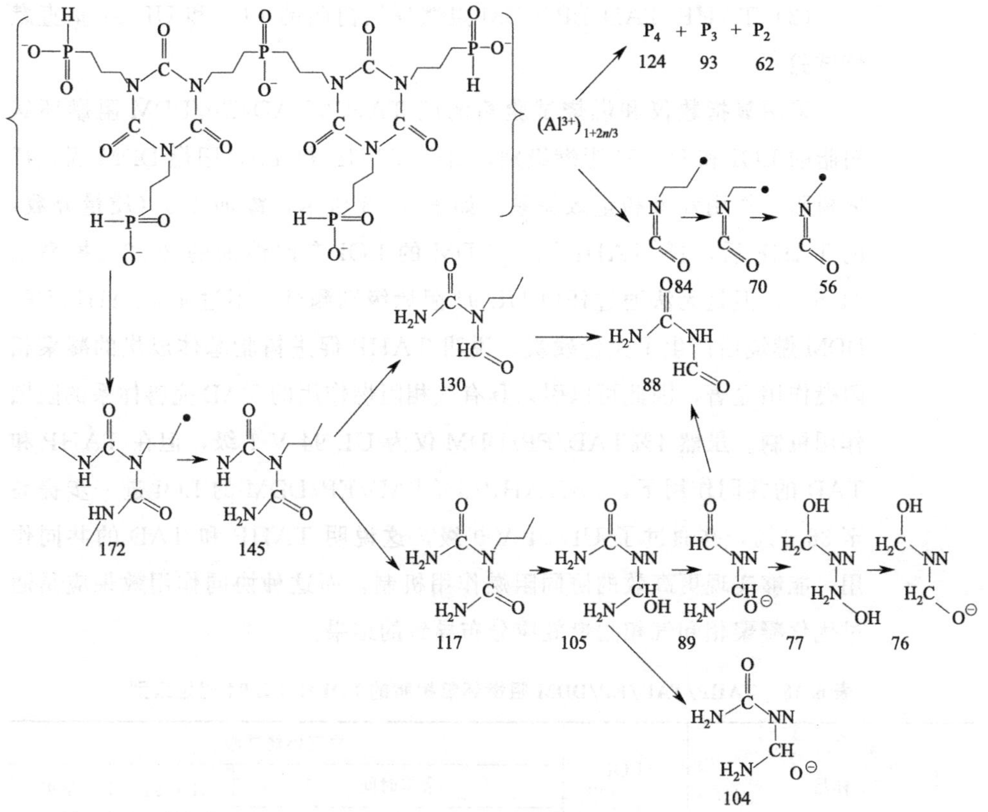

图 6.23　TAHP 的裂解路线

6.2.4 TAHP/TAD/EP/DDM 阻燃环氧树脂

（1）TAHP/TAD/EP/DDM 阻燃环氧树脂的制备

将 TAHP 和 TAD 添加到 DGEBA 中，搅拌升温至 120℃，待 TAHP 和 TAD 溶解或者分散均匀后，加入固化剂 DDM，并搅拌至 DDM 完全溶解、混合均匀，再置于 120℃真空干燥箱中抽真空 3min，脱除体系中的气泡后，迅速浇注到预热的模具中，先在 120℃预固化 2h，再在 170℃深度固化 4h。DGEBA、DDM、TAHP 以及 TAD 在环氧树脂固化物中的用量如表 6.17 所示。

表 6.17　TAHP/TAD/EP/DDM 阻燃环氧树脂的制备配方

样品	DGEBA /g	DDM /g	TAHP		TAD		磷含量（质量分数）/%
			g	%	g	%	
1%TAHP/3%TAD/EP/DDM	100	25.3	1.3	1.0	3.9	3.0	0.51
4%TAHP/EP/DDM	100	25.3	5.2	4.0	—	—	0.79
4%TAD/EP/DDM	100	25.3	—	—	5.2	4.0	0.41
EP/DDM	100	25.3	—	—	—	—	—

(2) TAHP/TAD/EP/DDM 阻燃环氧树脂的 LOI 和 UL 94 垂直燃烧试验

采用氧指数仪和燃烧试验箱测试 TAHP/TAD/EP/DDM 阻燃环氧树脂的 LOI 和 UL 94 阻燃级别，研究 TAHP 和 TAD 阻燃 DDM 固化环氧树脂的作用效果和量效关系。如表 6.18 所示，添加 4%（质量分数）的 TAHP 后，4%TAHP/ EP/DDM 的 LOI 有改性前的 26.2%提高至 34.5%，但是无法通过任何 UL 94 阻燃级别测试。不过 4%TAHP/EP/DDM 燃烧后产生了大量残炭，说明 TAHP 促进树脂基体成炭的凝聚相阻燃作用显著，因此可以引入具有气相阻燃作用的 TAD 完善体系的阻燃作用机制。虽然 4%TAD/EP/DDM 仅为 UL 94 V-1 级，但在 TAHP 和 TAD 的共同作用下，1%TAHP/3%TAD/EP/DDM 的 LOI 进一步提高至 36.0%，并通过了 UL 94 V-0 级，这说明 TAHP 和 TAD 的共同作用，能够实现更高效的协同阻燃作用机制，而这种协同作用效果应是通过优化凝聚相和气相阻燃效应分布导致的结果。

表 6.18 TAHP/TAD/EP/DDM 阻燃环氧树脂的 LOI 和 UL 94 阻燃级别

样品	LOI /%	垂直燃烧试验			
		余焰时间		UL 94 阻燃级别	是否熔滴
		av-t_1/s	av-t_2/s		
1%TAHP/3%TAD/EP/DDM	36.0	2.6	1.9	V-0 级	否
4%TAHP/EP/DDM	34.5	30.5	35.4	无级别	否
4%TAD/EP/DDM	33.6	10.3	4.3	V-1 级	否
EP/DDM	26.2	不自熄	—	无级别	是

(3) TAHP/TAD/EP/DDM 阻燃环氧树脂的热性能分析

采用热重分析仪评价 TAHP/TAD/EP/DDM 阻燃环氧树脂在氮气和空气氛围的热稳定性、热分解行为以及成炭能力，分析 TAHP/TAD 复合体系对环氧树脂热稳定性和裂解成炭行为的影响，见图 6.24 和表 6.19。

如图 6.24(a) 所示，在氮气氛围下，与未改性环氧树脂 EP/DDM 相比，1%TAHP/3%TAD/EP/DDM 的热稳定性和成炭率都略有提高，说明 TAHP/TAD 复合体系能够很好维持环氧树脂材料的热稳定性，并在一定程度上提高树脂基体的成炭能力。另外，1%TAHP/3%TAD/EP/DDM 的 5%（质量分数）分解温度（$T_{d,5\%}$）和最大分解速率温度

（$T_{d,max}$），与 4%TAHP/EP/DDM 和 4%TAD/EP/DDM 相近，只是在 600℃时的残炭产率（$R_{600℃}$）略有提高。说明 TAHP 和 TAD 共同作用时能够更高效地促进树脂基体成炭。

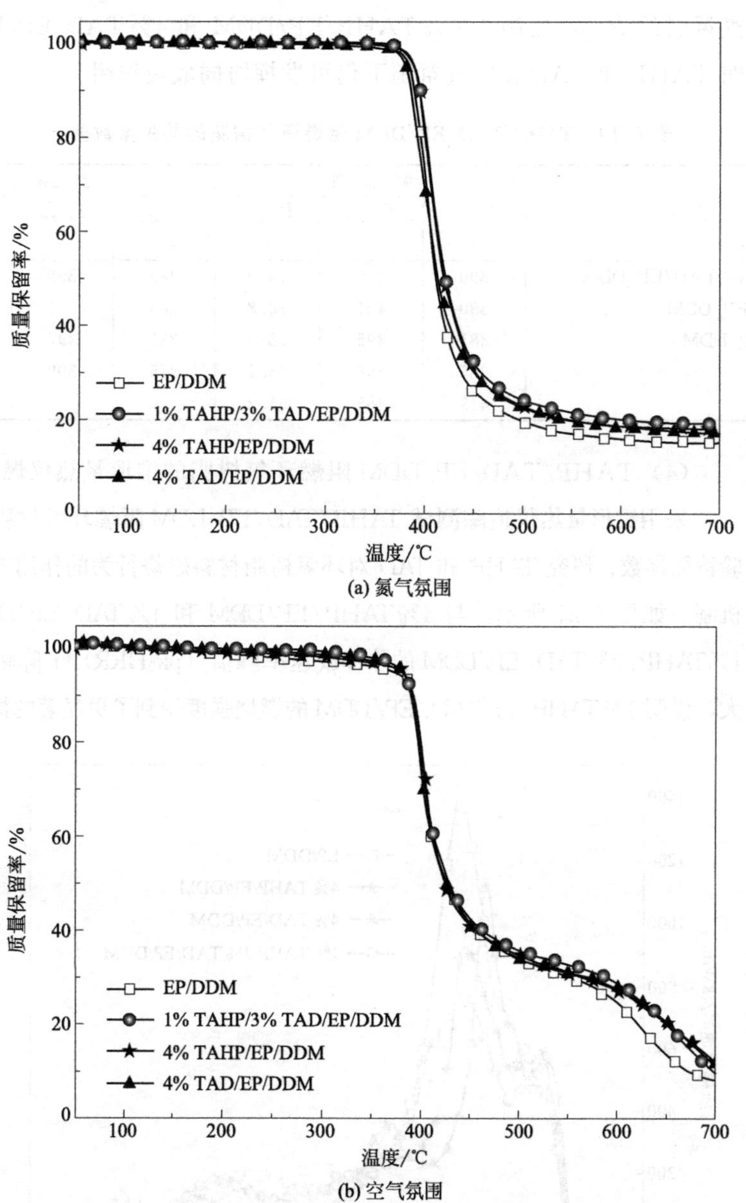

图 6.24　TAHP/TAD/EP/DDM 阻燃环氧树脂的热失重曲线

在空气氛围下，如图 6.24(b) 所示，所有环氧树脂的热分解过程都分为两个阶段。在 550℃之前，所有样品的热分解速率基本一致；超过 550℃后，1%TAHP/3%TAD/EP/DDM 和 4%TAHP/EP/DDM 以及

4%TAD/EP/DDM的热稳定性相近，但是都明显高于未改性环氧树脂EP/DDM，说明TAHP和TAD单独或者共同作用时都有助于提高树脂基体高温残留物的热稳定性。同时，1%TAHP/3%TAD/EP/DDM在空气氛围的 $R_{600℃}$ 也高于4%TAHP/EP/DDM和4%TAD/EP/DDM，说明TAHP和TAD在空气氛围下仍可发挥协同成炭作用。

表6.19 TAHP/TAD/EP/DDM阻燃环氧树脂的热失重数据

样品	氮气氛围			空气氛围		
	$T_{d,5\%}$ /℃	$T_{d,max}$ /℃	$R_{600℃}$ /%	$T_{d,5\%}$ /℃	$T_{d,max}$ /℃	$R_{600℃}$ /%
1%TAHP/3%TAD/EP/DDM	390	405	19.9	383	398	28.9
4%TAHP/EP/DDM	390	401	18.8	383	401	27.6
4%TAD/EP/DDM	381	395	18.2	381	397	27.9
EP/DDM	385	366	15.7	375	399	24.4
TAHP	419	465	51.2	—	—	—

(4) TAHP/TAD/EP/DDM阻燃环氧树脂的锥形量热仪燃烧试验

采用锥形量热仪追踪测试TAHP/TAD/EP/DDM阻燃环氧树脂的燃烧试验特征参数，研究TAHP和TAD对环氧树脂材料燃烧行为的作用效果和影响机制。如图6.25所示，与4%TAHP/EP/DDM和4%TAD/EP/DDM相比，1%TAHP/3%TAD/EP/DDM的热释放速率峰值（pk-HRR）下降幅度明显更大，说明1%TAHP/3%TAD/EP/DDM的燃烧强度受到了更显著的抑制。

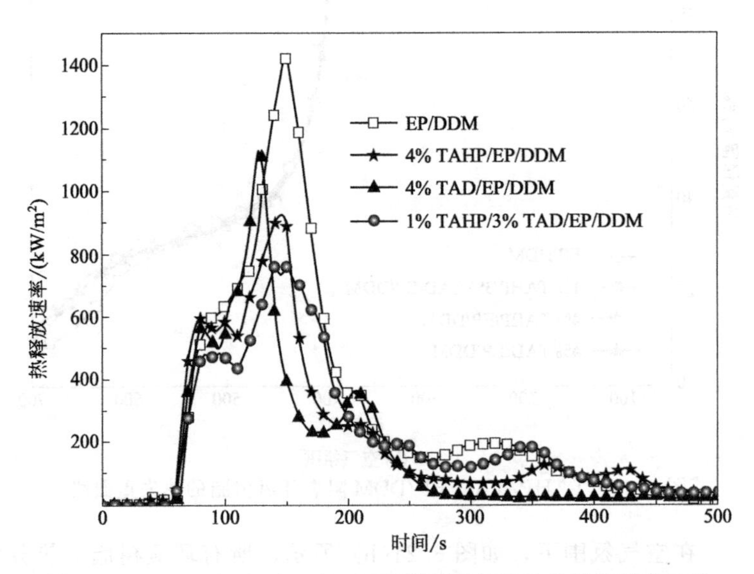

图6.25 TAHP/TAD/EP/DDM阻燃环氧树脂的热释放速率曲线

如表6.20所示，4%TAHP/EP/DDM燃烧后比4%TAD/EP/DDM保留了更多的残炭，并且pk-HRR也发生了更大幅度的下降，说明TAHP能够更高效地提高树脂基体的成炭能力。相反地，4%TAD/EP/DDM的THR和av-EHC都明显低于4%TAHP/EP/DDM，说明尽管4%TAD/EP/DDM燃烧时释放了更多的裂解产物到气相中，但是得益于TAD裂解产物优异的气相阻燃作用，4%TAD/EP/DDM的气相燃烧反应反而受到了更大程度的抑制。

表6.20 TAHP/TAD/EP/DDM阻燃环氧树脂的锥形量热仪燃烧试验参数

样品	TTI /s	pk-HRR /(kW/m²)	THR /(MJ/m²)	TML /%
1%TAHP/3%TAD/EP/DDM	44	757	111	85.8
4%TAHP/EP/DDM	54	927	108	83.4
4%TAD/EP/DDM	46	1106	89	89.5
EP/DDM	56	1420	144	91.5
样品	av-EHC /(MJ/kg)	TSR /(m²/m²)	av-COY /(kg/kg)	av-CO_2Y /(kg/kg)
1%TAHP/3%TAD/EP/DDM	24.7	6514	0.134	1.94
4%TAHP/EP/DDM	26.6	5188	0.123	2.22
4%TAD/EP/DDM	21.2	5085	0.136	1.82
EP/DDM	29.9	5906	0.126	2.51

如图6.26所示，随着燃烧进程的发展，4%TAD/EP/DDM的质量损失速率（MLR）迅速增大，说明TAD能够诱导树脂基体加快裂解。此外，4%TAHP/EP/DDM燃烧500s后剩余16.6%（质量分数）的残炭，明显高于未改性环氧树脂EP/DDM的8.5%，也高于4%TAD/EP/DDM的10.5%（质量分数），说明TAHP在凝聚相的促进成炭作用效果十分突出。在200s之前，1%TAHP/3%TAD/EP/DDM的MLR始终低于4%TAHP/EP/DDM和4%TAD/EP/DDM。超过200s后，1%TAHP/3%TAD/EP/DDM的MLR高于4%TAHP/EP/DDM，但是仍低于4%TAD/EP/DDM和EP/DDM。鉴于1%TAHP/3%TAD/EP/DDM中仅含有1%（质量分数）的TAHP，TAHP抑制树脂基体裂解速度的量化贡献有限，因此1%TAHP/3%TAD/EP/DDM的MLR的降低，应是TAHP和TAD两个共同作用的结果，并且两者间还应该存在一定程度的协同成炭效应，即TAHP和TAD的共同作用高效抑制了树

脂基体的裂解速率，在减少挥发性燃料释放的同时，也保留了更多的基体成分在凝聚相中，形成更多的残炭。

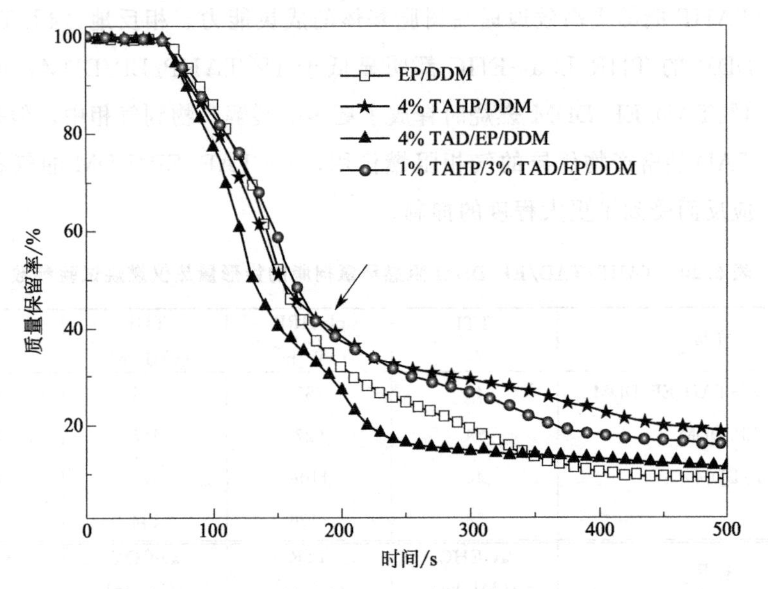

图 6.26 TAHP/TAD/EP/DDM 阻燃环氧树脂的质量损失曲线

图 6.27 给出的总烟释放量曲线表明，燃烧 150s 之后，添加了 1% TAHP/3%TAD/EP/DDM 的总烟释放量明显高于 4%TAHP/EP/DDM 和 4%TAD/EP/DDM，说明 TAD 和 TAHP 共同作用时将更多的裂解产物转化为烟颗粒形式排放，有效减少了参与燃烧反应的燃料数量。此外，1% TAHP/3% TAD/EP/DDM 的 av-COY 和 av-CO_2Y 值介于 4% TAHP/EP/DDM 和 4%TAD/EP/DDM 之间，这也说明 TAHP 和 TAD 共同作用时能够抑制挥发性裂解物的完全燃烧反应。

进一步地，采用阻燃效应量化分析公式(2.1)～式(2.3) 分析 TAHP/TAD 复合体系在环氧树脂燃烧过程中的阻燃作用机制。如表 6.21 所示，TAHP 单独作用时就能够同时增强环氧树脂材料的火焰抑制效应、成炭效应以及屏障保护效应，而单独添加的 TAD 在显著增强材料火焰抑制效应的同时，也会大幅削弱材料燃烧过程的屏障保护效应。TAHP 和 TAD 共同作用时，1%TAHP/3%TAD/EP/DDM 的综合阻燃效应最强，其中尤以屏障保护效应的增强幅度最大，提高了 30.8%。至于 1%TAHP/3%TAD/EP/DDM 的火焰抑制效应低于理论计算值[(1/4)×4%TAHP/EP/DDM + (3/4)×4%TAD/EP/DDM]，说明 TAHP

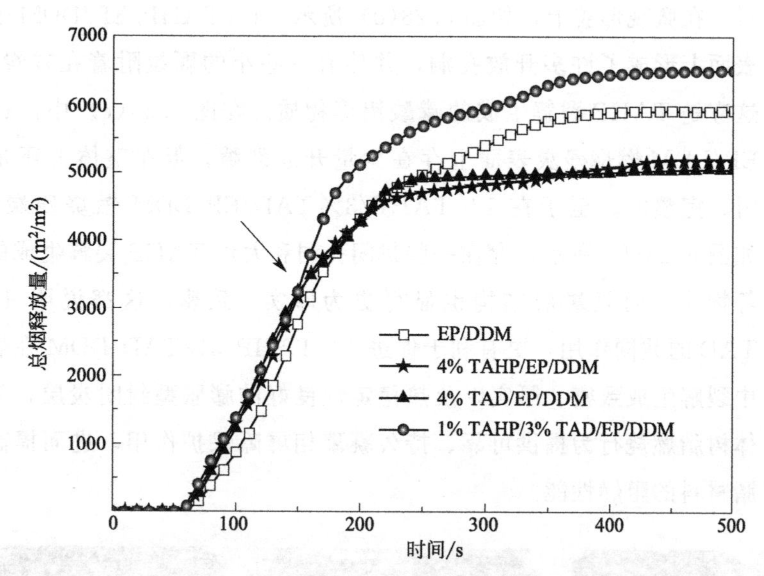

图 6.27 TAHP/TAD/EP/DDM 阻燃环氧树脂的总烟释放量曲线

和 TAD 共同作用时优化了 1%TAHP/3%TAD/EP/DDM 体系的气相和凝聚相阻燃作用分布。

表 6.21 TAHP/TAD/EP/DDM 阻燃环氧树脂的阻燃效应

样品	火焰抑制效应	成炭效应	屏障保护效应
1%TAHP/3%TAD/EP/DDM	+17.4%	+6.2%	+30.8%
4%TAHP/EP/DDM	+11.0%	+8.9%	+12.9%
4%TAD/EP/DDM	+29.1%	+2.2%	−26.0%

(5) TAHP/TAD/EP/DDM 阻燃环氧树脂的燃烧残炭分析

采用数码相机和扫描电镜对 TAHP/TAD/EP/DDM 阻燃环氧树脂燃烧残炭的宏观形貌[图 6.25(a)~(c)]和微观形貌[图 6.25(d)~(e)]进行对比分析。如图 6.28(a) 所示，4%TAHP/EP/DDM 燃烧后生成了致密的炭层，说明 TAHP 能够显著提高树脂基体的成炭质量。单独添加 TAD 时，如图 6.28(b) 所示，4%TAD/EP/DDM 燃烧残炭的中间部分非常蓬松，这是 TAD 释放裂解产物进入气相发挥阻燃作用时造成的结果[9]。TAHP 和 TAD 共同作用时，如图 6.28(c) 所示，1%TAHP/3%TAD/EP/DDM 燃烧后形成了更加完整致密的残炭，说明 TAD 和 TAHP 共同作用时能够进一步提高树脂基体的成炭能力和成炭质量，并以此构建更有效的屏障保护作用。

在微观形貌上，如图 6.28(d) 所示，4%TAHP/EP/DDM 燃烧残炭表面上形成了许多开放孔洞，并伴有一些小的颗粒附着在残炭表面上，这应是 TAHP 裂解生成的磷酸铝等物质。在图 6.28(e) 中，4%TAD/EP/DDM 燃烧残炭表面上存在少量开放裂隙，但在整体上还是相对光滑、完整的。至于在 1%TAHP/3%TAD/EP/DDM 燃烧残炭的表面，如图 6.28(f) 所示，存在一些封闭孔洞和大量 TAHP 裂解生成的磷酸铝等物质，而且炭层结构也显得更为厚实、致密，这都说明 TAHP 和 TAD 的共同作用，更有利于促进 1%TAHP/3%TAD/DDM 在燃烧过程中裂解生成致密、厚实以及热稳定性良好的膨胀型封闭炭层，为抑制基体树脂燃烧行为提供可靠、持久凝聚相屏障保护作用，进而提高环氧树脂材料的阻燃性能。

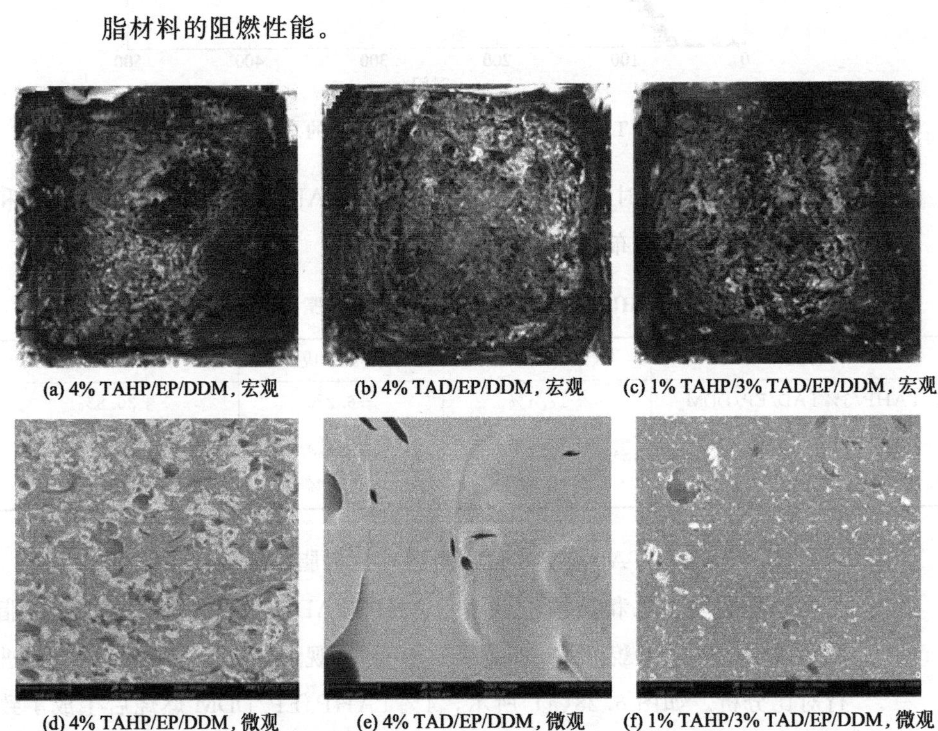
(a) 4% TAHP/EP/DDM，宏观　(b) 4% TAD/EP/DDM，宏观　(c) 1% TAHP/3% TAD/EP/DDM，宏观

(d) 4% TAHP/EP/DDM，微观　(e) 4% TAD/EP/DDM，微观　(f) 1% TAHP/3% TAD/EP/DDM，微观

图 6.28　TAHP/TAD/EP/DDM 阻燃环氧树脂燃烧残炭的形貌

进一步采用 XPS 测试 TAHP/TAD/EP/DDM 阻燃环氧树脂表层残炭的元素组成。如表 6.22 所示，1%TAHP/3%TAD/EP/DDM 燃烧残炭的磷含量明显高于 4%TAHP/EP/DDM 和 4%TAD/EP/DDM。同样地，相关计算结果也表明上述三者在磷元素在凝聚相中的保留率 $R_{rP/iP}$ 上的大小关系为 1%TAHP/3%TAD/EP/DDM>4%TAHP/EP/DDM>

4% TAD/EP/DDM，说明 1% TAHP/3% TAD/EP/DDM 燃烧时，TAHP 和 TAD 裂解产物之间的相互作用，能够将更多的含磷成分保留在凝聚相残炭中，促进树脂基体裂解生成具有良好热稳定性的黏弹性富磷残炭，提高基体材料燃烧过程的成炭和屏障保护作用，进而实现对环氧树脂材料燃烧强度的抑制。

表 6.22 TAHP/TAD/EP/DDM 阻燃环氧树脂表层残炭的元素组成

样品	元素含量/%				$R_{rP/iP}$
	C	N	O	P	
1%TAHP/3%TAD/EP/DDM	78.19	6.33	13.82	1.66	58.26%
4%TAHP/EP/DDM	81.93	5.89	11.05	1.13	29.32%
4%TAD/EP/DDM	85.70	2.81	10.97	0.52	19.28%
EP/DDM	82.78	4.34	12.88	—	—

注：磷元素在凝聚相中的保留率 $R_{rP/iP}=\frac{\text{残炭产率}\times\text{残炭磷含量}}{\text{样品初始磷含量}}\times100\%$。

此外，1%TAHP/3%TAD/EP/DDM、4%TAHP/EP/DDM 和 4% TAD/EP/DDM 燃烧残炭氮含量与未改性环氧树脂 EP/DDM 燃烧残炭氮含量的比值 $R_{rN/rN}$ 分别为 1.46、1.36 和 0.65，这表明 TAHP 的添加能够明显提高燃烧残炭的固氮能力，而 TAD 的引入则会促进树脂基体在燃烧过程中将更多的含氮成分释放到气相中。当 TAHP 和 TAD 共同作用时，能够形成更高效的协同固氮作用，将更多的含氮成分保留在凝聚相残炭中。

为此，还对比分析了 1%TAHP/3%TAD/EP/DDM 表层残炭的红外光谱图，探索表层残炭中含磷成分的结构特征。如图 6.29 所示，1% TAHP/3% TAD/EP/DDM 表层残炭在 $1118cm^{-1}$、$934cm^{-1}$ 和 $715cm^{-1}$ 三处的特征吸收峰与 4% TAD/EP/DDM 和 4% TAHP/EP/DDM 表层残炭明显不同。其中，$1118cm^{-1}$ 代表 P═O 键，$934cm^{-1}$ 代表 P—O—C 键，$715cm^{-1}$ 代表芳香结构，这也印证了表 6.22 中 1% TAHP/3%TAD/EP/DDM 表层残炭含有较高磷、氧含量的结果。换言之，1%TAHP/3% TAD/EP/DDM 表层残炭应富含磷酸盐等磷氧化物[7]，TAHP 和 TAD 共同作用时，能够将更多的含磷成分以磷酸盐等磷氧化物的形式锁定在凝聚相，参与并改善树脂基体的成炭行为。

(6) TAHP/TAD 复合体系的协同屏障保护阻燃机理

TAHP/TAD 复合体系阻燃环氧树脂的作用机理如图 6.30 所示。在 TAHP/TAD/EP/DDM 阻燃环氧树脂燃烧过程中，TAHP 和 TAD 都会

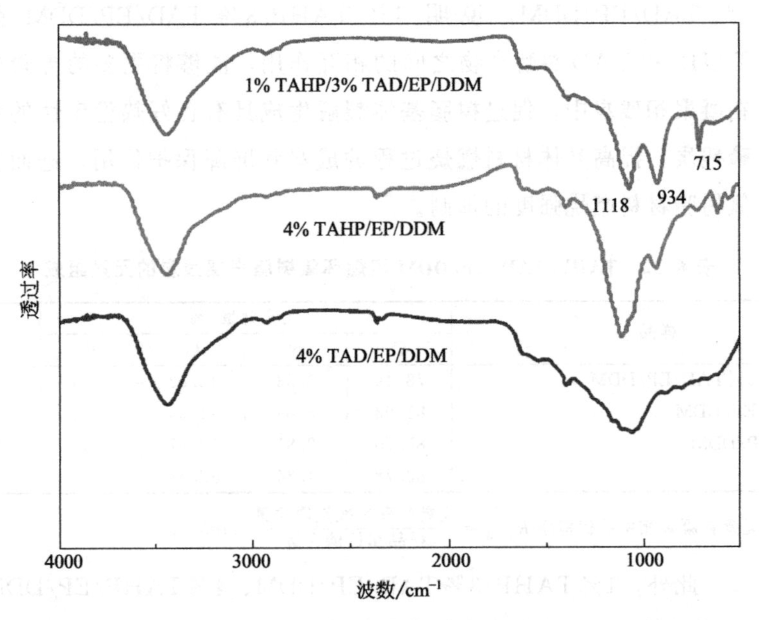

图 6.29 TAHP/TAD/EP/DDM 阻燃环氧树脂燃烧残炭的红外光谱图

裂解释放大量三嗪和含磷碎片。通过 TAHP 和 TAD 裂解产物之间的相互作用，大量含磷碎片被以磷酸盐等磷氧化物的形式保留在凝聚相中，参与并干预树脂基体裂解成炭，形成具有优异屏障保护作用的高热稳定性富磷膨胀炭层。只是由于更多的含磷组分被保留在凝聚相残炭中，TAHP/TAD 复合体系的火焰抑制效应相对同等添加量的 TAD 单独作用时有所下降。但是，由于 TAHP/TAD 复合体系在干预树脂基体裂解、燃烧行为时，实现了体系气相和凝聚相阻燃作用的再分布平衡重构，高效赋予了环氧树脂更优异的综合阻燃性能。

6.2.5 TAHP/磷杂菲复合体系阻燃环氧树脂

(1) TAHP/磷杂菲复合体系阻燃环氧树脂的制备

利用 DPOH、ODOPB 和 DOPO 与 DGEBA 之间的开环加成反应将磷杂菲基团引入缩水甘油醚原料中，再与 TAHP 混合，制备 TAHP/磷杂菲复合体系阻燃环氧树脂。具体的，将 DPOH、ODOPB 或者 DOPO 加入 DGEBA 中，搅拌升温至 160℃，使酚羟基或者 P—H 键与环氧基发生开环加成反应，如图 6.31 所示。搅拌反应 3h 后，加入 TAHP，搅拌至 TAHP 充分分散均匀后，搅拌降温至 110℃，加入固化剂 DDM，并搅拌至 DDM 完全溶解、混合均匀，再置于 120℃真空干燥箱中抽真空

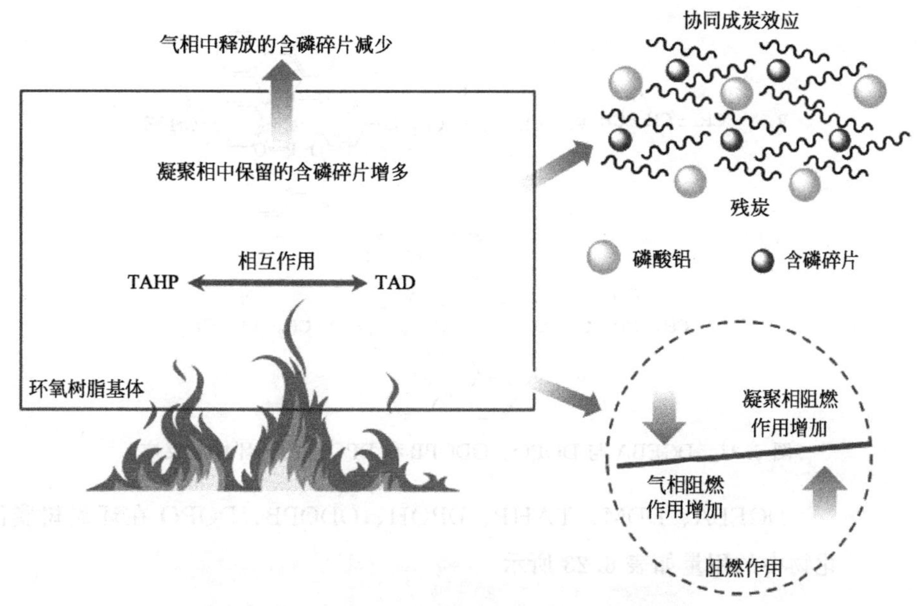

图 6.30 TAHP/TAD复合体系的协同阻燃机理

3min，脱除体系中的气泡后，迅速浇注到预热的模具中，先在 120℃预固化 2h，再在 170℃深度固化 4h。对比样品 EP/DDM 的制备方法同上，只是不添加阻燃剂 DPOH、ODOPB、DOPO 和 TAHP。

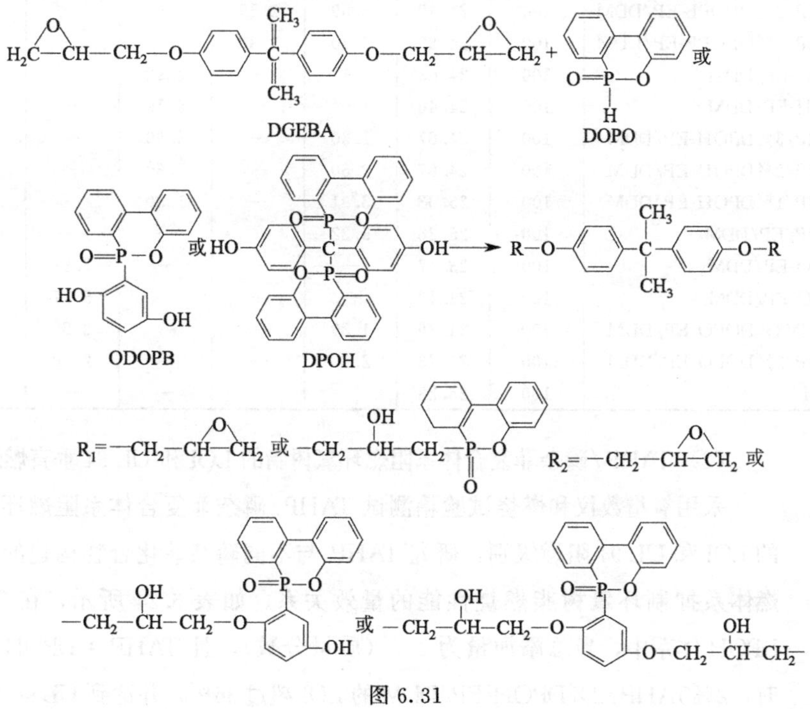

DGEBA　　DOPO　　ODOPB　　DPOH

R_1= 或　　R_2= 或

图 6.31

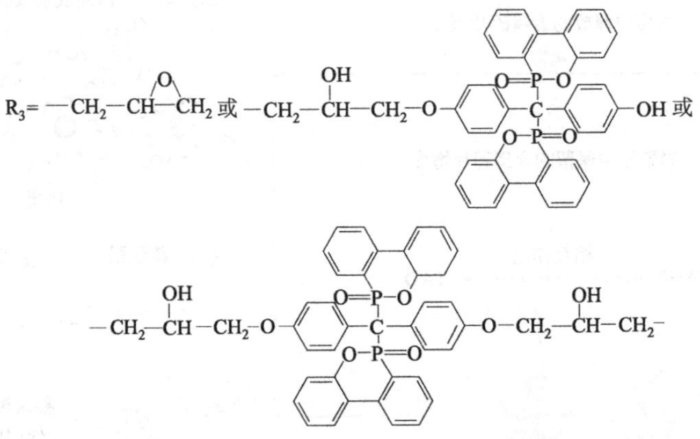

图 6.31 DGEBA 与 DOPO、ODOPB 和 DPOH 的开环加成反应

DGEBA、DDM、TAHP、DPOH、ODOPB、DOPO 在环氧树脂固化物中的用量如表 6.23 所示。

表 6.23 TAHP/磷杂菲复合体系阻燃环氧树脂的制备配方

样品	DGEBA /g	DDM /g	TAHP /g	ODOPB /g	DPOH /g	DOPO /g	磷含量 /%
6%ODOPB-EP/DDM	100	22.88	—	7.84	—	—	0.57
4%ODOPB-EP/DDM	100	23.71	—	5.15	—	—	0.38
1%TAHP/3%ODOPB-EP/DDM	100	24.10	1.29	3.88	—	—	0.48
2%TAHP/2%ODOPB-EP/DDM	100	24.49	2.59	2.59	—	—	0.59
3%TAHP/1%ODOPB-EP/DDM	100	24.89	3.90	1.30	—	—	0.69
6%DPOH-EP/DDM	100	24.03	—	—	7.92	—	0.59
4%DPOH-EP/DDM	100	24.46	—	—	5.19	—	0.39
1%TAHP/3%DPOH-EP/DDM	100	24.67	1.30	—	3.90	—	0.49
2%TAHP/2%DPOH-EP/DDM	100	24.87	2.60	—	2.60	—	0.59
3%TAHP/1%DPOH-EP/DDM	100	25.08	3.91	—	1.30	—	0.69
4%TAHP/EP/DDM	100	25.28	5.22	—	—	—	0.79
6%DOPO-EP/DDM	100	23.47	—	—	—	7.88	0.86
4%DOPO-EP/DDM	100	24.10	—	—	—	5.17	0.57
1%TAHP/3%DOPO-EP/DDM	100	24.39	1.30	—	—	3.89	0.63
2%TAHP/2%DOPO-EP/DDM	100	24.73	2.60	—	—	2.60	0.68
EP/DDM	100	25.28	—	—	—	—	—

(2) TAHP/磷杂菲复合体系阻燃环氧树脂的 LOI 和 UL 94 垂直燃烧试验

采用氧指数仪和燃烧试验箱测试 TAHP/磷杂菲复合体系阻燃环氧树脂的 LOI 和 UL 94 阻燃级别，研究 TAHP 与不同磷杂菲化合物构建的复合阻燃体系抑制环氧树脂燃烧性能的量效关系。如表 6.24 所示，在 TAHP/DPOH 体系中，当总添加量为 4%（质量分数），且 TAHP ∶DPOH＝2∶2 时，2%TAHP/2%DPOH-EP/DDM 的 LOI 超过 36%，并达到 UL 94 V-0 级。

而 TAHP 和 DPOH 单独作用时，6%DPOH-EP/DDM 和 4%DPOH-EP/DDM 的 LOI 最高只达到 35%且未通过 UL 94 V-0 级测试条件。在 TAHP/ODOPB 体系中，当总添加量为 4%，且 TAHP：ODOPB=1：3 时，1%TAHP/3% ODOPB-EP/DDM 达到 UL 94 V-0 级。而单独添加 4%（质量分数）的 ODOPB 时，4%ODOPB-EP/DDM 获得 36.0%的 LOI，但是只达到 UL 94 V-1 级。只有将 ODPOB 的添加量进一步提高至 6%（质量分数）时，6% ODOPB-EP/DDM 才达到 UL 94 V-0 级，并获得 37.9%的 LOI。与 4% ODOPB-EP/DDM 相比，1% TAHP/3% ODOPB-EP/DDM 的 LOI 仅为 34.4%，更接近于 4%TAHP/EP/DDM 的 34.5%，说明 ODOPB 能够比 TAHP 更高效地提高环氧树脂的 LOI。

在 TAHP/DPOH 和 TAHP/ODOPB 复合体系中，2%TAHP/2% DPOH-EP/DDM 和 1%TAHP/3%ODOPB-EP/DDM 都达到了 UL 94 V-0 级。但是在同等添加量下，不同配比的 TAHP/DOPO 复合体系阻燃环氧树脂都不能达到 UL 94 V-0 级。其中，1%TAHP/3%DOPO-EP/DDM 的综合阻燃性能最佳，但也只通过 UL 94 V-1 级，并获得 35.9% 的 LOI，与 4%TAHP/EP/DDM 相近，说明 TAHP/DOPO 复合体系的综合阻燃效率明显低于 TAHP/DPOH 和 TAHP/ODOPB 复合体系。

表 6.24 TAHP/磷杂菲复合体系阻燃环氧树脂的 LOI 和 UL 94 阻燃级别

样品	LOI /%	垂直燃烧试验			
		余焰时间		UL 94 阻燃级别	是否熔滴
		av-t_1/s	av-t_2/s		
6%DPOH-EP/DDM	33.0	22.6	24.5	无级别	否
4%DPOH-EP/DDM	35.0	3.7	5.9	V-1 级	否
1%TAHP/3%DPOH-EP/DDM	36.1	13.1	16.1	无级别	否
2%TAHP/2%DPOH-EP/DDM	36.3	1.1	2.0	V-0 级	否
3%TAHP/1%DPOH-EP/DDM	36.8	50.6	19.1	无级别	否
6%ODOPB-EP/DDM	37.9	2.6	2.8	V-0 级	否
4%ODOPB-EP/DDM	36.0	6.7	5.7	V-1 级	否
1%TAHP/3%ODOPB-EP/DDM	34.4	3.4	2.8	V-0 级	否
2%TAHP/2%ODOPB-EP/DDM	34.7	10.9	5.7	V-1 级	否
3%TAHP/1%ODOPB-EP/DDM	34.9	42.7	44.8	无级别	否
4%TAHP/EP/DDM	34.5	30.5	35.4	无级别	否
6%DOPO-EP/DDM	40.4	7.8	14.0	V-1 级	否
4%DOPO-EP/DDM	38.6	5.3	7.3	V-1 级	否
1%TAHP/3%DOPO-EP/DDM	35.9	5.2	6.0	V-1 级	否
2%TAHP/2%DOPO-EP/DDM	36.8	9.9	17.7	无级别	否
EP/DDM	26.4	不自熄	—	无级别	是

(3) TAHP/磷杂菲复合体系阻燃环氧树脂的热性能分析

采用热重分析仪评价 TAHP/磷杂菲复合体系阻燃环氧树脂在空气和氮气下的热稳定性、热分解行为以及成炭能力，分析不同 TAHP/磷杂菲复合体系对环氧树脂热稳定性和裂解成炭行为的影响规律。

如图 6.32(a) 所示，在氮气氛围下，DPOH 的加入使得 4%DPOH-EP/DDM 和 2%TAHP/2%DPOH-EP/DDM 的热稳定性明显下降，在 350℃附近就开始裂解失重，而且二者的 5%（质量分数）失重温度（$T_{d,5\%}$）均低于 4%TAHP/EP/DDM 和 EP/DDM，说明 DPOH 会明显诱导环氧树脂基体提前分解。随着温度的升高，4%DPOH-EP/DDM 和 2%TAHP/2%DPOH-EP/DDM 的质量损失速率逐渐降低，超过 450℃后，两者的质量保留率均高于 4% TAHP/EP/DDM 和 EP/DDM。与未改性环氧树脂 EP/DDM 相比，2%TAHP/2%DPOH-EP/DDM 在高温区域的残留物热稳定性明显提高，在 600℃时的残炭产率（$R_{600℃}$）由改性前的 15.7%（质量分数）提高至 22.8%（质量分数）。

如图 6.32 (b) 所示，在氮气氛围下，ODOPB 的加入明显提高了环氧树脂材料的热稳定性，4%ODOPB-EP/DDM 和 1%TAHP/3% ODOPB-EP/DDM 的 $T_{d,5\%}$ 和最大分解速率温度（$T_{d,max}$）得到明显提高。其中，1%TAHP/3%ODOPB-EP/DDM 的 $T_{d,5\%}$ 从改性前的 385℃提高至 402℃，$T_{d,max}$ 从改性前的 366℃提高至 421℃。此外，ODOPB 的加入也促进树脂基体生成了更多残炭。其中，1%TAHP/3%ODOPB-EP/DDM 的 $R_{600℃}$ 由改性前的 15.7%（质量分数）提高到 21.9%。至于 TAHP/DOPO-EP/DDM，其在氮气氛围下的热失重曲线如图 6.32(c) 所示。1%TAHP/3%DOPO-EP/DDM 的 $T_{d,5\%}$、$T_{d,max}$ 以及 $R_{600℃}$ 均是略高于 4% DOPO-EP/DDM。综上可知，TAHP/DPOH、TAHP/ODOPB 和 TAHP/DOPO 复合体系均可促进树脂基体将更多的基体成分保留在凝聚相中，形成更多的残炭，提高环氧树脂材料的成炭能力。

如图 6.32(d) ～ (f) 所示，2% TAHP/2% DPOH-EP/DDM、1%TAHP/3%ODOPB-EP/DDM、1%TAHP/3%DOPO-EP/DDM 在空气氛围的裂解过程主要由两个阶段组成，其中主要分解阶段发生在 370～500℃之间，失重 65%（质量分数）左右。温度超过 500℃后，体系继续缓慢失重。而 TAHP、ODOPB、DPOH 和 DOPO 单独

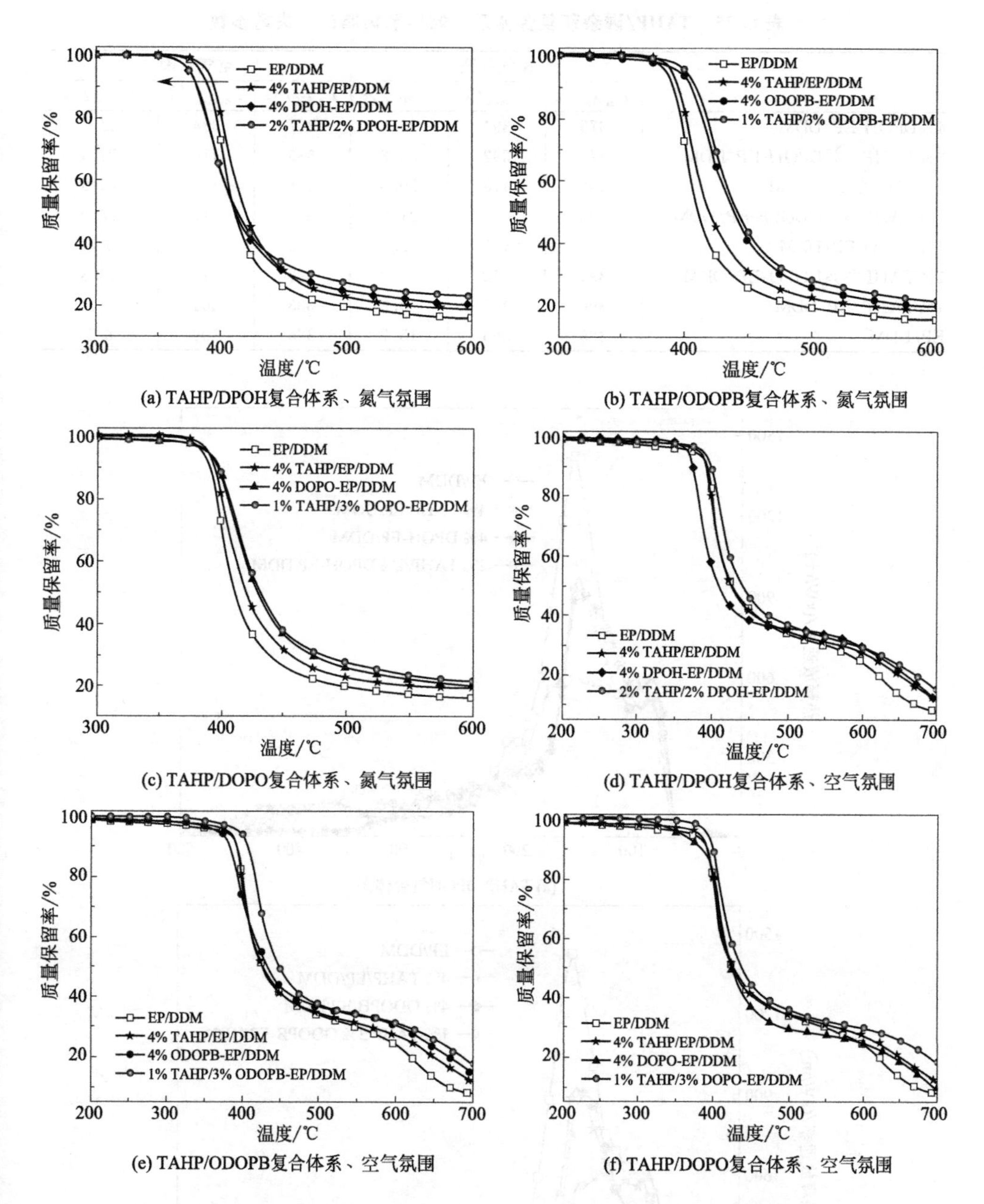

图 6.32　TAHP/磷杂菲复合体系阻燃环氧树脂的热失重曲线

作用的环氧树脂体系则主要在 370～470℃范围内发生迅速分解。虽然 2%TAHP/2%DPOH、1%TAHP/3%ODOPB 和 1%TAHP/3%DOPO 复合体系对树脂基体裂解温度的影响有限，但都明显提高了体系在 700℃时的残炭产率（$R_{700℃}$）（表 6.25）。

表 6.25 TAHP/磷杂菲复合体系阻燃环氧树脂的热失重参数

样品	氮气氛围			空气氛围		
	$T_{d,5\%}$/℃	$T_{d,max}$/℃	$R_{600℃}$/%	$T_{d,5\%}$/℃	$T_{d,max}$/℃	$R_{700℃}$/%
4%DPOH-EP/DDM	375	394	20.3	367	384	12.1
2%TAHP/2%DPOH-EP/DDM	375	392	22.8	388	410	15.3
4%ODOPB-EP/DDM	396	418	20.0	368	389	14.9
1%TAHP/3%ODOPB-EP/DDM	402	421	21.9	395	415	17.9
4%DOPO-EP/DDM	390	409	19.9	353	407	9.5
1%TAHP/3%DOPO-EP/DDM	391	412	21.2	392	410	18.8
4%TAHP/EP/DDM	390	401	18.8	383	401	12.1
EP/DDM	385	366	15.7	375	399	8.1

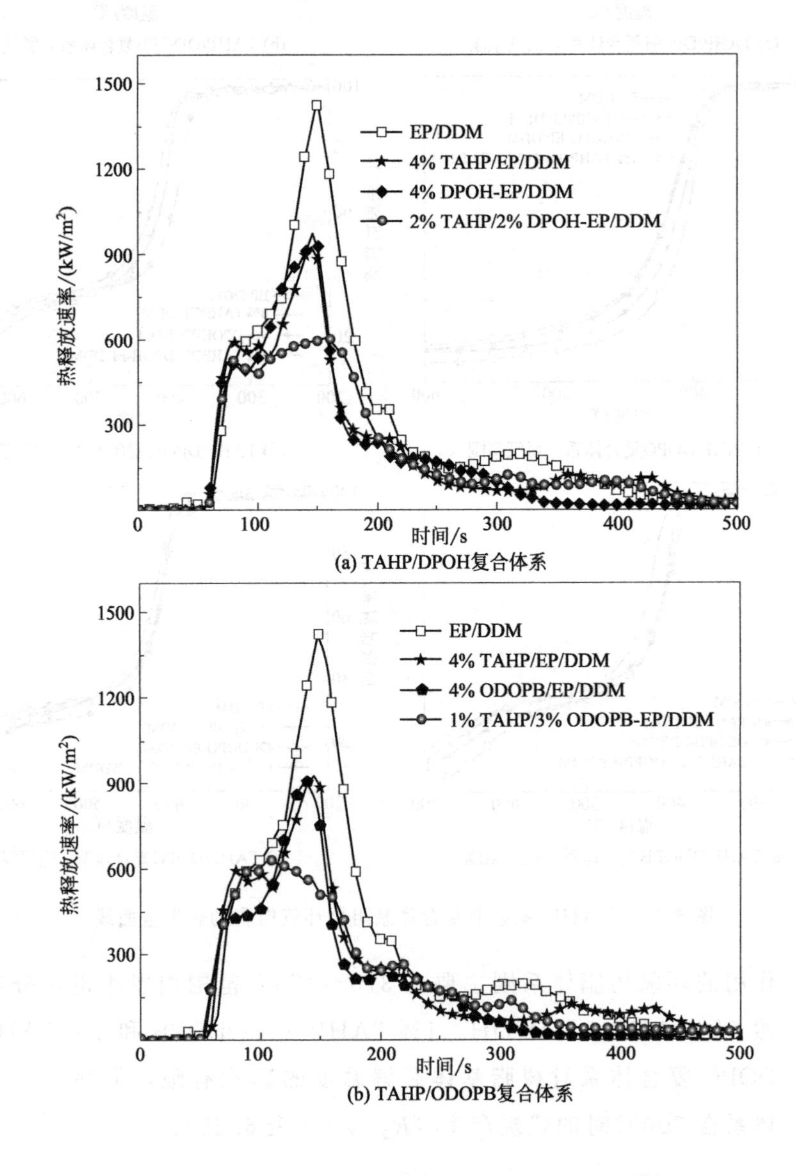

(a) TAHP/DPOH复合体系

(b) TAHP/ODOPB复合体系

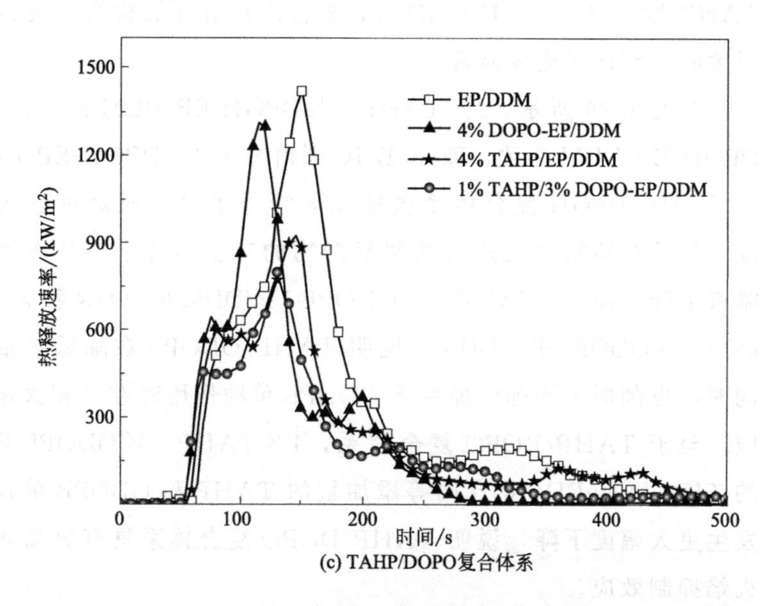

(c) TAHP/DOPO复合体系

图 6.33　TAHP/磷杂菲复合体系阻燃环氧树脂的热释放速率曲线

(4) TAHP/磷杂菲复合体系阻燃环氧树脂的锥形量热仪燃烧试验

采用锥形量热仪追踪测试TAHP/磷杂菲复合体系阻燃环氧树脂的燃烧试验特征参数，研究不同TAHP/磷杂菲复合体系对环氧树脂燃烧行为的作用效果和影响机制。如图6.33（a）和（b）所示，2%TAHP/2%DPOH-EP/DDM和1%TAHP/3%ODOPB-EP/DDM的热释放速率峰值pk-HRR都显著下降，说明TAHP/DPOH复合体系显著抑制了环氧树脂材料的燃烧强度。其中，如表6.26所示，与4%DPOH-EP/DDM相比，2%TAHP/2%DPOH-EP/DDM的pk-HRR从971 kW/m^2降低至608 kW/m^2；与4%ODOPB-EP/DDM相比，1%TAHP/3%ODOPB-EP/DDM的pk-HRR由901 kW/m^2下降至630 kW/m^2。而且2% TAHP/2% DPOH-EP/DDM和1% TAHP/3% ODOPB-EP/DDM的热释放速率峰均由改性前较为尖锐的放热峰转变为较为平滑的矮平形放热峰，说明体系成炭效果显著，有效抑制了材料燃烧强度的增长。至于TAHP/DOPO体系中，如表6.26所示，相比于4%DOPO-EP/DDM，1%TAHP/3%DOPO-EP/DDM的pk-HRR由1314 kW/m^2下降至802 kW/m^2，但是热释放速率峰仍为尖锐的放热峰，放热峰形没有明显变化。综上可知，三种TAHP/磷杂菲复合体系都能够明显降低环氧树脂燃烧过程的pk-HRR，其中尤以

TAHP/DPOH 和 TAHP/ODOPB 复合体系对环氧树脂燃烧过程燃烧强度的抑制作用更为显著。

如表 6.26 所示，2%TAHP/2%DPOH-EP/DDM 的 THR 与 4%DPOH-EP/DDM 一致，而 av-EHC 则稍高于 4%DPOH-EP/DDM，说明 TAHP/DPOH 复合体系虽然显著降低了材料燃烧过程的热量释放，但是在抑制气相挥发性裂解产物的完全燃烧上，其作用效果则略有下降。而 1%TAHP/3%ODOPB-EP/DDM 的 THR 和 av-EHC 都高于 4%ODOPB-EP/DDM，说明 TAHP/ODOPB 在降低热量释放的同时，也削弱了同等添加量下 ODOPB 单独作用时在气相火焰抑制效应。至于 TAHP/DOPO 复合体系，1%TAHP/3%ODOPB-EP/DDM 的 THR 和 av-EHC 都比同等添加量的 TAHP 和 ODOPB 单独作用时发生更大幅度下降，说明 TAHP/DOPO 复合体系具有更高效的气相火焰抑制效应。

与 4%DPOH-EP/DDM 相比，2%TAHP/2%DPOH-EP/DDM 具有更低的 av-COY 值和更高的 av-CO_2Y 与 TSR，这也说明 2%TAHP/2%DPOH-EP/DDM 的气相火焰抑制作用减弱。而与 4%ODOPB-EP/DDM 相比，1%TAHP/3%ODOPB-EP/DDM 的 av-COY 虽然有所增加，但是其 TSR 和 av-CO_2Y 也有所增加，说明 TAHP/ODOPB 体系中 ODOPB 的气相火焰抑制效应受到了抑制，这与 THR 和 av-EHC 的测试结果相一致。至于 TAHP/DOPO 复合体系，相比于 4%DOPO-EP/DDM，1%TAHP/3%DOPO-EP/DDM 的 TSR、COY 和 CO_2Y 同时降低，说明 TAHP/DOPO 复合有效抑制了体系的气相燃烧反应，减少了环氧树脂燃烧过程的烟气排放。

此外，2% TAHP/2% DPOH-EP/DDM 的总质量损失 TML 为 83.7%（质量分数），与 4%TAHP/EP/DDM 的 83.4%相近，而 4%DPOH-EP/DDM 的 TML 则为 85.4%，说明 TAHP 和 DPOH 共同作用时，彼此间的成炭行为没有明显的相互影响。而 4%ODOPB-EP/DDM 的 TML 与未改性环氧树脂 EP/DDM 相近，说明单独的 ODOPB 对环氧树脂的成炭性没有明显影响。至于 TAHP/DOPO 复合体系，1%TAHP/3%DOPO-EP/DDM 的 TML 与 4%DOPO-EP/DDM 相近，都在 89%左右，说明 DOPO 和 TAHP/DOPO 复合体系对环氧树脂成炭能力的改善效果相当。

表 6.26　TAHP/磷杂非复合体系阻燃环氧树脂的锥形量热仪燃烧试验参数

样品	TTI /s	pk-HRR /(kW/m^2)	THR /(MJ/m^2)	TML /%
4%DPOH-EP/DDM	53	971	101	85.4
2%TAHP/2%DPOH-EP/DDM	54	608	101	83.7
4%ODOPB-EP/DDM	44	901	91	90.5
1%TAHP/3%ODOPB-EP/DDM	48	630	100	87.9
4%DOPO-EP/DDM	49	1314	103	89.0
1%TAHP/3%DOPO-EP/DDM	46	802	91	89.3
4%TAHP/EP/DDM	54	927	108	83.4
EP/DDM	56	1420	144	91.5
样品	av-EHC /(MJ/kg)	TSR /(m^2/m^2)	av-COY /(kg/kg)	av-CO_2Y /(kg/kg)
4%DPOH-EP/DDM	23.2	5189	0.13	1.88
2%TAHP/2%DPOH-EP/DDM	23.8	5315	0.11	1.90
4%ODOPB-EP/DDM	20.5	5683	0.13	1.71
1%TAHP/3%ODOPB-EP/DDM	23.2	5718	0.15	1.85
4%DOPO-EP/DDM	25.2	5339	0.17	2.08
1%TAHP/3%DOPO-EP/DDM	22.8	5183	0.16	1.80
4%TAHP/EP/DDM	26.6	5188	0.12	2.22
EP/DDM	29.9	5906	0.13	2.51

采用阻燃效应量化分析公式(2.1)～式(2.3) 分析三种 TAHP/磷杂非复合体系在环氧树脂中阻燃行为机制。如表 6.27 所示，在 TAHP/DPOH 复合体系中，虽然 2%TAHP/2%DPOH-EP/DDM 的火焰抑制效应（+20.4%）略低于 4%DPOH-EP/DDM（+22.4%），但是其屏障保护效应（+39.0%）则获得了显著提高。2%TAHP/2%DPOH-EP/DDM 在 4%DPOH-EP/DDM 和 4%TAHP/EP/DDM 的基础上，实现了综合阻燃效应的明显提高。而在 TAHP/ODOPB 复合体系中，相比于 4%ODOPB-EP/DDM，1%TAHP/3%ODOPB-EP/DDM 的火焰抑制效应略有下降（+31.4%→+22.4%），但是也同样显著增强了体系的屏障保护效应（－0.4%→＋36.1%），而成炭效应则是略有提高。至于在 TAHP/DOPO 复合体系中，单独与 4%DOPO-EP/DDM 相比，1%TAHP/3%DOPO-EP/DDM 的屏障保护效应也是提升显著（－29.4%→＋10.6%）。综上可知，尽管三种 TAHP/磷杂非复合体系都对环氧树脂燃烧过程的火焰抑制效应、成炭效应以及屏障保护效应有不同程度的增强，但其中尤以 TAHP/DPOH 和 TAHP/ODOPB 复合体系对材料屏障阻隔效应的提升效果最为突出，说明 TAHP 与 DPOH 或者 ODOPB 共同作用时，能够显著提高环氧树脂材料燃烧过程的成炭质量。

表 6.27 TAHP/磷杂菲复合体系阻燃环氧树脂的阻燃效应

样 品	火焰抑制效应	成炭效应	屏障保护效应
4%DPOH-EP/DDM	+22.4%	+6.7%	+2.5%
2%TAHP/2%DPOH-EP/DDM	+20.4%	+8.4%	+39.0%
4%ODOPB-EP/DDM	+31.4%	+1.1%	−0.4%
1%TAHP/3%ODOPB-EP/DDM	+22.4%	+3.9%	+36.1%
4%DOPO-EP/DDM	+15.7%	+2.7%	−29.4%
1%TAHP/3%DOPO-EP/DDM	+23.7%	+2.4%	+10.6%
4%TAHP/EP/DDM	+11.0%	+8.9%	+12.9%

（5）TAHP/磷杂菲复合体系阻燃环氧树脂的燃烧残炭分析

通过分析燃烧残炭的宏观/微观形貌、元素分布以及炭层结构的有序性，进一步了解 TAHP/DPOH 和 TAHP/ODOPB 复合体系阻燃环氧树脂屏障阻隔效应显著提高的影响规律。如图 6.34 所示，4%TAHP/EP/DDM 燃烧后形成完整、致密且膨胀率较高的炭层结构，而 4%DPOH-EP/DDM 燃烧残炭的顶部则是明显的疏松炭层结构，4%ODOPB-EP/DDM 燃烧残炭虽然不像 4%DPOH-EP/DDM 燃烧残炭那么疏松，但也不是很致密完整。4%DPOH-EP/DDM 和 4%ODOPB-EP/DDM 燃烧残炭中的蓬松结构，主要是由于 DPOH 和 ODPOB 在燃烧过程中会释放大量自由基碎片，容易冲破炭层束缚。与 4%/DPOH-EP/DDM 和 4%ODOPB-EP/DDM 相比，2%TAHP/2%DPOH-EP/DDM 和 1%TAHP/

(a) 4% TAHP/EP/DDM

(b) 4% DPOH-EP/DDM

(c) 4% ODOPB-EP/DDM

(d) 2% TAHP/2%DPOH-EP/DDM

(e) 1% TAHP/3%ODOPB-EP/DDM

图 6.34 TAHP/磷杂菲复合体系阻燃环氧树脂燃烧残炭的宏观形貌

3%ODOPB-EP/DDM燃烧后都形成了更为膨胀、完整的残炭，这种更完整、膨胀倍率更高的残炭，有利于延缓燃烧过程中热量向基材的传递，降低材料的燃烧反应强度。

通过扫描电镜观察，如图6.35(a)所示，4%TAHP/EP/DDM残炭表面具有大量的颗粒以及开孔结构，这些颗粒主要是TAHP裂解生成的磷酸铝等物质[10]。至于4%DPOH-EP/DDM和4%ODOPB-EP/DDM的残炭表面，则都存在众多开放的裂纹和孔洞，如图6.35(b)和(c)所示，这类开孔结构的形成主要由DPOH和ODOPB裂解释放的自由基碎片冲击造成。在TAHP和DPOH或者ODOPB共同作用时，2%TAHP/2%DPOH-EP/DDM和1%TAHP/3%ODOPB-EP/DDM的燃烧残炭表明都呈现出大量褶皱的闭孔膜结构，以及众多附着其上由TAHP裂解生成的磷酸铝等物质的固体颗粒。这种皱褶闭孔膜结构的形成是其发挥屏障作用的有力证据，应是其在燃烧过程中有效阻隔了内部挥发性

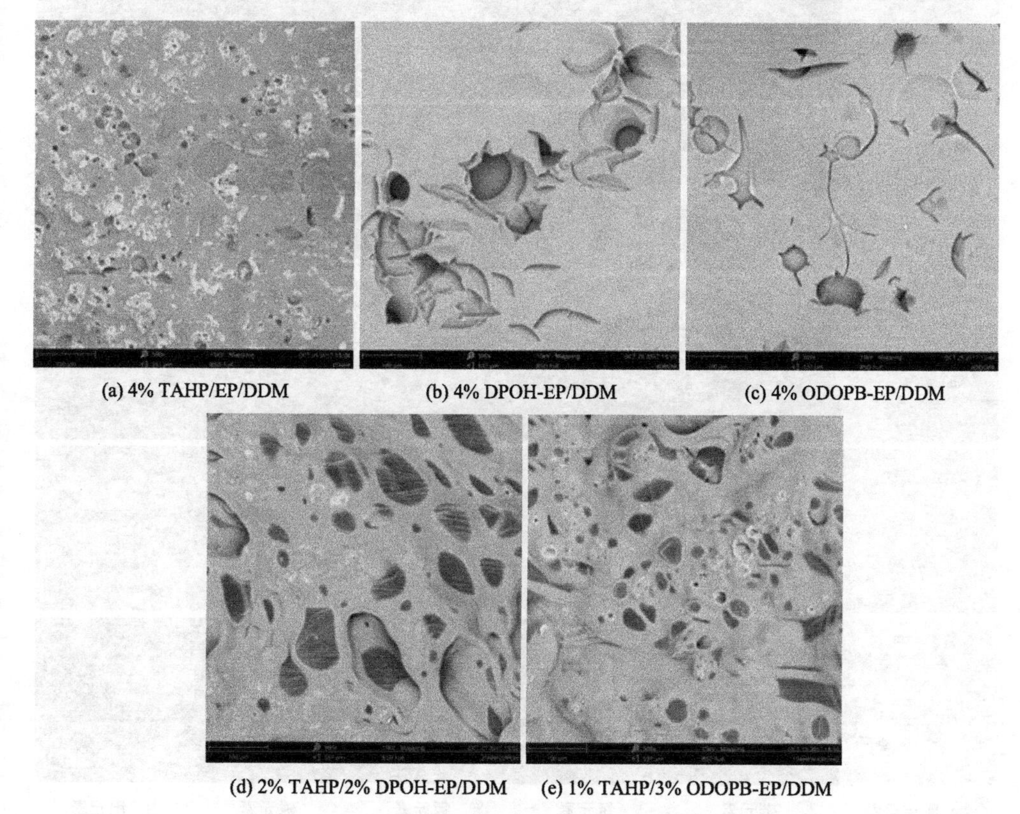

(a) 4% TAHP/EP/DDM (b) 4% DPOH-EP/DDM (c) 4% ODOPB-EP/DDM

(d) 2% TAHP/2% DPOH-EP/DDM (e) 1% TAHP/3% ODOPB-EP/DDM

图6.35 TAHP/磷杂菲复合体系阻燃环氧树脂燃烧残炭的微观形貌

裂解产物的释放，体现了优异的凝聚相阻燃作用。

TAHP/磷杂菲复合体系阻燃环氧树脂燃烧残炭微观形貌的元素分布如图 6.36 所示。在 4%ODOPB-EP/DDM 和 4%DPOH-EP/DDM 燃烧残炭表面上，各种元素均匀分布。而在 4%TAHP/EP/DDM 燃烧残炭表面上，O、P、Al 三种元素形成了高度重叠的富集区域，说明 4%TAHP/EP/DDM 燃烧时 TAHP 裂解产生了大量磷酸铝等磷氧化合物[2,10]，并迁移、分散在残炭表面，这有利于提高表层残炭的热稳定性，帮助其持续有效地发挥屏障保护效应。至于 1%TAHP/3%ODOPB-EP/DDM 和 2%TAHP/2%DPOH-EP/DDM 燃烧残炭，同样有大量的 P 和 Al 元素形成了高度重叠的富集区域，这也是 TAHP 裂解产生磷酸铝等磷氧化合物参与树脂基体残炭，提高基体材料成炭质量的重要体现。

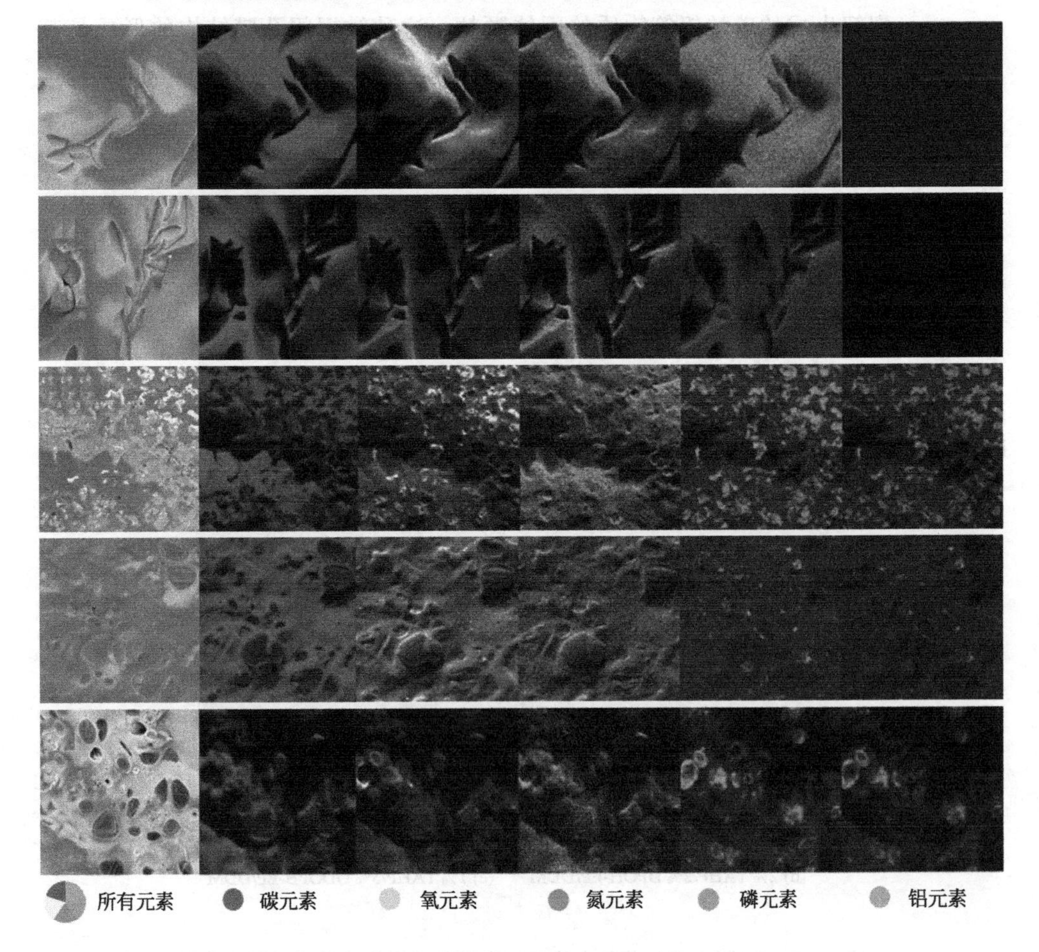

图 6.36 TAHP/磷杂菲复合体系阻燃环氧树脂燃烧残炭的元素分布

进一步地，采用拉曼光谱测试分析磷酸铝等磷氧化物在炭层表面的富集对其石墨化程度的影响。如图 6.37 所示，2% TAHP/2% DPOH/EP/DDM、1% TAHP/3% ODOPB/EP/DDM 以及 EP/DDM 燃烧残炭的拉曼光谱中都有两个重叠峰，分别位于 $1360cm^{-1}$（D 峰）和 $1590cm^{-1}$（G 峰）附近。其中，$1360cm^{-1}$ 附近峰属于芳香结构的石墨晶体，即石墨化结构，而 $1590cm^{-1}$ 附近峰则对应无序的石墨或玻

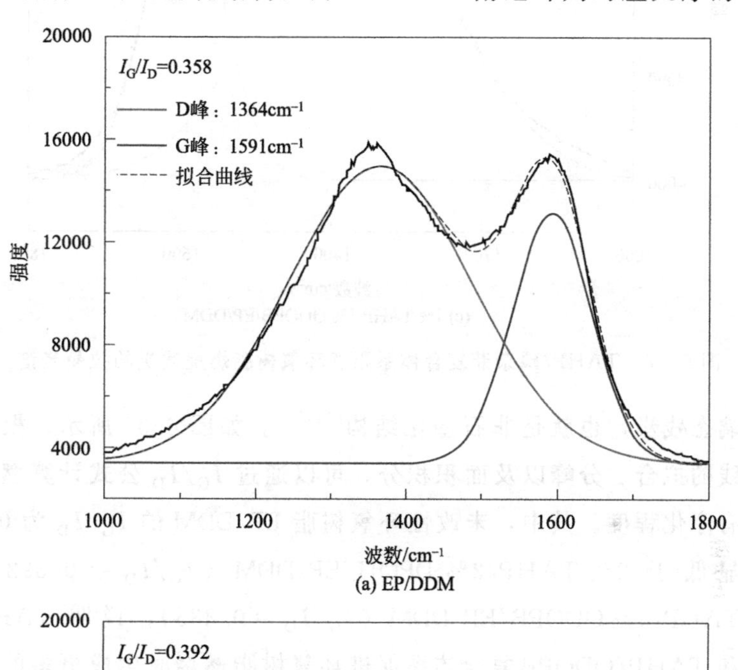

(a) EP/DDM

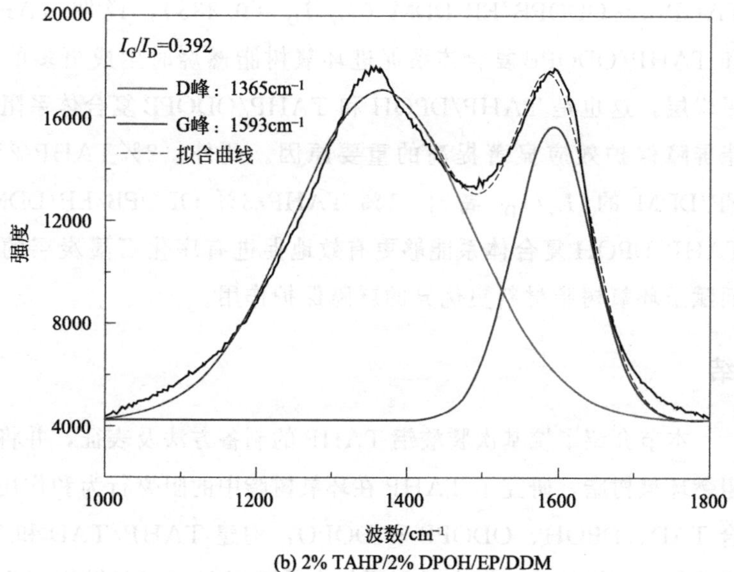

(b) 2% TAHP/2% DPOH/EP/DDM

图 6.37

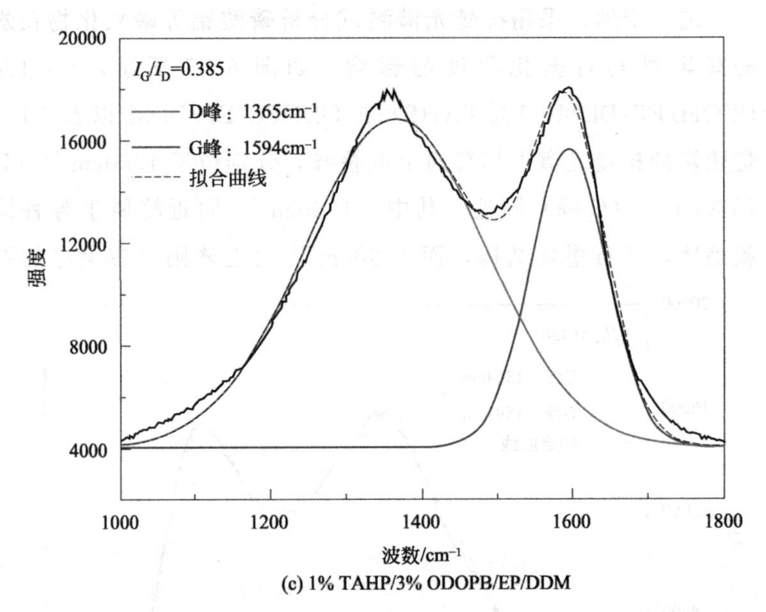

图 6.37 TAHP/磷杂非复合体系阻燃环氧树脂燃烧残炭的拉曼光谱

璃态残炭，也就是非石墨化结构[11,12]。如图 6.37 所示，根据拉曼曲线的拟合、分峰以及面积积分，可以通过 I_G/I_D 公式计算燃烧残炭的有序化程度。其中，未改性环氧树脂 EP/DDM 的 I_G/I_D 为 0.358，明显低于 2% TAHP/2% DPOH/EP/DDM（$I_G/I_D=0.392$）和 1% TAHP/3% ODOPB/EP/DDM（$I_G/I_D=0.385$），说明 TAHP/DPOH 和 TAHP/ODOPB 复合体系促进环氧树脂燃烧时生成更多的有序化石墨炭层，这也是 TAHP/DPOH 和 TAHP/ODOPB 复合体系阻燃环氧树脂屏障保护效应显著提高的重要原因。此外，2% TAHP/2% DPOH/EP/DDM 的 I_G/I_D 高于 1% TAHP/3% ODOPB/EP/DDM，说明 TAHP/DPOH 复合体系能够更有效地促进有序化石墨炭层的形成，进而赋予环氧树脂材料更优异的屏障保护作用。

6.2.6 小结

本节介绍了烷基次膦酸铝 TAHP 的制备方法及表征，并将其应用于阻燃环氧树脂，研究了 TAHP 在环氧树脂中的阻燃行为和作用机理；结合 TAD、DPOH、ODOPB 和 DOPO，构建 TAHP/TAD 和 TAHP/磷杂非复合阻燃体系，探索了不同复合体系对环氧树脂燃烧行为的影响规律和作用机理。

① TAHP与TAD相互作用，将大量含磷碎片以磷酸盐等磷氧化物的形式保留在凝聚相中，促进树脂基体形成具有优异屏障保护作用的高热稳定性富磷膨胀炭层。同时，TAHP/TAD复合体系对气相和凝聚相阻燃作用的再分布平衡重构，也高效赋予环氧树脂更优异的综合阻燃性能。

② TAHP/DPOH、TAHP/ODOPB和TAHP/DOPO复合体系都能够显著提高环氧树脂材料燃烧过程的火焰抑制效应、成炭效应以及屏障保护效应。其中，TAHP/DOPO复合体系对火焰抑制效应的提高最有效，而TAHP/DPOH和TAHP/ODOPB复合体系则对屏障保护效应的增强效果尤为突出。TAHP/DPOH和TAHP/ODOPB复合体系在促进环氧树脂生成表层附着大量磷氧化物的高热稳定性致密炭层的同时，也能够明显提高残炭结构的有序性，在富磷炭层和石墨化炭层的共同作用下，发挥优异的屏障保护作用，提高环氧树脂材料的综合阻燃性能。

参考文献

[1] Gu L Q, Qiu J H, Sakai E. Thermal stability and fire behavior of aluminum diethylphosphinate-epoxy resin nanocomposites [J]. Journal of Materials Science: Materials in Electronics, 2017, 28 (1): 18-27.

[2] Wang J Y, Qian L J, Huang Z G, Fang Y Y, Qiu Y. Synergistic flame-retardant behavior and mechanisms of aluminum poly-hexamethylenephosphinate and phosphaphenanthrene in epoxy resin [J]. Polymer Degradation and Stability, 2016, 130: 173-181.

[3] Yu J, Li M L, Yu Y, Gao Y J, Liu J C, Sun F. Synthetic strategy and performances of a uv-curable poly acryloyl phosphinate flame retardant by carbene polymerization [J]. Phosphorus, Sulfur, and Silicon and the Related Elements, 2015, 190 (11): 1958-1970.

[4] Shao X Z, Wang L S, Li M Y, Jia D M. Synthesis, characterization and thermal degradation kinetics of aluminum diisobutylphosphinate [J]. Thermochimica Acta, 2012, 547: 70-75.

[5] Schartel B, Hull T R. Development of fire-retarded materials-Interpretation ofcone calorimeter data [J]. Fire Materials, 2007, 5 (31): 327-354.

[6] Brehme S, Schartel B, Goebbels J, Fischer O, Pospiech D, Bykov Y, Döring M. Phosphorus polyester versus aluminium phosphinate in poly (butylene terephthalate) (PBT): Flame retardancy performance and mechanisms [J]. Polymer Degradation and Stability, 2011, 96 (5): 875-884.

[7] Wang J Y, Qian L J, Xu B, Xi W, Liu X X. Synthesis and characterization of aluminum poly-hexamethylenephosphinate and its flame-retardant application in epoxy resin [J]. Polymer Degradation and Stability, 2015, 122: 8-17.

[8] Zhao B, Chen L, Long J W, Chen H B, Wang Y Z. Aluminum hypophosphite versus alkyl-substituted phosphinate in polyamide 6: Flame retardance, thermal degradation, and pyrolysis behavior [J]. Industrial and Engineering Chemistry Research, 2013, 52 (8): 2875-2886.

[9] Tang S, Wachtendorf V, Klack P, Qian L J, Dong Y P, Schartel B. Enhanced flame-retardant effect of a montmorillonite/phosphaphenanthrene compound in an epoxy thermoset [J]. RSC Advances, 2017, 7 (2): 720-728.

[10] Fang Y Y, Qian L J, Huang Z G, Tang S, Qiu Y. Synergistic charring effect of triazinetrione-alkyl-phosphinate and phosphaphenanthrene derivatives in epoxy thermosets [J]. RSC Advances, 2017, 7 (73): 46505-46513.

[11] Zhu Z M, Xu Y J, Liao W, Xu S M, Wang Y Z. Highly flame retardant expanded polystyrene foams from phosphorus-nitrogen-silicon synergistic adhesives [J]. Industrial and Engineering Chemistry Research, 2017, 56 (16): 4649-4658.

[12] Hu S, Song L, Pan H F, Hu Y. Thermal properties and combustion behaviors of chitosan based flame retardant combining phosphorus and nickel [J]. Industrial and Engineering Chemistry Research, 2012, 51 (9): 3663-3669.

第7章 ▸▸

磷杂菲单基衍生物阻燃环氧树脂

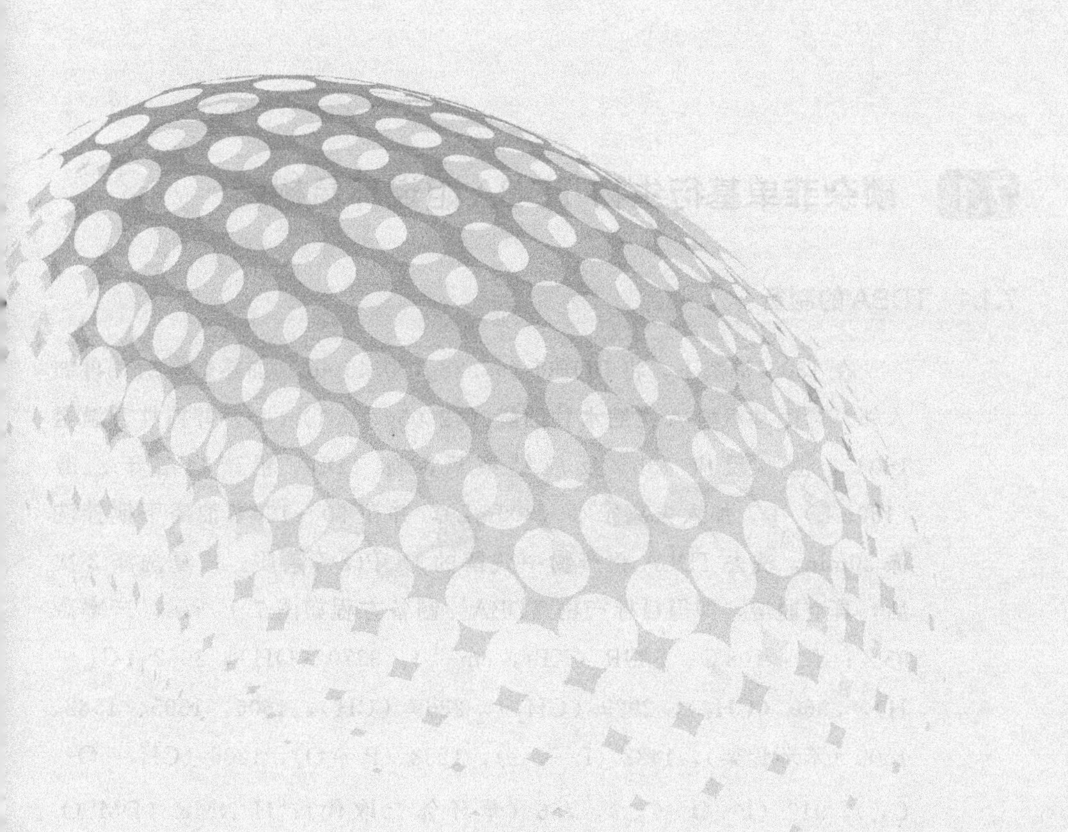

磷杂菲化合物阻燃作用的广泛适用性和高效性，使其在阻燃材料研究中受到国内外研究人员的广泛关注，是近年来新型无卤阻燃化合物研究的重点课题之一[1-5]。作为化学结构最简单的磷杂菲化合物，9,10-二氢-9-氧杂-10-磷杂菲-10-氧化物（DOPO）由于受热后易于升华，且热稳定性较差，直接应用时，往往需要将其直接键接到材料基体结构上，以确保其阻燃行为与材料裂解燃烧行为的匹配性，加工工艺相对复杂，应用效果不甚突出。因此，研究人员多利用 DOPO 中活泼的 P—H 键构建物理化学性能更稳定、作用效果更全面和行为机制更高效的高性能磷杂菲阻燃化合物，探索基于磷杂菲衍生物的高性能阻燃材料制备方法。

本章以两种磷杂菲单基衍生物为例，评价了相关磷杂菲单基衍生物阻燃环氧树脂的阻燃性能，分析了相关磷杂菲单基衍生物阻燃环氧树脂的量效关系，研究了相关磷杂菲单基衍生物对环氧树脂冲击断裂、裂解成炭和燃烧行为的影响规律，揭示了相关磷杂菲单基衍生物阻燃和增韧环氧树脂的作用机理。

7.1 磷杂菲单基衍生物 TDBA 阻燃环氧树脂

7.1.1 TDBA 的制备

在 130℃油浴下，将 DOPO（97.28g，0.45mol）加热熔融后，再加入邻二烯丙基双酚 A 二缩水甘油醚（42.05g，0.10mol），并搅拌升温至 160℃，恒温反应 15h。反应结束后，将 TDBA 粗产物溶于乙醇（150mL）中，加入去离子水（300mL），并在 90～100℃油浴下搅拌洗涤 30min，洗去 TDBA 粗产物中残留的 DOPO 等杂质。重复洗涤 3 次后，真空脱溶，即得目标产物 TDBA，制备方程如图 7.1 所示。产率>95%；T_g：108℃。FTIR（KBr，cm^{-1}）：3370（OH），3062（C_{Ar}—H），2960（CH_3），2929（CH_2），2869（CH），1606、1595、1582、1500（苯环骨架），1432（P—C_{Ar}），1233（P═O），1206（CH_2—O—C_{Ar}），912（P—O—C_{Ar}），756（苯环邻二取代）；^{1}H NMR（DMSO-

d_6)：8.15～6.68（C_{Ar}—H），5.51/5.32、4.29/4.16（CH），3.84（O—CH_2），3.65（OH），2.32（P—CH_2—C_{tert}），1.99（CH_2—C_{Ar}），1.60（P—CH_2），1.47（CH_3），1.42（CH_2）；^{31}P NMR（DMSO-d_6）：38.12（P—CH_2—CH_2，磷杂菲结构），36.52、36.04（P—CH_2—C_{tert}，磷杂菲结构）；元素含量（理论值/测试值，%）：C 70.09/(70.13±0.03)，H 5.33/(5.54±0.07)。

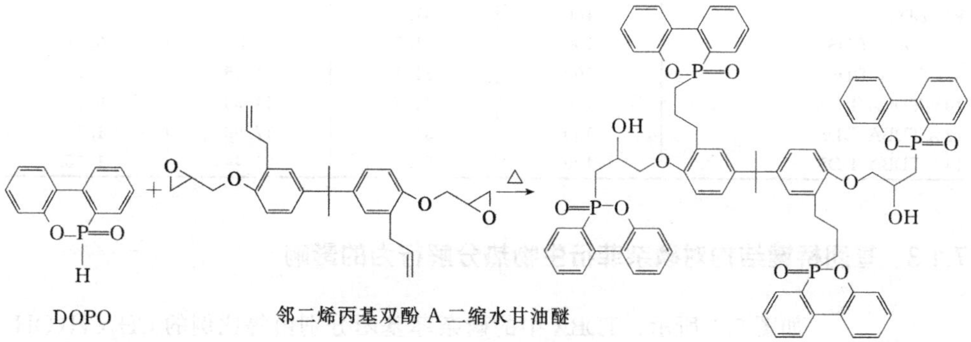

DOPO　邻二烯丙基双酚A二缩水甘油醚　TDBA

图7.1　TDBA的制备方程

7.1.2 TDBA阻燃环氧树脂的制备

在140℃油浴的搅拌条件下，将TDBA加入DGEBA中，并搅拌至TDBA完全溶于DGEBA；

在DDM固化体系中，将TDBA/DGEBA混合物降温至100～110℃后，加入固化剂DDM，并搅拌至DDM完全溶解后，置于120℃真空干燥箱中抽真空3min，脱除体系中的气泡，之后迅速浇注到预热的模具中，先在120℃下预固化2h，再在170℃下深度固化4h，即得DDM固化的TDBA阻燃环氧树脂TDBA/DDM。

在DDS固化体系中，将TDBA/DGEBA混合物升温至185℃后，加入固化剂DDS，并搅拌至DDS完全溶解后，置于185℃真空干燥箱中抽真空3min，脱除体系中的气泡，之后迅速浇注到预热的模具中，先在160℃下预固化1h，再在180℃下继续固化2h，最后在200℃下深度固化1h，即得DDS固化的TDBA阻燃环氧树脂TDBA/DDS。

未改性环氧树脂EP/DDM和EP/DDS的制备方法同上，只是不添加阻燃剂。DGEBA、TDBA、DDM以及DDS在环氧树脂中的用量如表

7.1 所示。

表 7.1 TDBA 阻燃环氧树脂的制备配方

样 品	DGEBA/g	固化剂/g	TDBA/g	磷含量/%
EP/DDM	100	25.3	—	—
2%TDBA/DDM	100	25.3	2.56	0.19
3%TDBA/DDM	100	25.3	3.88	0.29
4%TDBA/DDM	100	25.3	5.22	0.39
5%TDBA/DDM	100	25.3	6.59	0.48
EP/DDS	100	31.7	—	—
6%TDBA/DDS	100	31.7	8.41	0.58
8%TDBA/DDS	100	31.7	11.45	0.77
10%TDBA/DDS	100	31.7	14.63	0.96
12%TDBA/DDS	100	31.7	17.96	1.16
14%TDBA/DDS	100	31.7	21.44	1.35

7.1.3 基团桥键结构对磷杂菲衍生物热分解行为的影响

如图 7.1 所示，TDBA 中的磷杂菲基团分别由等比例的 $CH_2CH(OH)CH_2$ 和 $CH_2CH_2CH_2$ 桥键结构连接，而且这两种连接方式分别与图 7.2 中磷杂菲/三嗪三酮双基化合物 TGD 和 TAD 的磷杂菲基团连接方式相同，只是 TGD 和 TAD 中的磷杂菲基团分别由单一的 $CH_2CH(OH)CH_2$ 或 $CH_2CH_2CH_2$ 桥键连接。已报道的研究结果表明[6,7]，在 TGD 和 TAD 的热裂解过程中，通常会先断裂释放磷杂菲或磷杂菲-烷基碎片，即 TGD 和 TAD 优先在磷杂菲及其桥键结构上发生热裂解，而且 TGD 和 TAD 的热裂解行为差异也导致了两者在环氧树脂材料中的阻燃行为差异。

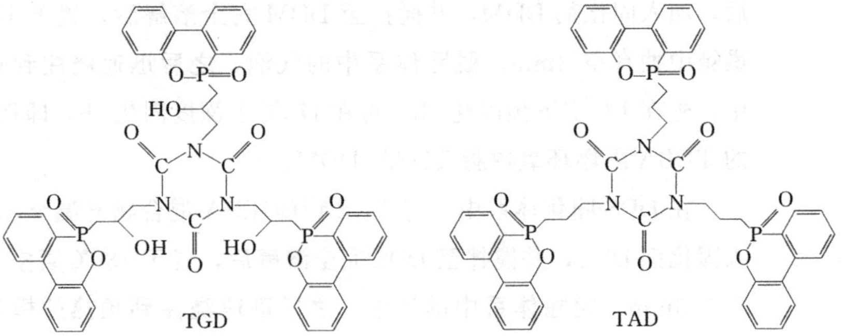

图 7.2 TGD 和 TAD 的化学结构

如图 7.3 所示，TDBA 的初始分解温度和初始失重速率均介于 TGD 和 TAD 之间。与只含单一桥键结构的 TGD 和 TAD 相比，含有等比例

CH_2CH（OH）CH_2 和 $CH_2CH_2CH_2$ 复合桥键结构的 TDBA 在初始分解阶段呈现了一种折中的热失重行为，说明磷杂菲基团的桥键结构对其衍生物的热稳定性及其热分解初期的失重行为具有重要影响，而且这种影响作用具有一定程度的加和性。

此外，在 TDBA、TGD 和 TAD 的热失重过程中，TAD 的显著失重区间居中，范围最窄，说明 TAD 的热分解失重过程相对集中，而 TDBA 的显著失重区间和失重速率则与 TGD 相当，均明显低于 TAD 的失重速率，只是 TDBA 的热分解失重过程延续到了更高的分解温度，而 TGD 的热分解失重过程具有明显的双峰特征，即先于主要失重区间出现一个较小的热失重速率峰，这主要是由于 TGD 中 CH_2CH(OH) CH_2 桥键的羟基发生脱水消除反应引发的失重行为。这说明，CH_2CH(OH) CH_2 和 $CH_2CH_2CH_2$ 桥键结构的复合有利于提高磷杂菲衍生物热稳定性的同时，还能将化合物的热分解失重过程延续到更高的温度范围。由此可知，基团桥键结构的选择和配合有助于调整和优化磷杂菲衍生物的热稳定性、热分解速率以及热分解区间。

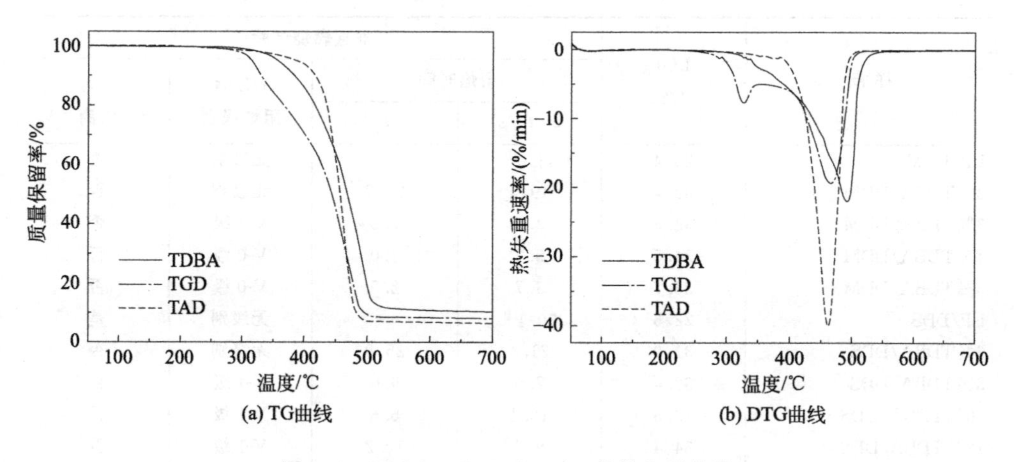

图 7.3　TDBA、TGD 和 TAD 的热失重曲线

7.1.4 LOI 和 UL 94 垂直燃烧试验

采用氧指数仪和燃烧试验箱测试 TDBA 阻燃环氧树脂的 LOI 和 UL 94 阻燃级别，探究 TDBA 阻燃环氧树脂的量效关系。如表 7.2 所示，在 DDM 和 DDS 固化体系中，TDBA 的添加均有效地提高了环氧树脂固化物的 LOI，而且环氧树脂固化物的 LOI 值随着 TDBA 添加量的增加而提

高。尤其在DDM固化体系中，添加2%（质量分数）的TDBA就可使环氧树脂固化物的LOI值从26.4%（EP/DDM）提高至32.4%，添加4%的TDBA就可使环氧树脂固化物的LOI达到34.5%，并通过UL 94 V-0级，说明TDBA在DDM固化体系中具有良好的阻燃效果和作用效率。在DDS固化体系中，添加6%的TDBA可使环氧树脂固化物的LOI值从22.5%（EP/DDS）提高至31.9%，添加8%的TDBA可使环氧树脂固化物的LOI达到32.4%，并通过UL 94 V-1级，只是尽管添加了14%的TDBA，14%TDBA/DDS仍然处于UL 94 V-1级，说明TDBA也能够有效地提高DDS固化环氧树脂的LOI，但在改善DDS固化环氧树脂UL 94阻燃级别方面的作用效果有限，或许可以通过TDBA的复配体系实现进一步的提高。TDBA阻燃环氧树脂固化物的LOI和UL 94阻燃级别测试结果表明，TDBA的阻燃效果和作用效率与环氧树脂固化物的化学结构紧密相关，TDBA更有效地赋予了DDM固化环氧树脂优异的LOI和UL 94阻燃级别。

表7.2 TDBA阻燃环氧树脂的LOI和UL 94阻燃级别

样品	LOI /%	垂直燃烧试验			
		余焰时间		UL 94 阻燃级别	是否熔滴
		av-t_1/s	av-t_2/s		
EP/DDM	26.4	83.0①	—	无级别	否
2%TDBA/DDM	32.4	19.4	20.2	无级别	否
3%TDBA/DDM	33.5	3.0	7.5	V-1级	否
4%TDBA/DDM	34.5	3.2	3.0	V-0级	否
5%TDBA/DDM	35.7	3.7	2.5	V-0级	否
EP/DDS	22.5	50.1①	—	无级别	是
6%TDBA/DDS	31.9	21.4	25.9	无级别	否
8%TDBA/DDS	32.4	7.0	9.0	V-1级	否
10%TDBA/DDS	33.5	16.1	6.6	V-1级	否
12%TDBA/DDS	34.4	9.2	10.2	V-1级	否
14%TDBA/DDS	35.2	10.7	3.9	V-1级	否

① 样条烧至夹具。

7.1.5 锥形量热仪燃烧试验

采用锥形量热仪监控和追踪TDBA阻燃环氧树脂燃烧过程的放热、释烟及成炭等行为，进一步探索TDBA对环氧树脂燃烧行为的影响规律。如图7.4所示，与相应的未改性环氧树脂固化物（EP/DDM和EP/

DDS）相比，TDBA/DDM和TDBA/DDS样品的HRR都明显下降，其中5%TDBA/DDM的HRR峰值（pk-HRR）下降了22.8%，14%TDBA/DDS的pk-HRR下降了34.9%，说明TDBA有效地抑制了环氧树脂固化物的燃烧强度。而5%TDBA/DDM和14%TDBA/DDS的提前引燃，则说明TDBA会在一定程度上诱导树脂基体提前分解。在环氧树脂固化物的燃烧初期，TDBA有效地抑制了树脂基体燃烧过程的HRR增长，进一步体现了TDBA对环氧树脂固化物燃烧反应的抑制结果。

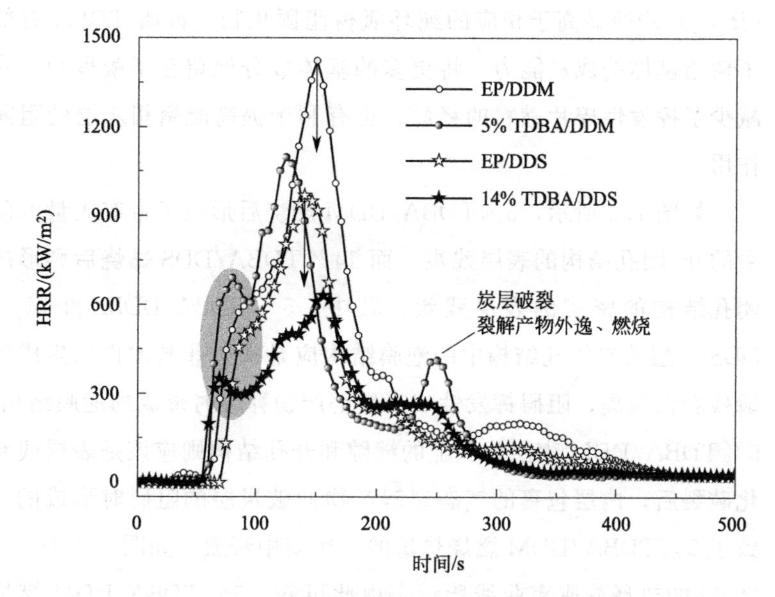

图7.4 TDBA阻燃环氧树脂的热释放速率曲线

由表7.3给出的锥形量热仪燃烧试验参数可知，与EP/DDM和EP/DDS相比，5%TDBA/DDM和14%TDBA/DDS燃烧过程的平均有效燃烧热（av-EHC）都得到了降低，说明TDBA的阻燃行为抑制了树脂基体的气相燃烧反应。由已报道的磷杂菲衍生物阻燃机制可知，TDBA的气相阻燃作用应该主要来源于分子结构中磷杂菲基团裂解生成的磷氧自由基等碎片对固化物基体自由基氧化燃烧反应的猝灭作用[8,9]。

表7.3 TDBA阻燃环氧树脂的锥形量热仪燃烧试验参数

样品	pk-HRR /(kW/m²)	av-EHC /(MJ/kg)	THR /(MJ/m²)	TSP /m²
EP/DDM	1420	29.9	144	52.2
5%TDBA/DDM	1096	27.0	114	47.9
EP/DDS	966	24.2	102	36.7
14%TDBA/DDS	629	19.9	87	53.3

续表

样 品	av-COY/(kg/kg)	av-CO_2Y/(kg/kg)	R_{500s}/%
EP/DDM	0.13	2.51	8.8
5%TDBA/DDM	0.16	2.22	14.9
EP/DDS	0.09	2.09	9.5
14%TDBA/DDS	0.17	1.68	16.1

同时，5%TDBA/DDM 和 14%TDBA/DDS 在 500s 处的残炭产率（R_{500s}）均明显高于相应的纯环氧树脂固化物，说明 TDBA 有效地提高了树脂基体的成炭能力，将更多的基体成分保留在了凝聚相残炭中，既减少了挥发性碎片燃料的释放，也有利于提高凝聚相炭层的阻隔和保护作用。

如图 7.5 所示，5%TDBA/DDM 燃烧后形成了带有大量的隙缝和少量的开/闭孔结构的表层残炭，而 14%TDBA/DDS 燃烧后则形成了带有闭孔结构的密实的表层残炭。其中，5%TDBA/DDM 和 14%TDBA/DDS 表层残炭闭孔结构中的泡膜结构应是磷杂菲基团作用生成的黏稠含磷残炭在包裹、阻碍挥发性气态裂解产物释放时形成的泡膜结构[10]，而 5%TDBA/DDM 表层残炭上的缝隙和开孔结构则应该是表层残炭受热氧化破裂后，内层包裹的气态裂解产物冲破炭层的阻碍时形成的，这也导致了 5%TDBA/DDM 燃烧热量的二次集中释放，如图 7.4 中 5%TDBA/DDM 的热释放速率曲线所示。由此可知，5%TDBA/DDM 燃烧过程生成的残炭结构热稳定性不足，容易在燃烧过程中受热氧化破裂，不利于炭层阻隔和保护作用的发挥。

此外，表 7.3 中给出的平均 CO 产量（av-COY）、平均 CO_2 产量（av-CO_2Y）以及总烟量（TSP）等气相燃烧产物参数也进一步揭示了 TDBA 在环氧树脂固化物燃烧过程的阻燃行为。如图 7.6 所示，在环氧树脂固化物燃烧前期，5%TDBA/DDM 和 14%TDBA/DDS 的 TSP 都明显高于相应的纯 EP/DDM 和 EP/DDS，说明 TDBA 的热裂解产物与树脂基体相互作用后，促使树脂基体生成了更多的大尺寸烟颗粒碎片，而不是充分裂解和氧化，减少了树脂基体燃烧反应的燃料供给，其中尤其是 14%TDBA/DDS 和 EP/DDS 之间的 TSP 曲线差异，更显著地体现了 TDBA 促使树脂基体生成大尺寸烟颗粒碎片的现象。与纯 EP/DDM 和 EP/DDS 相比，5%TDBA/DDM 和 14%TDBA/DDS 中 av-COY 的提高

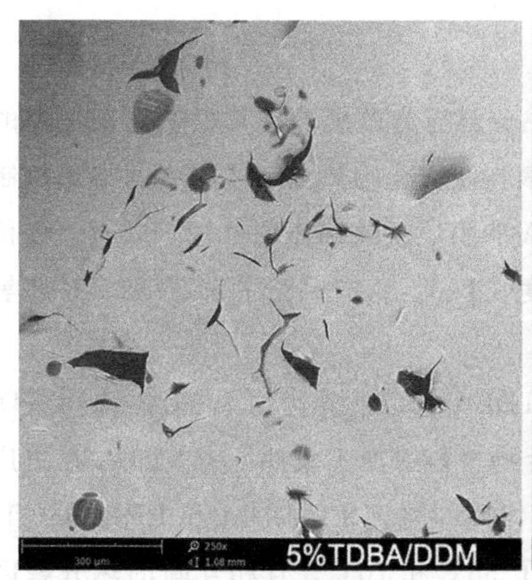

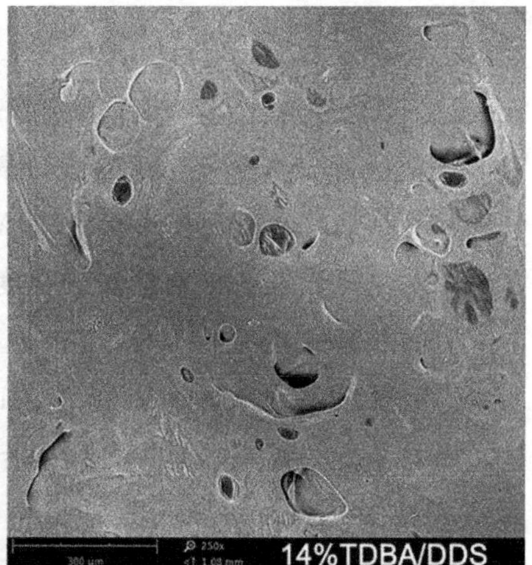

(a) 5% TDBA/DDM　(b) 14% TDBA/DDS

图 7.5　TDBA 阻燃环氧树脂表层残炭的微观形貌

和 av-CO_2Y 的下降也说明了 TDBA 的气相阻燃作用增加了树脂基体燃烧过程的不完全燃烧反应。在树脂基体燃烧过程中，TDBA 通过上述气相和凝聚相阻燃作用有效地抑制了环氧树脂固化物的燃烧行为，从而使 5%TDBA/DDM 和 14%TDBA/DDS 的总热释放量（THR）分别下降了 20.8%和 14.7%。

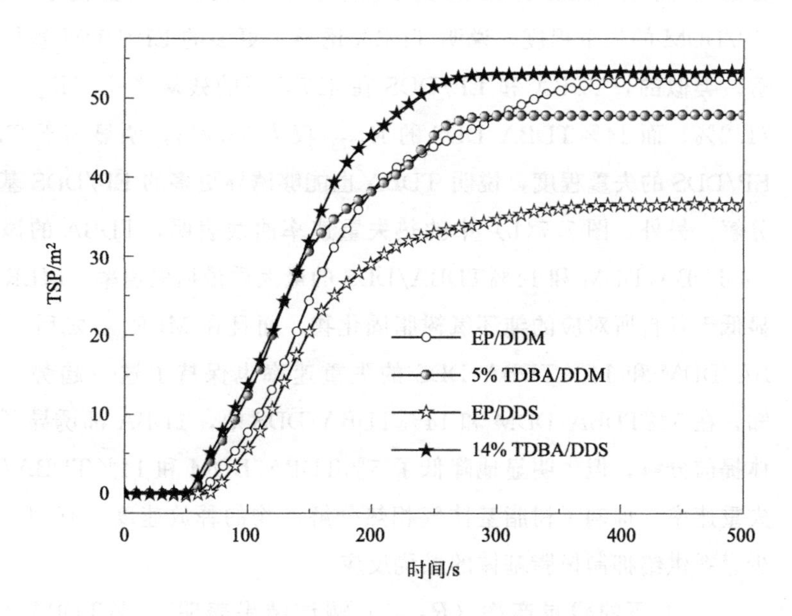

图 7.6　TDBA 阻燃环氧树脂的总烟释放量曲线

7.1.6 热性能分析

TDBA 对环氧树脂固化物热分解行为的影响是其阻燃作用发挥的重要组成部分，探究 TDBA 在环氧树脂固化物热分解过程中的作用机制和规律，有利于进一步解析 TDBA 的阻燃模式和作用机理。同时，评价环氧树脂固化物的玻璃化转变温度（T_g），也有利于了解 TDBA 对环氧树脂材料应用性能的影响。

作为一种添加型阻燃剂，TDBA 的 $T_{d,1\%}$ 达到 308℃，说明 TDBA 的热稳定性能够满足大多数聚合物材料的加工条件，为 TDBA 在更广泛领域中的应用探索提供了重要保障。与纯 EP/DDM 和 EP/DDS 相比，TDBA 的 $T_{d,1\%}$ 比两者分别低了 55℃和 70℃，且相互间的热分解区间（即具有明显失重速率的温度区间）也基本一致，说明 TDBA 会在一定程度上先于树脂基体热分解，并能够充分地参与到树脂基体的热分解过程，发挥阻燃作用。

如图 7.7 所示，5%TDBA/DDM 和 14%TDBA/DDS 均在 $T_{d,1\%}$ 上表现出先于相应的纯环氧树脂固化物发生热分解的现象。如表 7.4 所示，TDBA 和 EP/DDM 在 401℃下的残炭产率（$R_{401℃}$）均为 81.9%（质量分数），而 5%TDBA/DDM 的 $R_{401℃}$ 仅为 63.3%，明显高于 TDBA 和 EP/DDM 的失重程度，说明 TDBA 诱导了更多的 EP/DDM 基体提前分解。类似的，TDBA 和 EP/DDS 在 427℃下的残炭产率（$R_{427℃}$）均为 71.2%，而 14%TDBA/DDS 的 $R_{427℃}$ 仅为 38.8%，明显高于 TDBA 和 EP/DDS 的失重程度，说明 TDBA 也能够诱导更多的 EP/DDS 基体提前分解。另外，图 7.7(b) 中的热失重速率曲线表明，TDBA 的添加使得 5%TDBA/DDM 和 14%TDBA/DDS 的最大质量损失速率（MLR_{max}）明显低于各自所对应的纯环氧树脂固化物，而且在 MLR_{max} 之后，5%TDBA/DDM 和 14%TDBA/DDS 的失重速率也保持了这一趋势。由此可知，在 5%TDBA/DDM 和 14%TDBA/DDS 中，TDBA 都诱导了树脂基体提前分解，但也明显地降低了 5%TDBA/DDM 和 14%TDBA/DDS 的失重速率，抑制了树脂基体气相热分解产物的释放速度，有利于通过减少燃料供给抑制树脂基体的燃烧反应。

700℃下的残炭产率（$R_{700℃}$）测试结果表明，5%TDBA/DDM 和 14%TDBA/DDS 的 $R_{700℃}$ 都明显高于 TDBA 和相应的纯 EP/DDM 和

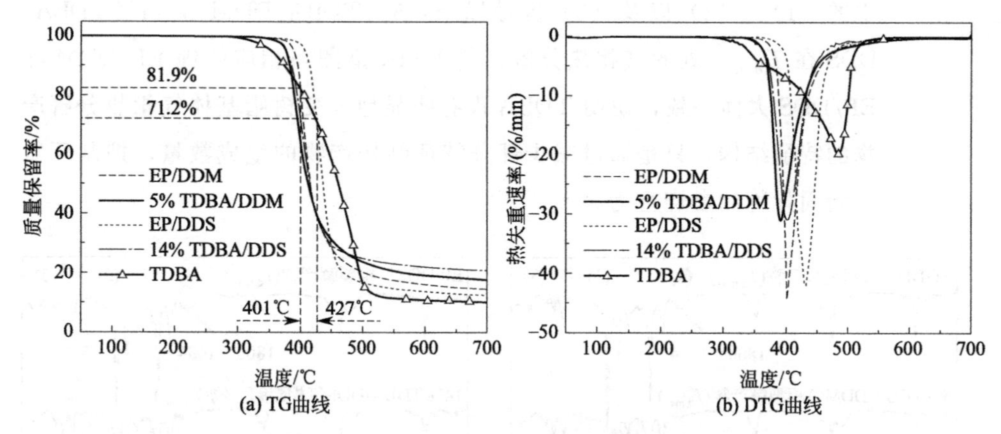

图 7.7　TDBA 阻燃环氧树脂的热失重曲线

EP/DDS，说明 TDBA 与树脂基体在热分解过程中的相互作用，提高了 5%TDBA/DDM 和 14%TDBA/DDS 的成炭能力，这与前述的锥形量热仪燃烧试验结果相符合。

如表 7.4 所示，5%TDBA/DDM 的 T_g 与 EP/DDM 相当，而 14%TDBA/DDS 的 T_g 则明显低于 EP/DDS，说明 TDBA 不会明显影响 DDM 固化环氧树脂的应用温度范围。

表 7.4　TDBA 阻燃环氧树脂的热性能参数

样 品	T_g/℃	$T_{d,1\%}$/℃	$T_{d,max}$/℃	MLR_{max}/(%/min)
EP/DDM	166	363	402	44.2
5%TDBA/DDM	167	354	392	31.2
EP/DDS	202	378	433	42.0
14%TDBA/DDS	174	348	403	31.0
TDBA	—	308	485	19.7

样 品	$R_{401℃}$/%	$R_{427℃}$/%	$R_{700℃}$/%
EP/DDM	81.9	—	14.8
5%TDBA/DDM	63.3	—	18.1
EP/DDS	—	71.2	12.6
14%TDBA/DDS	—	38.8	21.0
TDBA	81.9	71.2	10.3

7.1.7　TDBA 阻燃环氧树脂裂解产物的红外谱图分析

采用热重分析仪和傅里叶变换红外光谱仪分析 TDBA 阻燃环氧树脂在 $T_{d,max}$ 处气相和凝聚相裂解产物的化学结构，进一步探究 TDBA 对环氧树脂热分解行为的作用结果和影响规律。如图 7.8 所示，除了灰影标识的（1）、（2）以及（3）区域以外，5%TDBA/DDM和14%TDBA/DDS在$T_{d,max}$处的气相热分解产物FTIR谱图与相应的纯EP/DDM和EP/DDS大体一致，说明TDBA没有明显地改变树脂基体气相热分解产物的特征结构，只是通过减少部分特征结构产物的生成数量，抑制环氧树脂固化物的燃烧行为。

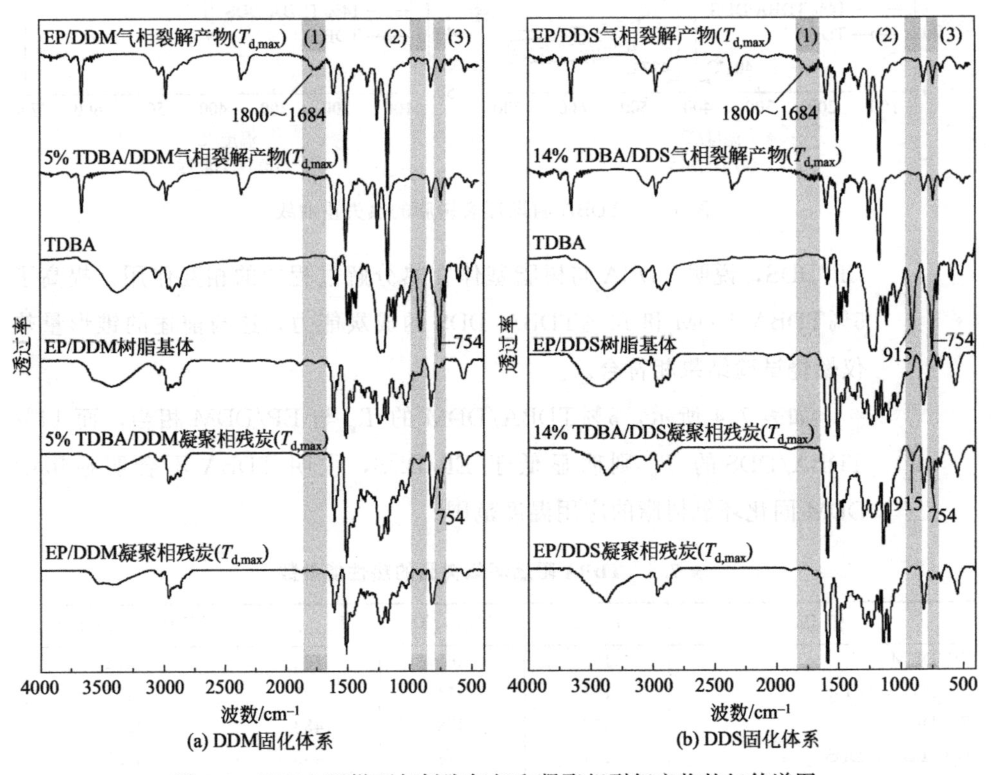

图7.8 TDBA阻燃环氧树脂气相和凝聚相裂解产物的红外谱图

与EP/DDM和EP/DDS气相裂解产物相比，如图7.8所示，5%TDBA/DDM和14%TDBA/DDS气相裂解产物在代表羰基结构（1800～1684cm^{-1}）[11]的（1）区域吸收峰强度明显降低，甚至是几近于无，说明TDBA显著地抑制了环氧树脂固化物热分解过程中易燃性含羰基结构碎片的生成和释放，减少了树脂基体燃烧过程的易燃性燃料供给。在（2）和（3）区域，与纯EP/DDM和EP/DDS的凝聚相残炭相比，14%TDBA/DDS的凝聚相残炭多了915cm^{-1}和754cm^{-1}两处吸收峰，而5%TDBA/DDM的凝聚相残炭在754cm^{-1}处的吸收峰也十分明显。其中，915cm^{-1}处的吸收峰代表P—O—C_{Ar}结构，754cm^{-1}处的吸收峰代表邻二取代的苯环结构，两者都属于磷杂菲基团及其裂解产物的特征结构[12]。由此可知，TDBA 中的磷杂菲基团参与了树脂基体的凝聚相成炭，并提高了树脂基体的成炭能力。因此，TDBA 主要通过减少易燃性热分解碎片的生成和提高树脂基体的凝聚相成炭能力两种作用模式，对环氧树脂固化物的燃烧行为进行抑制。

7.1.8 TDBA 的裂解行为

采用 TG-FTIR-GC/MS 联用仪解析 TDBA 在 $T_{d,max}$ 处气相裂解碎片的化学结构，揭示 TDBA 的裂解行为特征。图 7.9 的 MS 谱图解析结

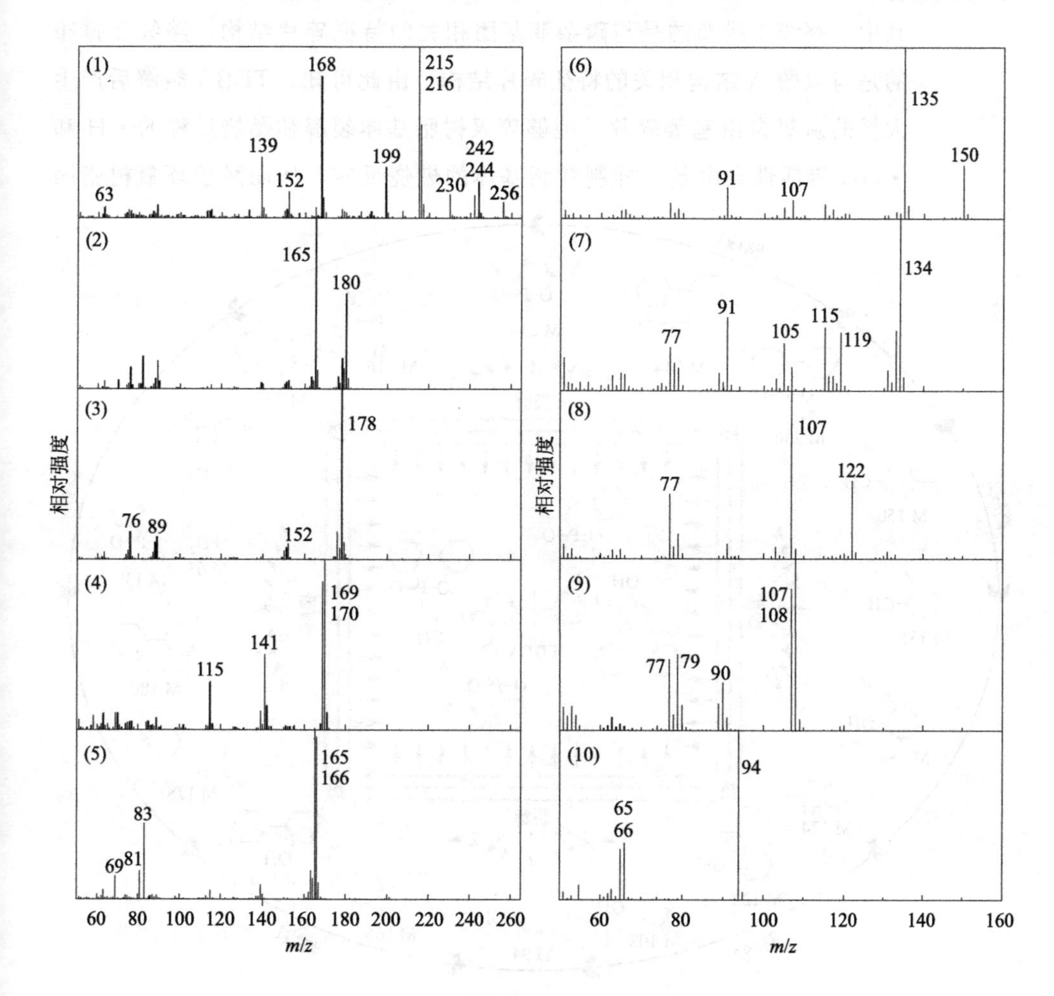

图 7.9　TDBA 裂解碎片的质谱图

果表明，(1) 图代表了烷基取代的磷杂菲碎片（M256，M244，M230）、DOPO（M216）、苯并呋喃（M168）、联苯撑（152）、甲基苯基磷氧自由基（M139）以及·PO_2（M63）等磷杂菲结构及其进一步裂解的碎片结构；(2)～(5) 图依次代表了9,10-二氢菲（M180）、菲（M178）、邻苯基苯酚（M170）以及芴（M166）等碎片结构，均属于磷杂菲基团的特征裂解碎片；(6)～(9) 图则依次代表了一系列与双酚A结构相关的酚类碎片结构（M150、M135、M134、M122、M108）；而（10）图代表的苯酚（M94）结构则可能同时来自于磷杂菲基团和双酚A结构单元的裂解产物。

TDBA在$T_{d,max}$处气相特征裂解碎片的化学结构如图7.10所示，其中，路线1排布的是与磷杂菲基团相关的特征碎片结构，路线2排布的是与双酚A结构相关的特征碎片结构。由此可知，TDBA裂解后产生大量的磷氧自由基等碎片，能够猝灭树脂基体裂解和燃烧过程的·H和·OH等活性自由基，抑制树脂基体的燃烧反应，从而赋予环氧树脂固

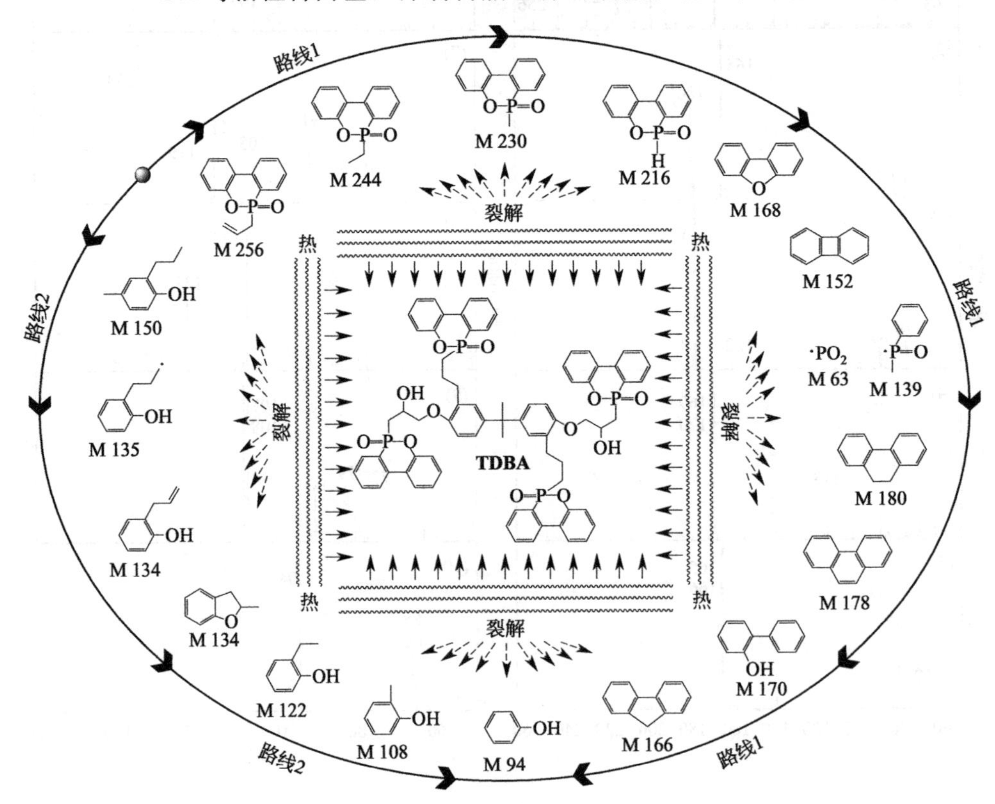

图7.10 TDBA裂解碎片的化学结构

化物更高的阻燃性能。

7.1.9　TDBA 的阻燃机理

一方面，TDBA 的热分解产物与环氧树脂固化物基体相互作用，抑制树脂基体的热分解速率，降低树脂基体燃烧过程的燃料供给速度，并通过提高树脂基体的成炭能力，在减少树脂基体燃烧过程的燃料供给的同时，增强炭层的阻隔和保护作用，发挥凝聚相阻燃作用；另一方面，TDBA 热分解生成的磷氧自由基等碎片能够猝灭树脂基体裂解、燃烧过程的活性自由基，既能抑制树脂基体气相裂解产物的进一步裂解和氧化，减少易燃性含羰基碎片的生成，还能直接抑制树脂基体的自由基燃烧反应，发挥气相阻燃作用。通过上述气相和凝聚相阻燃作用，TDBA 对环氧树脂固化物的燃烧行为进行有效抑制，赋予环氧树脂固化物优异的阻燃性能。

7.1.10　小结

本节介绍了磷杂菲单基衍生物 TDBA 的制备方法及表征，并将其应用于不同固化环氧树脂体系中，探索了 TDBA 阻燃环氧树脂的行为与机理。

① TDBA 的热稳定性优异，$T_{d,1\%}$ 达到 308℃，满足大多数聚合物材料的加工条件。

② 磷杂菲基团的桥键结构对其衍生物热稳定性和热分解行为的影响作用具有一定的加和性；基团桥键结构的选择和配合有助于调整和优化磷杂菲衍生物的热稳定性、热分解速率以及热分解区间。

③ TDBA 的阻燃行为与环氧树脂固化物的化学结构密切相关，且能够更有效地提高 DDM 固化环氧树脂的 LOI 和 UL 94 阻燃级别；5%TDBA/DDM 的 LOI 达到 35.7%，并通过 UL 94 V-0 级。与未改性环氧树脂相比，5% TDBA/DDM 的 pk-HRR 和 THR 分别下降了 22.8% 和 20.8%。

④ TDBA 主要通过降低树脂基体的热分解速率、减少树脂基体裂解生成易燃性含羰基碎片、提高树脂基体的成炭能力以及猝灭树脂基体裂解和燃烧过程的活性自由基等阻燃行为抑制树脂基体的燃烧行为，赋予

了环氧树脂材料优异的阻燃性能。

7.2 磷杂菲单基衍生物DCAD阻燃环氧树脂

7.2.1 DCAD的制备

在室温条件下，将肉桂醛（13.22g，0.1mol）和对苯二胺（5.41g，0.05mol）依次加入无水乙醇（500mL）中，搅拌至肉桂醛和对苯二胺完全溶解，然后继续在室温下搅拌反应4h，即得中间体CAD。随后，加入DOPO（25.94g，0.12mol），并升温至65℃，在氮气氛围下回流反应8h。结束反应后，减压抽滤，并在乙醇中搅拌洗涤3～5次，除去过量的DOPO，烘干脱溶后，即得目标产物DCAD，产率＞92%。DCAD的制备方程如图7.11所示。FTIR（KBr，cm^{-1}）：3310（N—H），3059（Ar—H），3028（C═C—H），1622（C═C），1514～1607（苯环骨架），1430（P—C），1207（P═O），921（P—O—C），754（o-R_1—Ph—R_2）；^1H NMR（DMSO-d_6，ppm）：8.18、8.14、7.94、7.74、7.52、7.18、6.59、6.44（C_{Ar}—H，磷杂菲结构），7.38、7.27、7.25（C_{Ar}—H，单取代苯环），7.29（C_{Ar}—H，对二取代苯环），6.37、6.25（C═C—H），5.38、5.07（N—H），4.60、3.32（CH）；^{31}P NMR（DMSO-d_6，ppm）：29.75、31.81（磷杂菲结构）。

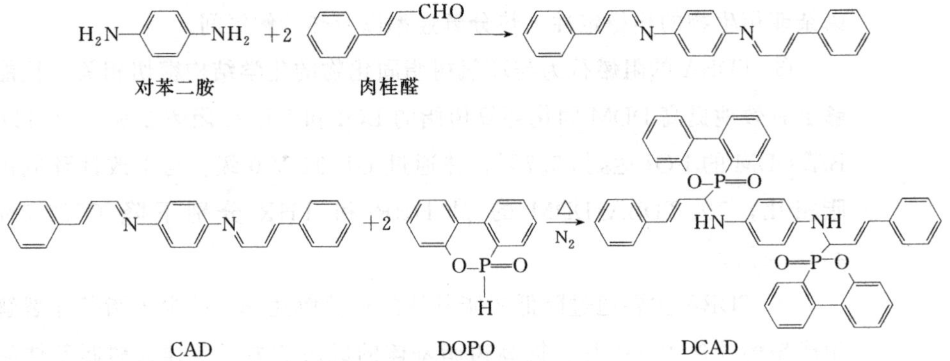

H_2N—⟨苯环⟩—NH_2 +2 肉桂醛 (CHO) → CAD

对苯二胺　肉桂醛

CAD +2 DOPO $\xrightarrow[N_2]{\triangle}$ DCAD

CAD　DOPO　DCAD

图7.11 DCAD的制备方程

7.2.2 DCAD阻燃环氧树脂的制备

将DCAD加入到DGEBA中，在N_2氛围下搅拌升温至160℃，利用N_2气氛保护DCAD中的亚氨基不被氧化。待DCAD与DGEBA反应完全后，混合物变透明，再搅拌降温至110℃，加入固化剂DDM，搅拌至DDM完全溶解后，将共混体系置于100℃真空烘箱中抽真空3min，除去体系中的气泡后，迅速将共混物浇注到预热的模具中，先在120℃下预固化2h，再在170℃下深度固化4h，即得DCAD阻燃环氧树脂固化物DCAD/EP。

对比样品DOPO阻燃环氧树脂固化物DOPO/EP的制备方法同上，其中，DOPO在160℃下与DGEBA搅拌反应4h。未改性环氧树脂固化物EP的制备方法同7.1.2所述。DGEBA、DCAD、DOPO以及DDM在环氧树脂中的用量如表7.5所示。

表7.5　DCAD阻燃环氧树脂的制备配方

样品	DGEBA /g	DDM /g	DCAD		DOPO	
			g	%	g	%
EP	100	25.30	—	—	—	—
2%DCAD/EP	100	25.10	2.55	2	—	—
4%DCAD/EP	100	24.41	5.17	4	—	—
4%DOPO/EP	100	24.41	—	—	5.17	4

7.2.3 LOI和UL 94垂直燃烧试验

采用LOI和UL 94垂直燃烧试验评价DCAD阻燃环氧树脂的LOI和UL 94阻燃级别，探究DCAD对环氧树脂固化物燃烧行为的作用结果和影响规律。如表7.6所示，EP样品的LOI为26.4%，并且UL 94测试结果为无级别。添加DCAD后，环氧树脂复合材料的LOI和UL 94阻燃级别都有显著提高，而且环氧热固性材料的阻燃性能随着DCAD添加量的增加而提高。与DCAD类似，DOPO也能明显改善环氧树脂材料的阻燃性能，4%DOPO/EP样品通过了UL 94 V-1级，并获得36.8%的LOI。这是因为DOPO本身就具有较好的阻燃作用，这在文献报道中十分常见[1,5]。比较4%DCAD/EP和4%DOPO/EP的测试结果可知，虽然4%DOPO/EP的LOI略高于4%DCAD/EP样品（仅高出1.2%），但是4%DCAD/EP的阻燃级别则通过了UL 94 V-0级，表现出了更优异的综合阻燃效果，说明磷杂菲衍生物DCAD在提升环氧树脂阻燃性能方面比DOPO更有优势。

表 7.6 DCAD 阻燃环氧树脂的 LOI 和 UL 94 阻燃级别

样品	LOI /%	垂直燃烧测试			
		余焰时间		UL 94 阻燃级别	是否熔滴
		av-t_1/s	av-t_2/s		
EP	26.4	83.0①	—	无级别	否
2%DCAD/EP	32.0	12.0	8.1	V-1	否
4%DCAD/EP	35.6	2.8	3.4	V-0	否
4%DOPO/EP	36.8	2.9	5.6	V-1	否

① 样条燃烧至夹具。

7.2.4 锥形量热仪燃烧试验

采用锥形量热仪追踪测试DCAD阻燃环氧树脂固化物燃烧过程的热释放量、烟释放量以及成炭行为等方面，研究DCAD对环氧树脂材料燃烧行为的影响规律与机制。如表7.7所示，DCAD或者DOPO的加入都抑制了环氧树脂的燃烧行为并增强了环氧树脂的成炭行为。与未改性环氧树脂EP相比，2%DCAD/EP、4%DCAD/EP和4%DOPO/EP都获得了更低的pk-HRR、av-EHC、THR和更高的残炭产率。与4%DOPO/EP相比，仅含有2%（质量分数）DCAD的2%DCAD/EP已实现更低的pk-HRR、av-EHC和THR，说明DCAD更有效地抑制了环氧树脂燃烧时热量的释放。DCAD添加量从2%提升到4%时，4%DCAD/EP的pk-HRR、av-EHC和THR受到了更大程度的抑制，进一步说明DCAD在环氧树脂中单位添加量的阻燃效率远高于DOPO。另外，由于DCAD对环氧树脂燃烧过程的pk-HRR、av-EHC和THR抑制显著，而对TSP和残炭产率的影响效果相近，说明DCAD具有较强的气相阻燃作用，其在凝聚相阻燃作用则与DOPO相当。

表 7.7 DCAD 阻燃环氧树脂的锥形量热仪燃烧试验参数

样品	pk-HRR /(kW/m^2)	av-EHC /(MJ/kg)	THR /(MJ/m^2)	av-COY /(kg/kg)	av-CO_2Y /(kg/kg)	TSP /m^2	R_{500s} /%
EP	1420	30.0	143.6	0.13	2.51	52.2	7.8
2%DCAD/EP	1065	22.7	92.5	0.10	1.89	42.5	9.6
4%DCAD/EP	904	20.5	85.7	0.11	1.70	48.4	11.9
4%DOPO/EP	1313	25.1	102.9	0.17	2.08	47.1	11.0

通过对比热释放速率曲线，进一步分析DCAD对环氧树脂燃烧过程中热释放行为的影响，如图7.12所示，与未改性环氧树脂EP相比，4%DCAD/EP和4% DOPO/EP的燃烧强度都有所下降，并且4% DCAD/EP的燃烧强度受到了更大程度的抑制，这和表7.7中的数据一致，都说明DCAD对环氧树脂燃烧强度的抑制效率明显高于DOPO。在50～100s和250～300s区间内，4%DOPO/EP的HRR曲线出现了明显的次高峰，说明在环氧树脂受热分解的整个过程中，DOPO的抑制作用是稳定的，尤其在燃烧早期（50～100s区间）和末期（250～300s区间），抑制能力的不足使得热释放速率提高，产生HRR次高峰。而4% DCAD/EP的HRR曲线则整体更为平缓，没有明显的次高峰，说明DCAD能够更早地发挥抑制燃烧的作用，并在环氧树脂的受热分解的整个过程持续、有效地发挥作用，使燃烧过程被抑制得更平稳。在现实情况中，材料二次燃烧造成火灾也是不容忽视的重大问题，DCAD在抑制这种潜在威胁时的长效阻燃作用具有重大研究价值。

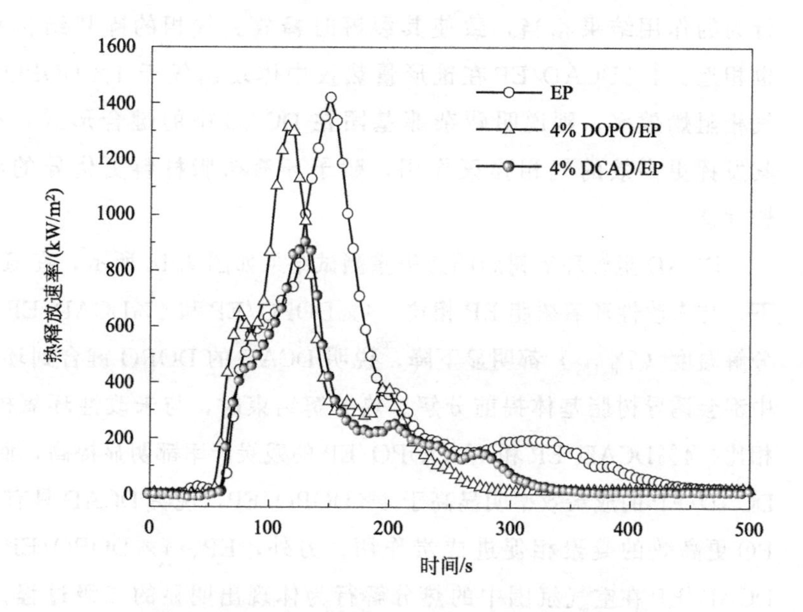

图7.12 DCAD阻燃环氧树脂的热释放速率曲线

7.2.5 热失重-红外联用测试

锥形量热仪燃烧试验结果表明DCAD抑制环氧树脂燃烧行为时发挥了较强的气相阻燃作用，因此通过TGA-FTIR联用测试进一步追踪了

DCAD对环氧树脂气相裂解产物的影响。如图7.13所示，4%DCAD/EP、4%DOPO/EP以及EP气相裂解产物的特征结构没有明显差异，只是在特征吸收峰的强度上存在差异。图7.13中的（1）区域（位于1818～1663cm^{-1}的峰）和（2）区域（位于1778cm^{-1}的峰）分别是由脂肪族C—H键和内脂结构产生的，而这两个结构来自于环氧树脂和固化剂DDM。在失重20%～30%时，这两个区域的吸收峰强度大小为EP>4%DCAD/EP=4%DOPO/EP，说明DCAD和DOPO的添加都明显抑制了环氧树脂裂解时气相易燃碎片的释放。同时，（3）区域（746cm^{-1}）的吸收峰来自于磷杂菲基团。同样地，在失重20%～30%时，该区域的吸收峰强度大小为4%DCAD/EP=4%DOPO/EP>EP，说明磷杂菲基团的相关碎片能够被释放到气相中发挥作用，抑制4%DCAD/EP和4%DOPO/EP的气相燃烧行为。此外，对比4%DCAD/EP和4%DOPO/EP气相易燃性特征碎片的吸收峰强度可知，二者没有明显区别，说明DCAD和DOPO对环氧树脂基体裂解行为的作用结果相当，致使其裂解时释放到气相的碎片结构和数量也相近。4%DCAD/EP在锥形量热仪中体现出优于4%DOPO/EP的气相阻燃效率，则说明磷杂菲基团在DCAD中的键合形式，有利于其发挥更高效的气相猝灭作用，赋予环氧树脂材料更优异的综合阻燃性能。

DCAD阻燃环氧树脂的热失重测试结果如图7.14所示，在氮气氛围下，与未改性环氧树脂EP相比，4%DOPO/EP和4%DCAD/EP的初始分解温度（$T_{d,1\%}$）都明显下降，说明DCAD的DOPO键合到环氧树脂中都会诱导树脂基体提前分解。热分解结束时，与未改性环氧树脂EP相比，4%DCAD/EP和4%DOPO/EP的残炭产率都明显提高，而且4%DCAD/EP的成炭效率明显高于4%DOPO/EP，说明DCAD具有比DOPO更高效的凝聚相促进成炭作用。另外，EP、4%DOPO/EP和4%DCAD/EP在空气氛围中的热分解行为体现出明显的二级过程。其中，环氧树脂材料在空气氛围下的一级分解过程与其在氮气氛围下的分解行为相近。进入二级分解过程后，4%DCAD/EP和4%DOPO/EP热失重曲线的下降趋势明显比EP的更平缓，并获得更高的残炭产率，说明DCAD和DOPO都能有效抑制树脂基体的高温失重速率，促进树脂基体生成更多、更稳定的残炭结构，且作用效果相当。

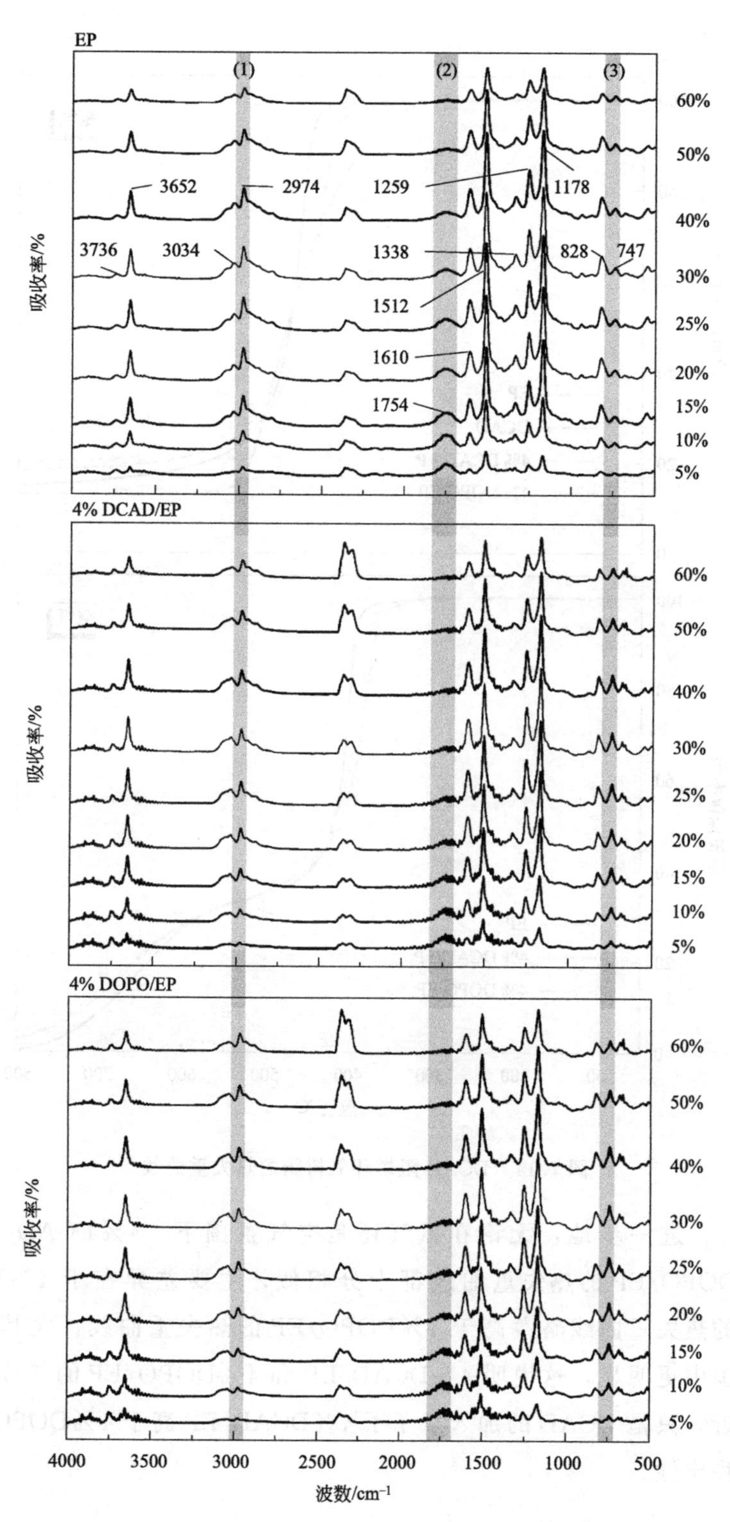

图 7.13　DCAD 阻燃环氧树脂气相裂解产物的红外光谱

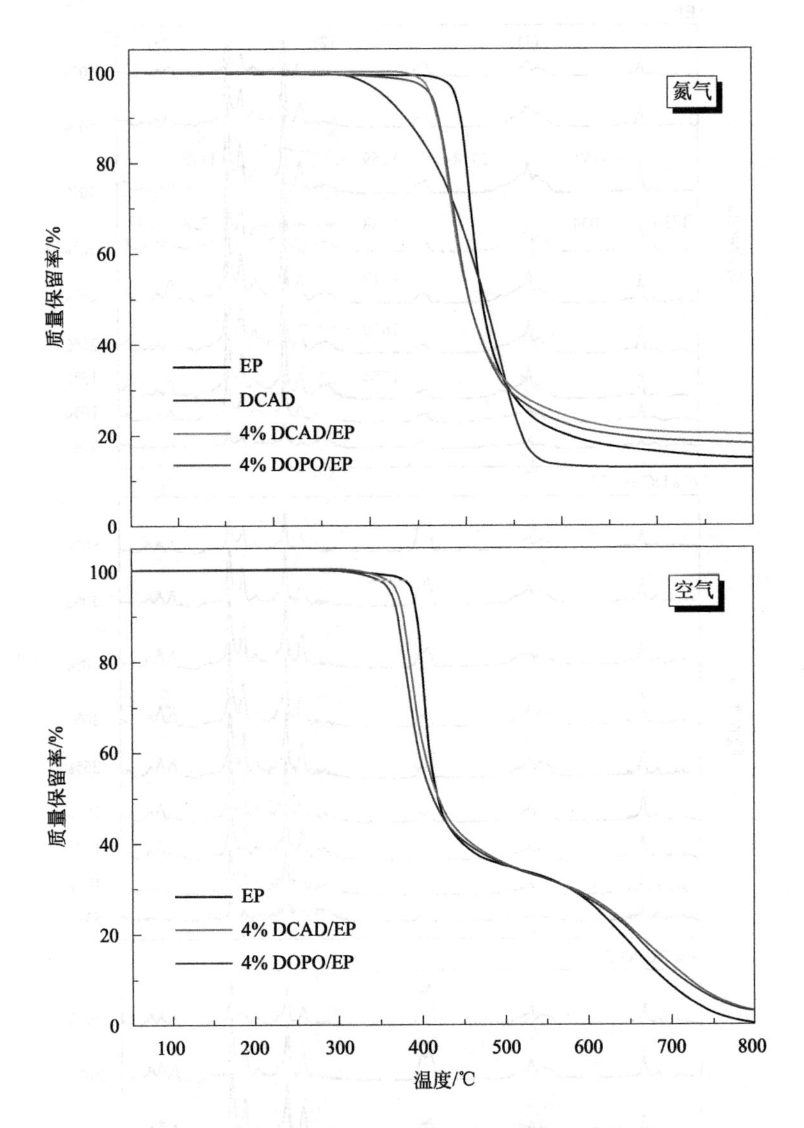

图 7.14 DCAD 阻燃环氧树脂的热失重曲线

进一步地，无论在氮气还是空气氛围下，4%DCAD/EP 和 4%DOPO/EP 的热失重曲线都十分相似，主要差异在于 4%DCAD/EP 的热失重曲线略微高于 4%DOPO/EP 的热失重曲线，尤其在空气氛围中更明显，这说明 4%DCAD/EP 和 4%DOPO/EP 的热分解行为相近，只是 DCAD 的加入赋予了 4%DCAD/EP 高于 4%DOPO/EP 的热稳定性。

7.2.6　燃烧残炭分析

鉴于4%DCAD/EP在垂直燃烧试验中优异表现，采用扫描电镜观察了环氧树脂垂直燃烧试验残炭的微观形貌，如图7.15所示，未改性环氧树脂EP的残炭呈现松散且不连续的形态结构，无法有效阻碍材料燃烧时热量、氧气、可燃性碎片的流动。加入DOPO之后，4%DOPO/EP的残炭形貌明显更完整、致密，这样的炭层结构能够很好地发挥阻隔作用，阻碍基体裂解生成的可燃碎片进入气相，阻隔外部氧气和热量接触内层树脂，从而抑制材料的燃烧强度。但是4%DOPO/EP的炭层表面上也存在少量裂纹和孔洞，说明其炭层结构仍是略有缺陷。同时，这些细小的缺陷结构（裂纹和孔洞）应是DOPO阻燃效果不如DCAD稳定、持久的结果。具体而言，4%DOPO/EP燃烧初期产生的完整且致密的炭层结构能够在一定时间内发挥屏障保护作用，只是随着燃烧的进一步加剧，由于炭层结构的热稳定性不足，在持续炙烤和内压作用下破裂，形成结构缺陷。这也印证了4%DOPO/EP的HRR曲线中次高峰的形成，即炭层破裂后内裹易燃性气相产物逃逸入气相，小幅度集中地参与燃烧反应，产生HRR次高峰。相应地，4%DCAD/EP炭层表面呈现连续、致密且没有明显缺陷的封闭结构，并伴有许多封闭的泡状结构，这都为4%DCAD/EP在燃烧过程中发挥的持续有效的阻隔保护作用提供了重要的物质基础和有力佐证。

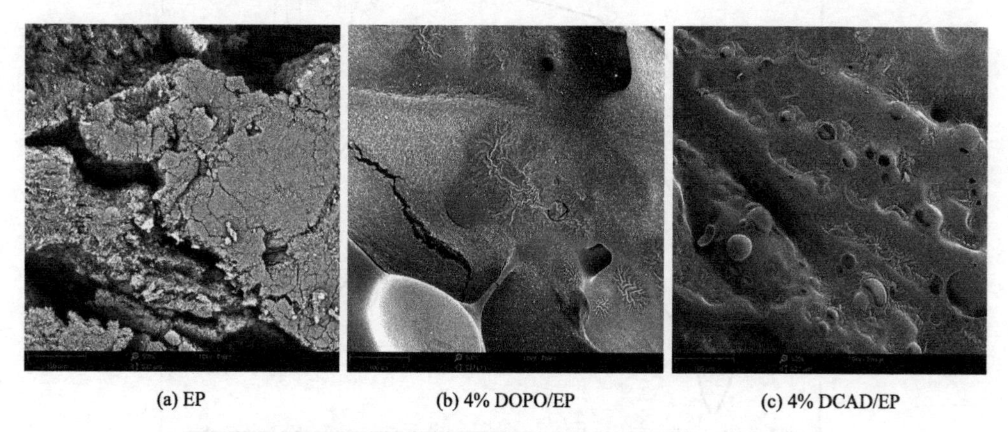

(a) EP　　(b) 4% DOPO/EP　　(c) 4% DCAD/EP

图7.15　DCAD阻燃环氧树脂垂直燃烧试验残炭的微观形貌

同时，4%DCAD/EP的残炭表面形貌呈现出一种波纹状结构，这种结构的形成很可能与4%DCAD/EP的成炭过程有关。当材料燃烧时，火焰将热量传递给材料的未燃烧部分，这部分材料开始受热软化，进而开始燃烧。这样的过程使得材料在点燃的状态下会分为燃烧层、软化层和原始层。当火焰蔓延时，燃烧层转化为残炭，软化层开始燃烧成为燃烧层，原始层受热转化为软化层，这个动态过程会持续到燃烧结束。与这一观点类似的描述在之前的研究中也报道过[13]。结合这一观点，可以推断4%DCAD/EP在燃烧过程中快速稳定炭化层，进而形成了残炭表面的波纹结构，这种快速稳定炭化层的能力可以被定义为即时成炭效应。得益于这种特殊的成炭能力，DCAD/EP体系燃烧时产生的致密、稳定炭层能够持续、有效地发挥阻隔保护作用，显著抑制材料的燃烧强度。

进一步地，采用傅里叶变换红外光谱仪测试垂直燃烧试验残炭的特征结构，如图7.16所示，EP、4%DOPO/EP和4%DCAD/EP残炭的红外特征吸收峰基本一致，只是在$1511cm^{-1}$、$1243cm^{-1}$、$1176cm^{-1}$和$1114cm^{-1}$处的特征吸收峰强度存在差异，分别对应于苯环骨架($1511cm^{-1}$)、双酚A结构中的C—O、C—H键（$1243cm^{-1}$）、双酚A结构中的C—H键（$1176cm^{-1}$）和P—O—Ar结构（$1114cm^{-1}$）。与未改性环氧树脂EP相比，4%DCAD/EP和4%DOPO/EP都在上述位置出现了明显的吸收峰，说明4%DCAD/EP和4%DOPO/EP残炭中保留了更多有机成分和含磷产物。尤其在$1511cm^{-1}$、$1243cm^{-1}$和

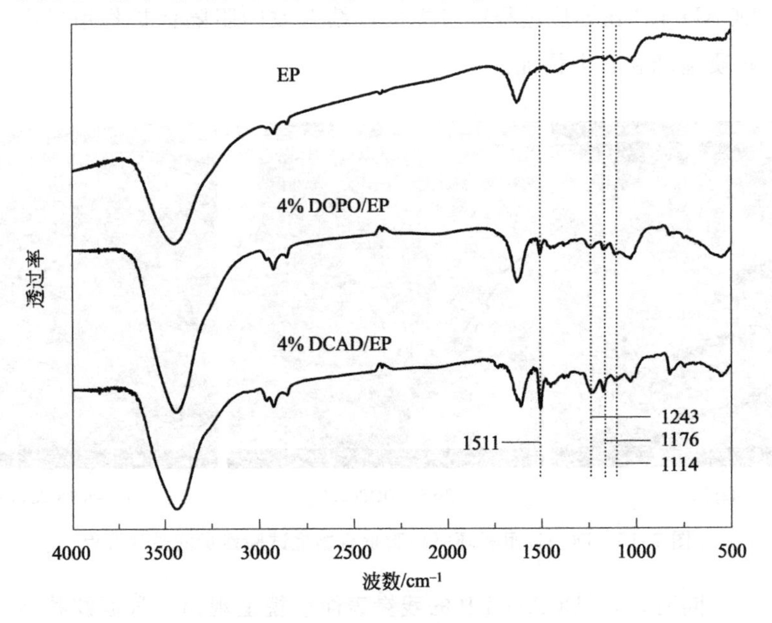

图7.16 DCAD阻燃环氧树脂垂直燃烧试验残炭的红外光谱

1176cm^{-1} 处，4%DCAD/EP 的吸收峰强度明显高于 4%DOPO/EP，说明 4%DCAD/EP 残炭中保留了比 4%DOPO/EP 更多的有机组分，即 DCAD 的即时成炭效果使得更多的有机组分保留在凝聚相中。不同的是，在 1114cm^{-1} 处（磷杂菲结构中的 P-O-Ar 结构），4%DOPO/EP 的峰强度比 4%DCAD/EP 样品的峰强度更高，说明 4%DOPO/EP 的残炭中存在更多的含磷成分，即是说更多的含磷成分并未使 4%DOPO/EP 残炭获得更致密的稳定炭层，4%DCAD/EP 的致密、稳定炭层还与其特殊的化学键合形式有关，DCAD 的特征键合形式赋予了磷杂菲结构更高效、稳定的凝聚相成炭作用。

如表 7.8 所示，垂直燃烧试验残炭表面的元素组成测试结果表明，4%DCAD/EP 和 4%DOPO/EP 残炭的氮含量都达到 9%以上，而未改性环氧树脂 EP 残炭中的氮含量仅有 6.39%，说明 4%DCAD/EP 和 4%DOPO/EP 的残炭表面固定了更多的含氮成分。同时，4%DCAD/EP 残炭表面的磷含量高于 4%DOPO/EP，而两者在红外光谱测试中结果表明 4%DOPO/EP 残炭中的磷含量明显更高，这说明 4%DCAD/EP 在燃烧过程中将更多的磷元素富集在炭层表面，形成更稳定、致密的炭层结构，获得比 4%DOPO/EP 炭层优异的阻隔保护效果。图 7.17 中 4%DCAD/EP 残炭表面明显更为黏稠，其形成的波纹状结构，也应是 4%DCAD/EP 残炭表面有更多磷元素富集的结果，因为含磷成分在环氧树脂热解过程中会形成黏稠的偏磷酸、焦磷酸等成分[8,11]。

表 7.8 DCAD 阻燃环氧树脂垂直燃烧试验残炭的元素组成

样 品	元素含量/%			
	C	N	O	P
EP	79.43	6.39	14.17	—
4%DOPO/EP	72.03	9.08	18.52	0.36
4%DCAD/EP	75.31	9.48	14.79	0.40

7.2.7 抗冲击性能分析

采用无缺口冲击试验评价 DCAD 阻燃环氧树脂固化物的冲击强度，研究 DCAD 对环氧树脂抗冲击性能的作用结果，如表 7.9 所示，与未改性环氧树脂 EP 相比，4%DCAD/EP 和 4%DOPO/EP 的冲击强度都明显提高，说明 DCAD 和 DOPO 键合到环氧树脂结构中，都能提升材料的抗冲击韧性。DOPO 作为一种单反应官能度分子，与环氧树脂反应接枝后会降低材料的交联密度，但 DOPO 自身又是一种高刚性的结构，这种高刚性对交联密度的降低进行了补偿，导致 4%DOPO/EP 抗冲击性能的提升，这个观点在之前的研究中已被证实[1,14]。另外，DCAD 的加入比 DOPO 更高效地提高了环氧树脂材料的抗冲击性能，这是因为相较于 DOPO，双反应官能度的 DCAD 结构中两个亚氨基的 N—H 键能够与环氧基反应，作为交联点补偿环氧树脂交联密度的下降，提升环氧树脂的抗冲击性能，使 4%DCAD/EP 获得更高的冲击强度。

表 7.9 DCAD 阻燃环氧树脂的冲击强度

样品	冲击强度/(kJ/m^2)
EP	14.59±3.62
4%DOPO/EP	20.13±2.71
4%DCAD/EP	25.74±3.89

进一步采用扫描电镜观察环氧树脂冲击断裂表面的微观形貌，如图 7.17 所示，与未改性环氧树脂 EP 冲击断面的平板状断裂特征不同，4% DCAD/EP 和 4%DOPO/EP 的断裂表面都呈现出更多更粗糙的断裂纹路，这说明 4%DCAD/EP 和 4%DOPO/EP 都经历了更复杂的断裂过程，消耗了更多的冲击能量。另外，4%DCAD/EP 的冲击断面呈现出比 4% DOPO/EP 的冲击断面更多、更密集且更强壮的拉丝状结构，这种断裂结构会使得 4%DCAD/EP 的断裂过程更困难，吸收更多的冲击能量，从而获得更高的冲击强度。

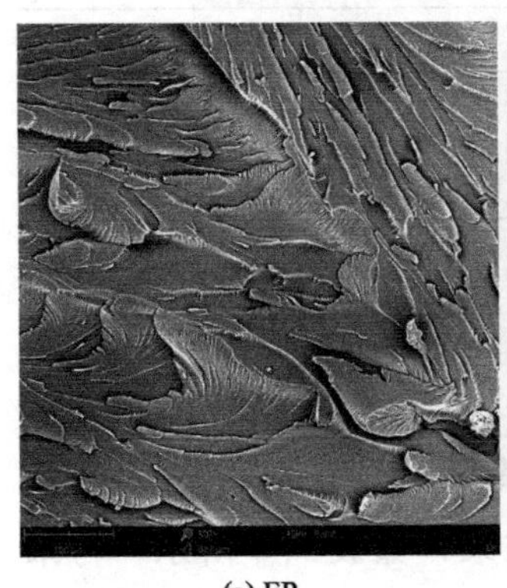

(a) EP

(b) 4% DOPO/EP

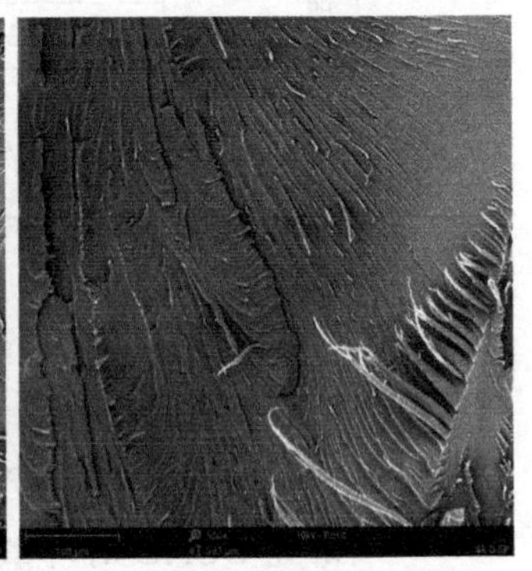

(c) 4% DCAD/EP

图 7.17 DCAD 阻燃环氧树脂冲击断面的微观形貌

7.2.8 玻璃化转变温度分析

玻璃化转变温度也是影响环氧树脂材料应用性能的重要参数，通过差式扫描量热仪测试 DCAD 阻燃环氧树脂的玻璃化转变温度（T_g）。如图 7.18 所示，未改性环氧树脂 EP 的 T_g 为 166℃，而 4%DOPO/EP 的 T_g 为 152℃，下降明显，这是因为单反应官能度的 DOPO 经过开环加成反应接枝到 DGEBA 上，改变了 DGEBA 的端基结构，使其固化后交联密度显著下降，使得 4%DOPO/EP 更容易发生热致变形。不同的，4% DCAD/EP 的 T_g 为 165℃，与未改性环氧树脂 EP 的 T_g 十分接近，这是因为双反应官能度的 DCAD 分子含有两个亚氨基，与二分子 DGEBA 结合后，仍具有双反应官能度特性，不会过多影响环氧树脂固化物的交联密度，能够很好地保持材料的热变形性能。由此可知，4%DCAD/EP 具有比 4%DOPO/EP 更高的温度使用范围。

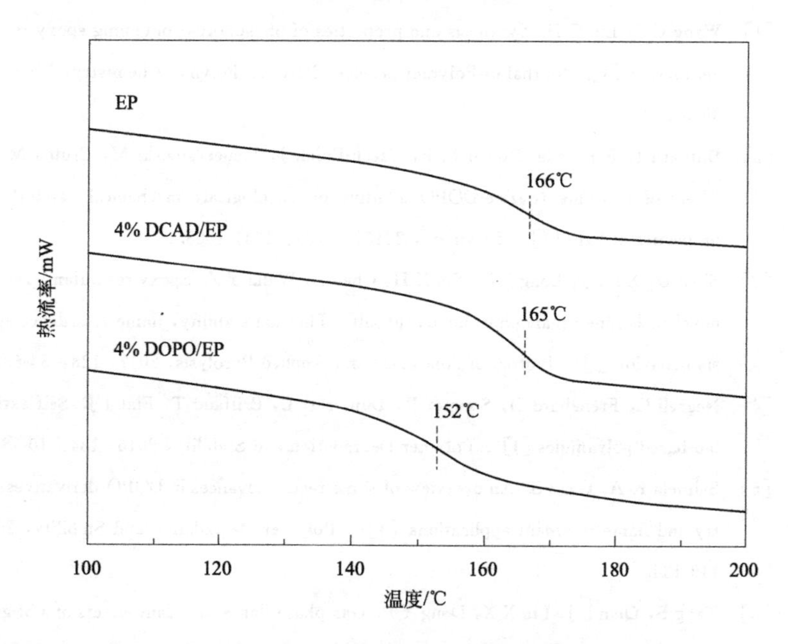

图 7.18　DCAD 阻燃环氧树脂的差式扫描量热试验曲线

7.2.9 小结

本节介绍了磷杂非单基衍生物 DCAD 的制备方法及表征，并将其应用于阻燃环氧树脂，探索了 DCAD 对环氧树脂材料阻燃性能和力学性能的影响行为与机理。作为一种反应型生物基磷杂菲单基衍生物 DCAD，DCAD 的添加使得 4%DCAD/EP 的 LOI 达到 35.6%，并通过了 UL 94 V-0 级。同时，4%DCAD/EP 的冲击强度也从改性前的 14.59kJ/m^2 提升到 25.74kJ/m^2。尽管 4%DCAD/EP 与 4%DOPO/EP 的成炭效率相当，但是 4%DCAD/EP 的气相阻燃作用和凝聚相成炭质量明显高于 4% DOPO/EP，这使得 4% DCAD/EP 获得了更优异的综合阻燃性能。DCAD 的即时成炭效应赋予了 4%DCAD/EP 更优异的炭层阻隔保护作用。不同于单反应官能度的 DOPO，双反应官能度的 DCAD 对环氧树脂固化物的交联密度影响较小，不仅能够显著提高材料的抗冲击性能，还能很好地维持材料的玻璃化转变温度。DCAD 为同时具有优异阻燃和抗冲击性能的高热变形温度环氧树脂材料发展提供了新的思路。

参考文献

[1] Wang C S, Lin C H. Synthesis and properties of phosphorus-containing epoxy resins by novel method [J]. Journal of Polymer Science, Part A: Polymer Chemistry, 1999, 37 (21): 3903-3909.

[2] Butnaru I, Fernández-Ronco M P, Czech-Polak J, Heneczkowski M, Bruma M, Gaan S. Effect of meltable triazine-DOPO additive on rheological, mechanical, and flammability properties of PA6 [J]. Polymers, 2015, 7 (8): 1541-1563.

[3] Shen D, Xu Y J, Long J W, Shi X H, Chen L, Wang Y Z. Epoxy resin flame-retarded via a novel melamine-organophosphinic acid salt: Thermal stability, flame retardance and pyrolysis behavior [J]. Journal of Analytical and Applied Pyrolysis, 2017, 128: 54-63.

[4] Negrell C, Frénéhard O, Sonnier R, Dumazert L, Briffaud T, Flat J J. Self-extinguishing bio-based polyamides [J]. Polymer Degradation and Stability, 2016, 134: 10-18.

[5] Salmeia K A, Gaan S. An overview of some recent advances in DOPO-derivatives: Chemistry and flame retardant applications [J]. Polymer Degradation and Stability, 2015, 113: 119-134.

[6] Tang S, Qian L J, Liu X X, Dong Y P. Gas-phase flame-retardant effects of a bi-group compound based on phosphaphenanthrene and triazine-trione groups in epoxy resin [J]. Polymer Degradation and Stability, 2016, 133: 350-357.

[7] Qian L J, Qiu Y, Sun N, Xu M L, Xu G Z, Xin F, Chen Y J. Pyrolysis route of a novel flame retardant constructed by phosphaphenanthrene and triazine-trione groups and its flame-retardant effect on epoxy resin [J]. Polymer Degradation and Stability, 2014, 107: 98-105.

[8] Qian L J, Ye L J, Qiu Y, Qu S R. Thermal degradation behavior of the compound contai-

ning phosphaphenanthrene and phosphazene groups and its flame retardant mechanism on epoxy resin [J]. Polymer, 2011, 52 (24): 5486-5493.

[9] Qiu Y, Qian L J, Xi W. Flame-retardant effect of a novel phosphaphenanthrene/ triazine-trione bi-group compound on an epoxy thermoset and its pyrolysis behaviour [J]. RSC Advances, 2016, 6 (61): 56018-56027.

[10] Perret B, Schartel B, Stöß K, Ciesielski M, Diederichs J, Döring M, Krämer J, Altstädt V. Novel DOPO-based flame retardants in high-performance carbon fibre epoxy composites for aviation [J]. European Polymer Journal, 2011, 47 (5): 1081-1089.

[11] Schartel B, Perret B, Dittrich B, Ciesielski M, Krämer J, Müller P, Altstädt V, Zang L, Döring M. Flame retardancy of polymers: The role of specific reactions in the condensed phase [J]. Macromolecular Materials and Engineering, 2016, 301 (1): 9-35.

[12] Perret B, Schartel B, Stöß K, Ciesielski M, Diederichs J, Döring M, Krämer J, Altstädt V. A new halogen-free flame retardant based on 9, 10-dihydro-9-oxa-10- phosphaphenanthrene-10-oxide for epoxy resins and their carbon fiber composites for the automotive and aviation industries [J]. Macromolecular Materials and Engineering, 2011, 296 (1): 14-30.

[13] Velencoso M M, Battig A, Markwart J C, Schartel B, Wurm F R. Molecular firefighting—How modern phosphorus chemistry can help solve the challenge of flame retardancy [J]. Angewandte Chemie - International Edition, 2018, 57 (33): 10450-10467.

[14] Toldy A, Niedermann P, Szebényi G, Szolnoki B. Mechanical properties of reactively flame retarded cyanate ester/epoxy resin blends and their carbon fibre reinforced composites [J]. Express Polymer Letters, 2016, 10 (12): 1016-1025.

第 8 章

六苯氧基环三磷腈阻燃环氧树脂

随着近年来人们对材料环境安全性和综合应用性能的关注度日益提高，新型无卤阻燃剂的设计制备和应用研究发展迅速。其中，磷腈化合物因其具有良好耐热性、优异阻燃性、广泛适用性以及与聚合物良好相容性等特性，受到国内外研究人员的广泛关注[1,2]。另外，为了发展综合阻燃性能优异的高性能阻燃材料，研究人员也常常基于磷腈化合物构建更高效的复合阻燃体系[3,4]，探索具有更高作用效率和更全面作用效果的高性能阻燃材料构建方法。

本章以六苯氧基环三磷腈（HPCP）为例，评价了 HPCP 及其复合体系改性环氧树脂的阻燃性能，分析了 HPCP 及其复合体系阻燃环氧树脂的量效关系，阐明了 HPCP 及其复合体系对环氧树脂裂解成炭和燃烧行为的影响规律，揭示了 HPCP 及其复合体系阻燃环氧树脂的作用机理。

8.1 六苯氧基环三磷腈 HPCP 阻燃环氧树脂

8.1.1 HPCP 的制备

将苯酚（59.3g，0.63mol）加入二氧六环（180mL）中，搅拌至苯酚完全溶解，加入无水碳酸钠（66.8g，0.63mol），搅拌 1h 后，加入六氯环三磷腈（34.8g，0.1mol），并搅拌至完全溶解，然后回流反应 6h，结束反应。在搅拌条件下将体系温度降至室温后，减压抽滤出体系中析出的产物，并在 80℃下按照 30min/次，搅拌水洗 3 次后，即得目标产物 HPCP。HPCP 的制备方程如图 8.1 所示。FTIR（KBr，cm^{-1}），3030

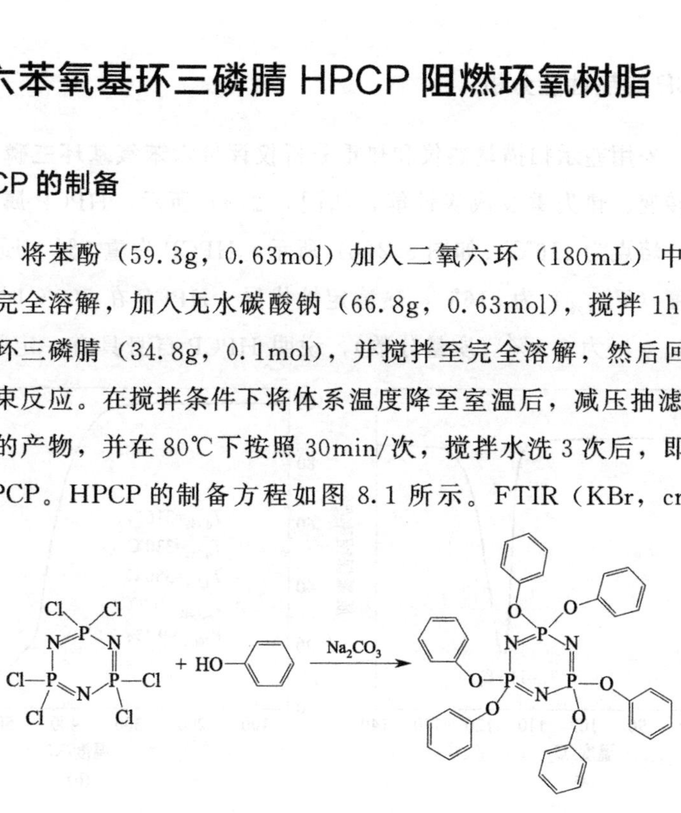

图 8.1　HPCP 的制备方程

(C—H)，1487、1591（苯环骨架），1268、1179（P—N），1089、1015、958（P—O—C）；^{1}H NMR（DMSO-d_6），6.8～6.9（m，H），7.2～7.3（o和p，H）。

8.1.2 HPCP阻燃环氧树脂的制备

将双酚A二缩水甘油醚（DGEBA，E-51，100g）加热至185℃后，加入HPCP（12.8g），搅拌至HPCP完全溶解，然后，加入4,4′-二氨基二苯砜（DDS，30g），并搅拌至DDS完全溶解，将共混体系置于180℃真空烘箱中抽真空5min，除去体系中的气泡，再迅速将HPCP/EP/DDS混合物浇注到预热的模具中。先将环氧树脂置于150℃下预固化3h，再在180℃下深度固化5h，即得磷含量为1.2%（质量分数）的HPCP阻燃环氧树脂（HPCP/EP）。未改性环氧树脂EP的制备方法同上，只是未添加HPCP。

8.1.3 HPCP的热性能分析

采用差示扫描量热仪和热重分析仪评价六苯氧基环三磷腈HPCP的热转变、热失重及成炭性能，如图8.2(a)所示，HPCP属于结晶化合物，熔点为116℃。如图8.2(b)所示，HPCP失重1%（质量分数）的温度（$T_{d,1\%}$）为316℃，热稳定性优异。HPCP在700℃时的残炭产率（$R_{700℃}$）为9.1%（质量分数），说明HPCP自身具有一定的成炭能力，

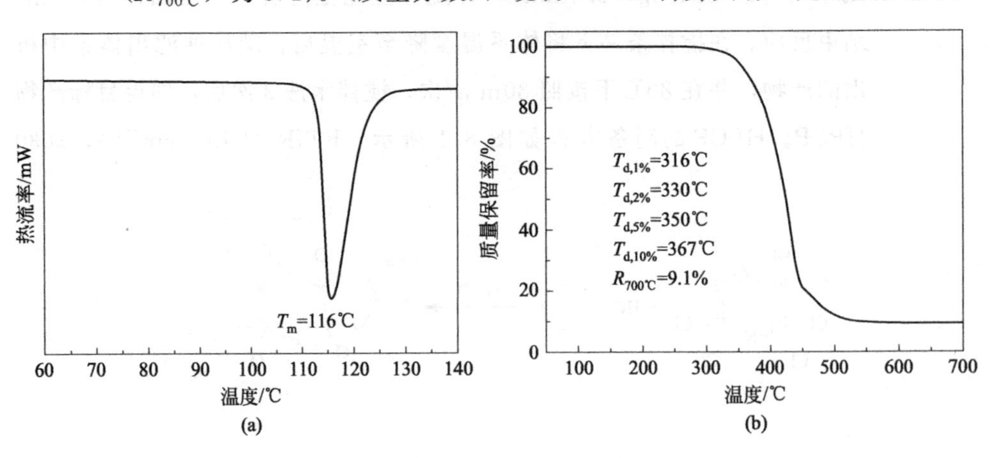

图8.2 HPCP的差示扫描量热分析曲线（a）和热失重曲线（b）

应主要来源于磷腈结构的成炭作用。

HPCP 阻燃环氧树脂的热失重测试结果表明（如图 8.3），未改性 EP 的 $T_{d,1\%}$ 为 378℃，HPCP 的 $T_{d,1\%}$ 为 316℃，HPCP/EP 的 $T_{d,1\%}$ 为 275℃，即 HPCP 的添加导致环氧树脂基体提前分解。在 378℃时，未改性 EP 失重 1%（质量分数），DPCP 失重 13.7%，而 HPCP/EP 已失重 35.4%，说明 HPCP 的引入还会促进树脂基体加速分解，且效果明显。此外，HPCP/EP 在 700°C 时的残炭产率明显高于未改性 EP 和 HPCP，说明 HPCP 能够有效提高环氧树脂的成炭能力，这有助于减少树脂基体分解成气相可燃物数量，降低燃烧过程的热释放量。同时，由于残炭对热、氧和可燃性气体的阻隔作用，体系成炭性能的提高还能进一步抑制基体的燃烧强度。

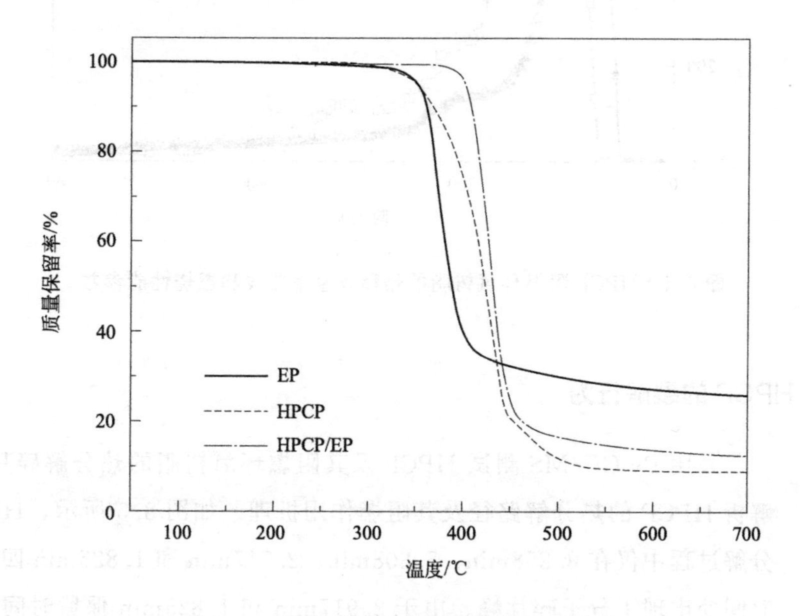

图 8.3　HPCP 阻燃环氧树脂的热失重曲线

8.1.4 燃烧行为分析

采用氧指数仪、燃烧试验箱及锥形量热仪评价 HPCP 阻燃环氧树脂的行为规律和作用效果，如图 8.4 所示，HPCP 的添加使得 HPCP/EP 的 LOI 从 22.5%提升至 29.4%，并达到 UL 94 V-2 级。同时，与未改性 EP 相比，HPCP/EP 的 pk-HRR 下降 49.3%，THR 下降 $33MJ/m^2$，说明 HPCP 的引入明显地降低了环氧树脂燃烧过程的热释放量，有效抑制了材料的燃烧强度。此外，与未改性 EP 相比，HPCP/EP 的 TTI 缩短了 19s，与热失重测试结果一致，都是 HPCP 裂解产物诱导树脂基体提前分解的结果。

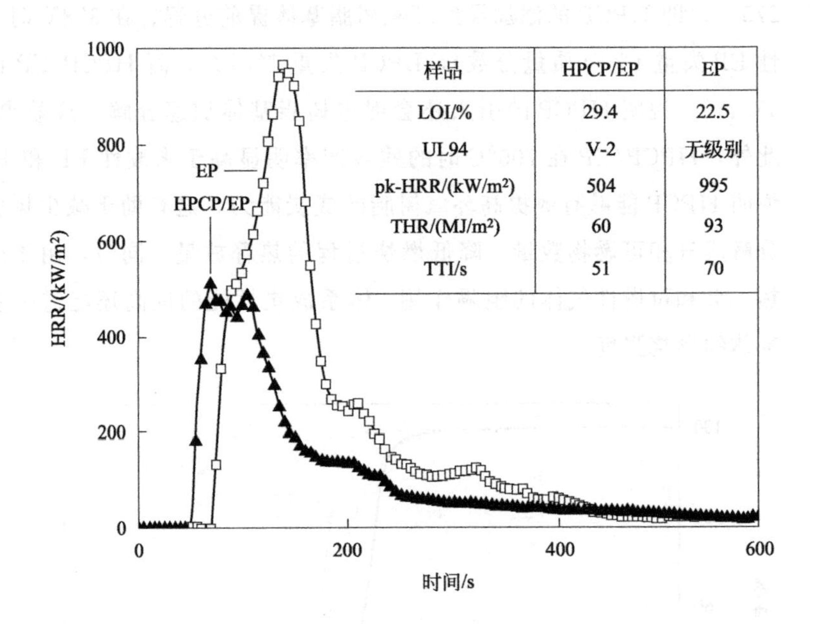

图 8.4 HPCP 阻燃环氧树脂的热释放速率曲线和燃烧性能参数

8.1.5 HPCP 的裂解行为

采用 Py-GC/MS 测试 HPCP 及其阻燃环氧树脂的热分解碎片结构，解析 HPCP 的热分解路径及其阻燃作用机理。如图 8.5 所示，HPCP 热分解过程中仅在 8.858min、5.808min、2.917min 和 1.825min 四个保留时间处出现了分子碎片峰。由于 2.917min 和 1.825min 保留时间处为分子量较小的分子碎片峰，因此重点解析 8.858min 和 5.808min 保留时间处分子碎片峰的质谱图，如图 8.6 所示。

如图 8.6(a) 所示，结合 HPCP 的结构特征，8.858min 保留时间处分子碎片峰质谱中，质荷比（m/z）94 对应的碎片应为苯氧自由基结构；m/z 为 47、63 处应为 PO 自由基和 PO_2 自由基碎片，属于磷腈环结构的分解产物；m/z 为 66、39 处应为苯环断裂后生成的不饱和碳链碎片。如图 8.6(b) 所示，5.808min 保留时间处分子碎片峰质谱中，m/z 为 112 和 77 处的峰值强度最高，应是由于苯氧自由基不够稳定，在高温下发生

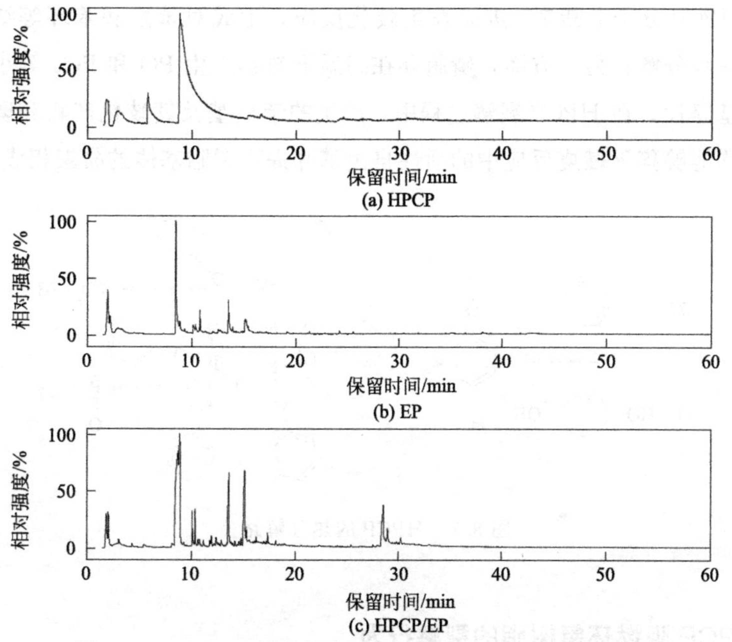

图 8.5　HPCP 及其阻燃环氧树脂裂解产物的气相色谱图

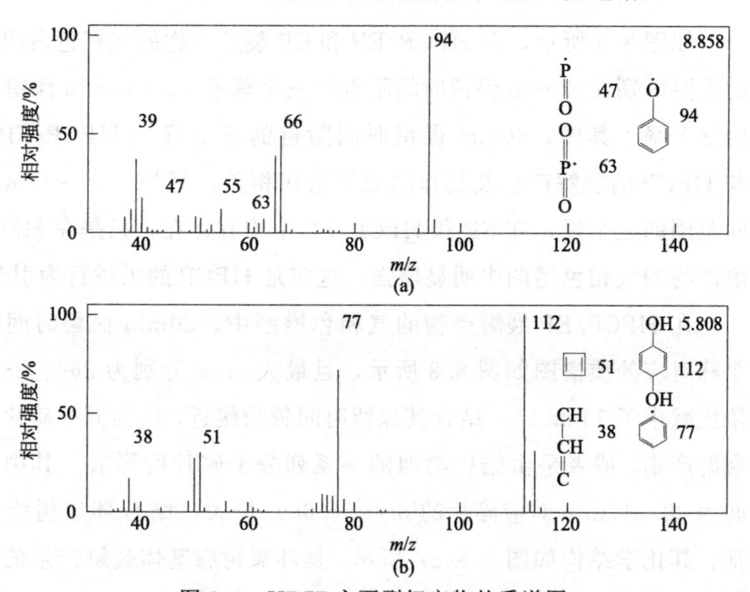

图 8.6　HPCP 主要裂解产物的质谱图

(a) 碎片保留时间为 8.858min；(b) 碎片保留时间为 5.808min

歧化反应所形成的苯自由基（m/z 77）和对苯酚结构（m/z 112），且上述结构进一步裂解后，产生 m/z 51 和 77 处的苯环裂解分子碎片峰。

综合上述分析结果，HPCP 的热分解路线如图 8.7 所示。HPCP 的热分解路线可分为两个部分：一方面，苯氧基基团由于磷氧键的断裂从

HPCP分子上断裂，进而发生歧化反应，生成对苯酚和苯环等结构，并进一步分解；另一方面，磷腈环在高温下裂解产生PO和PO_2等小分子自由基碎片。在HPCP裂解过程中，产生的苯氧基及其歧化产物和磷氧化合物均能够猝灭燃烧反应中的活性自由基并提高树脂基体的凝聚相成炭效果。

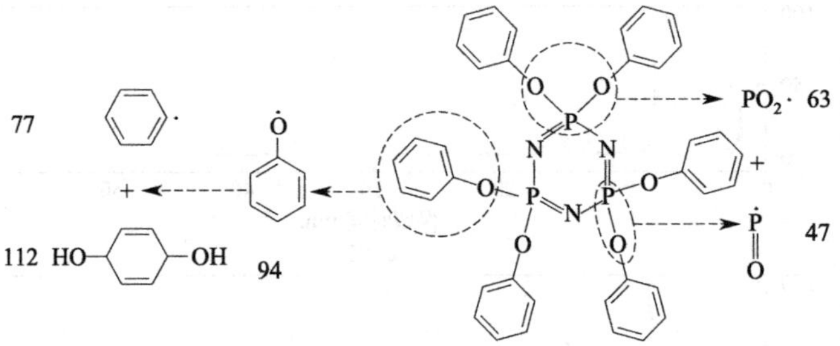

图 8.7 HPCP的热分解路径

8.1.6 HPCP阻燃环氧树脂的裂解行为

如图8.5所示，在HPCP/EP和EP裂解产物的气相色谱图中，两者的主要区别在30min保留时间附近的三个峰和10～15min保留时间范围的三个峰。其中，30min保留时间附近的三个峰是HPCP/EP特有的，与HPCP的裂解产物及其作用效果密切相关。另外，10～15min保留时间范围的三个峰，在EP和HPCP/EP中均有存在，只是在HPCP/EP裂解产物的气相色谱图中明显增强，这应是HPCP的阻燃行为引起的。

在HPCP/EP裂解产物的气相色谱图中，30min保留时间附近的三个峰对应的质谱图如图8.8所示，且最大m/z分别为266、252和228，依次减小了14和24。结合其保留时间较为接近，应为同一碎片的连续热裂解产物，或者是由结构类似的一系列分子碎片所形成。其中，保留时间为30.217min对应碎片的m/z（266）最大，结合环氧树脂的结构特征，其化学结构如图8.8(c)所示，是环氧树脂基体裂解产生的含双酚A大分子碎片，而图8.8(a)和（b）则可由图8.8(c)对应碎片进一步裂解产生。这一结果证实HPCP的引入使得环氧树脂的热解路线发生变化。具体地，在较低温度下，HPCP先于基体树脂发生热分解，产生各类活性自由基碎片并诱导基体树脂提前分解，但由于温度较低，基体树脂中的化学键未能充分断裂，故而生成较大的分子碎片。这些较大的芳香碎片对于残炭的形成会有重要的贡献，易于与HPCP裂解产生的苯氧基碎片以及含磷氮碎片相互作用，参与到基体树脂的凝聚相成炭中。

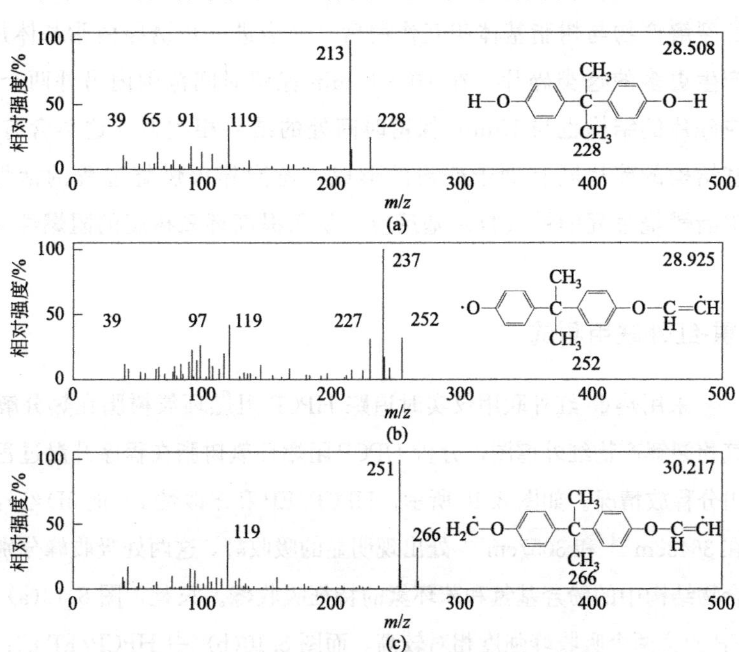

图 8.8　HPCP/EP 主要裂解产物的质谱图

在 HPCP/EP 和 EP 裂解产物的气相色谱图中，10～15min 保留时间附近的三个峰对应的质谱图如图 8.9 所示。由图 8.5 可知，HPCP 的加入使得 HPCP/EP 裂解产物在 15～16min 保留时间范围的碎片峰强度增

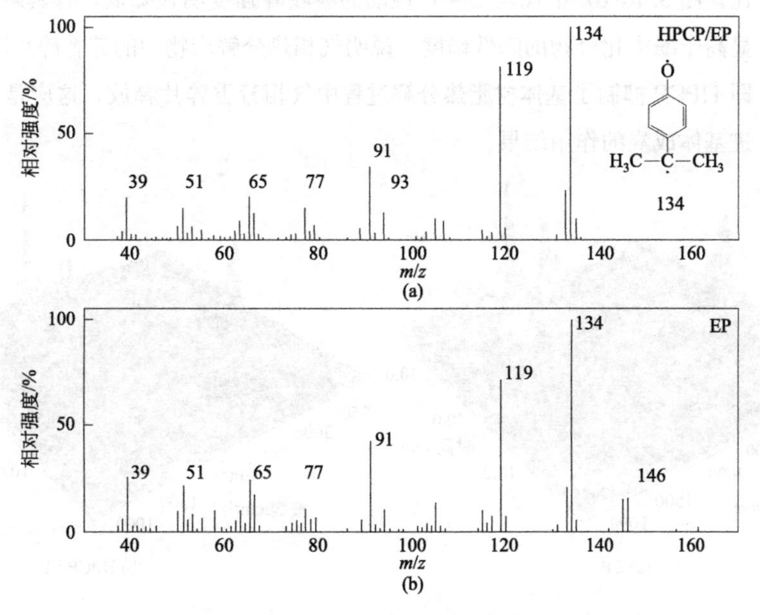

图 8.9　保留时间 15～16min 对应裂解碎片的质谱图

大，这主要是环氧树脂基体裂解过程中本就会生成这类碎片，而 HPCP 的裂解产物与树脂基体相互作用后，又会进一步诱导树脂基体加快裂解，产生更多的这类碎片。在 10～15min 保留时间范围内另外两个碎片峰对应碎片的结构也与 15min 保留时间处的结果相类似。这类含有苯氧自由基结构的碎片既有助于残炭的形成，还能猝灭燃烧过程的活性自由基，阻断燃烧过程的链式自由基反应，从而提高环氧树脂的阻燃性能。

8.1.7 热重-红外联用测试

采用热重-红外联用仪实时追踪 HPCP 阻燃环氧树脂在热分解过程中的气相裂解产物红外谱图，分析 HPCP 阻燃环氧树脂在程序升温过程中的气体组分释放情况。如图 8.10 所示，HPCP/EP 和未改性 EP 的 3D 红外谱图中均在 $3648cm^{-1}$ 和 $3057cm^{-1}$ 处出现明显的吸收峰，这两处吸收峰分别为酚类化合物结构中的酚羟基氢和苯环氢的特征吸收峰。只是，图 8.10(a) 中未改性 EP 的这两个吸收峰强度相对较高，而图 8.10(b) 中 HPCP/EP 的这两个吸收峰强度略低，应是 HPCP 的加入使得环氧树脂在受热分解过程中，将源自基体的酚类碎片更多地固定在了凝聚相残炭中。另外，$1602cm^{-1}$ 和 $1509cm^{-1}$ 处的吸收峰代表芳香结构的 C═C 振动。引入 HPCP 后，与图 8.10(a) 相比，图 8.10(b) 中代表 C═C 振动的吸收峰强度明显降低，且其降低幅度明显高于酚类化合物的降低幅度，说明气相热分解产物中的芳香碎片明显减少，即 HPCP 抑制了基体树脂热分解过程中气相芳香碎片释放，这应是 HPCP 促进基体成炭的作用结果。

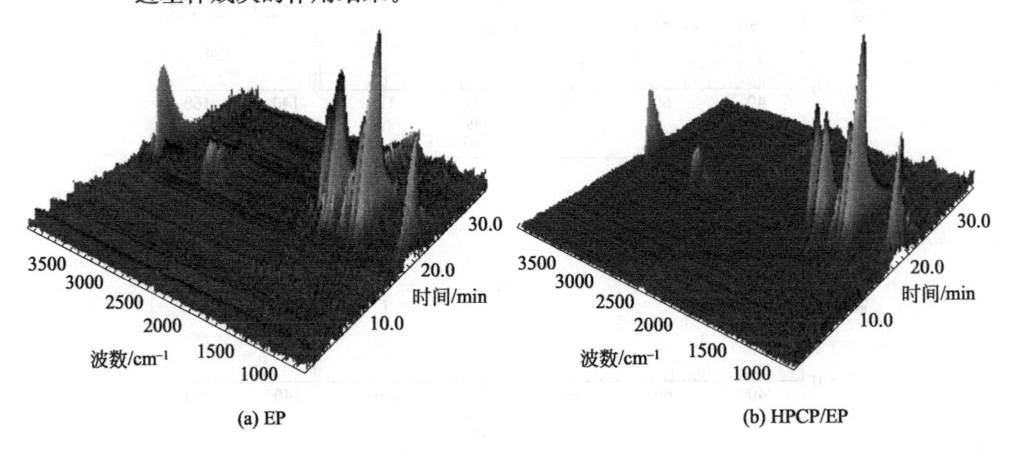

图 8.10 HPCP 阻燃环氧树脂气相裂解产物的实时红外谱图

8.1.8　燃烧残炭分析

采用 X 射线光电子能谱测试 HPCP 阻燃环氧树脂燃烧残炭的元素含量，分析 HPCP 对环氧树脂燃烧残炭元素组成的影响。由于样品的残炭经过了混合研磨，所以该残炭元素组成能够代表全部残炭平均的元素组成。如图 8.11 所示，相比于燃烧前的 HPCP/EP［磷含量 1.2％（质量分数)］，燃烧残炭中磷含量上升至 5.8％。同时，燃烧残炭中还含有 4.8％的氮元素和 20.0％的氧元素，表明燃烧过程中大量的氮、氧元素被保留在凝聚相中。结合凝聚相中磷、氮、氧元素中质量比的上升和 HPCP 阻燃环氧树脂残炭产率的提高，HPCP 在热解过程中释放出的 PO 和 PO_2 小分子碎片有效地促进了基体树脂的成炭，使其生成了含有较多磷、氮、氧元素的炭层，赋予了环氧树脂更优异的炭层阻隔和保护作用。

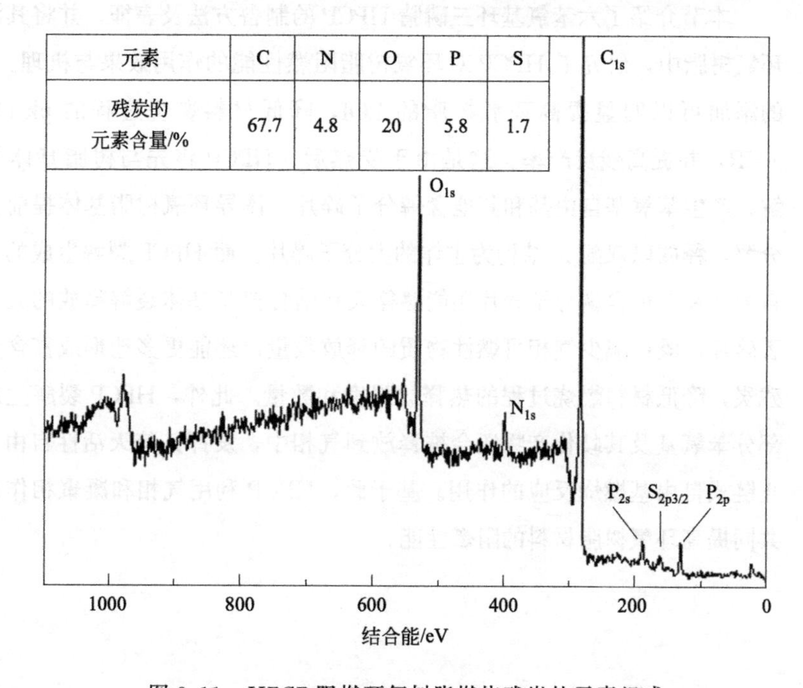

元素	C	N	O	P	S
残炭的元素含量/%	67.7	4.8	20	5.8	1.7

图 8.11　HPCP 阻燃环氧树脂燃烧残炭的元素组成

8.1.9　HPCP 的阻燃机理

在 HPCP 阻燃环氧树脂受热分解过程中，HPCP 会先于树脂基体提前分解，释放苯氧基自由基和其他含磷碎片，并促进环氧树脂加速分解，只是由于分解温度较低，使得基体树脂分解时未能及时破坏双酚 A 分子结构，易于产生一些以双酚 A 结构为主的大分子碎片。这些大分子碎片在苯氧基及其歧化反应产物以及含磷碎片的共同作用下，被猝灭、结合，形成富含芳香结构的稳定残炭，降低外部燃烧热量对内部树脂的热辐射，抑制树脂基体的分解速度和可燃性气体的释放，从而降低燃烧过程的热释放强度和数量。此外，还有一部分苯氧自由基及其歧化产物仍将会被释放到气相中，发挥猝灭自由基、终止链式燃烧反应的作用，减少可燃性气体的燃烧反应和热释放量。综上可知，HPCP 分别从气相和凝聚相两个方面共同发挥阻燃作用，赋予环氧树脂材料优异的阻燃性能。

8.1.10 小结

本节介绍了六苯氧基环三磷腈 HPCP 的制备方法及表征，并将其添加到环氧树脂中，研究了 HPCP 对环氧树脂阻燃性能的作用效果与机理。HPCP 的添加可以明显提高环氧树脂的 LOI，降低材料燃烧过程的 pk-HRR 和 THR，并提高残炭产率。这是由于受热后，HPCP 将先与树脂基体开始分解，产生苯氧基自由基和其他含磷分子碎片，诱导环氧树脂基体提前并加速分解，释放以双酚 A 结构为主体的大分子碎片。而 HPCP 裂解生成的苯氧基自由基和其他含磷分子碎片还能够猝灭和结合树脂基体裂解释放的大分子芳香碎片，既可减少气相可燃性物质的释放数量，还能更多地形成富含芳基的残炭，降低材料燃烧过程的热释放强度和数量。此外，HPCP 裂解生成的一部分苯氧基及其歧化产物还会被释放到气相中，发挥其猝灭活性自由基、终止链式自由基燃烧反应的作用。基于此，HPCP 利用气相和凝聚相作用机制共同提高环氧树脂材料的阻燃性能。

8.2 HPCP/DOPO 复合体系阻燃环氧树脂

8.2.1 HPCP/DOPO 复合体系阻燃环氧树脂的制备

将双酚 A 二缩水甘油醚（DGEBA，E-51）加热至 140℃后，加入

DOPO，搅拌反应 4h 后，加入 HPCP 并搅拌至其完全溶解，再升温至 185℃，加入 4,4′-二氨基二苯砜（DDS），并搅拌至 DDS 完全溶解，之后将共混体系置于 180℃真空烘箱中抽真空 5min，除去体系中的气泡，再迅速浇注到预热的模具中。先将环氧树脂置于 150℃下预固化 3h，再在 180℃下深度固化 5h，即得 HPCP/DOPO 复合体系阻燃环氧树脂。

DGEBA、DOPO、HPCP 以及 DDS 在环氧树脂样品中的添加量如表 8.1 所示。

表 8.1　HPCP/DOPO 复合体系阻燃环氧树脂的制备配方

样 品	DGEBA /g	DOPO /g	HPCP /g	DDS /g	DOPO 的复合体系占比/%	HPCP 的复合体系占比/%
S1	70.00	0.00	9.06	22.12	0	100
S2	70.00	1.79	7.18	22.12	20	80
S3	70.00	3.55	5.33	22.12	40	60
S4	70.00	5.28	3.52	22.12	60	40
S5	70.00	6.97	1.74	22.12	80	20
S6	70.00	8.64	0.00	22.12	100	0
EP	70.00	0.00	0.00	22.12	0	0

8.2.2　LOI 和 UL 94 垂直燃烧试验

采用氧指数仪和燃烧试验箱评价 HPCP/DOPO 复合体系阻燃环氧树脂的作用效果和量效关系，如图 8.12 所示，表明无论是单独添加 DOPO 或者 HPCP 都能够有效提高环氧树脂的 LOI。HPCP/DOPO 复合体系阻燃环氧树脂测试结果表明，在体系磷含量为 1.2%的情况下，随着 HPCP 和 DOPO 复配比例的变化，即 DOPO 比例逐渐增加的情况下，复合体系阻燃环氧树脂的 LOI 先降低，再线性增加至 DOPO 单独阻燃环氧树脂时的 31.7%。这说明 HPCP 与 DOPO 复合使用时，两者的复配比例对其阻燃环氧树脂的 LOI 影响较小。

当 HPCP 单独阻燃环氧树脂中时，样品 S1 的阻燃级别为 UL 94 V-2 级，而当 HPCP 与 DOPO 复合应用时，HPCP/DOPO 复合体系阻燃环氧树脂的阻燃级别随着 DOPO 含量的增加从无级别逐渐提高至 UL 94 V-0 级，此时 HPCP 与 DOPO 的复配比例为 2∶8。但是随着 DOPO 含量的进一步增加，即体系中不添加 HPCP 时，DOPO 阻燃环氧树脂的阻燃级别再次降为 UL 94 V-1 级。由此可知，HPCP 和 DOPO 复合阻燃环氧树脂时，虽然两者的复配比例对提高环氧树脂 LOI 的影响较小，但是对材料阻燃级别的提高具有重要影响，HPCP与DOPO之间的复配比例决定了两者间协同阻燃效率。在恰当的复配比例下，即HPCP与DOPO的复配比例为2∶8时，HPCP/DOPO复合体系能够高效赋予环氧树脂材料优异的综合阻燃性能。

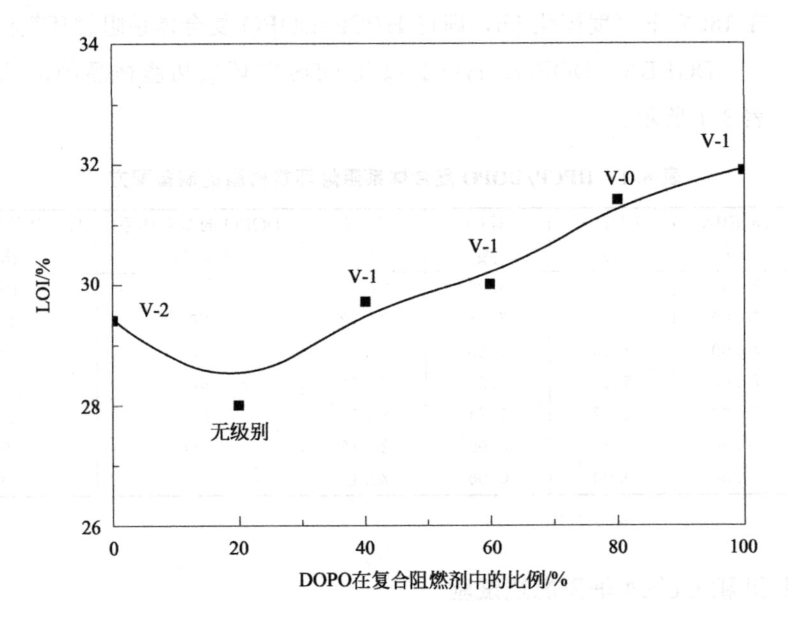

图8.12 DOPO/HPCP复合体系阻燃环氧树脂的LOI和UL 94阻燃级别

8.2.3 锥形量热仪燃烧试验

采用锥形量热仪监测和追踪DOPO/HPCP复合体系阻燃环氧树脂燃烧过程的热量和烟气释放以及成炭能力，进一步研究DOPO/HPCP复合体系对环氧树脂燃烧行为的作用效果与机理。如图8.13所示，与未改性环氧树脂相比，HPCP和DOPO单独阻燃的环氧树脂（S1和S6）的THR都大幅降低，而DOPO/HPCP复合体系阻燃环氧树脂S5则获得了比S1和S6更低的THR，说明DOPO和HPCP的共同作用能够有效地抑制环氧树脂材料的燃烧行为。

如图8.14所示，S1、S5和S6均获得了明显降低的pk-HRR，只是三者的pk-HRR降低程度相近。值得注意的是，S5的pk-HRR出现时间介于S1和S6之间，表明DOPO/HPCP复合体系发挥阻燃作用时，DOPO和HPCP之间的相互影响较小，更多的是某种加和效果。

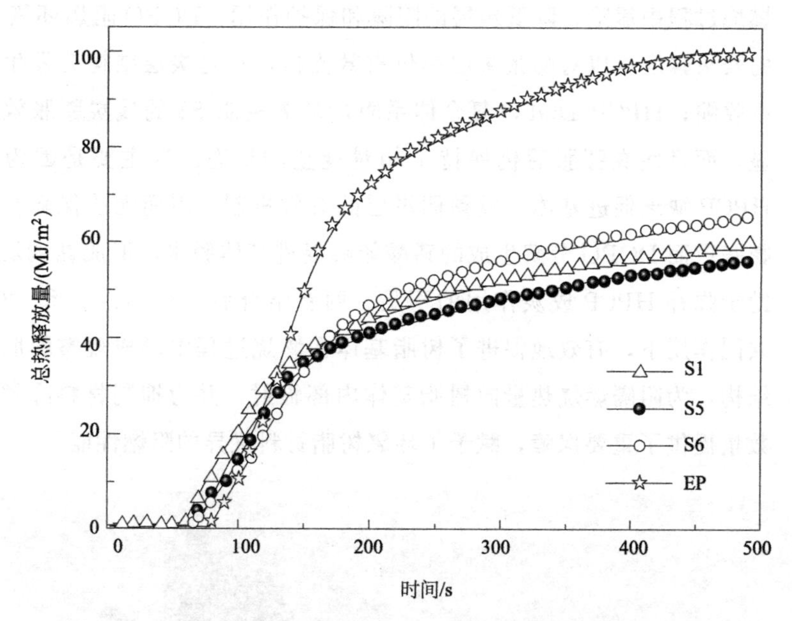

图 8.13　DOPO/HPCP 复合体系阻燃环氧树脂的总热释放量曲线

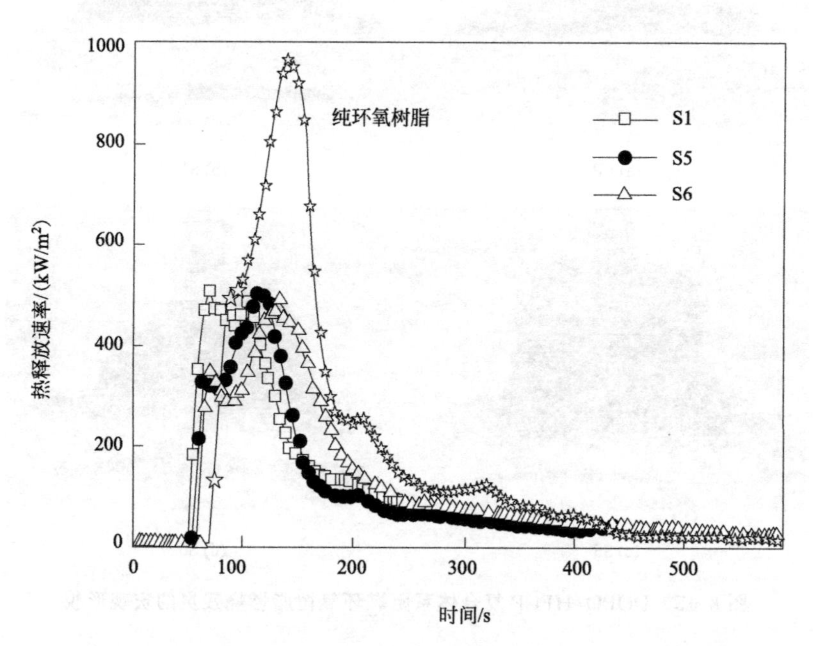

图 8.14　DOPO/HPCP 复合体系阻燃环氧树脂的热释放速率曲线

此外，由图 8.15 可知，与未改性环氧树脂 EP 相比，HPCP 和 DOPO 及其复合体系阻燃环氧树脂的成炭能力都明显提高，生成了大量的膨胀炭层。具体地，HPCP 阻燃环氧树脂 S1 的残炭结构不规整，容易在燃烧过程中塌陷，降低炭层的阻隔和保护作用；DOPO 阻燃环氧树脂 S6 的残炭强度难以对膨胀炭层提供有效支撑，只是炭层结构会发生一定程度收缩；HPCP/DOPO 复合体系阻燃环氧树脂 S5 的残炭膨胀效果最明显，而且残炭膨胀后仍保持了相对规整的形态。这主要是因为单独的 HPCP 缺乏促进基体形成黏稠炭层的有效机制，因而无法保障炭层充分膨胀；而 DOPO 分解生成的磷酸能够促进基体脱水，形成黏稠炭层，有助于弥补 HPCP 成炭作用的不足。两者结合后，在 HPCP 和 DOPO 的共同作用下，有效地促进了树脂基体在燃烧过程中形成规整膨胀的残炭结构，为阻隔燃烧热量向树脂基体内部辐射，并为抑制材料降解速率和数量提供了重要保障，赋予了环氧树脂材料优异的阻燃性能。

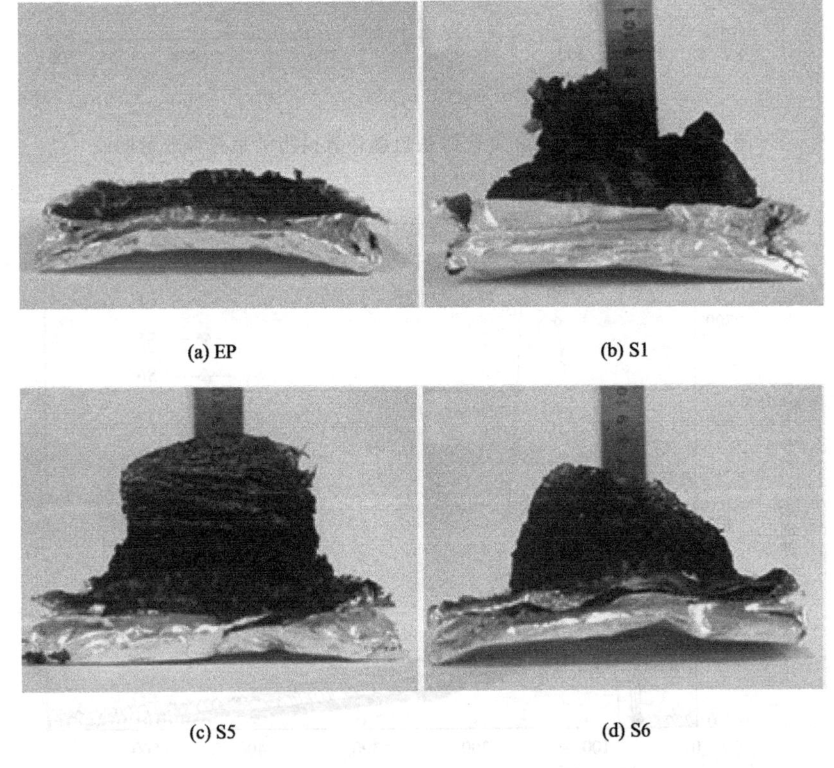

图 8.15 DOPO/HPCP 复合体系阻燃环氧树脂燃烧残炭的宏观形貌

8.2.4 热性能分析

采用热重分析仪测试 DOPO/HPCP 复合体系阻燃环氧树脂的热稳定性和热失重行为，如图 8.16 所示，与未改性环氧树脂 EP 相比，HPCP

和 DOPO 及其复合体系阻燃环氧树脂的初始分解温度都有所降低，说明 HPCP 和 DOPO 的引入会诱导树脂基体提前分解，这主要是因为 HPCP 和 DOPO 会先于树脂基体分解，并通过各自的裂解产物与树脂基体相互作用，干预并增强树脂基体的成炭行为和成炭能力，促进树脂基体生成更多更稳定的残炭，为炭层阻隔和保护作用的发挥提供重要基础。如图 8.16 所示，在 600℃时，HPCP 和 DOPO 及其复合体系阻燃环氧树脂的残炭产率都明显高于未改性环氧树脂，说明 HPCP 和 DOPO 都能够明显提高环氧树脂的成炭能力。其中，HPCP 阻燃环氧树脂 S1 的残炭产率最高，说明 HPCP 能够更大程度地促进树脂基体成炭，发挥更有效的凝聚相成炭阻燃作用；而 DOPO 阻燃环氧树脂 S6 在残炭产率上的提高程度最小，这主要是因为 DOPO 的裂解产物更多地发挥了气相阻燃作用；DOPO/HPCP 复合体系阻燃环氧树脂 S5 的残炭产率介于 S1 和 S6 之间，这表明 HPCP 和 DOPO 共同作用时，两者的成炭作用体现了一定的加和性。同时，得益于 DOPO 气相阻燃作用的补充，相比于 HPCP 单独作用时的情况，DOPO/HPCP 复合体系的气相阻燃作用也将得到进一步加强。换言之，HPCP 和 DOPO 的共同作用，能够进一步调整和优化体系的气相和凝聚相阻燃作用，构建了更全面、有效的阻燃机制，进而高效赋予环氧树脂材料优异的阻燃性能。

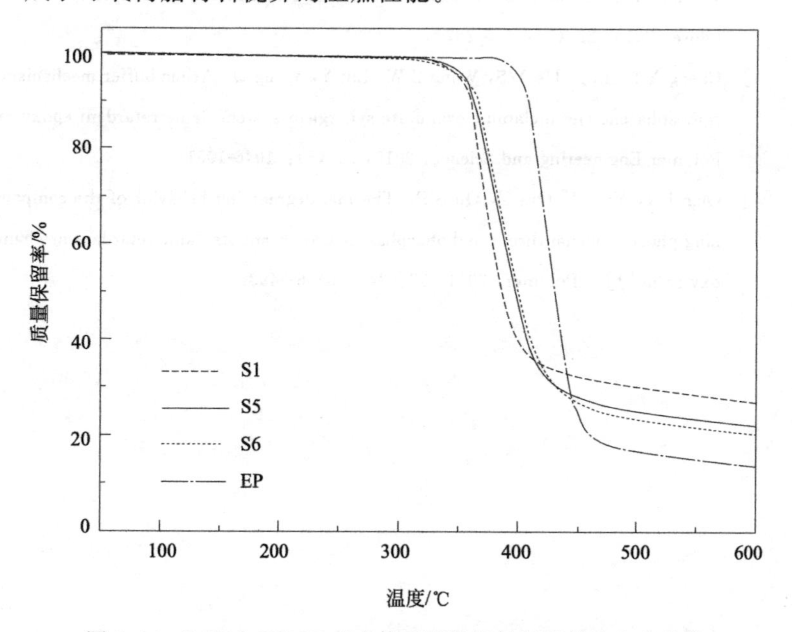

图 8.16　DOPO/HPCP 复合体系阻燃环氧树脂的热失重曲线

8.2.5 小结

本节将 DOPO 与六苯氧基环三磷腈 HPCP 复合，共同应用于阻燃环氧树脂材料，研究 HPCP/DOPO 复合体系阻燃环氧树脂的量效关系和作用机制，探索基于 HPCP/DOPO 复合体系的高性能阻燃环氧树脂材料的制备方法。当 HPCP 和 DOPO 的添加比例为 2∶8，体系磷含量为 1.2%（质量分数）时，HPCP/DOPO 复合体系阻燃环氧树脂的阻燃级别达到 UL 94 V-0 级，且实现了最低的 THR，获得了综合阻燃性能优于单独添加 HPCP 和 DOPO 的阻燃环氧树脂材料。相比于单独的 HPCP 和 DOPO，HPCP/DOPO 复合体系的气相和凝聚相阻燃作用实现进一步调整和优化，促使环氧树脂材料在燃烧过程中生成更为稳定和膨胀倍率更高的炭层，构建更有效的炭层阻隔和保护机制，赋予了环氧树脂材料更优异的综合阻燃性能。

参考文献

[1] 孙楠，钱立军，许国志，辛菲．六苯氧基环三磷腈的热解及其对环氧树脂的阻燃机理 [J]．中国科学：化学，2014，44 (7)：1195-1202.

[2] Edwards B，Hauser P，El-Shafei A. Nonflammable cellulosic substrates by application of novel radiation-curable flame retardant monomers derived from cyclotriphosphazene [J]．Cellulose，2015，22 (1)：275-287.

[3] Cheng Y B，Li J，He Y S，Wang B W，Liu Y，Wang Q. Acidic buffer mechanism of cyclotriphosphazene and melamine cyanurate synergism system flame retardant epoxy resin [J]．Polymer Engineering and Science，2015，55 (5)：1046-1051.

[4] Qian L J，Ye L J，Qiu Y，Qu S R. Thermal degradation behavior of the compound containing phosphaphenanthrene and phosphazene groups and its flame retardant mechanism on epoxy resin [J]．Polymer，2011，52 (24)：5486-5493.